항공 계기 및 전자장치

윤흥의 · 송경화 · 김영수 · 전권석
권병국 · 이인용 · 이선봉 공저

도서출판 태영문화사

머리말

항공기의 장비 계통은 초창기 소형항공기에서 항공기의 대형화 및 고속화에 발맞추어 복합 다양하게 개발되었고 최근에는 컴퓨터의 발달과 함께 엄청난 변화를 가져왔다. 최근의 항공기 장비는 기계적인 부품에 전자·전기장치를 복합적으로 구성하여 좀 더 섬세하고 안전한 작동을 할 수 있도록 구성하고 있다.

항공기 장비 계통의 발달은 항공기 운항승무원의 인원도 감축시켜 예전에 항공기관사와 항법사가 했던 일들을 조종사가 수행할 수 있도록 집약화 시켰으며 이러한 일들이 가능하기까지 항공기의 지상정비의 비중과 중요도는 더욱 높아지게 되었다. 이에 따라 항공기를 정비해야 할 정비사의 수요가 급격히 증가하고 있으며 항공산업의 성장과 더불어 항공정비업무를 수행할 정비사의 교육 수준도 높은 단계의 교육을 필요로 하게 되었다.

이 책은 항공기 장비 과목을 배우고자 하는 학생들을 위해 기본적이고도 필수적인 내용들을 각 단원별로 정리하였으며, 항공관련 자격증을 대비하거나 항공정비사로 입문하여 항공기 장비계통을 이해하는데 미비하나마 도움이 되도록 하였다.

항공기 장비라 함은 그 범위나 해석하기에 따라 항공기의 모든 부분품이 장비로 취급될 수 있기 때문에 그 관계를 명확히 구분한다는 것은 어려우나 보편적으로 항공기 장비계통은 계기장치, 전기장치, 전자장치, 유압장치 등으로 구분된다. 이 책은 항공기 계기장치 및 전자장치에 한하여 집필하였다.

제1편 항공 계기장치에서는 항공 계기 일반, 공함 계기(피토-정압 계기), 압력계기, 온도 계기, 자기 계기, 자이로 계기, 회전 계기, 액량 및 유량 계기, 전기 계기(원격 지시 계기), 전자 계기 등 최신 전자공학이 응용된 집합 계기에 이르기까지 기본적인 계기장치를 충분히 이해를 돕도록 하였다.

제2편 항공 전자장치에서는 통신장치, 항법장치, 자동조종장치, 기록장치와 경고장치, 착륙유도장치 및 관제장치 등 항공기에서의 전자응용 계통을 중심으로 기본

개념을 서술하였다.

많은 독자들이 이 책을 통하여 항공기 장비 계통을 쉽게 이해하는데 많은 도움이 되기를 간절히 기대하며 출간을 기꺼이 허락해 주신 도서출판 태영문화사 관계자 여러분께 감사드린다. 본 서의 미비한 점은 앞으로 더욱 보충하여 좀 더 좋은 책자가 될 수 있도록 노력할 것을 약속드린다.

저자 씀

차 례

1편 항공 계기

제1장 항공 계기 일반

제2장 공함 계기(피토-정압 계기)

제3장 압력 계기

제4장 온도 계기

제5장 자기 계기

제8장 액량 계기 및 유량 계기

제9장 전기 계기(원격 지시 계기)

제10장 전자계기

2편 항공 전자장치

제1장 통신장치

제2장 항법장치

제3장 자동 조종장치

제4장 기록장치와 경고장치

제5장 착륙 유도장치 및 관제장치

제 1 편

항공 계기

제1장 항공 계기 일반

1.1 일반사항

현대 항공기의 고속화·대형화 개발로 인하여 항공기 사용 장비는 지속적으로 현저히 발달하였다. 항공 계기 또한 발달하면서 항공기의 운용에 필요한 계기의 구조, 성능 및 기능은 많은 발전을 했다. 오늘날 항공 계기는 가장 첨단 기술의 전자장치들이 모인 집합체이다.

항공 계기를 인체에 비유하면 오관이나 신경과 같은 것으로, 항공기 각 부분의 상태를 나타내 주고 이상 상태를 경고하며 항공기의 자세, 위치 및 진로 등을 지시하여 안전 비행에 도움이 되도록 한다.

항공기의 안전성, 신뢰성, 경제성은 계기 자체뿐만 아니라 계기를 운용하는 사람에 의해서도 이루어 질 수 있다. 이것은 단순히 계기를 사용한다는 의미뿐만 아니라, 그 계기의 특성을 정확히 파악하여 운용해야 한다는 뜻이므로 계기의 정확성을 위한 정비, 검사는 매우 중요하다. 항공기의 발전과 함께 항공 계기는 성능과 구조가 발전하고 있으므로 항공 종사자는 계기에 대한 전반적인 지식을 갖추는 것이 필수적이다.

따라서 계기의 판독 방법, 계기의 구조, 정비 방법 및 검사 방법 등을 정확하게 익히는 것이 중요하다.

항공기 계기는 예전에는 단순히 항공기의 위치, 방향, 속도, 단순한 통신장치, 기관의 상태 등을 알려주는 역할을 했으나 지금의 계기는 항공기의 모든 구성부품들의 상태뿐만 아니라 승객의 쾌적함을 주기 위한 주위 환경까지 조종할 수 있도록 설계되었다. 또한 2중, 3중의 안전장치들을 마련하여 각 기관의 상태를 정확히 지시하는 기능뿐만 아니라 계기 자체의 신뢰성을 높이는데 많은 발전을 거듭하였다.

1.2 항공 계기의 특징

항공 계기에 특히 요구되는 것은 신뢰성이다. 항공기의 경우는 온도, 기압, 자세, 중력 등이 크게 변화하기 때문에 이런 조건에서 충분한 신뢰성이 있어야 한다.

또한 항공기는 심하게 변화하는 대기에서 비행하므로 온도, 기압, 자세, 가속도, 진동 등의 영향이 적은 것이 요구된다.

1) 중 량(Weight)

기체의 유효 탑재량을 크게 하기 위해 계기 뿐만 아니라 항공기의 모든 부분은 가능한 한 경량(light weight)인 것이 요구된다.

2) 크 기(Size)

다발 기관 항공기는 계기의 수가 많으며, 안전한 비행을 하기 위하여 항법 계기의 종류가 증가함에 따라 계기의 수는 증가하지만, 계기판(instrument panel)의 크기(size)는 한계가 있으므로 계기는 소형화할 필요가 있다.

3) 내구성(Durability)

계기는 그 정확도를 가능한 한 장시간 유지하는 것이 바람직하지만, 계기에 따라서 그 기간은 각각 다르다. 제작사는 품질의 향상과 균일화를 측정하여 내구성(durability) 시험을 하고 있다. 사용자측에서는 일반적으로 내구 시험을 하지 않지만, 과거의 경험에 기초하여 안전 사용 시간을 정하고 있는 계기도 있다.

안전 사용 시간에는 다음의 2가지가 있다.

① 일정 시간마다 오버홀(overhaul)을 하여 신뢰성을 유지하는 것
② 일정 시간마다 정확도를 점검하여 신뢰성을 유지하는 것

또, 계기의 종류에 따라서는 항공기의 운동으로 정확도, 기능 등을 확인할 수 있는 것도 있다. 이와 같은 것은 정기적인 정비를 하지 않는다.

4) 상온에서 계기의 오차

제작시에는 고온과 저온 오차 시험을 하고 온도에 의한 영향이 일정한 범위내로 유지시킨다. 그 후 특별한 수리 작업을 하지 않는 경우는 상온에서의 오차나 숙지하고 있는 기능에 의해 지시 오차 등을 확인하는 경우가 많다.

5) 누 출(Leakage)

항공기에 장비된 계기는 그 주위의 기압이 크게 바뀌므로, 수감부는 물론 이것을 내부에 담고 있는 케이스의 누출(leakage)도 오차의 원인이 되는 것이 있다. 특히 승강계, 고도계, 속도계 등의 경우에는 사용할 수 없게 되므로, 여압이 있는 경우에는 사용할 수 없게 되므로, 여압이 있는 경우에는 주의가 필요하다.

6) 마 찰(Friction)

기계적인 베어링(bearing), 기어(gear)를 사용하는 계기는 마찰(friction)에 의한 오차를 완전히 제거할 수 없기 때문에, 계기의 오차 시험을 할 경우에는 계기를 가볍게 두드리거나 진동장치 위에서 검사를 하고 있다. 왕복 기관 항공기는 기관에 의한 진동이 크므로 계기를 장비하는 계기판에 방진장치를 설치하여 계기에 대한 나쁜 영향을 제거하도록 하고 있으나, 진동이 계속되므로 마찰 오차를 제거한다고 하는 점에서 고려할 필요는 없다. 그러나 제트 항공기의 경우는 기관의 진동이 적으므로 마찰 오차를 제거하기 위해 계기판에 진동장치를 설치하거나 또는 계기에 진동장치를 내장한 것도 있다.

7) 온도 보정

항공기가 부딪히는 온도 조건으로는, 여름철의 무더운 날씨에서 갑자기 고공의 영하 수십도까지 환경 변화가 심하므로 일반 계기와는 다른 온도 보정이 필요해진다. 물론 계기가 장착되는 장소, 항공기의 성능 등에 좌우되지만 항공기용 계기의 일반적인 검사 온도는 −65[°C]~+70[°C] 범위이다.

이 135[°C] 범위에 미치는 온도 변화에 대하여 계기는 자동적으로 보정되어 작동하도록 설계 제작되지만 이것도 완전한 것이 아니며, 실제 사용 측면과 경제 측면 등에서 어느 정도의 오차는 허용되어 있다. 그리고 기압의 변화를 고려하여 검사를 필요로 하는 계기도 있다.

8) 진 동(Vibration)

항공기의 진동(vibration)은 주로 기관, 프로펠러(또는 헬리콥터의 메인 로터 브레이드)의 진동으로 기체 전체에 전해지므로 계기를 장착한 계기판도 예외가 아니어서 이들의 회전 속도에 해당하는 진동수 및 고주파의 진동을 받는다. 또 장착된 장소에 따라서는 기관의 폭발 충격과 진동을 합성한 진동을 받는다. 이 진동에 대해서는 계기판에 방진장치를 하고 계기에 악영향을 미치지 않도록 하고 있다. 한편 계기는 반드시 진동을 받는 것을 감안하여 제작된다.

9) 습 도(Humidity)

항공기가 빗속을 비행했을 경우, 또는 야외계류(parking) 등에 의해 직접 또는 온도 변화에 의한 간접적인 습도(humidity) 상승에 대하여 영향을 받는 일이 없도록, 계기는 그 내・외부에 방청 처리가 되어 있고 케이스로 밀폐되어 있다. 또 완전 밀봉하여 불활성 가스(inert gas)로 충전한 것도 있다.

10) 기압의 변화

항공 계기는 광범위한 기압의 변화에 노출되므로 기압 변화에 대한 영향이 없도록 만들어져 있다. 밀폐가 불완전한 것은 기압 변화에 의한 흡인(suction) 작용으로 계기 내부에 습기, 곰팡이가 흡입되어 계기면이 어둡고 절연 불량 등이 나타난다.

1.3 항공 계기의 분류

항공 계기의 종류는 사용 용도나 관점에 따라 여러 가지의 분류방법이 있다.

1. 계기 구조에 따른 분류

① 기계식 계기
② 자이로 계기
③ 전기 계기
④ 전자 계기

2. 용도에 따른 분류

1) 비행 계기(Flight Instrument)

항공기의 비행 상태를 알아내는데 필요한 계기로 다음과 같은 계기들이 있다.

① 고도계(altimeter)
② 대기 속도계(air speed indicator)
③ 승강계(vertical speed indicator)
④ 선회 경사계(turn and bank indicator)
⑤ 자이로 수평 지시계(gyro horizon indicator) 또는 인공수평의
⑥ 방향 자이로 지시계(directional gyro indicator) 또는 정침의
⑦ 실속 탐지기(stall detector)
⑧ 마하계(mach meter)

2) 기관 계기(Engine Instrument)

항공기에 장착된 기관의 상태를 알아내는데 필요한 계기로 다음과 같은 계기들이 있다.

① 기관 회전 계기(tachometer)
② 회전 동조계(synchroscope)
③ 매니폴드 압력계(manifold pressure indicator)
④ 연료 압력계(fuel pressure gauge)
⑤ 실린더 헤드 온도계(cylinder head temperature indicator)
⑥ 연료 유량계(fuel quantity indicator)
⑦ 압축기 배출 압력계(compressor discharge pressure gauge)
⑧ 윤활유 온도계(oil temperature indicator)
⑨ 연료 온도계(fuel temperature indicator)
⑩ 흡입 공기 온도계(carburetor air temperature indicator)
⑪ 배기 가스 온도계(exhaust gas temperature indicator)
⑫ 압축기 입구 온도계(compressor inlet temperature indicator)
⑬ 기관 압력비 계기(engine pressure ratio indicator)

3) 항법 계기(Navigation Instrument)

항공기의 진로, 위치, 방위 등을 알아내는데 필요한 계기로 다음과 같은 계기들이 있다.

① 자기 컴파스(magnetic compass) 또는 나침반
② 외기 온도계(outside air temperature indicator)
③ 절대 고도계(radio altimeter)
④ 자동 무선 방향 탐지기(automatic directional finder)
⑤ 초단파 전방향 무선 표지
(VOR : very high frequency omnidirectional radio range)
⑥ 단거리 항법 장치(TACAN : tactical air navigation)
⑦ 거리 측정 장치(DME : distance measuring equipment)
⑧ 관성 항법 장치(INS : inertial navigation system)
⑨ 지구 위치 표지 장치(GPS : gloval positional system)

4) 기타 계기

① 전압계(voltmeter)
② 전류계(ammeter)
③ 작동유 압력계(hydraulic pressure gauge)
④ 객실 고도계(cabin altimeter)
⑤ 산소 압력계(oxygen pressure gauge) 등이 있다.

3. 지시 방법에 따른 분류

1) 직독식 계기

2) 원격 지시식 계기

상기 언급한 분류에서 “용도에 따른 분류”에 의한 종류를 보편적으로 사용하며 이 교재에서도 이에 따른 분류에 기초한다.

1.4 항공기 계기판

항공기의 계기판은 자기 컴파스에 의한 자기적인 영향을 받지 않도록 일반적으로 비자성 금속재료인 알루미늄 합금이 사용된다. 하지만 용도에 따라 자기적, 전기적 영향을 차폐시킬 목적으로 철재 케이스를 사용하는 경우도 있으며 요즈음에는 플라스틱재 케이스도 많이 쓰이는 추세이다. 또한 계기판에는 기관으로부터 오는 진동을 방지하기 위해 계기판의 중량에 비례하여 고무로 된 완충 마운트를 설치하며, 유해한 반사광선으로 인하여 계기판의 지시 내용이 잘못 파악되거나 조종사의 눈의 피로를 덜어주기 위해 무광택의 검은색 도장을 한다.

1) 계기의 배치

계기의 수가 많아지고 계기판이 넓어져서 계기의 배치가 나쁠 경우에는 눈으로 보고 판단하는 것이 나빠지므로 계기의 배치가 중요하다.

주요 계기의 배치에 관해서는 1957년 미국 FAA가 권고하고 ALPA(air line pilot association)가 지정한 T형 배열이라고 불리는 배열법이 널리 이용되고 있다.

T형 배치의 기본형은 첫째로 조종사가 고도, 속도, 비행 자세에 관하여 바른 지시를 얻으면 비행할 수 있으므로, 이들 3개의 요소를 지시하는 계기를 자세 지시계를 중심으로 좌측에 속도계(airspeed indicator), 우측에 고도계(altimeter), 그리고 바로 아래에 방위 지시계를 배치하여 정확히 T자형이 되도록 한 것이다. T자형의 중심이 자세 지시계이고 조종사의 전방 시선의 중심과 일치한다. 이와 같이 배치된 계기판이 좌우(조종사석 전방 및 부조종사석 전방)에 설치된다.

다른 계기들은 이것을 기본으로 각각 중요도에 따라서 배치된다. 이 FAA의 권고는 강제성은 아니지만, 배치가 합리적이므로 많은 항공기의 표준 배치로 T형 배치를 사용하고 있다. 기관 계기는 중앙 계기판에 배치되어 있다.

그림 1-1은 B747-400의 최신 계기판을 나타낸 것이고 그림 1-2는 파이퍼 경항공기 계기판을 나타낸 것이다.

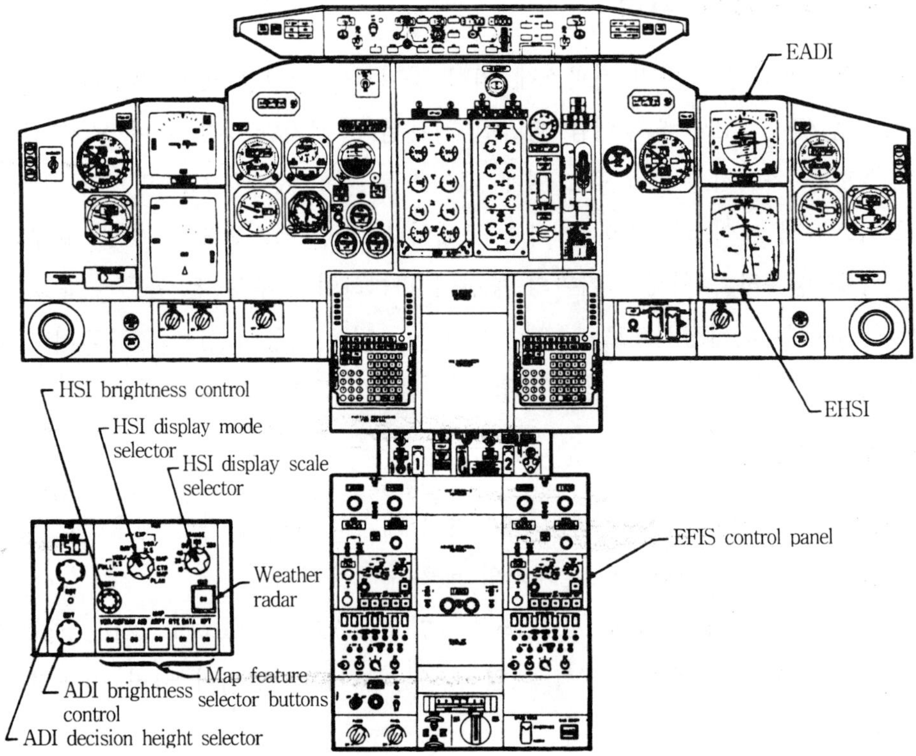

그림 1-1 최신 항공기 계기판(B747-400)

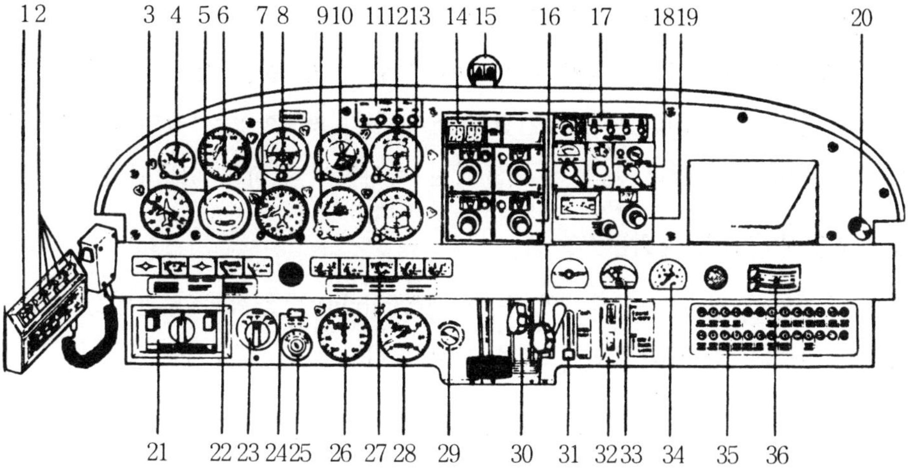

1. 주스위치(Master Switch)
2. 보기 스위치(Accessory Switches)
3. 무선 컴파스(Radio Compass)
4. 시계(Clock)
5. 선회계(Turn Coordinator)
6. 공기 속도계(Airspeed Indicator)
7. 방향자이로(Directional Gyro)
8. 인공수평의(Artificial Horizon)
9. 선회율계(Rate-of-Climb Indicator)
10. 고도계(Altimeter)
11. 마아커비이컨등(Marker Beacon Lights)
12. 활강진로 지시계(Glide Slope Indicator)
13. 무지향 방위각 지시계(Omni bearing Head)
14. 무선선택 판넬(Radio Selection Panel)
15. 자석 컴파스(Magnetic Compass)
16. 항법/통신 송수신기 (NAV/COMM Transceivers)
17. 응답기(Transponder)
18. 방향탐지기 무전기(ADF Radio)
19. 거리측정 장치(DME)
20. 등(Lights)
21. 자동조종판넬(Auto Control Panel)
22. 엔진게이지(Engine Gauges)
23. 항법커플러(NAV Coupler)
24. 피치 트립스위치(Pitch Trim Switch)
25. 마그네토와 시동기스위치 (Magneto and Start Switch)
26. 다기관 압력게이지(Manifold pressure Gauge)
27. 연료지시계(Fuel Indicators)
28. 회전계(Tachometer)
29. 프라이머(Primer)
30. 출력조종판(Power Control Quadrant)
31. 기화기 가열기(Carburetor Heater)
32. 항법 및 계기등(NAV and Instrument Lights)
33. 혼합기 지시계(Mixture Indicator)
34. 자이로 흡입 지시계(Gyro Suction Indicator)
35. 회로차단기(Circuit Breakers)
36. 가열 및 서리방지기 조종판(Heat and Defroster)

그림 1-2 경항공기 계기판(파이퍼 항공기)

2) 계기판의 종류

계기판의 재료는 그 위 또는 가까이에 자기 컴파스(magnetic compass)가 장착되므로 비자성 재료가 이용되고 있다. 또 다수의 계기를 장착하므로 강성이 있는 재료가 이용된다. 이 같은 요구를 만족시키고, 가능한 한 가벼운 재료로써 열처리된 두랄루민(duralumin) 판재가 이용된다.

계기판의 장치는 보통 기체와의 사이에 고무 등의 완충 장치를 이용한 진동으로부터 계기를 보호하고 있다. 계기판의 페인팅은 유해한 반사광이 없도록 검정색 등이 많이 사용되고 있다. 다음은 대표적인 계기판에 관하여 설명한다.

(가) 대형 항공기의 계기판

대형 항공기의 경우에는 계기의 수, 시계(visibility), 조작과의 관련성 등을 고려하여 그림 1-3과 같이 배치되어 있는 것이 많다.

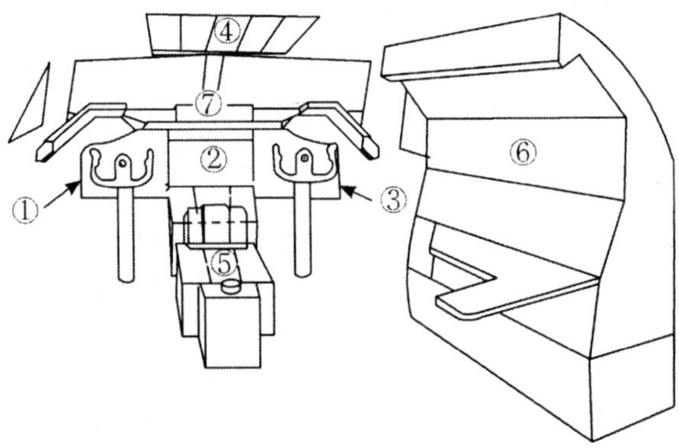

그림 1-3 계기판(instrument panel)

① 주계기판(main instrument panel) : 주계기판은 윈드쉴드(windshield) 밑에 장착되어 있고 3개의 부분으로 나누어져 있다. 계기판을 향하여 좌로부터 조종사 계기판(captain's instrument panel : 그림 1-3 ①), 중앙 계기판(center instr-ument panel : 그림 1-3 ②) 및 부조종사 계기판(copilot's instrument panel : 그림 1-3 ③)이라고 한다.
주요한 항법 계기는 조종사 계기판 및 부조종사 계기판에 각각 장치되어 있다. 중앙 계기판은 주로 기관 계기, 조종면(control surface) 관련 계기 및 랜딩기어 계통의 계기가 장치되어 있다.

② 오버헤드 계기판(overhead instrument panel) : 오버헤드 계기판은 윈드쉴드의 상부에 있고(그림 1-3 ④), 각종 스위치 및 사용 빈도가 낮은 계기 등이 장치되어 있다.

③ 항공 기관사 계기판(flight engineer's instrument panel) : 조종실의 우측에 위

치하며(그림 1-3 ⑥), 기관, 연료, 오일, 작동유, 고압공기, 공기 조절(air conditioning) 계기, 전기, 각 부의 온도 등에 관한 계기 및 조작 스위치 등이 장치되어 항법에 관한 것 이외는 이 계기판으로 감시, 조종할 수 있게 되어 있다. 최근에는 감시 및 조종을 기계에 맡기고 이상이 있을 때에만 주계기에 표시하는 방식으로 바뀌고 있다.

④ 센터 페데스탈(center pedestal) : 센터 페데스탈은 조종사석과 부조종사석 사이에 위치되어 있고(그림 1-3 ⑤), 주로 기관 및 조종면 조작 레버 스위치가 장치되어 있지만 조종면 관계의 지시계, 무선 계기의 조잘 스위치 등도 장치되어 있는 경우가 많다.

⑤ 기타 : 조종실 정면의 윈드쉴드와 주계기판의 사이에 있고(그림 1-3 ⑦), 자동조종장치(auto pilot), 플라이트 디렉트(flight direct) 등의 조작 스위치 레버 등이 장치되어 있다. AP/FD 판넬(auto-pilot/flight director panel)이라고 불리워지고 있으며 계기는 장치되어 있지 않다.

(나) 중형 항공기의 계기판

중형 항공기에는 항공 기관사 계기판은 없고 전체적으로 계기의 수도 적지만 그 외는 대형 항공기의 경우와 같다.

(다) 소형 항공기의 계기판

소형 항공기에는 계기, 조작 스위치 등의 수가 적어지므로 주계기판(그림 1-3 ①, ②, ③)에 모든 계기, 조작 스위치 등이 장치되어 있다. 한 개의 계기판으로 되어 있는 것이 많다.

(라) 회전익 항공기의 계기판

회전익 항공기(헬리콥터)의 경우에는 시계가 특히 중요하므로(회전익 항공기의 특성에서 시계가 중요시되는 운항을 한다) 조종사 및 부조종사석의 앞을 투명한 창으로 한 것이 많다. 그 때문에 계기, 조작 스위치를 항공기의 중앙 계기판, 센터 페데스탈(center pedestal) 및 오버헤드(overhead) 계기판에 장치함으로써 아래 폭을 최소로 하여 전방 아래를 볼 수 있게 하고 있다.

1.5 항공 계기 조명

계기판에는 다음과 같은 것이 장착되어 있다.

① 계기
② 1개의 계기로 여러곳으로부터 보내져온 양을 지시하게 하도록 하기 위한 선택장치(예를 들면 선택 스위치)
③ 선택장치의 위치를 나타내는 R(우), L(좌), UP(상), DN(하) 등의 문자
④ 기타

그 때문에 실제로 계기를 사용할 경우에는 다음과 같은 것이 필요하다.

① 계기의 조명(문자판의 조명)
② 계기판 전반의 조명

맑은 날씨, 구름, 일출, 일몰, 야간과 같이 크게 밝기가 바뀌는 항공기 밖에 주의를 기울이고 있는 조종사의 눈에 항상 적절한 밝기로 계기의 판독과 그 조작을 할 수 있어야 한다. 그 때문에 계기 및 계기판의 조명은 넓은 범위로 그 밝기를 조절할 수 있게 되어 있다.

1) 계기의 조명

계기의 지시를 판독하기 위해서는 문자판에 쓰여진 눈금 및 지침의 위치만 보이면 된다. 그 때문에 문자판의 바탕색은 검정색으로 되어 있다. 어두운 항공기 밖에 주의를 기울이고 있는 조종사의 눈은 너무 밝거나 어두워도 상태가 나빠진다. 그러므로 가능한 한 눈금 및 지침 이외는 보이지 않도록 하고 있다. 이와 같은 이유로 조명은 다음과 같은 방식이 있다.

① 계기의 내부에 전구(백열 전구)를 넣은 인테그랄 라이트(integral light) 방식
② 계기에 인접한 위치의 계기판에 작은 조명 기구를 장치한 필라 라이트(pillar light) 방식

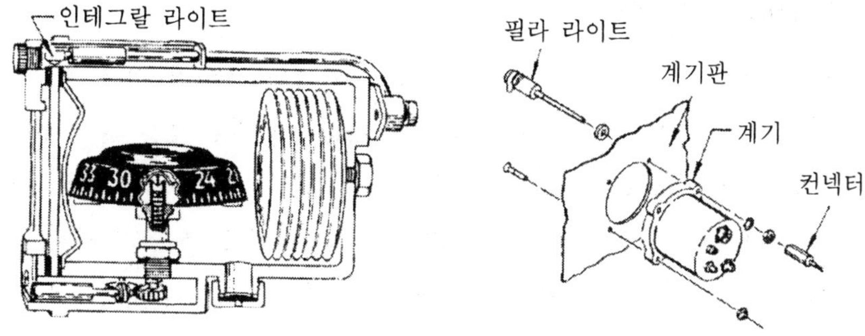

(a) 인테그랄 라이트 (b) 필라 라이트

그림 1-4 계기의 조명

2) 계기판 전체의 조명

계기판에 장치된 선택장치(selector switch), 문자, 기호 등을 보기 쉽게 하기 위해 계기판 전체의 조명도 필요하다. 이 조명은 자유로이 밝기를 조절할 수 있게 되어 있다. 광원(light source)은 백열 전구 또는 형광등이 이용되고 있다. 야간 비행에서 빈번히 이용되는 것은 계기판 내부에 조명 기구를 장치하여 보기 쉽게 한 것도 있다.

1.6 항공 계기 케이스 및 봉인

1) 항공 계기의 케이스

항공 계기에 이용되는 케이스(case)는 여러 가지가 있지만, 주로 다음과 같은 것이 이용되고 있다.

(가) 플라스틱제 케이스

외부 또는 내부에서 전기적 또는 자기적인 영향을 받지 않는 계기에 이용된다. 이 케이스의 특징은 제작이 용이하고 금속 케이스와 같이 페인트 할 필요가 없다. 전면은 계기판에 장치되었을 때, 유해한 반사를 피하기 위해 무광택을 사용한다.

(나) 비자성 금속제 케이스

재료는 주로 알루미늄 합금이 이용된다. 알루미늄 합금은 가공성, 기계적 강도, 가격 등에서 유리하고, 또 전기적인 차단 효과도 뛰어나므로 널리 이용되고 있다.

(다) 철제 케이스(자성 재료)

항공기 계기판에는 많은 계기가 근접하여 장착되므로 자기적 또는 전기적인 영향을 받기 쉽다. 전기적인 영향은 (나)에서 설명한 알루미늄 합금 등의 비자성 금속재료로 차단할 수 있지만, 자기적인 영향을 차단하기 위해서는 철제 케이스가 필요하다. 또 기계적인 강도도 크고 케이스로는 뛰어나지만 중량이 커지는 단점이 있다. 그 때문에 (가) 또는 (나)의 조합으로 합계 중량이 적어지도록 연구된 것도 있다.

2) 항공 계기의 봉인

항공 계기는 일반의 계기와 같이 제작사가 그 기능에 대하여 책임을 가진다고 하는 의미에서, 또 자격이 없는 사람이 수리하는 것을 막기 위해 계기는 제작사의 봉인이 되어 있다. 이 봉인을 떼지 않고는 수리할 수 있도록 나사의 머리에 봉인을 붙이는 경우가 많다.

1.7 항공기의 색표시

계기에는 색표시를 하여 눈금을 정확히 읽지 않더라도 신속한 상황 판단을 할 수 있도록 되어 있다. 항공기의 운용한계를 계기 눈금 또는 계기 유리 위에 색깔로 표시하는 것이다. 항공기의 최대 및 최소 운용한계, 경고와 경계 범위 등을 나타낸 것이며, 이는 그림 1-5, 그림 1-6과 같다.

(a) 기관 계기　　(b) 실린더 헤드 온도계　　(c) 흡입 공기 온도계

(d) 매니폴드 압력계　　(e) 진공압계　　(f) 회전계

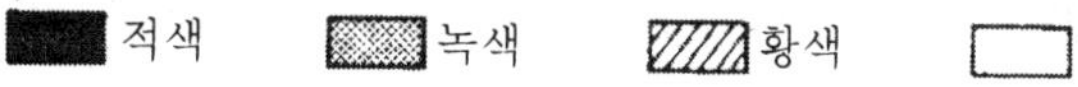

그림 1-5 항공 계기의 눈금

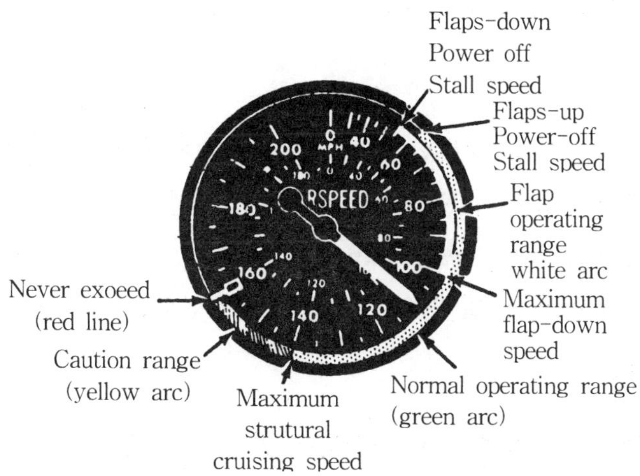

그림 1-6 항공 계기의 색표시

1) 붉은색 방사선

최대 및 최소 운용한계를 나타내며, 붉은색 방사선이 표시된 범위 밖에서는 절대로 운용을 금지한다.

2) 녹색 호선

안전운용범위, 즉 계속 운전범위를 나타내는 것으로서 순항 운용범위를 의미한다.

3) 노란색 호선

안전운용범위와 초과금지까지의 경계, 경고, 주의 또는 기피범위를 의미한다.

4) 흰색 호선

① 흰색 호선은 대기 속도계에만 표시하는 색이다.
② 플랩을 조작할 수 있는 속도범위를 표시한다.
③ 최대 착륙 무게에 대한 플랩을 내리고 비행 가능한 최소 속도(flap down po-wer off stall speed)를 하한점으로 한다.
④ 플랩을 내리더라도 구조 강도상에 무리가 없는 플랩 내림 최대 속도(maxi-mum flap down speed)를 상한점으로 나타낸다.

5) 푸른색 호선

푸른색 호선은 기화기를 장비한 왕복기관에 관계된 기관 계기에 표시하는 색으로서, 흡기압력계(manifold pressure indicator), 기관 회전 계기(tachometer), 기통두 온도계(cylinder head temperature indicator) 등에 표시한다. 연료와 공기 혼합비가 오토린(auto-lean)일 때의 상용안전 운용범위를 나타낸다.

6) 흰색 방사선

계기의 유리판과 케이스에 걸쳐 표시되어 있으며, 앞에서 설명한 색표지들을 계기 앞면 유리판에 표시하였을 때, 유리가 케이스와 정확히 맞물려 있는가를 표시하는 미끄럼 방지 표시 마크이다.

1.8 항공 계기의 오차

1) 누설 오차(Leakage Error)

흔히 계기 케이스와 유리판과의 틈이나 계기의 배관의 연결부에서 발생하며, 누설 오차의 발생시 피토-정압 계통의 계기나 압력 계기에서는 지시에 큰 영향을 미칠 수 있으므로 봉함(sealing)을 철저히 함으로써 누설 오차를 방지해야 한다.

2) 마찰 오차(Friction Error)

기계적인 구조를 가진 계기들은 수감부에서 얻어낸 작은 변위량을 확대부를 거쳐 지시부(지침)로 전달하게 되는데 이때 기계적인 부품들 간에 힘을 전달하기 위한 접촉이 마찰 오차를 유발시킨다. 이는 기계적 구조가 복잡한 계기일수록 많이 발생할 수 있으며, 이를 방지하기 위해 기계적 접촉부분에 사용되는 부품들의 재질을 마찰이 적은 정밀도가 높고 표면 경도가 큰 재료를 이용하며 접촉 부품들 사이에 미세한 진동을 형성시켜 마찰을 줄일 수 있도록 제트기관을 장착한 항공기에서는 진동 발생 장치를 고도계 근처에 설치하는 경우도 있다.

3) 온도 오차(Thermal Error)

항공기의 운항은 계절의 변화에 의한 온도의 영향을 받는다. 뿐만 아니라 고도의 변화에도 심한 온도변화가 생겨 항공 계기 각 부품들의 체적 변화와 탄성률 변화를 가져와 지시에 영향을 미치게 된다. 항공 계기에 생기는 온도에 의한 오차는 다른 오차들 보다 비교적 크고 일반적으로 나타날 수 있으므로 온도 오차가 발생하지 않도록 온도에 영향이 밀접한 부품에는 온도보상장치를 설치하게 되는데 주로 바이메탈(bi-metal)이 쓰인다.

4) 진동 오차(Vibration Error)

계기가 엔진으로부터 오는 진동에 의해 지침이 떨리는 현상이며 이는 기체에 계기판을 장착할 때 고무로 된 완충장치(shock mount)를 설치함으로서 일부 감소시킬 수 있다.

5) 위치 오차(Position Error)

계기 자체에 잘못이 있거나 항공기의 자세 변화에 따라 생기는 오차로 계기내의 가동부의 불평형에 원인이 있으며 진동 오차의 원인이 되기도 한다.

6) 시 차(Pallarex)

계기의 눈금을 보는 눈의 각도에 따라 생기는 오차를 말한다.

1.9 항공 계기의 정비

1) 정비 일반

비행 중인 항공기가 안전성과 신뢰성을 확보하는 데에는 항공 계기의 비중이 매우 크다. 더구나, 현대의 항공기는 고속이며, 높은 고도를 비행하게 되므로 항공 계기의 중요도는 매우 높다.

항공 계기의 종류에는 비행 계기, 기관 계기, 항법 계기와 그 밖의 계기가 있다. 계기에 대하여 알기 위해서는 그것들이 장착된 항공기 계통의 내부 구조와 기능 및 항공기의 운항과 밀접한 관계가 있으므로 모든 계통에 관한 이해와 운항에 대한 지식이 필요하다.

또 계기의 작동 원리적인 측면에서 기계적 계기, 전기적 계기, 전자적 계기와 자이로 계기 등으로 분류할 수 있다. 항공 계기를 정비할 때에는 그 기능을 확실히 발휘할 수 있도록 계기의 장탈, 장착, 취급, 시험과 작동 점검이 정확하게 이루어져야 한다.

고장이 발생한 경우에는 해당 계기의 정비 지침서에 따라서 정확한 고장 탐구에 의한 수리를 실시함으로써 계기의 기능에 손상을 입히는 일이 없도록 주의해야 한다.

2) 계기의 장탈

계기의 지시가 불량일 때 이것이 곧 계기의 고장이라고 단정지을 수는 없다. 이럴 경우에는 우선 계기 지시 불량의 원인을 계기 계통 전반에 걸쳐 살펴보고, 그 결과 지시 불량의 원인이 계기라는 것이 확인되었을 때 계기를 장탈한다.

일반적인 장탈의 순서는 다음과 같다.

① 전원, 고압 작동유와 관련 있는 동력원을 차단한다.
② 장탈 계기의 명칭, 형식, 제작사명, 제조번호, 최종 수리날짜 및 수리자명을 기록한다.
③ 장탈할 때에 연결된 배선, 배관은 다시 연결할 때 혼동되지 않게 꼬리표(tag)를 붙이고 해당 회로명도 기록한다.
④ 계기의 배관, 배선을 떼어 내고 구멍을 전용 캡(cap)이나 플러그(plug)로 막는다. 만일 이것들이 없을 때에는 비닐을 사용해서 고무줄로 묶는다.
⑤ 나사를 풀고 계기를 계기판에서 떼어 낸다.
⑥ 장탈한 계기에는 사용 불능(unserviceable)이라고 꼬리표에 기록하고 그 이유를 기록하여 나중에 참고할 수 있게 한다.
⑦ 만일 지정된 케이스가 있을 때에는 케이스에 넣어 운반한다.

3) 계기의 장착

계기를 장착할 때에는 계기에 사용 가능(serviceable)이라고 꼬리표에 표시되어 있는지 반드시 확인을 하고 장탈할 때의 반대의 순서로 장착한다.

장착이 끝난 후에는 다음 사항을 확인한다.

① 장탈시의 꼬리표와 비교, 확인해서 잘못 연결하지 않았는지 확인한다.
② 배관 방법이 올바르게 되었는지 확인한다.
③ 배선에 잘못된 굽힘이나 죔이 없는지 확인한다.
④ 작동 시험을 한다.
⑤ 시험이 끝나면 배관, 배선에 단 꼬리표를 떼어낸다.

4) 계기의 배관 연결

올바른 측정을 하기 위해서는 올바른 연결이 필요하다. 방진 계기판에 장비되는 기계 계기의 배관은 방진 계기판이 기체 구조와 상대 운동을 하므로, 이것에 의한 배관의 느슨해짐과 깨짐 등을 피하기 위해 기체 구조에 고정되어 있는 장소에서 계기까지는 플렉시블 호스(flexible hose)에 의해서 연결된다.

또 여러개의 계기를 같은 압력원에 접속할 경우에는 매니폴드가 이용되고 있다. 플렉시블 튜브를 사용할 수 없는 경우에는 스테인레스관이나 동관 등을 코일 모양으로 하여 계기와 구조 부재의 사이를 접속하고 있다.

(가) 배관의 식별

정비사가 나셀(nacelle) 내부, 동체 내부, 날개 내부에 복잡하게 연결되어 있는 배관에 대하여 그 작업상 혼동하는 일이 없도록 일정한 양식을 정하여 배관 계통에 색표식을 한다.

이들 배관 계통으로부터 연결되어 있는 계기 호스 및 튜브 계통에도 같은 이유로 색표식이 되어 있다. 이 색표식에는 착색된 테이프가 이용되지만 락카로 쓰여진 경우도 있다.

색표식되는 경우는 장착된 부근 배관이 벌크헤드(bulkhead)와 컴파트먼트(compartment), 그 외의 항공기 구조상 나눠진 부분을 통과하는 전후, 그 외 식별을 요하는 곳에 표시된다.

(나) 배관의 크기 및 종류

항공기의 배관에는 알루미늄 합금, 스테인레스강 등으로 만들어진 관이 이용되고 있다. 이들 관의 크기는 외경은 분수로 나타내고 관의 두께는 소수로 나타내고 있다. 예를 들면 외경 $\frac{1}{4}$인치, 관의 두께 0.032인치라고 표시된다.

5) 계기의 배선

(가) 계기의 전기 접속 기구

계기의 전기 접속기로는 계기에 포스트(post)를 가지고 있고, 이것에 터미널을 가진 배선을 와셔(washer)와 너트(nut)를 이용하여 접속하는 것과 계기에 플러그를 가지고 있으며, 이것에 접속 리셉터클(receptacle)을 가진 배선을 끼워넣어서 접속하는 것이 있다.

(나) 본 딩(bonding)

본딩은 2개 이상으로 분리된 금속 구조물 또는 기계적으로 접합되어 있지만, 전기적인 접속이 불완전한 금속 구조물을 전기적으로 완전히 접속하는 것이다. 이 때문에 이용하는 도선을 본드선 또는 본딩 점퍼(bonding jumper)라고 부른다.

본딩이 불완전한 경우에는 무선 수신기의 잡음 장해, 계기의 지시 오차 또는 지침 요동 등의 나쁜 영향이 나타난다.

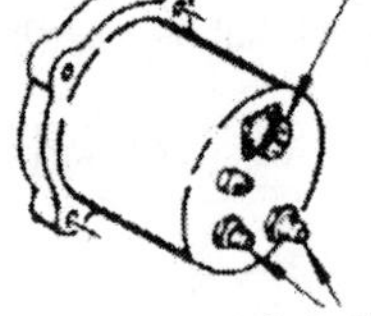

그림 1-7 계기의 배선 연결

본딩은 전기적 접속을 완전히 하기 위한 것이므로, 알루미늄판에 아노다이징(anodizing)처리가 되어 있는 경우에는 표면에 산화 피막이 입혀져 전기적으로 절연되어 있으므로 이 부분에 본드선을 접속할 경우에는 그 부분의 산화 피막을 제거하고 접속할 필요가 있다. 도장되어 있는 경우도 물론 같다. 접속한 후는 방녹

처리를 해야 한다. 본딩을 할 경우에 특히 중요한 것은 전해 부식(electrolytic corrosion)인데, 이것을 방지하기 위해 본드선을 접속할 경우에는 재료의 구성에 주의가 필요하다.

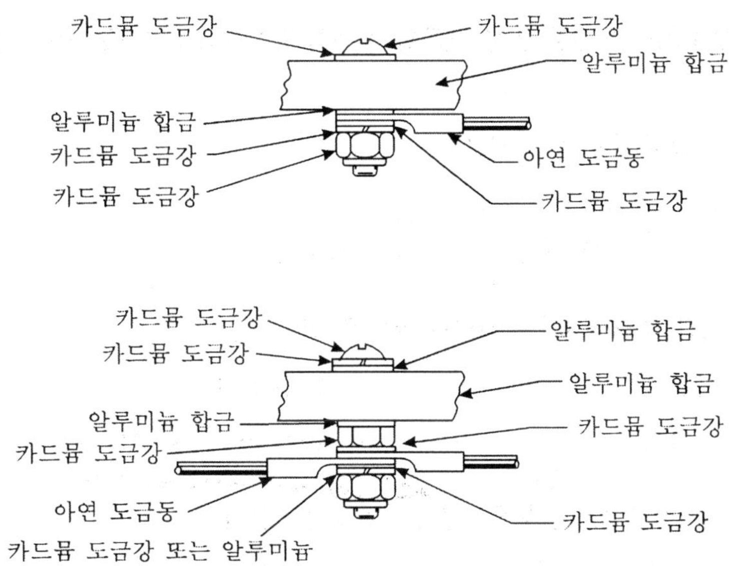

그림 1-8 본딩(bonding)

그림 1-8에 예를 나타냈다. 기체에 본드선을 접속할 경우에는 기체 제작사 등에 의해 지시된 재료를 사용할 필요가 있다. 또 마그네슘의 함유량이 많은 합금으로 만들어진 부분에는 본딩해서는 안된다.

(다) 전기적 합선

고공을 비행하는 항공기 내부의 전기적 부품들은 부품들간의 절연이 잘 안되어 전기적 합선현상이 일어날 수 있으므로 전기 계기 내부에는 질소, 헬륨 원소 등의 불활성 가스를 충전시켜 산소의 유입을 막아 불꽃(arc)에 의한 산화를 방지한다.

연습문제

1. 계기에 연결되는 배관을 연성 재료를 사용하거나 솔레노이드로 하는 이유는?

① 방진
② 교환 작업이 용이하기 때문에
③ 여유를 주기 위하여
④ 온도 변화에 따른 팽창, 수축에 대비하고자

2. 항공 계기의 색표시에서 황색호는 무엇을 의미하는가?

① 위험 범위 ② 경계 범위
③ 사용 범위 ④ 계기에 따라 다르다.

3. 다음 계기 중 청색호의 색표시를 할 수 있는 것은?

① 대기 속도계 ② 기압식 고도계
③ 흡기 압력계 ④ 산소 압력계

4. jet 항공기의 계기나 계기판에 설치된 발진기(vibrator)와 관련 있는 것은?

① 상온오차 ② 누설오차
③ 북선오차 ④ 마찰오차

5. 전기 계기 내부에 불활성 가스를 충만시키는 이유는?

① 계기 내부에 생길 수 있는 arc에 의한 산화 방지
② 계기 내부 코일에 발생되는 과열 방지
③ 코일의 온도 변화를 적게함으로써 저항 변화를 감소
④ 절연 효과를 증대시킴

6. 계기에 표시한 백색 호선에 관해 틀리게 표현한 것은?

① 속도계에만 있다.
② 최대 착륙중량시의 실속 속도를 알 수 있다.
③ 경고 범위

④ 플랩을 내릴 수 있는 가능한 속도를 알 수 있다.

7. parallex란 무엇에 의한 측정 오차인가?

① 과도한 측정력을 가함으로써 생기는 것
② 보정치를 잘못 수정한데 기인하는 것
③ 눈의 보는 각도에 따른 것
④ 측정기의 마모에 의한 것

8. 계기의 유리가 미끄러질 경우에 그것을 알려주는 표시는?

① 황색 아크선
② 백색 인덱스 마크
③ 녹색 방사선
④ 적색 방사선

9. 계기 패널 장착시 사용하는 충격 마운트의 수는 무엇으로 결정하는가?

① 판넬의 규격
② 판넬의 형식
③ 판넬의 중량
④ 계기의 수

10. 항공기에 있는 온도 지시계의 녹색호가 가리키는 것은?

① 지시계가 교정이 되어 있지 않다는 것
② 정상 작동 온도 범위
③ 낮고 불안정한 온도 범위
④ 높고 불안정한 온도 범위

11. 진공으로 작동되는 계기의 유리가 느슨한 경우 필요한 조치는?

① 케이스에 표시를 하고 유리에는 백색 표시를 한다.
② 유리를 교환한다.
③ 케이스에 있는 유리에 다시 sealing을 해준다.
④ 다른 계기로 교환한다.

12. 방사형 선의 표시로 대기 속도 지시계에서 비행 제한을 시킨다. 지시계의 백색호 선은 무엇을 가리키는가?

① flap의 작동 범위
② 정상 작동 범위
③ 주의 범위
④ 곡예비행의 허용 범위

13. 엔진 계기 앞면에 있는 적색 방사형선이 가리키는 것은?

① 정상 작동 범위
② 최대, 최소 안전 작동 제한
③ 작동이 일정한 조건의 제한
④ 주의 범위

14. 비행 계기의 배치에 있어서 잘못된 것은?

① 자세를 지시하는 계기는 계기판의 상방 중앙부에 위치
② 대기 속도계는 상방 중앙 위치의 계기 하측
③ 비행방향을 표시하는 계기는 상방 중앙 위치의 계기 하측
④ 고도계는 상방 중앙 위치의 계기 우측

15. 계기의 일반적인 구조에 들지 않는 것은?

① 수감부
② 확대부
③ 지시부
④ 운동부

16. 항공 계기의 특징을 설명하여라.

풀이 항공 계기는 안전성과 신뢰성을 위하여 다음과 같은 조건을 만족시켜야 한다.

① 무게는 항공기 자중을 적게 하기 위해 Al 등을 사용한다.
② 크기는 정밀도에 영향이 없는 범위 내에서 작게 만든다.
③ 사용 시간을 길게 하기 위해 내구성을 증가시켜 만든다.
④ 온도, 기압 변화 등의 외부 조건에 영향이 적을 것
⑤ 계기 내부의 누설을 방지하기 위해 밀폐시킨다.
⑥ 왕복 기관을 장착한 항공기에서는 기관의 진동이 심하므로 방진 마운트를 계기판과 기체 사이에 설치하여 가스터빈 기관은 오히려 진동장치를 설치하여 고도계 등의 마찰 오차를 줄인다.
⑦ 전기 계기 내부에는 불활성 가스를 충전시키고 완전히 밀봉하여 arc에 의한 산화를 방지한다.

17. 항공 계기의 색표시에 대하여 설명하여라.

풀이

① 적색 방사선 : 최대, 최소 운용 한계 표시

② 황색 호선 : 안전 운용 범위와 초과 금지 사이의 경계, 경고, 주위, 기피 범위

③ 녹색 호선 : 안전 운용 범위

④ 청색 호선 : 기화기를 장비한 왕복 엔진의 혼합비가 auto-lean때의 상용 안전 운용 범위로서 흡기 압력계, 기통두 온도계, 회전계에 표시되어 있다.

⑤ 백색 호선 : 대기 속도계에 표시된 색으로써 플랩 조작 속도 범위를 표시하는데 최대 착륙 중에 대한 실속 속도를 하한점으로 표시하고 플랩을 내릴 수 있는 최대 속도를 상한점으로 한다.

⑥ 백색 방사선 : 계기 유리에 표시하여 유리판과 계기 케이스가 미끄러졌는지를 표시한다.

제2장
공함 계기(피토-정압 계기)

2.1 공함 계기(피토-정압 계기) 일반

공함(pressure capsule)은 압력을 기계적 변위로 바꾸는 장치이고, 항공 계기에는 공함을 응용한 것이 많이 이용되고 있다. 대표적인 것으로 고도계, 속도계, 승강계, 마하계 등이 있으며 각각의 계기들을 필요에 따라 피토관(pitot tube) 또는 정압공에 연결되어 피토압 또는 정압(static pressure)을 수감하여 그 압력값으로 항공기의 상태 등을 알려준다. 이 밖에 피토 정압관은 여압 계통, 자동 조종 계통, 에어 데이터 컴퓨터(air data computer), 비행 기록계(flight recorder) 등과 같이 전압이나 정압을 필요로 하는 계기 및 장치에 연결된다.

1. 대기의 압력과 표준 대기

지표 부근의 공기는 그 위의 공기의 무게에 의해서 눌려지고 있으므로 압력이 발생되고 있다. 고도(altitude)가 높아지면 그 고도보다 위에 있는 공기가 지표의 경우보다 적어지므로 압력은 작아진다. 이와 같은 이유로 고도와 압력 관계는 그림 2-1과 같이 나타난다.

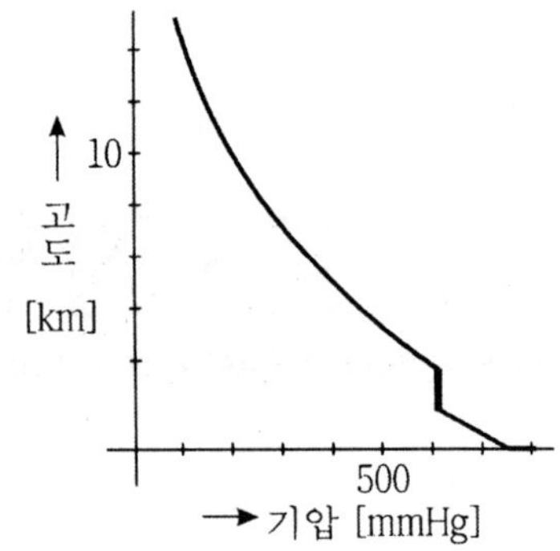

그림 2-1 고도와 대기압

해면(sea level)에 접한 대기의 압력은 약 1[kgf/cm^2], 5,000[m]의 상공에서는 약 0.47[kgf/cm^2], 10,000[m]에서는 약 0.26[kgf/cm^2]가 된다. 대기의 압력은 시간, 장소에 따라서 변동하고 일정하지 않다.

그 때문에 대기 압력을 측정하여 그 점의 고도는 정확히 구할 수 없다. 그래서 중위도 부근의 대기와 비슷한 가상 대기의 모델을 정하였다.(표준 대기라고 부른다) 이것은 실제의 대기와 비슷한 것이지만, 일종의 가상 대기이고 이 압력 분포에 의해서 구해진 고도는 실제 고도를 나타내는 것은 아니다.

그러나 표준 대기(standard atmosphere)에 의해서 모든 항공기가 항공 교통 관제에서 지시하는 비행 고도를 유지하면 공중 충돌 등의 사고를 막을 수 있다. 표준 대기 압력과 고도와의 관계를 이용해서 압력을 측정하여 고도를 구한다. 표준 대기는 다음과 같은 가정하에 만들어진 대기 모델이다.

[참고]

kgf(kilogram-force) : 1[kg]의 질량이 표준 중력(9.80665[m/sec^2])인 곳에서 받는 힘

1) 온 도(Temperature)

해면에서의 높이를 h라 하면 그 점의 온도[°C]는 다음과 같이 나타낸다.

$h<11{,}000[m]$일 때 $t=15-0.0065[h]$

$h>11{,}000[m]$일 때 $t=-56.5$

즉, 해면상에서는 15[°C]로, 고도가 11,000[m]까지의 범위는 1,000[m] 상승할 때

마다 6.5[°C]씩 온도가 떨어지고, 11,000[m] 이상에서는 −56.5[°C]로 일정하다.

2) 압 력(Baromatic Pressure)

해면상 대기의 압력은 1,013.25[mb]=1.03323[kgf/cm^2]=29.92[inHg]=760[mmHg]이다.

그림 2-2는 표준 대기의 압력과 고도, 기온, 밀도 관계를 나타낸다. 또 표 2-1은 고도와 기압의 관계를 나타낸 것이다.

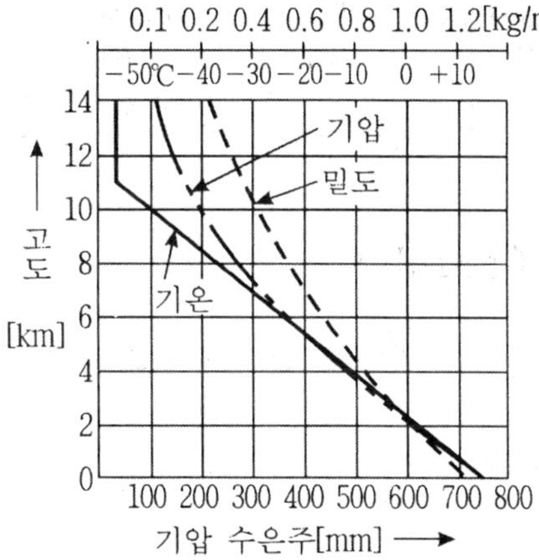

그림 2-2 표준 대기(standard atmosphere)

표 2-1 표준 대기(standard atmosphere)

고도[m]	기압[mb]	기압[mmHg]	고도[ft]	기압[mb]	기압[inHg]
−1,000	1,139.29	854.5	−2,000	1,088.66	32.15
0	1,013.25	760.0	0	1,013.25	29.92
1,000	898.74	674.1	2,000	942.13	27.82
2,000	794.95	596.3	4,000	875.10	25.84
3,000	701.08	525.9	6,000	811.99	23.98
4,000	616.40	462.3	8,000	752.62	22.22
5,000	540.20	405.2	10,000	696.81	20.58
6,000	471.81	353.9	12,000	644.41	19.03
7,000	410.61	308.0	14,000	595.24	17.58
8,000	356.00	267.0	16,000	549.15	16.22
9,000	307.42	230.6	18,000	506.00	14.94
10,000	264.36	198.3	20,000	465.63	13.75

고도[m]	기압[mb]	기압[mmHg]	고도[ft]	기압[mb]	기압[inHg]
11,000	226.32	169.8	22,000	427.91	12.64
12,000	193.30	145.0	24,000	392.71	11.60
13,000	165.10	123.8	26,000	359.89	10.63
14,000	141.02	105.8	28,000	329.32	9.72
15,000	120.45	90.3	30,000	300.89	8.89
16,000	102.87	77.2	35,000	238.42	7.04
17,000	87.867	65.9	40,000	187.54	5.54
18,000	75.048	56.3	45,000	147.48	4.35
19,000	64.100	48.1	50,000	115.97	3.42
20,000	54.749	41.1	55,000	91.198	2.69
			60,000	17.716	2.12

2. 공 함(Pressure Capsule)

압력을 기계적으로 변환하는 것으로 널리 사용되고 있는 것은 다음과 같다.

① 다이아프램(diaphragm)

② 벨로우(bellows)

③ 버든 튜브(bourdon tube)

다이아프램은 유효 수감 면적을 크게 만들 수 있으므로 작은 압력 변화를 검출할 수 있다. 공함은 2개의 다이아프램을 외주 방향으로 용접 또는 납땜한 것으로, 항공 계기에 사용되고 있는 것은 금속 다이아프램에 의한 공함이다. 또 각각의 다이아프램은 잔잔한 수면에 돌을 던진 경우에 발생하는 물결과 같이 동심원의 파형으로 만들어져 있다. 이것은 공함에 이용될 경우에 성능(변위 범위의 확대, 감도, 직선성)을 양호하게 하기 위함이다. 재료는 베릴륨(beryllum)이 널리 이용되고 있다.

그림 2-3에 공함, 벨로우, 버든 튜브의 예를 나타냈다. 공함에는 사용 목적에 따라서 2가지의 종류가 있다. 하나는 진공 공함(밀폐형 공함)으로 내부가 진공(10^{-5}[mmHg] 정도)으로 되어 있고 공함의 외부에 가해진 압력만으로 변위량이 결정되므로 절대 압력의 측정에 이용된다.

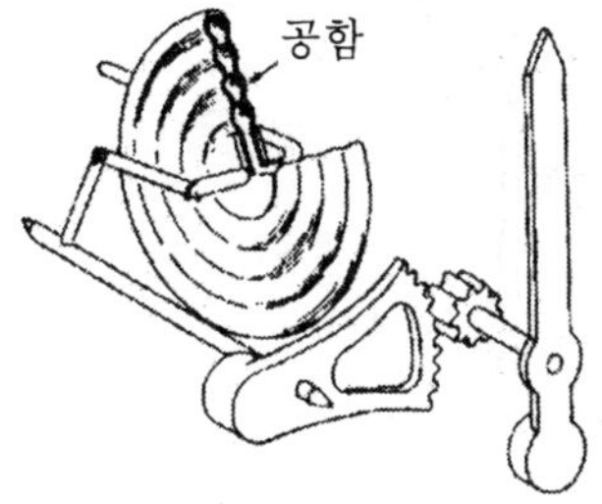

(a)

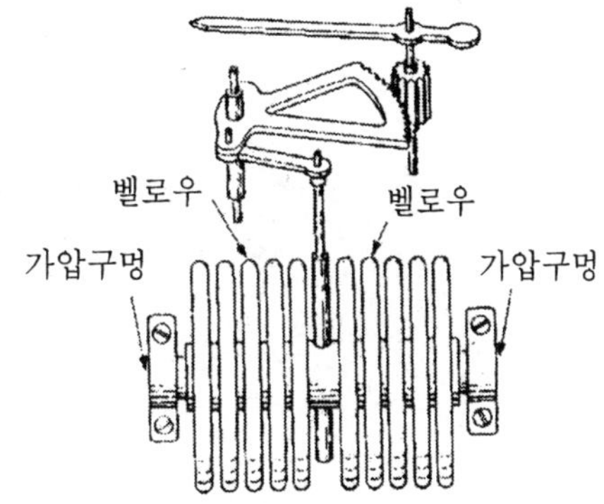

(b)

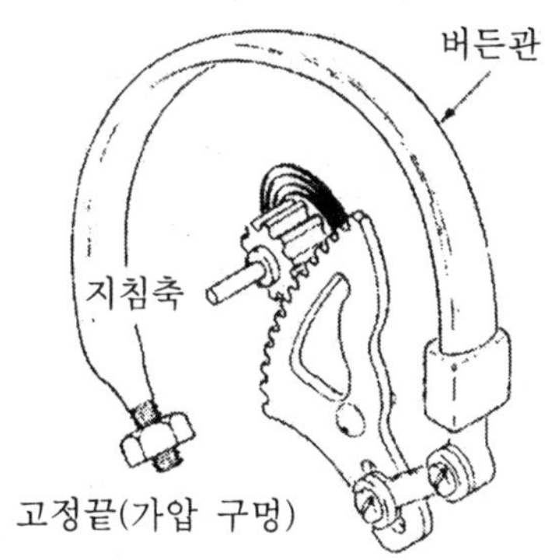

(c)

그림 2-3 압력 수감부(sensing element)

또 하나는 차압 공함(개방형 공함)으로 공함의 내부와 외부에 가해지는 압력차에 의해서 변위량이 결정되므로 압력차를 측정하기 위해서 이용된다. 고도계에는 진공 공함, 속도계 및 승강계에는 차압 공함이 이용된다.

공함의 실용 변위 범위는 상당히 작으므로, 계기로 사용할 경우에는 확대장치가 필요하다. 그림 2-4는 확대 장치의 예를 나타낸다.

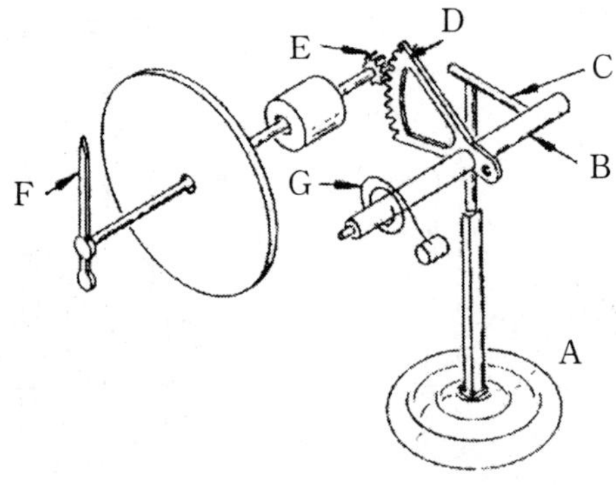

그림 2-4 확대장치(enlarging mechanism)

공함의 가동 부분 A의 변위는 B와 B에 장치된 레버에 의해서 B의 회전운동으로 바꾸어진다. B의 회전은 B에 장치된 섹터(sector) D 및 피니언 기어(pinion gear) E에 의해서 확대되고 지침 F를 크게 요동하게 할 수 있다. 헤어 스프링 G는 기어의 백래쉬(backlash)를 없애기 위한 장치이다.

3. 피토-정압 계통

피토 정압관은 그림 2-5와 같이 전압(total pressure)을 수감하는 피토관과 정압(static pressure)을 수감하는 정압공을 함께 가지고 있는 구조이다. 이것은 항공기 기체의 축과 평행으로 장착하여 실속 속도에서 최대 순항속도까지 정확하게 속도를 지시할 수 있도록 설치되어 있으나, 속도계에서는 피토-정압관의 장착 위치에 따라 지시에 큰 영향을 받는다.

일반적으로 빗놀이(yawing)와 선회 비행 등의 원인에 의한 오차를 줄이도록 하기 위하여 피토관은 전압만을 수감하는 피토공을 가지며, 정압공은 동체 좌우에 대칭으로 설치한 다음 서로 연결한다. 기본적으로 피토관이나 정압관은 층류가 흐르도록 해야 하므로, 피토관은 기체축과 평행하게 설치하는 것이 중요하고, 기수의 아랫부분과 앞부분, 날개의 앞전과 수직 안정판의 앞전 등에 장착하며 정압공은 동체 앞쪽 측면에 기축과 수직하게 대칭으로 설치한다.

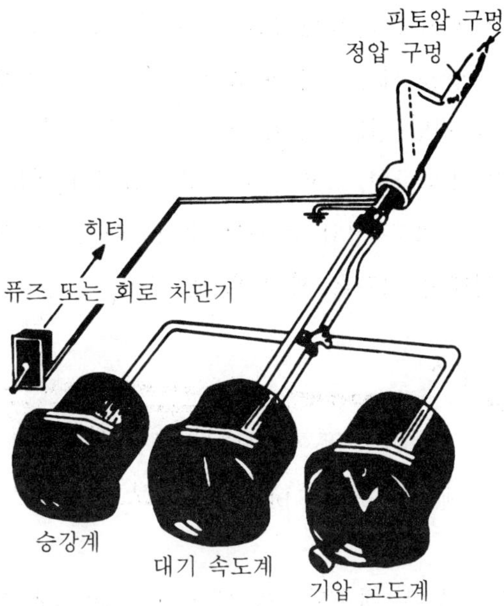

그림 2-5 소형 항공기의 피토-정압 계통

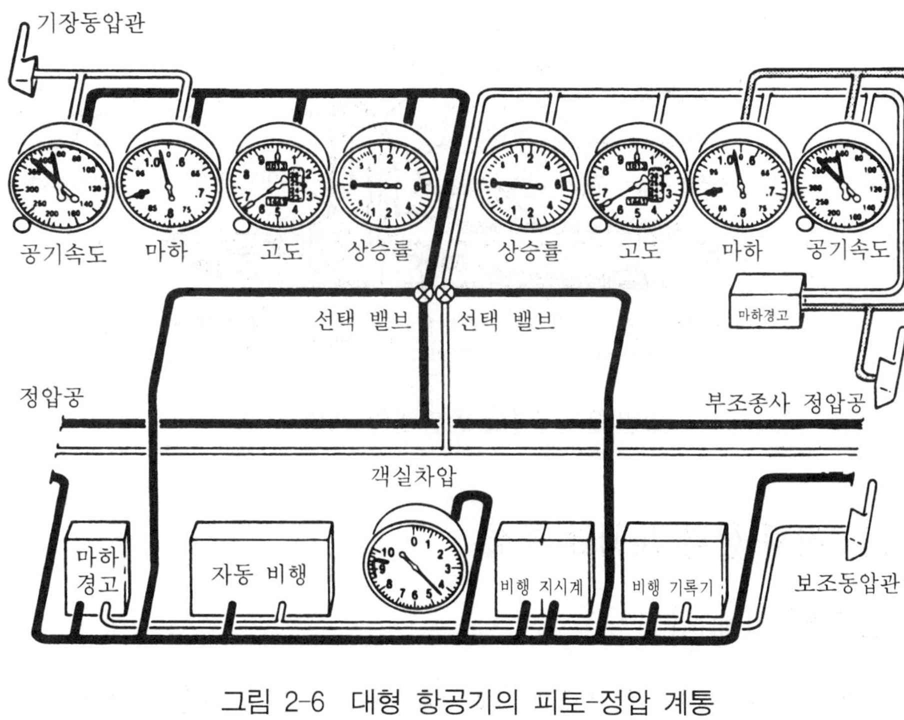

그림 2-6 대형 항공기의 피토-정압 계통

정압공은 피토-정압 계기로 분류된 모든 계기 즉, 고도계, 속도계, 승강계, 마하계 모두에 연결되어 정압을 제공하며 피토관은 속도계와 마하계에 연결되어 항공기가 앞으로 나아갈 때 전압(정압+동압)을 제공한다. 그림 2-5는 단좌식 소형 항공기에서는 피토-정압 계통이며, 그림 2-6은 B-737기의 피토-정압 계통으로써 조종사와 부조종사 각각의 피토-정압 계통이 분리되어 있어 어느 한쪽이 고장이더라도 항공기 운항에 영향이 없도록 하고 있다.

4. 피토-정압관의 구조

그림 2-7과 같이 눈, 비, 먼지 등이 관내에 흡입되는 것을 막기 위하여 피토공에서 여유를 두었다가 배플판(baffle plate)으로 보호한 다음 피토관에 압력이 전달된다.

또 일단 들어온 수분 등은 배수되도록 배수공(drain hole)이 마련되어 있고, 겨울에는 얼음을 제거하기 위하여 승무원에 의해 조작되는 전기식 가열기(heater)가 설치되어 있으며, 가열기가 작동하는 것을 알리는 지시등(indicator light)이 있다.

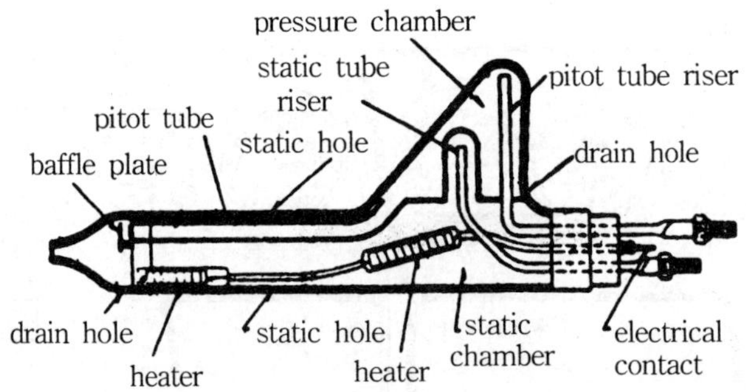

그림 2-7 피토-정압관의 내부 구조

2.2 피토-정압 계기의 종류

1. 고도계(Altimeter)

고도계의 역할은 기준 해면에서 항공기까지의 높이를 알려주는 장치이다. 이것은 일반적으로 기압을 측정하여 간접적으로 고도를 지시하는 것으로 측정되어 지는 압력은 정압 즉, 대기압이다. 이것에는 보통급과 정밀급이 있다. 보통급은 지시 바늘이 1개인 고도계로서 다이얼을 돌림으로써 0점을 조절(zero setting)하며, 활공기나 스카이다이빙(sky diving)에 이용한다. 정밀급은 아네로이드가 3/16[in] 변위하는데, 긴 바늘이 35회전 할 수 있는 정밀 고도계이다. 3개의 바늘을 가지고 있으며 기압 보정을 할 수 있고, 현재 항공기의 대부분에 사용되고 있다.

1) 고도의 종류

① 기압고도(pressure altitude) : 표준 대기압 해면(29.92[inhg])으로부터 항공기까지의 높이

② 진고도(true altitude) : 실제 해면상으로부터 항공기까지의 높이

③ 절대고도(absolute altitude) : 항공기로부터 그 당시의 지형까지의 높이

④ 밀도고도(density altitude) : 표준 밀도에 상당하는 고도로서 공기밀도가 대기압과 절대압에 따라 달라지는 것을 감안한 것이다.

⑤ 객실고도(cabin altitude) : 객실내의 기압이 표준 대기압으로 보아 어떤 고도에 해당하는가를 알려주는 것이다.

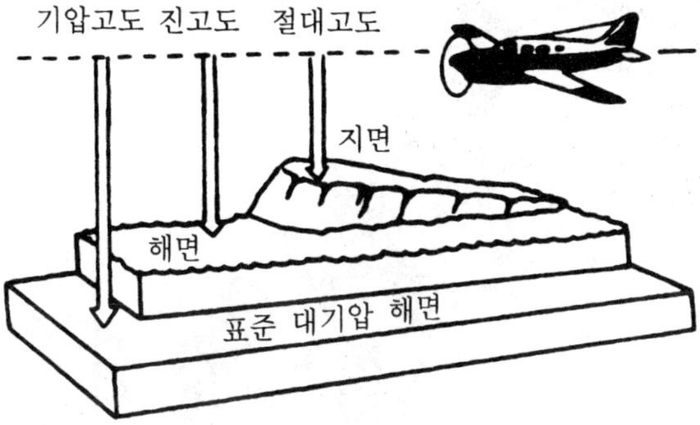

그림 2-8 고도의 종류

2) 고도계의 작동원리

고도계는 일종의 아네로이드(aneroid) 기압계인데, 기압 눈금 대신 대기압에 해당되는 고도의 눈금이 표시되어 대기압과 고도와의 관계에서 항공기의 고도를 지시하는 계기이다.

고도계는 아네로이드(aneroid)라는 진공 공함을 이용하는데 공함(collapsible chamber)은 압력을 기계적 변위로 바꾸는 장치이다. 항공기에 사용되는 압력 계

기 중에는 공함을 응용한 것이 많으며 이를 사용한 대표적인 계기에는 고도계, 승강계, 속도계가 있다.

그림 2-9와 같이 아네로이드는 외부의 압력 변화에 의해 팽창이나 수축을 할 것이고, 이 변위량은 기계적인 연결 장치를 거쳐 기어에 전달되므로 여기에 부착된 바늘은 변위량에 비례하여 눈금을 지시하게 된다. 이 값이 고도계에서는 아네로이드 외부의 대기압에 해당하는 고도가 된다. 이와 같은 공함은 고도계와 같은 계기의 성능을 좌우하는 가장 중요한 요소이며 일반적으로, 공함 재료의 탄성 한계 내에서 가해진 외압과 그것에 대한 변위량은 비례 관계가 성립하며, 외압이 제거되면 변위는 없어지고 원위치로 돌아오게 된다.

따라서 공함에 사용되는 재료는 탄성 한계 내에서 외력과 변위가 직선적으로 비례하며 비례 상수도 커야 하지만, 제작의 어려움 때문에 인청동을 사용하였으나 현재에는 베릴륨-구리 합금이 쓰이고 있다.

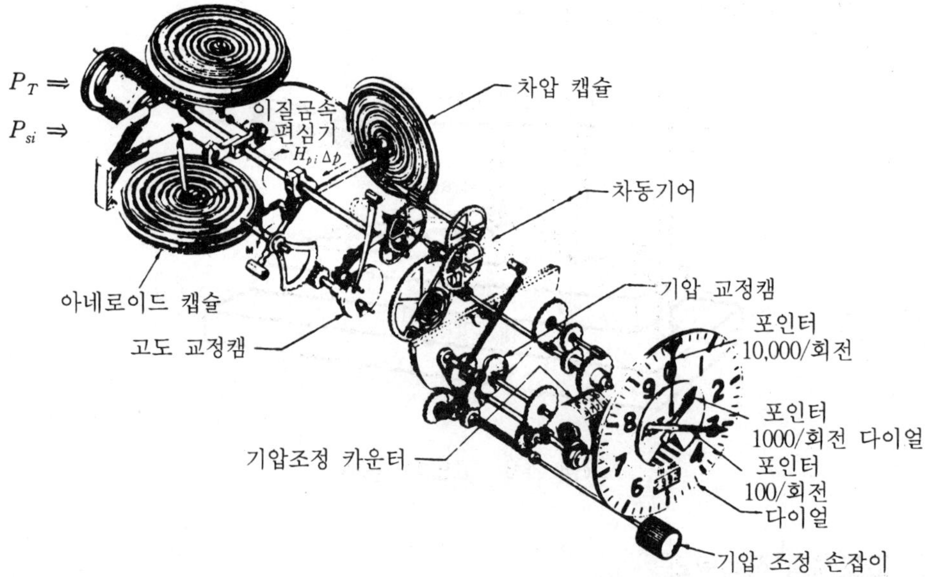

그림 2-9 고도계의 내부구조

3) 고도계의 구조와 기능

일반적으로 계기는 수감부, 확대부, 지시부로 나뉘는데 고도계 내의 아네로이드는 수감부에 속하는 구조로서 대기압의 변화에 의한 미세한 변위량을 확대부인 여러 가지 linkage에 전달하는 지시부인 바늘을 움직이게 한다.

보통 사용하는 고도계는 그림 2-11과 같이 바늘을 3개 가지고 있는 3침식 고도계로써 숫자 1을 지시했을 때 장침(minute hand)이 100[ft], 단침(hour hand)이 1000[ft], 변침(second hand)이 10,000[ft]를 뜻하며, 눈금의 안팎에는 삼각형의 설정 지표가 있다. 이것은 기압 눈금을 맞추기 위하여 기압 설정 손잡이(knob)를 돌릴 때 같이 움직인다.

그림 2-10 단침식 고도계

그림 2-11 삼침식 고도계

눈금판 위의 2와 3 사이에 있는 작은 창구에는 기압 눈금이 inHg 단위로 되어 있는 것과 hect.p로 되어 있는 것이 있는데, 어떤 것은 창구가 2개 있어서 두 가지 단위를 함께 지시하는 것도 있다.

4) 고도계의 사용법

고도계(Altimeter)는 대기의 절대 압력을 측정하여 표준 대기 압력과 고도 관계에서 간접적으로 고도를 알 수 있도록 만들어져 있다. 따라서 실제 대기압의 압력과 고도와의 관계가 표준 대기와 다른 경우는 고도가 같아도 고도계의 지시 수치가 다르게 된다. 이것은 착륙하는 공항의 기압이 낮을 경우에는 고도계가 어느 높이를 지시하고 있어도 대지 고도는 제로(0)가 되므로 상당히 위험하다.

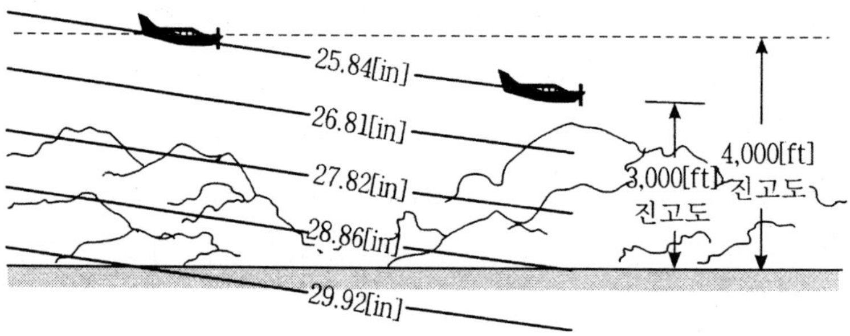

그림 2-12 고도와 기압의 관계

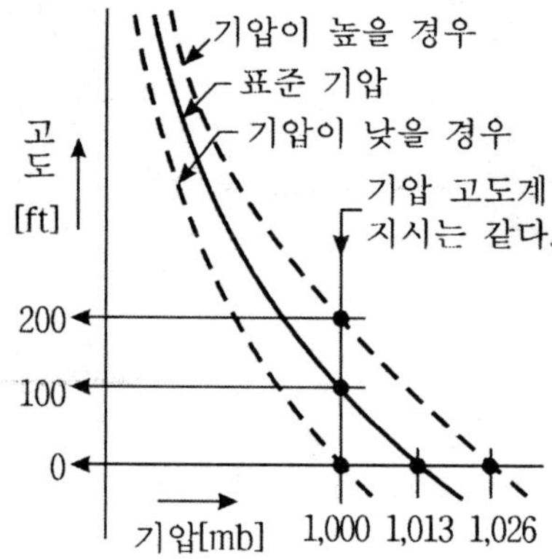

그림 2-13 고도계의 지시와 실제 고도

그래서 실제의 고도계는 기압이 바뀐 경우라도 적정한 고도를 나타내도록 조절할 수 있다. 이것을 위해서는 고도계의 정면의 좌측 아래에 있는 기압 셋트 노브를 돌려서 기압 지시 수치를 그 시각의 그 지역 기압에 일치하도록 조절하면 된다.

5) 고도계 보정(Altimeter Setting)

고도의 기준은 해면이기 때문에 정확한 고도로 항공기가 비행하기 위해서는 비행 당시의 해면 압력을 기준으로 설정하여야 한다. 따라서 정확한 진고도를 지시하기 위해서는 기압 눈금 창구에 그 당시의 해면기압을 맞추어야 한다. 이것을 고도계의 보정(altimeter setting)이라 하는데, 다음과 같은 세 가지 방법이 있다.

(가) QNE etting

14,000[ft] 이상의 고도, 해상의 원거리 비행등을 할 때 고도계의 기압 창구에 표준 대기압인 29.92[inHg]를 맞추어 표준 기압면으로부터 항공기까지의 기압 고도를 지시하게 하는 방법이다.

(나) QNH setting

그 당시의 해면의 기압을 기압 눈금판에 맞추어 항공기는 진고도를 지시하게 된다. 이 방식은 고도 4,200[m](14,000[ft]) 미만의 고도에서 사용하는 것으로서, 활주로에서 고도계가 활주로 표고를 가리키도록 하는 보정이다. 항공기는 이륙할 때에 이륙 비행장에서 QNH로 보정을 하여 이륙하고, 운항 중에는 근처의 관제탑으로부터 대기의 정보를 수시로 받아 기압 눈금을 수정하면서 비행하게 되면, 각 항공기는 기준면이 일치되어 다른 항공기와 일정한 고도의 차이가 유지될 수 있다. 우리나라에서도 채택되어 있고 타워(tower)에서 기압정보를 받아 보정(setting)하게 된다.

(다) QFE setting

활주로면의 기압을 기압 보정판에 맞추면 고도계는 활주로에서 항공기까지의 높이를 지시한다. 이는 항공기가 활주로 위에서 고도계가 0[ft]를 지시하도록 활주로를 기준으로 하는 방식이다. 이륙과 착륙 비행장을 항상 0[ft]으로 하여 비행하기 때문에, 단거리 비행이나 계기 착륙시 또는 이착륙 훈련 등에 편리한 방법이다.

즉, 지상에 있을 때 비행장의 기압을 기압 눈금에 맞추어 놓으면 착륙했을 때 고도계의 바늘은 0[ft]를 지시한다.

6) 고도계의 오차

고도계의 오차(Error)는 크게 나누면 눈금 오차, 온도 오차, 탄성 오차 및 기계적 오차로 나누어진다.

(가) 눈금 오차(pallarex)

고도계는 여러 개의 지침이 있으므로 눈금은 평등 눈금을 필요로 한다. 이에 대해서

① 대기압의 고도와 압력의 관계는 그래프상에서 비직선이다.
② 공함의 압력과 변위량의 관계는 완전한 직선이 아니다.

이 때문에 링크 기구 축에 의해서 이들 비직선성을 수정하고 있지만, 완전히 수정하는 것을 어렵고 어느 정도 비직선성이 남는다. 눈금 오차는 주로 이것에서 생긴다. 눈금 오차의 원인은 이외에 섹터 기어(sector gear)의 불균일에 의해서도 생긴다.

(나) 온도 오차(thermal error)

고도계를 구성하는 모든 부분의 온도 변화에 의한 팽창과 수축에 의해서 생긴 오차이다. 특히 공함의 지지부와 섹터축의 베어링 사이의 팽창 수축은 확대장치에 의해 확대되고 큰 오차를 만든다. 그 때문에 바이메탈(bimetal)에 의해서 온도 오차를 보정하고 있지만, 완전한 보정은 어렵고 어느 정도 온도 오차가 생긴다.

(다) 탄성 오차(elastic error)

고도계는 측정하려고 하는 대기압과 탄성체인 공함의 탄성력과 균형 관계에서 대기압(고도)을 측정하는 일종의 탄성 압력계이다. 그러므로 탄성체의 특성에 의해서 오차가 생긴다.

① 온도 변화에 의해서 탄성 계수가 바뀔 때의 오차
② 압력 변화에 대응한 휘어짐이 회복되기까지의 시간적인 지연에 따른 지연 효과에 의한 오차
③ 긴 시간에 걸쳐서 동일한 압력을 가해두면 휘어짐이 조금씩 증가하는 크리프(Creep) 현상에 의한 오차
④ 재료의 피로 현상에 의한 오차
⑤ 사용하지 않아도 제작중에 생긴 변형이 원래의 상태로 되돌아가기 위해서 변형을 만드는 오차가 탄성 오차이다.

지연 효과는 압력과 휘어짐 관계가 압력 증가의 경우와 압력 감소의 경우에 일치하지 않고 루프를 그린다. 이 현상을 히스테리시스(hysteresis)라고 한다. 그림 2-14에 나타난 것이 하나의 예이다. 탄성체의 크리프 현상에 의해서 지시치가 시간과 함께 조금씩 변해가는 것을 드리프트(drift)라고 부르고 있다.

또 지연 효과와 크리프(creep) 현상의 결과는 압력을 증감하여 원래의 상태로 되돌려도 지시치는 원래의 수치로 되돌아가지 않는다. 이 지시 오차는 애프터 이펙트(after effect)라고 하고 시험을 할 경우에 반드시 실시되는 중요한 항목이다.

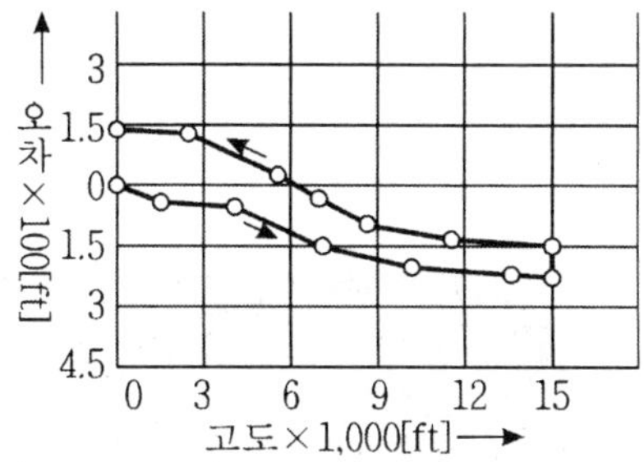

그림 2-14 고도계의 히스테리시스 오차

(라) 기계적 오차(mechanical error)

확대장치(enlarging mechanism)의 가동 부분, 연결, 기어의 맞물림 등의 모양, 백래쉬(backlash), 마찰 등에 의해서 생기는 오차이다.

7) 기능을 추가 변경한 고도계

여기까지 설명한 고도계의 기능은 다음과 같다.

① 기압을 측정하여 고도를 지시한다.
② 기압이 변화했을 경우에 조절할 수 있다.

다음에 설명하는 고도계는 두 개의 기능에 또 다른 기능이 추가된 것이다.

(가) 엔코딩 고도계(encoding altimeter)

고밀도 교통지역에서는 항공기의 위치와 고도의 정확성 필요 때문에 엔코딩 고도계(encording altimeter)가 항공교통관제(air traffic control)에서 사용하는 ATC 레이다의 스크린 신호를 제공하기 위한 목적으로 개발되었다. 엔코딩 고도계는 항공기 응답기(transponder)와 함께 작동하도록 전자회로를 포함하고 있다. ATC에서 응답기의 사용이 요구되면 자동적으로 항공기의 식별 및 고도가 레이다 스크린에 나타나게 된다.

엔코딩 고도계는 카타고리 II와 III의 착륙장치 계통을 갖고 있는 항공기와 운용

그룹 I과 II의 터미널 관제공역에서 12,500[ft] 이상을 비행하는 항공기에 요구된다. 엔코딩 고도계에는 지시 계기와 비지시 계기가 있다. 지시 계기는 계기판 위에 고도값을 지시하고 전자회로는 응답기에 필요한 고도 신호를 제공한다. 비지시 계기(blind encoder)는 항공기의 전원과 정압관이 가용한 어느 곳이나 설치된다. 비지시 계기는 외부 지시가 없다. 그러나 단지 정압 전자 감지기의 신호 트랜스미터 기능만으로 고도 정보를 응답기에 제공해 준다.

그림 2-15 드럼지침식 엔코딩 고도계

(나) 오차 보정 고도계(servo altimeter)

정압 계통의 오차는 정압공에 흐트러진 기류가 없는 경우에도 생긴다. 그리고 기체의 속도, 고도, 기종 등에 따라서 바뀐다. 오차 보정 고도계에는 기종마다 속도, 온도에 의한 정압 계통의 오차를 측정하고 그것을 속도, 온도에 따라서 보정하는 기능을 갖게 한다.

고속, 고고도 비행을 하는 항공기의 고도계에는 이 방식의 고도계가 많이 이용되고 있다. 그림 2-16에 한가지 예를 나타냈다. 오차 보정을 하는 서보(servo) 기능이 고장일 경우에는 통상 순수한 기압만으로 작동하는 고도계로 작동한다.

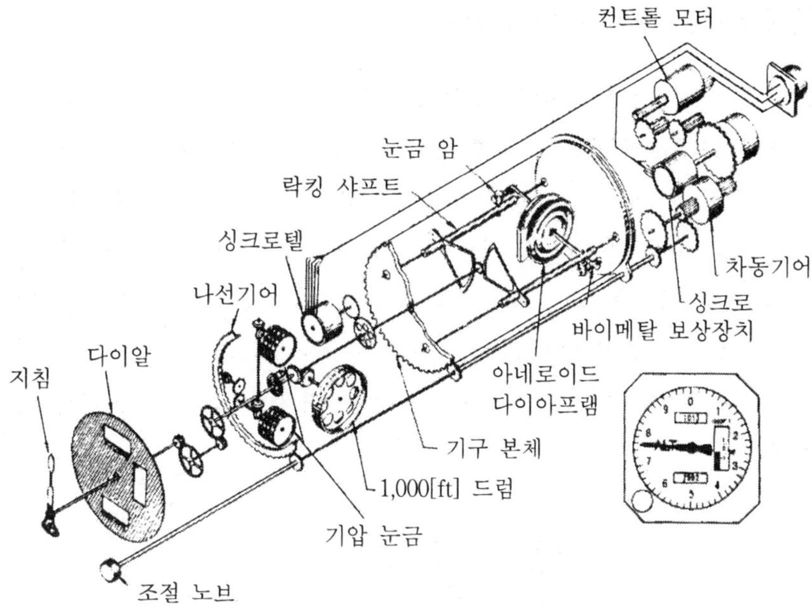

그림 2-16 보정 기능이 추가된 고도계

(다) 고도 지시기(altitude indicator)

이 방식의 고도계는 지시기만으로는 고도를 측정하는 기능은 전혀 없고 그림 2-17에 나타낸 것 같이 아래와 같은 기능을 한다.

① 에어 데이터 컴퓨터(air data computer)에서 받은 고도 정보를 지시한다.
② 에어 데이터 컴퓨터에 기압 정보를 보낸다.

고속, 고고도 비행을 하는 신형 항공기는 거의 이 방식의 고도계가 이용되고 있다.

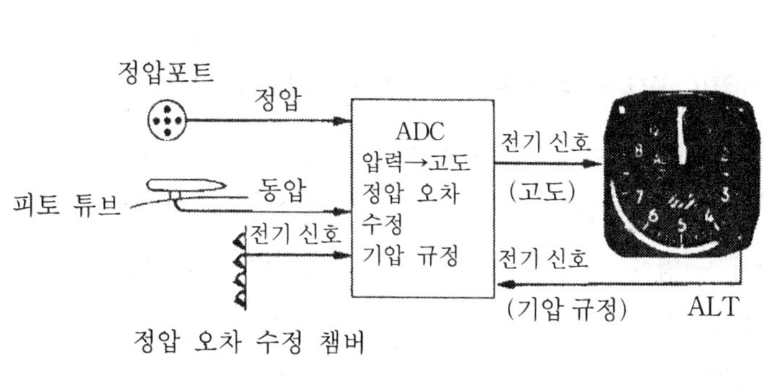

그림 2-17 ADC(air data computer)의 고도 지시기

2. 속도계(Airspeed Indicator)

항공기는 고도를 측정하기 위한 정보를 주변의 공기에서 얻으므로(INS, DNS는 공기로부터의 정보 없이 속도를 구할 수 있다), 공기 상태에 따라서 속도 지시값이 영향을 받는다. 그림 2-18의 항공기 A 및 B는 어느 것이나 대지에 대하여 200[kt]의 속도로 같은 방향으로 비행하고 있는 것으로 한다. 또 바람은 불고 있지 않다고 할 때, A는 B보다 낮은 고도를 비행하고 있으므로 B보다 주변 공기의 농도가 짙다. 그 때문에 B보다 큰 공기와의 충돌이 있고 공기와의 충동에 의해서 공기에 대한 속도를 알 수가 없다. 공기가 없는 경우에는 속도감은 완전히 없어진다고 생각된다.

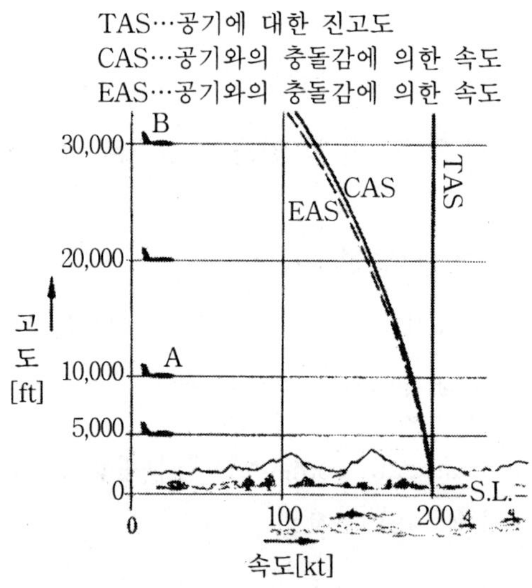

그림 2-18 TAS, CAS, EAS

1) 정압(static pressure)과 전압(total pressure)

항공기의 경우에는 속도를 알기 위해서 그림 2-19에 나타낸 것 같이 공기의 흐름 방향으로 뚫린 구멍 P와 흐름에 직각인 방향으로 향하여 뚫린 구멍 S를 가진 장치의 각각의 구멍에 작용한 압력을 관을 통하여 이용하고 있다. P부는 공기와 정면 충돌하므로 압력이 커지지만, S부는 공기와 충돌하지 않으므로 그 장소의 대기압과 같아진다.

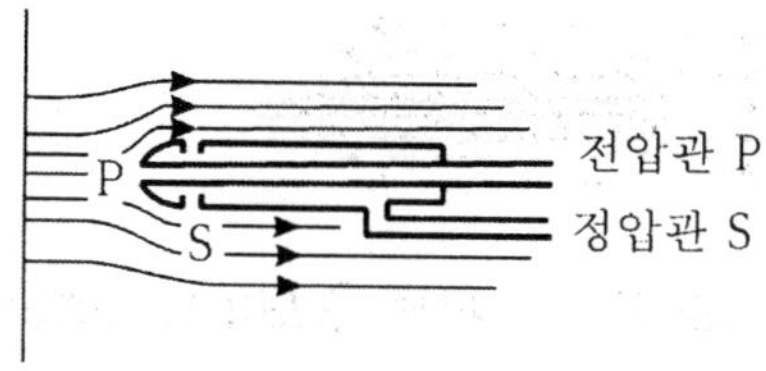

그림 2-19 피토관(pitot tube)

P부의 압력을 P_p, S부의 압력을 P_s로 하면 $P_p - P_s$가 공기와의 충돌에 의해서 생긴 압력 증가이다. $P_p - P_s$는 그 장소의 공기의 밀도를 ρ, 공기에 대한 속도를 V로 하고 r을 공기의 비열비로 하면, 다음과 같은 관계가 있다.(단열 압축 흐름의 식으로 음속 미만의 속도에 적용할 수 있다)

$$P_P - P_S = P_S\left[\left(1 + \frac{r-1}{2r}\frac{\rho}{P_S}V^2\right)^{\frac{r}{r-1}} - 1\right] \tag{2-1}$$

저속으로 공기의 압축성을 생각할 필요가 없을 때는 다음과 같이 된다.

$$P_P - P_S = \frac{1}{2}\rho V^2 \tag{2-2}$$

이 식에서 알 수 있듯이 V를 구하기 위해서는 P_p, P_s 및 공기의 밀도 ρ를 알 필요가 있다.

위에서 P_p을 전압(또는 피토압), P_s를 정압이라고 부르고 있다. P_s는 그 장소의 대기압과 같고 P_p는 공기의 충돌에 의한 압력 증가분에 그 장소의 대기압을 더한 것이다. 그래서 전압(total pressure)이라고 부른다.

또 그림 2-19에 나타낸 장치는 피토 정압관(Pitot Static Tube)이라 부르고 이것은 피토 튜브에 전압공과 정압공이 설치된 것이지만, 그림 2-20에 나타낸 것 같은 전압공 만의 피토 튜브가 더 많이 이용되고 있다. 전압공만의 피토 튜브를 이용한 경우에는 정압은 동체의 측면 등에 설치된 정압공에서 얻는다.

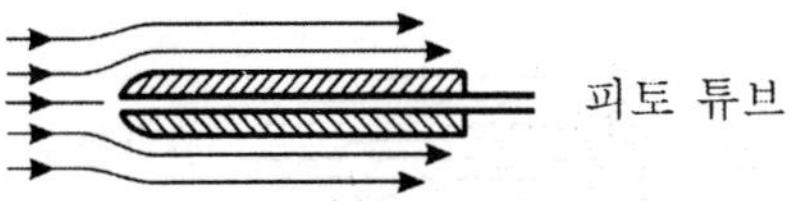

그림 2-20 피토 튜브(pitot tube)

지금까지의 설명에서 P_p, P_s와 ρ를 측정하면 V를 구할 수 있다고 하는 것을 알 수 있다. 그러나 P_p 및 P_s를 압력계로 측정했다고 해도 ρ를 알 수 없으면 V는 구할 수 없다. 실제로 이용되고 있는 속도계는 표준 대기의 해면에 접한(고도 0) 부분의 공기의 밀도 ρ_0 및 압력 P_0를 이용하여 눈금이 만들어졌다. 그 때문에 고공에서 공기의 밀도가 해면의 공기 밀도보다 작아지면 항공기의 속도가 바뀌지 않는 경우라도 속도계의 지시값은 작아진다.

2) 속도계(airspeed indicator)의 구조와 작동

앞에서 설명한 것 같이 속도계는 표준 대기의 해면상에서 밀도를 이용하여 식 (2-1)에 나타낸 속도와 차압 관계로 눈금이 만들어져 있다. 그림 2-21에 속도계의 구조를 나타내었다.

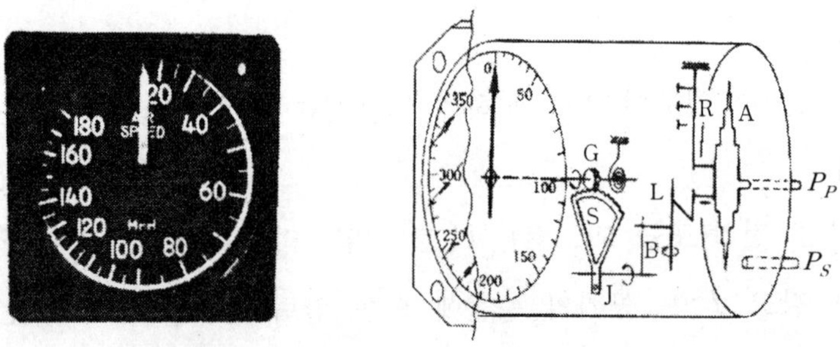

그림 2-21 속도계(airspeed indicator)

공함 A는 개방형 공함(차압 공함)이 이용되고 있고 내부에 전압, 외부(지시계 케이스 내부)에 정압이 가해진다. 따라서 공함의 가동 부분의 변위는 전압 P_p와 정압 P_s의 차 $P_p - P_s$에 의해서 결정된다. 이 변위는 링크 L에 의해서 섹터축(sector shaft) J의 회전으로 바뀐다.

섹터축 J의 회전은 섹터 S와 기어 G에 의해서 회전각이 확대되고 지침을 회전시킨다. 바이메탈 B는 온도 오차를 제거하기 위한 것이고, 지침축에는 백래쉬

(backlash)를 제거하기 위한 장치가 되어 있다.

지침의 회전각은 속도 제곱에 거의 비례하므로 속도가 큰 곳에서는 눈금폭이 커지므로, 제한 스프링에 의해서 공함의 변위를 조절하고 속도 눈금이 거의 균등(속도가 작은 곳은 제곱 눈금에 가까운 불균등 눈금)해지도록 연구되고 있다.

항공기가 앞으로 나아갈 때 대기에 대한 상대풍의 속도를 지시하는 것으로서, 대기가 정지하고 있을 때에는 지면에 대한 속도와 같다. 속도계는 피토압과 정압을 측정하여 이것을 베르누이의 정리를 이용하여 속도로 환산하여 항공기의 속도를 지시하는 것이다.

피토-정압 계통의 속도계는 베르누이 정리를 기본 이론으로 하여 다음과 같은 속도식이 성립한다.

$$V=\sqrt{\frac{2(P_t-P_s)}{\rho}} \tag{2-3}$$

피토관을 통해 동압과 정압의 합인 피토압(P_p)를 받게 되는데, 이것이 전압(P_t)이다. 즉 $P_p=P_t$이다. 정압공에는 정압(P_s)이 작용하며, 이 때 전압과 정압의 차이는 동압(P_d)이 된다. 속도계의 공함에는 동압이 가해지고, 동압은 유속의 제곱에 비례하므로, 압력 눈금 대신에 환산된 속도 눈금으로 표시하면 대기 속도가 측정된다.

속도계는 그림 2-22와 같이 밀폐된 케이스 안에 개방 공함인 다이어프램이나 벨로스와 같은 공함이 들어 있는데, 공함 안쪽에는 피토압이 전달되고, 바깥쪽에는 정압이 가해진다. 항공기의 속도에 따라 이 두 압력의 차압, 즉 동압에 의하여 공함이 팽창하며, 이 변위량은 확대장치에 의하여 확대되어 바늘에 전달된다. 변위량은 확대 기구에서 보정하여 눈금을 일정하게 하며, 속도의 단위는 knot(1852[mile/h]) 또는 mph(1.609[km/h])를 사용한다.

속도계에는 피토관의 장착 위치에 따라 난류 등에 의한 오차가 생길 수 있다. 고도계에 사용되는 것보다 약하기 때문에 주의해서 취급해야 한다.

고도계는 지상에서 29.92[inHg]의 압력이 가해지나, 속도계에서의 압력은 300[mph]에서 3.4[inHg], 400[mph]에서 6.2[inHg], 600[mph]에서 15.0[inHg]로써, 고도계에서의 압력보다 반 이하 정도로 작다.

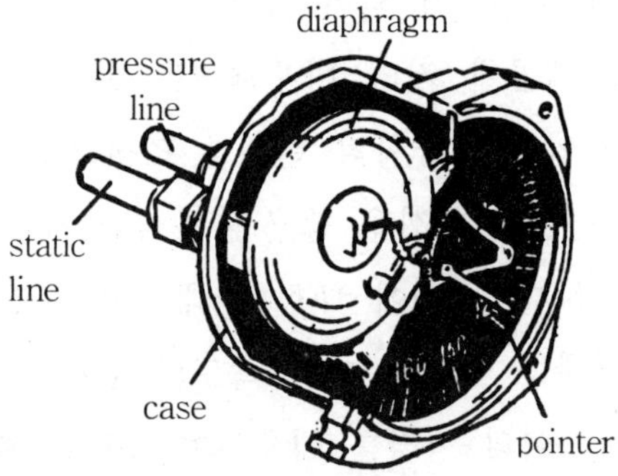

그림 2-22 속도계의 구조

3) 속도의 종류

(가) 지시 대기 속도(IAS : indicated air speed)

속도계가 지시하는 속도

(나) 수정 대기 속도(CAS : calibrated air speed)

지시 대기 속도에서 피토 정압관의 장착 위치와 계기 자체에 의한 오차를 수정한 속도

(다) 등가 대기 속도(EAS : equivalent air speed)

수정 대기 속도에서 공기의 압축성 효과를 고려한 속도

(라) 진대기 속도(TAS : true air speed)

등가 대기 속도에서 다시 밀도를 보정한 속도

이 때의 밀도 보정에 따른 수정률은 외기 공기의 온도와 압력에 의해 다음과 같이 표시할 수 있다.

$$\text{지시 대기 속도 } V_i = \sqrt{\frac{2(P_p - P_s)}{\rho_0}} \tag{2-4}$$

$$\text{진대기 속도 } V_T = \sqrt{\frac{2(P_p - P_s)}{\rho}} \tag{2-5}$$

이들 속도의 관계는 $V_T = V_i \times \sqrt{\frac{\rho_0}{\rho}}$ 이며, $\rho = \frac{P}{nRT}$이며 $\rho_0 = \frac{P_0}{nRT_0}$이므로 진대기 속도 V_T는 다음과 같이 구할 수 있다.

$$V_T = V_i \times \sqrt{\frac{P_0}{P} \times \frac{t+273}{288}} \tag{2-6}$$

여기서, ρ_0 : 해면상의 공기 밀도, ρ : 비행 고도의 공기 밀도,

P_0 : 해면상의 대기압, P : 비행 고도의 대기압,

t : 비행 고도의 대기 온도

3. 마하계(Machmeter, Mach Number Indicator)

마하계는 속도계의 한 종류로서 항공기의 대기 속도를 공기 중의 음속에 대한 배율 즉, 마하수로 표시하는 계기이다. 그림 2-23은 마하계를 나타낸 것이다.

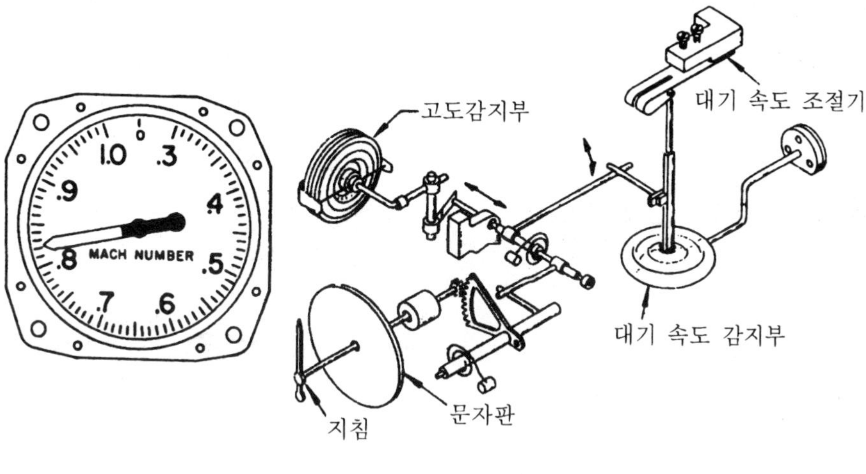

그림 2-23 마하계(machmeter)

마하계의 기본 원리는 속도계와 비슷하다. 하지만 마하수 변화와 관계가 깊은 요소인 중력 가속도와 대기 온도의 절대 온도의 변화량을 계기 내에서 기계적인 변화량으로 보정해야 하기 때문에 같은 대기 속도일지라도 고도에 따라 음속은 다른 값으로 지시하도록 설계되어 있다.

마하계는 중력가속도와 절대온도의 변화를 기계적인 변위로 나타내야 한다. 하

지만 중력가속도와 절대온도는 고도에 따라 그 값이 정해진다. 따라서 마하계에는 중력가속도와 온도를 수감하는 수감부 대신 고도를 수감하는 절대공합인 아네로이드(aneroid)를 설치하여 고도 변화에 따른 기압의 변화를 보상할 수 있도록 되어 있으며 이 아네로이드를 고도 수정 아네로이드(altitude correction aneroid)라 한다.

마하계는 제트 항공기에서는 속도계와 함께 절대적으로 필요한 계기로서, 현용 일반 제트 여객기에 사용되는 것은 50,000[ft] 고도 한계에서 0.5~2.0의 마하수로 눈금이 매겨져 있다.

음속에 가까운 속도로 비행하는 항공기는 돌풍을 갑자기 만나면 기체의 일부가 음속을 넘어서 충격파의 발생으로 위험한 상태가 된다. 그 때문에 고속 항공기에서는 비행중에 음속에 대하여 어느 정도의 속도인가를 알아서 돌풍 등에 대한 여유 한계를 가질 필요가 있다.

공기중에서 음파가 전해지는 속도는 그 장소의 공기의 상태(온도)로 결정한다. 그 속도를 c로 하고 항공기의 진대기 속도를 V로 하면 $M = V/c$를 마하수(mach number)라고 부른다.

음속(speed of sound)은 공기의 상태(온도)에 의해서 변한다.(표 2-2) 그 때문에 비행하고 있는 고도의 음속에 따라서 최대 운용 한계 속도를 바꾸어 지시할 필요가 있고 흔히 속도계에 적색과 흰색의 사선으로 칠해진 지침(barber pole이라고 부른다)으로 되어 있다.

표 2-2 고도(altitude)와 음속(speed of sound)

고도 [m]	기온 t [°C]	기압 P [mm·Hg]	밀도 ρ [kg/m³]	음속 a [m/s]
0	15.000	760.000	1.22500	340.429
500	11.750	716.015	1.16730	338.294
1000	8.500	674.111	1.11160	336.567
1500	5.250	634.222	1.05810	334.487
2000	2.000	596.263	1.00650	332.529
2500	−1.250	560.165	0.95686	330.559
3000	−4.500	525.857	0.90912	328.578
3500	−7.750	493.271	0.86323	326.584
4000	−11.000	462.339	0.81913	324.579
4500	−14.250	432.998	0.77677	322.560
5000	−17.500	405.182	0.73612	330.529
5500	−20.750	378.832	0.69711	318.485
6000	−24.000	353.886	0.65970	316.428
6500	−27.250	330.288	0.62384	314.358
7000	−30.500	307.981	0.58950	312.273
7500	−33.750	286.909	0.55662	310.175
8000	−37.000	267.020	0.52517	308.063
8500	−40.250	248.263	0.49509	305.935
9000	−43.500	230.587	0.46635	303.793
9500	−46.750	213.944	0.43890	301.636
10000	−50.000	198.288	0.41271	299.463
10500	−53.250	183.573	0.38772	297.274
11000	−56.500	169.754	0.36392	299.069
11500	〃	156.884	0.33633	〃
12000	〃	144.990	0.31083	〃
12500	〃	133.997	0.28726	〃
13000	〃	123.838	0.26548	〃
13500	〃	114.449	0.24535	〃
14000	〃	105.752	0.22675	〃
14500	〃	197.743	0.20956	〃
15000	〃	190.392	0.19367	〃
15500	〃	83.492	0.17899	〃
16000	〃	77.162	0.16542	〃
16500	〃	71.312	0.15288	〃
17000	〃	65.905	0.14129	〃
17500	〃	60.909	0.13058	〃
18000	〃	56.291	0.12068	〃
18500	〃	52.023	0.11153	〃
19000	〃	48.079	0.10307	〃
19500	〃	44.434	0.09526	〃
20000	〃	41.065	0.08804	〃

4. 승강계(Vertical Speed Indicator, Rate of Climb Indicator)

승강계(vertical speed indicator)는 항공기의 수직 방향 속도를 지시하는 계기로서 항공기가 비행 중 상승 또는 하강을 할 경우 상승률과 하강률을 정확히 나타내는 계기이다. 조종사가 기관 작동 범위 내에서 상승하도록 도와주며 저고도로 하강하거나 착륙할 때 정확한 하강률을 알 수 있도록 한다.

항공기가 수평 비행을 할 때에는 눈금이 0을 지시하지만, 상승 또는 하강에 의하여 고도가 변하는 경우에는 고도의 변화율을 [ft/min] 단위로 지시하게 되어 있다.

승강계는 차압 공함(collapsible chamber, diaphragm)이 이용되는데 이 차압 공함의 내·외부의 압력차에 따라 항공기의 승강률이 나타내어진다. 항공기가 상승할 때에는 공함의 안쪽은 그 당시 고도의 기압이 작용하고, 바깥쪽은 바로 조금 전 고도의 기압이 작용하도록 되어 있어서 이 두 압력차에 의하여 공함이 수축한다.

이 때, 고도 상승을 멈추면 바깥쪽의 공기가 안쪽으로 모세관의 작은 구멍을 통해 흘러 들어가는 것이 계속되어, 시간이 경과함에 따라 안팎의 압력차는 없어지게 됨으로써 공함은 원래의 상태로 복귀하게 된다.

그러나 작은 구멍을 통하는 공기의 흐름에 의한 압력차는 고도가 증가함에 따라 계속 지속하게 될 때에는 공함은 수축할 것이고, 그 수축 변위에 상당하는 양은 적당한 확대장치를 통하여 바늘에 지시된다. 또, 항공기의 강하 비행을 할 때에는 안팎의 압력차가 반대로 작용하여 공함의 팽창에 의한 변위를 지시하게 된다.

이 계기의 지시에 대한 감도는 작은 구멍의 크기에 의해 결정되는데, 구멍이 작은 경우에는 감도가 높아지나 지시하는데 지연 시간이 길어지고, 구멍이 큰 경우에는 지연 시간이 짧으나 감도가 낮아지게 된다. 그래서 현재 사용되고 있는 승강계는 지시 지연을 7~12초 정도로 하고 있다.

승강계의 구조는 그림 2-24와 같으며, 승강계 다이얼에는 0의 위치가 9시 방향에 위치하며 항공기가 상승할 때에는 바늘이 시계방향으로 회전하며, 하강시에는 바늘이 반시계방향으로 회전하면서 지시하도록 되어 있다. 승강계의 눈금 범위는 0~2,000[ft/min]용과 0~6,000[ft/min]의 2종류가 있다. 케이스 뒷면에는 정압이

들어올 수 있는 연결관이 정압관에 연결되며 이 관을 통해 들어온 압력은 차압 공함으로는 어떤 흐름 제한없이 들어오며 케이스 안쪽으로는 모세관(pin hole)을 통해서 들어오도록 연결된다. 고도의 변화가 있을 때에는 기압의 변화로 인하여 공함의 안쪽 압력이 변화하게 되는데, 공함의 바깥쪽 압력, 즉 케이스 안에는 모세관을 통하여 천천히 압력이 변화하게 된다.

공함 내 외측의 압력차에 따른 모세관 내의 공기 흐름의 저항은 공기의 동점성 계수의 크기에 따라 좌우되는데 동점성 계수는 공기의 절대온도와 대기압에 따라 변화한다. 온도가 높고 대기압이 낮을 때에는 공기의 밀도가 적어 동점성 계수는 감소하며 따라서 공기 저항이 감소되어 흐름이 용이하여 소공의 크기가 큰 것과 같은 현상이 생긴다.

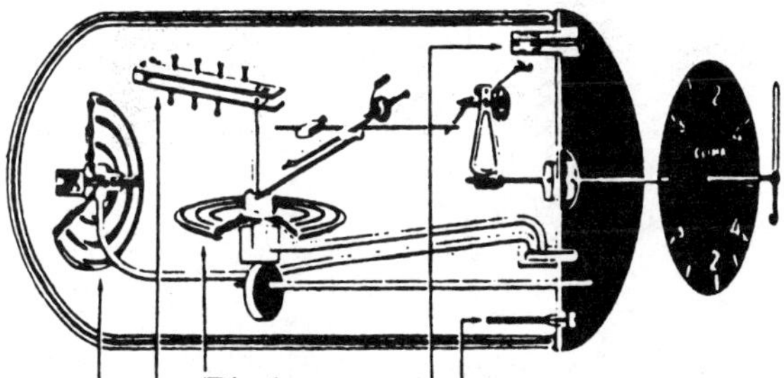

그림 2-24 승강계의 구조

반대로 온도가 낮고 대기압이 높으면 동점성 계수는 증가하고 공기 저항이 증가하여 소공이 작은 것과 같은 현상이 생긴다. 이와 같이 공기온도와 대기압의 변화는 같은 고도 변화의 경우라도 공함의 기계적 변화율을 달라지게 하여 승강계의 지시에 오차를 유발시킨다. 따라서 온도 변화가 있을 때 이것을 보정하기 위해 온도 보정 장치인 디퓨저 벨브 어셈블리(diffuser valve ass'y)를 승강계에 설치하여 온도가 변해도 지시에는 영향이 없도록 한다.

승강계 내부에 설치된 차압 측정장치인 다이아프램(diaphragm)은 항공기의 급강하 비행이나 거친 비행 조작에 의해 손상될 수 있으므로 이 차압 공함의 손상을 방지할 수 있는 대부분의 승강계에는 주 차압 공함의 보호용 공함이 설치된다.

보통의 승강계는 지시지연 시간이 있기 때문에 짧은 순간의 승강률을 알 수가 없으므로 승강계의 지시 지연을 거의 없게 만든 순간 수직 속도계(IVSI, instantaneous vertical speed indicator)가 있다. 이것은 공함 내에 정압이 전달되는 과정에서 가속 펌프(vertical acceleration pump)에 의해 순간적으로 압력차를 해소되도록 제어함으로써 지시 지연을 없게 한다.

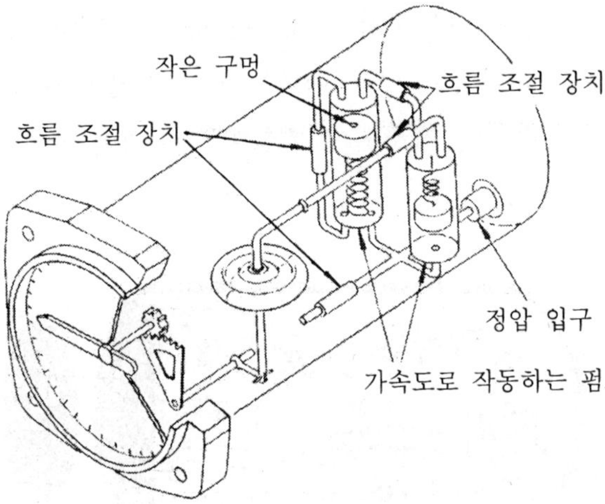

그림 2-25 IVSI(instantaneous vertical speed indicator)의 구조

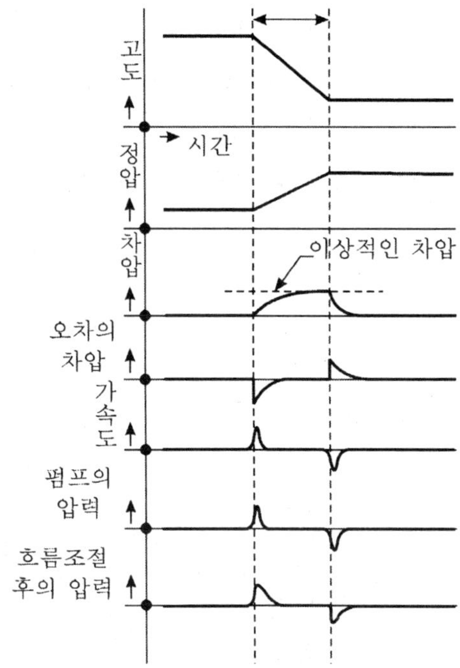

그림 2-26 IVSI의 원리

승강계는 항공기의 운동에 대하여 지시의 지연이 크다. 예를 들면 매분 1,000[ft]의 비율로 강하를 시작해도 그것에 상당하는 압력차가 Ⓐ, Ⓑ 사이에 생기지 않으면「−1,000[ft/min]」을 지시하지 않는다. 이와 같이 좋지 않은 상태를 없애기 위해 강하 또는 상승을 개시했을 때 생기는 상하 방향의 가속도에 의해서 펌프를 작동시키고 펌프의 출력(압력)을 흐름 조절 장치를 통과시켜 차압의 오차와 비슷한 압력을 발생시켜서 지시의 지연을 수정하고 있다. 이 방식의 승강계는 IVSI(instantaneous vertical speed indicator)로 불려 널리 이용되고 있다.

5. 기타 피토-정압 계통과 관련된 계기

1) 영각 지시계(Angle of Attack Indicator)

이 계기의 기능은 공기속도, 최대 허용 지시속도와 영각을 지시한다. 지시 대기속도(IAS)는 다이어프램에 의해 구동되는 바늘에 의하여 다이얼 위에 지시된다.

영각의 정보사항은 계기판 다이얼의 외면 주위에 대하여 부채꼴 범위내의 회전 대기 속도의 지시값에 의하여 지시된다. 이 이동성 부채꼴 대기속도 눈금은 서보

기계장치에 의하여 지시되고 서보 기계장치는 영각 감지기로부터 신호를 수신한다. 그러므로 바늘은 영각과 대기속도 둘다 지시한다. 영각 감지기는 서보 기계장치를 제어하는 전기적 신호를 제공한다. 최대 허용, 초과 금지 지시 대기속도를 지시한다. 이 지침은 정압 진동판과 특수하게 교정된 기계장치에 의하여 작동한다.

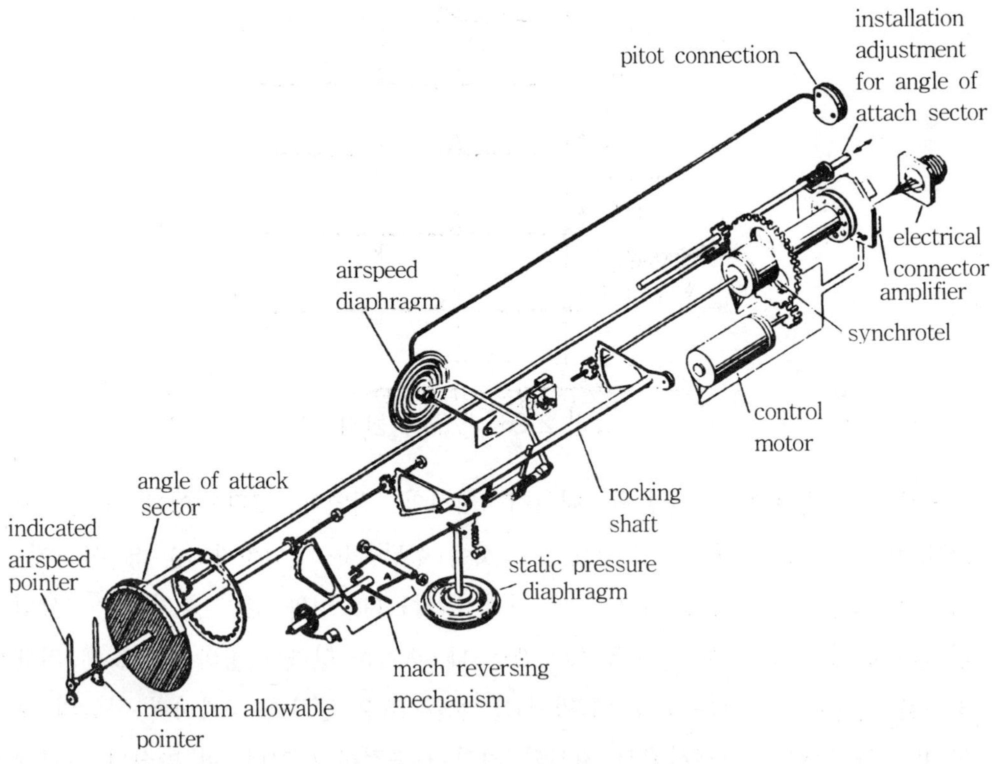

그림 2-27 영각 지시계 계통도

그러므로 지침은 최대 허용 지시 대기속도를 절대 대기 속도의 기능만으로 지시한다. 최대 허용 지시속도는 고도가 25,000[ft] 까지 증가함에 따라 같이 올라가며 마하수 1에 도달하는 것을 허용하지 않기 때문에 그 후 감소한다. 이는 공기속도의 감지는 25,000[ft] 고도 이상에서 제한되기 때문이다. 영각 지시장치는 항공기 동체의 측면으로부터 항공기의 영각을 탐지하여 조종 계통과 항공기의 기타 다른 계통의 작동과 조종을 도와주기 위하여 이 정보를 송출한다.

2) 실속 경고 지시계

항공기의 실속상태로 조작이 될 때 충분한 항공 역학적 경고장치가 가용하지 않다면 조종사에게 항공기가 실속에 도달되는 영각에 접근하고 있다는 것을 경고할 수 있는 장치를 설비해야 한다. 경고장치는 가청음이나 적색등을 사용할 수 있으며 고성능 항공기는 조정간에 진동을 주어 조종사들에게 경고하거나 실제로 항공기의 기수가 하향되도록 조종간에 힘을 가하게 하는 장치를 가지고 있다.

대부분의 실속 경고장치는 날개의 정체점(stagnation point)의 원리를 이용한다. 정체점이란 날개끝의 앞전 위의 공기가 박리되는 곳의 위치이며 이 지점을 지나서 공기는 표면의 상부로 일부는 아래로 통과하여 흐른다. 영각이 증가하면 정체점은 아래로 움직이며 공기의 흐름이 난류나 실속상태로 변화될 때 정체점의 위치는 항상 같은 곳에 있게 된다.

경비행기의 실속상태를 알려주는데는 리드식과 베인식 2가지 방법이 있다.

(가) 리드식 실속 경고장치

리드식 홈의 입구를 정체점 가까이 설치하여 영각이 증가하면 혼의 입구를 저압쪽으로 움직이고 공기를 리드로 끌어들여 소리가 나게 된다. 혼에서 나오는 소리의 피치를 경청하면 조종사는 쉽게 실속이 발생되는 지점을 실별할 수 있다.

그림 2-28 리드식 실속 경고장치

(나) 베인식 실속 경고장치

작은 베인을 날개 앞전부근 정체점 근처에 설치한다. 항공기가 실속 속도 이상으로 비행하면 베인을 지나는 공기 흐름은 베인을 아래로 움직이고 그림 2-29와 같이 베인에 영각이 증가하면서 실속상태가 되므로 정체점은 공기의 흐름이 베인을 위로 눌러줄 때까지 아래로 내려간다. 베인이 위로 올라가면 그 위치가 닫히고 적색등이나 경고음이 작동하게 된다.

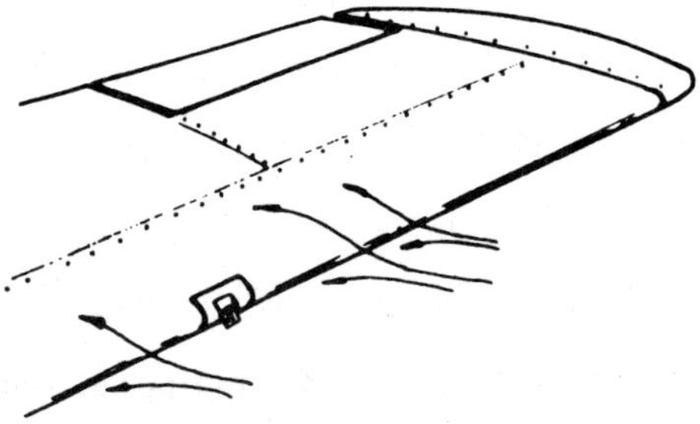

그림 2-29 베인식 실속 경고장치

6. 공함 계기(피토-정압 계기)의 정비

1) 시험 및 작동 점검

피토-정압 계통의 시험과 작동 점검을 위해서는 피토-정압 시험기(MB-1 tester)가 사용되며, 그림 2-30과 같이 피토-정압 계통이나 계기 내의 공기압 누설을 점검하는 데에 주로 이용된다. 이 시험기에 부착된 계기들이 정확할 경우에는, 탑재된 속도계와 고도계의 눈금 오차도 동시에 시험할 수 있다.

이 밖에도 피토-정압 계기의 마찰 오차 시험, 고도계의 오차 시험, 승강계의 0점 보정 및 지연 시험, 그리고 속도계의 오차 시험 등을 실시한다.

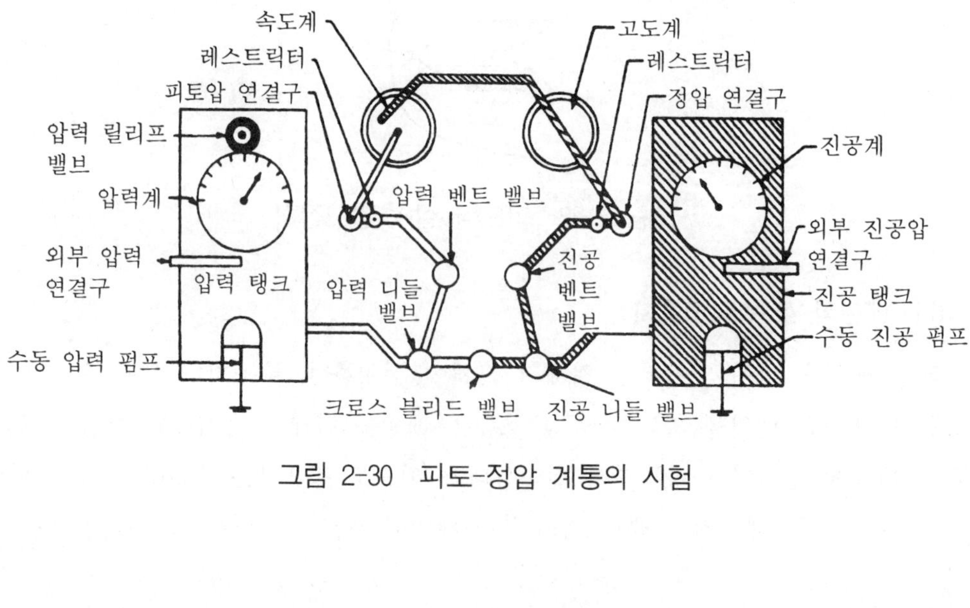

그림 2-30 피토-정압 계통의 시험

2) 고장 탐구

피토-정압 계통의 결함에는 계기나 계통에 누설이 있는 경우와 계기 자체에서 발생하는 작동 오차에 기인한 결함 등이 있다. 피토-정압 계통을 정비할 때에는 각종 배관 부분의 누설, 특히 연결 부분의 누설과 계기의 기밀 상태 등을 세밀히 점검해야 한다.

피토-정압 계통은 피토관이나 정압공에서 전달된 압력이 중간에서 누설이 있으면 고도의 지시와 속도의 지시가 낮아지므로 허용되는 범위를 초과하는 누설이 있으면 안된다.

따라서 지상에서 주기적으로 누설검사를 해주어야 하는데 누설검사(W-1 type)시 먼저 기압고도로서 1000[ft]에 해당하는 부압(negative pressure)을 정압공에 걸고, 고도계를 주시하여 1분 경과 후 고도의 낙차가 150[ft] 미만의 낙차라면 허용하고 사용할 수 있으며 고도계만의 누설검사를 할 때에는 똑같은 방법으로 압력을 걸어 1분 경과 후 50[ft] 이내의 낙차라면 허용하고 사용한다.

피토관의 누설검사를 할 경우에는 피토관에 150[mph]에 해당하는 정압(positive pressure)을 걸고 1분 경과 후 속도계 바늘의 낙차가 10[mph] 이내라면 허용하고 사용한다. 다음 그림 2-31은 대기 속도계 누설검사를 나타내고 있다.

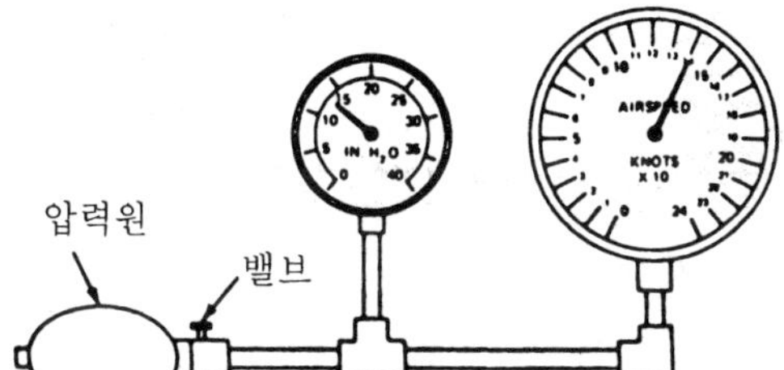

그림 2-31 대기 속도계 누설검사

연습문제

1. 대기속도계 계통에서 속도를 산출하기 위해 측정되는 압력은?

① 정압 ② 전압
③ 정압, 전압 ④ 대기압

2. 정압 감지장치를 동압관에 두지 않고 동체 양쪽에 설치하는 이유는?

① 결빙 예방책으로
② 선회시의 오차를 적게 하기 위해
③ 피토 튜브는 장착 오차가 없으므로
④ 배관에 소요되는 튜브 재료를 작게 들이기 위해

3. 비행장 고도 상태에서 현재 대기 압력을 나타내는 것은?

① QFE ② QFD
③ QNH ④ QNE

4. 위치 오차(position error)는?

① pitot-static 위치에 따라 생기는 오차
② 자북의 변화에 의한 항공기의 위치 오차
③ 계기판의 눈금의 반사에 의한 오차
④ 항공기 계기상 위치와 실제상 위치의 오차

5. 피토-정압관의 위치 오차는 흔히 무엇의 영향 때문인가?

① 계기 판넬에 있어서 비행 계기의 위치
② 조종사 시각이 닿는 위치
③ 압력수감부 위치와 항공기 정압공의 위치
④ 항공기 계기의 결함

6. 같은 진대기 속도의 높은 고도에서 공기 속도 계기는?

① 진대기 속도보다 높다. ② 진대기 속도보다 낮다.

③ 진대기 속도와 같다. ④ 지시대기 속도와 같다.

7. 비행 중 계기의 정압관이 여압된 객실 내에서 분리되었다. 어떤 결과가 발생하는가?

① 고도계와 속도계는 낮게 지시한다.
② 고도계와 속도계는 높게 지시한다.
③ 고도계는 높게, 속도계는 낮게 지시한다.
④ 고도계는 낮게, 속도계는 높게 지시한다.

8. 항공기 고도를 지상에서 29.92[inhg]로 고정해 놓을 때 이 고도를 무슨 고도라 하는가?

① 압력 고도 ② 밀도 고도
③ 지면 고도 ④ 실제 고도

9. 고도계는 무엇에 의해 작동되는가?

① aneroid capsule ② bourdon tube
③ pressure diaphragm ④ electrical device

10. radio altimeter란?

① 절대 고도계 ② 진 고도계
③ 수정 고도계 ④ 기압 고도계

11. 기압식 고도계의 잔류효과(after effect)는 다음의 어느 것에 관계되는가?

① 상온 오차 ② 누설 오차
③ 탄성 오차 ④ 마찰 오차

12. 여압장치가 되어 있는 항공기의 제작 순항 고도에서 객실 고도는 대략 얼마인가?

① sea level ② 5,000[ft]
③ 8,000[ft] ④ 20,000[ft]

13. 고도계의 누설 시험을 하고 있다. 1,000[ft]에 상당하는 부압을 걸고 1분이 지난 다음 몇 [ft] 미만의 낙차를 허용하는가?

① 50[ft] ② 75[ft]
③ 100[ft] ④ 150[ft]

14. 해발 500[ft]인 비행장 상공에 있는 비행기의 진 고도가 3,000[ft]였다면, 이 비행기의 절대 고도는 얼마인가?

① 500[ft] ② 2,500[ft]
③ 3,000[ft] ④ 3,500[ft]

15. 고도계를 QNE setting하면 어느 고도를 가리키는가?

① 진 고도 ② 절대 고도
③ 기압 고도 ④ 밀도 고도

16. 20[mph]의 바람이 정풍으로 부는 항공기가 80[mph]를 지시한다면 그 항공기의 대기 속도는?

① 60[mph] ② 80[mph]
③ 100[mph] ④ 120[mph]

17. 다음 중에서 TAS, IAS, CAS의 관계를 바르게 설명한 것은?

① TAS에서 위치 오차를 수정한 것이 IAS이고, IAS에서 위치 오차를 수정한 것이 CAS이다.
② IAS에서 위치 오차를 수정한 것이 TAS이고, TAS에서 오차를 수정한 것이 CAS이다.
③ CAS에서 위치 오차를 수정한 것이 TAS이고, TAS에서 공기 밀도를 수정한 것이 IAS이다.
④ IAS에서 위치 오차를 수정한 것이 CAS이고, CAS에서 공기 밀도를 수정한 것이 TAS이다.

18. 어떤 항공기의 해면에서의 실속 속도가 80[km/h]일 때 밀도 1/16에 해당하는 고도의 속도를 IAS로 구하여라.(단, 해면상의 공기 밀도는 1/8이다.)

① 80[km/h] ② 57[km/h]
③ 113[km/h] ④ 138[km/h]

19. 수정 지시 속도란?

① 대기압, 온도 및 고도를 수정한 속도
② 대기 온도와 압축성을 수정한 속도
③ 계기 및 피토관 위치 오차 등 수정한 속도와 대기 온도의 공기 밀도를 수정한 속도
④ 대기 온도와 공기 밀도를 수정한 속도

20. 속도계는 어디에 연결되어 있는가?

① static line ② pitot line
③ pitot & static ④ line vented cockpit air

21. 승강계의 작동 원리는?

① 케이스 내의 동압과 정압과의 차
② metering unit의 동압과 정압의 차
③ capsule과 metering unit 내에서 정압으로 지시
④ capsule과 metering unit 내에서 동압으로 지시

22. 승강계란?

① 고도의 변화에 따른 동압의 변화를 이용한 것이다.
② 고도의 변화에 따른 대기압의 변화를 이용한 것이다.
③ 고도의 변화에 따른 동압과 정압의 차를 이용한 것이다.
④ 고도의 변화에 따른 정압과 동압의 합을 이용한 것이다.

23. 승강계는 어떻게 눈금이 매겨져 있는가?

① ft/min ② mile/hr
③ inch of mercury ④ lb/in^2

24. altimeter setting에 관해서 그 중 29.92[inhg] setting 1이란 다음 중 어느 것인가?

① 착륙하였을 때 비행장의 고도를 지시한다.
② 착륙시 지시가 필히 0을 가리킨다.

③ 기압 고도를 가리킨다.

④ 밀도 고도를 가리킨다.

25. 고도계의 hysterisis란 무엇인가?

① 고도계가 변덕스럽게 지시하는 현상

② 고도계에 작용할 압력을 증감시켜 1회 순환시킨 후 동일 압력점에서 생기는 오차

③ 동일 고도에서 시간에 따라 변하는 오차

④ 항공기가 승강 하강 순환시 출발점에서 고도계에 생기는 오차

26. 대기압이란 무엇이며 표준 대기압을 여러 가지 단위로 표시하여라.

풀이 대기압이란, 대기 중의 공기의 무게에 의하여 생기는 압력을 말한다. 보통 위도 45도, 0[°C]의 해면 기압을 1기압이라 한다.

1기압 = 1.0332[kg/cm^2] = 14.706[psi] = 1013.25[mbar] = 29.92[inhg]

27. 베르누이 정리를 이용하여 전압과 정압 그리고 동압의 관계를 설명하여라.

풀이 (전압 P_t, 정압 P)

$$P_t = P + \frac{1}{2}\rho V^2,\ \ P + \frac{1}{2}\rho V^2 = \text{constant}$$

28. 고도계의 보정방법에 대해 설명하여라.

풀이

① QNE 보정 : 기압 눈금 창구에 29.92[inhg]의 압력을 맞추면 고도계는 기압 고도를 지시하며 해상 비행 등의 원거리 항법에 이용한다. 이때 고도계가 지시하는 고도를 기압 고도라 한다.

② QNH 보정 : 그 당시의 해면 기압을 기압 눈금 판에 맞추므로 진 고도를 지시하게 하는 보정방법. 장거리 비행에 이용하는 방법으로 항공기가 활주로 면에 있을 때 tower에서 불러주는 해면 기압을 고도계의 기압 눈금판에 맞추면 고도계의 지시 바늘은 활주로 면의 표고를 지시한다.

③ QFE 보정 : 단거리 비행시, 계기 비행을 요할 때, 훈련 비행 등과 같이 한 활주로에서 이착륙을 행할 때 이륙전에 활주로의 기압을 기압 눈금판에 맞추면

고도계 바늘은 0을 지시하고 활주로에서부터 항공기까지의 절대 고도를 지시한다.

29. 고도계 오차를 설명하여라.

풀이

① 온도 오차 : 계기 주위의 온도가 계기에 작용할 때 표준 온도와 다른데 기안하는 것.

㉠ 기계적 구성품들이 압축, 팽창하는데 의한 것

㉡ 공방, spring의 온도에 의한 탄성률 변화에 의한 것

※ 주로 bi-metal에 의해 −30[°C]~50[°C]간은 자동 수정된다.
철-황동으로 만들어 온도 변화는 황동의 열팽창률에 따라 수정

② 탄성 오차 : 재료의 복원 강도에 의한 것. 재료의 특성 때문에 생긴다.

㉠ hysteresis : 고도를 증감시켜 1회 순환시키는데 동일 압력점에서의 고도계. 표시에 차이가 생기는 것.

㉡ drift : 표시값이 사용한 시간이 경과함에 따라 변화를 가져오는 것.

㉢ after effect : 고도를 증가시켜 작용할 압력을 감소시키다가 중단하고 다시 어느 정도 시간 경과 후 다시 고도를 감소시켜 작용할 압력을 증가시켜 출발점을 전후한 부근에 생기는 오차.

30. 승강계의 구조 중 소공의 크기가 승강계의 지시에 미치는 영향을 설명하여라.

풀이

① 승강계의 표시는 소공의 크기로 결정되는데 소공이 적으면 예민하나 표시의 지연 시간이 길고 소공이 크면 둔하고 지시 지연 시간이 짧을 것이다.

② 온도와 고도의 변화가 승강계에 미치는 영향

온도가 높고 기압이 낮을 경우 공기밀도가 적으므로 동점성 계수가 감소되어 공기 흐름이 용이할 것이고 온도가 낮고 기압이 높으면 밀도가 커져 동점성 계수는 감소될 것이므로 공기의 흐름은 좋지 못할 것이다. 따라서 이와 같은 오차를 수정하기 위해 온도 보상장치인 Diffuser valve Ass's(Bi-metal)을 이용하여 온도가 높을 경우 모세관의 소공을 좁혀주어 공기 흐름을 방해하고 온도가 낮을 때에는 소공을 넓혀 주어 공기 흐름을 좋게 해주므로 온도나 기압

변화에 관계없이 같은 승강률에서는 모세관 내의 공기 흐름을 같이 해주어 동일 차압이 되게 하여 그 표시가 동일하도록 해준다.

31. 같은 속도에서 고도의 변화와 마하수와의 관계를 설명하여라.

풀이 항공기의 대기 속도를 공기중의 음속에 대한 비율로 표시한 것이 마하수이며 대기속도 대신 그 고도에 있어서의 마하수로 나타내는 계기가 machmeter이다. 그런데 음속은 고도에 따른 중력 가속도와 대기압의 절대온도에 따라 달라진다.

mach No.$=\frac{V}{C}$, V: 항공기 속도, C: 음속

$$C=\sqrt{kgRT},\quad C=C_0\sqrt{\frac{273+t}{273}},\quad C_0=331.2[\text{m/s}]$$

위의 식과 같이 고도가 증가하여 온도가 감소하면 마하수는 증가한다.

제3장

압력 계기

3.1 압력 계기 일반

항공기에서 사용하는 유체는 압력을 가지고 있으며 이 유체를 사용하는 계통에서 적당한 압력을 유지하지 못한다면 유체의 공급이나 유체의 고유한 역할을 할 수 없는 상태가 되어 항공기 운용에 막대한 지장을 초래할 것이다. 예를 들면 윤활유의 압력이 규정값 이하일 경우 엔진의 윤활과 냉각이 원활하지 않을 것이며 연료압이 낮을 경우는 기관 출력에 큰 영향을 미치게 될 것이다. 따라서 각 계통에 압력이 적당하게 유지되는가를 조종사는 수시로 점검해야 하며 때문에 압력계기의 중요성은 크다.

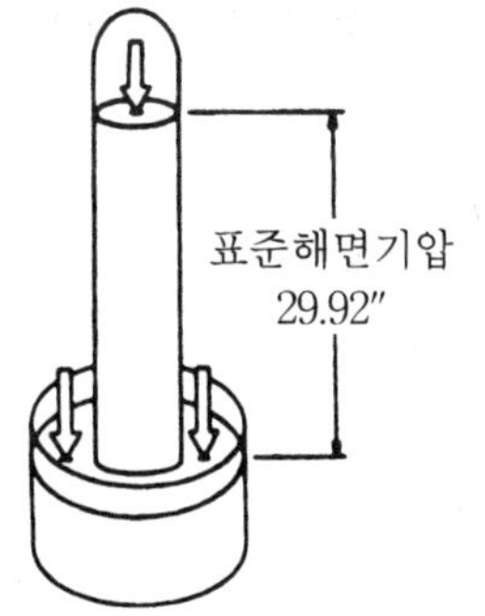

그림 3-1 대기압의 측정

압력이란 단위 면적에 작용하는 힘으로 정의할 수 있으며 밀폐된 공간에서 유체의 압력은 단면의 방향에 관계없이 같은 값이 되고, 단면에 수직하게 작용한다.

압력의 단위는 그 종류가 많다. 하지만 항공기에서 사용하는 압력의 측정 단위로서 [inHg]와 [psi]가 대표적으로 많이 사용되고 있다.

1. 압력의 종류

① 절대 압력(absolute pressure) : 절대 진공을 기준으로 측정하는 압력

② 게이지 압력(gauge pressure) : 대기압을 기준으로 측정하는 압력

③ 절대 압력과 게이지 압력과의 관계식 : 절대 압력=대기압±게이지 압력

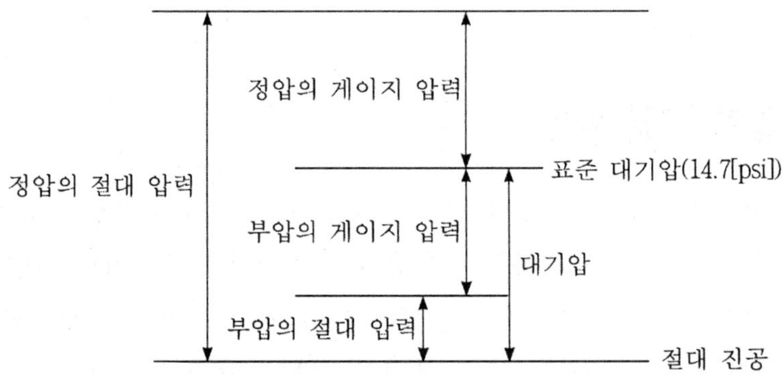

그림 3-2 대기압, 게이지압 그리고 절대압과의 관계

우리는 항상 대기압 안에서 생활하고 있지만, 그것을 거의 의식하고 있지 않다. 지표면에서는 약 1[kgf/cm²]의 대기압을 받고 있다.

신장 170[cm], 체중 65[kg]인 사람의 신체 표면적 S[m²]는 듀보(Du Vow)와의 공식을 이용하여 계산하면

$$S \fallingdotseq 170^{0.725} \times 65^{0.425} \times 71.84 \times 10^{-4}$$
$$\fallingdotseq 1.75[\mathrm{cm}^2]$$

이므로 이 사람은 주위의 공기로부터

$$1.75[\mathrm{m}^2] \times 1[\mathrm{kgf/cm}^2] = 17.5[\mathrm{tonf}]$$

의 힘을 받고 있는 것이 된다.

그림 3-3과 같이 버든 튜브식 압력계를 이용하여 압축 공기 탱크의 압력을 측정하여 압력계의 지시가 5[kgf/cm²]이었다고 하자. 이 측정에서 버든 튜브의 외부

는 대기압 1[kgf/cm^2]로 탱크 내부는 그것보다 5[kgf/cm^2]만 압력이 높은 것을 나타내고 있다. 따라서 탱크 내부의 압력은 6[kgf/cm^2]이다. 이 경우 5[kgf/cm^2]를 게이지 압력(gauge pressure), 6[kgf/cm^2]를 절대 압력(absolute pressure)이라고 부른다.

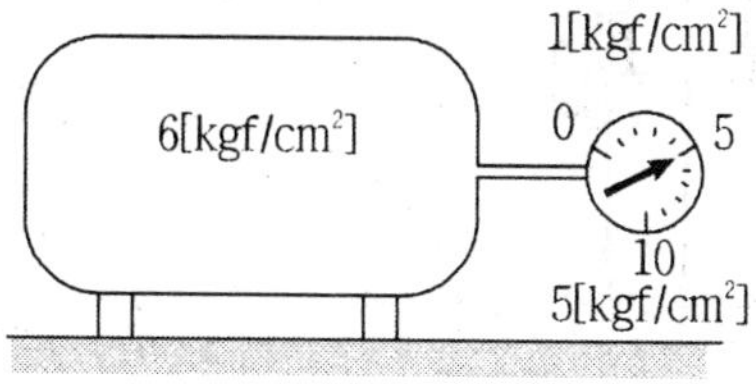

그림 3-3 게이지 압력과 절대 압력

2. 압력 수감부

압력계는 압력을 기계적인 변위로 변환시킨 다음, 이 변위를 다시 압력 단위로 읽을 수 있도록 한 것으로서 압력을 측정할 수 있는 압력 수감부로는 아네로이드(aneroid), 다이어프램(diaphragm), 벨로스(bellows), 버든 튜브(bourdon tube) 등을 이용하고 있다.

① 아네로이드(aneroid) : 내 외부가 완전히 밀폐되어 있고, 내부가 진공으로 되어 있어서 외부 압력을 절대 압력으로 측정하는 데에 사용되는 밀폐 공함.

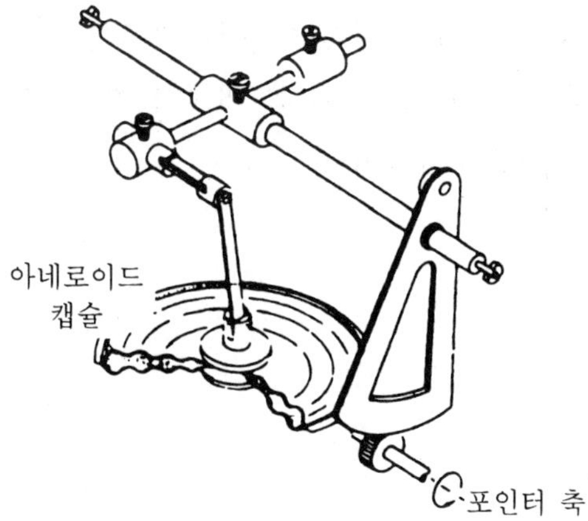

그림 3-4 아네로이드 기압계

② 다이어프램(diaphragm) : 내부로 통하는 구멍이 있어 내·외측에 모두 압력을 받을 수 있으며 내·외측 압력의 차, 즉 차압 측정에 사용한다.

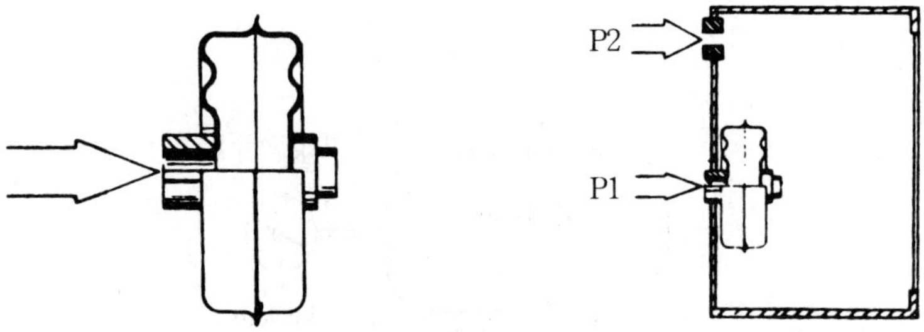

그림 3-5 다이어프램의 압력 측정 원리

③ 벨로스형(bellows) : 여러 장의 다이어프램을 겹쳐 놓은 형태로서 다른 차압 공함에 비해 수감 변위가 크고 감도가 좋아 확대부가 적은 단순한 계기로 제작할 수 있다.

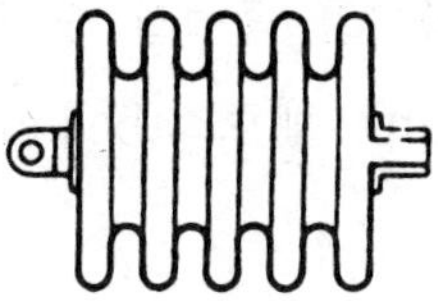

그림 3-6 벨로스

④ 버든 튜브(bourdon tube) : 기본형은 C자형의 속이 비어 있는 타원형 단면 금속관의 형태이며, 압력이 가해지면 관이 펴져서 기계적인 변위량이 발생되어 압력 지시할 수 있도록 되어 있다. 비교적 압력 측정 범위가 크기 때문에 가장 많이 쓰이는 압력 수감부이다.

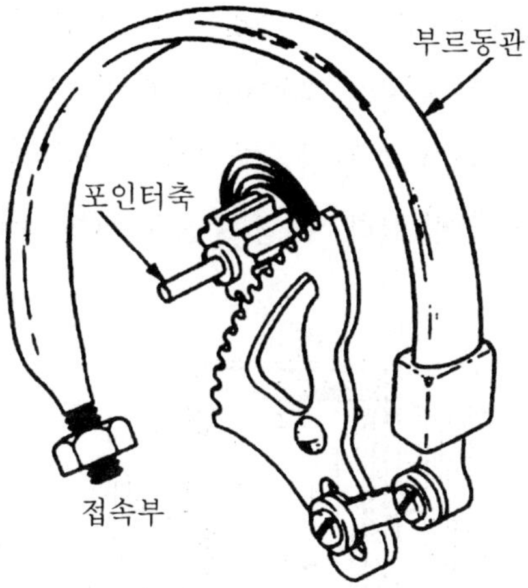

그림 3-7 버든 튜브를 이용한 압력계

3.2 압력 계기의 종류

1. 오일 압력계(Oil Pressure Gage)

오일 압력계는 전기적 또는 기계적으로 작동되며 기계식 오일 압력계는 버든 튜브 안쪽에 기관 입구로 흘러 들어가는 오일의 일부를 받아 오일 압력을 기계적인 링크 기구를 이용하여 psi단위로 압력을 지시하게 한다.

오일 압력이 정상적이라면 윤활유가 기관의 각 부분을 정상적으로 순환하여 모든 베어링 부분을 충분히 윤활시키고 있음을 의미하며 만일 압력이 규정값 이하라면, 윤활이 충분하지 못하여 마찰 부분의 손상을 의심할 수 있다. 오일 압력계 입구에는 제한기(restrictor, snubber)를 설치하여 오일의 서징(surging) 현상으로부터 지시 바늘의 떨림 현상을 방지한다.

오일을 계기의 압력 수감부에 전달하는 방식에는 두 가지가 있는데 윤활유가 직접 버든 튜브에 전해지는 방식은 동절기에 오일의 점성이 높은 상태에서는 압력측정에 어려움이 있다는 단점이 있다. 때문에 다른 한가지 방식에서 윤활유가 중간에 변환기(transmitter)에 의해 점도가 낮은 유체(케로신)에 압력을 전달하여 이 케로신이 버든 튜브에 압력을 가하는 방법을 사용한다. 하지만 현대의 항공기는 원격지시 방식으로 측정한 압력을 지시하는 경우가 대부분이다.

항공기의 기관은 회전 부분을 원활하게 하기 위해 펌프로 가압한 오일을 강제적으로 보내주고 있다. 오일을 보내주는 압력이 낮거나 없는 경우에는 회전부의 윤활이 불량해지고 기관에 탄 흔적이 생기며 비행이 불가능해진다. 오일 압력계는 오일이 기관에 보내진 압력(게이지압)을 측정하여 오일이 정상적으로 보내지는지 여부를 감지하기 위해 장치되어 있다. 그림 3-8에 예를 나타냈다.

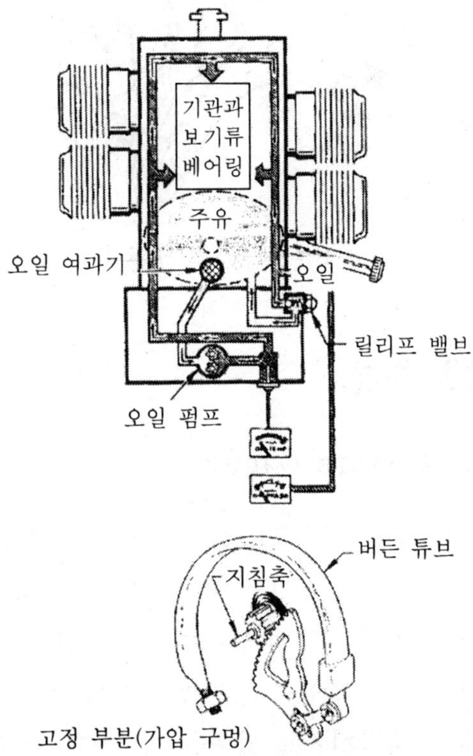

그림 3-8 오일 압력계

오일 압력계에는 버든 튜브식 압력계가 널리 이용되고 있다. 버든 튜브 내부에는 가압된 오일 압력이 가해지고 외부는 대기압이 작용된다. 따라서 지시하는 압력은 게이지압이다.

단발 항공기의 경우에는 기관이 계기판 근처에 있으므로, 계기판 뒷부분까지 가는 동관 등으로 가압된 오일을 유입시켜 오일 압력계에 접속하고 그 압력을 지시하는 방식으로 되어 있다.

다발 항공기의 경우에는 기관 가까이에 압력→전기 신호의 변환장치를 붙이고 계기판까지 전기 신호로 전송하여 지시하는 방식이 많다.

그림 3-9에 직접 지시형과 원격 지시형의 오일 압력계의 예를 나타내었다. 그림에서는 원격 지시를 위해서 싱크로를 이용하고 있지만, 데이신 또는 마그네신도 널리 이용되고 있다.

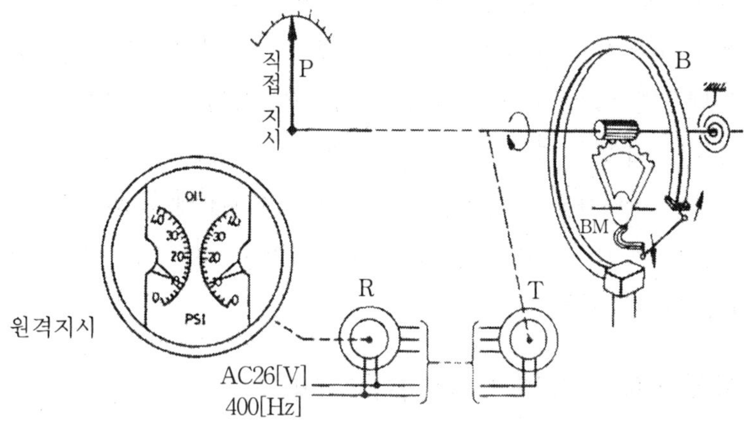

그림 3-9 압력계(pressure indicator)

2. 연료 압력계(Fuel Pressure Gage)

연료 압력계는 기관의 연료 공급방식에 따라 측정 압력이 다르다. 기관 구동식이나 전기구동 연료 펌프를 장비한 항공기의 연료압은 부자식 기화기를 장비한 항공기의 연료압보다 현저히 크다. 때문에 기관의 연료 공급방식에 따라 범위가 적당한 연료 압력계를 선택하여 사용해야 한다.

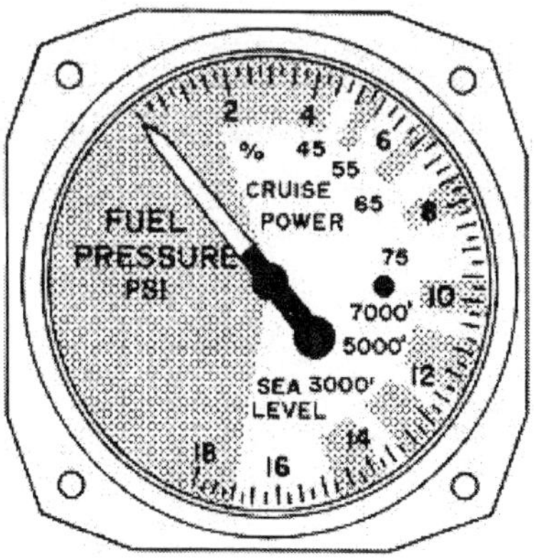

그림 3-10 연료 압력계

연료 압력계는 연료를 탱크에서 기화기(제트 항공기인 경우 : 연료 제어장치)에 공급되는 연료 압력을 나타낸다. 연료압은 비교적 저압이므로 다이어프램 또는 2개의 벨로스로 구성되어 있다. 이 두 공함 중 한 공함의 안쪽으로는 연료가 다른 한 공함의 안쪽으로는 대기압이 가해지며 두 공함 바깥쪽 즉 케이스 안쪽의 압력은 주로 객실의 압력이 가해진다. 고공을 비행하는 항공기에서 객실은 대부분 여압을 시키기 때문에 객실 압력과 대기압과는 약 5[psi]의 압력차를 갖게 되지만 그 압력은 연료의 지시 압력에 아무런 영향을 미치지 않게 되므로 연료압은 연료의 절대압과 대기압의 차압인 연료의 게이지압이 지시된다.

보통 연료압은 부자식 기화기인 경우 0~10[psi], 압력 분사식인 경우 0~25[psi]의 지시범위를 갖는다.

3. 흡기 압력계(Manifold Pressure Gage)

흡기 압력계는 왕복 기관 항공기에만 있는 계기로서 왕복 기관의 출력을 산출하거나 조절하려 할 때 rpm계기와 더불어 가장 중요한 계기이다. 또한 과급기의 작동 시기를 결정할 때 중요한 정보를 제공한다. 흡기 압력계는 inHg 단위를 사용하여 비행 당시의 대기압에 따른 메니폴드의 압력을 절대압으로 나타낸다.

흡기 압력계에는 진공 공함인 아네로이드와 차압 공함인 다이어프램을 각각 한 개씩 사용하여 아네로이드로는 고도 변화와 여압에 따른 지시 오차를 보상해주는 장치로 사용하며 다이어프램으로는 그 내부로 흡입 공기를 받아 들여 계기 주위의 공기압과의 차압이 작용하도록 한다. 고도가 증가하여 대기압(계기 케이스 내부 압력)이 변화한 경우에 아네로이드와 다이어프램은 서로 반대 방향으로 신축하려고 하므로, 서로 상쇄되어 지시값은 영향을 받지 않는다.

흡기 압력계는 흡기압의 절대 압력을 지시하는 계기이므로, 항공기가 지상에서 기관을 정지시키고 있는 경우에는 그 지상에서의 대기압(field pressure)를 지시한다.

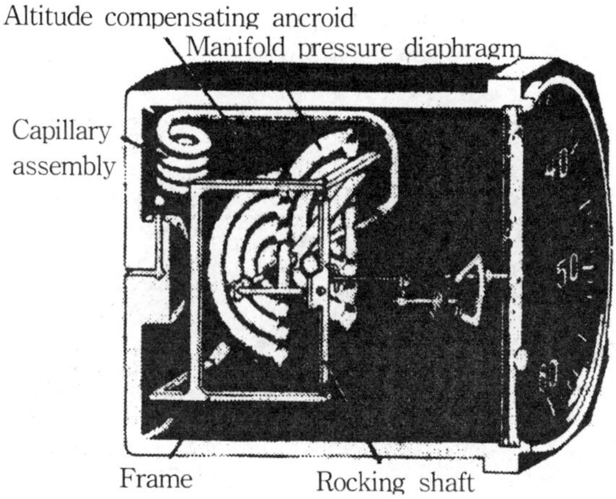

그림 3-11 흡기 압력계

흡입 압력계는 왕복 기관의 경우 실리더에 흡입되는 공기, 연료 혼합기의 압력(manifold pressure)을 측정하는 것으로 메니폴드 압력계라고도 부른다.

흡기 압력은 기관의 회전 속도와 결합되어 기관 출력을 추정할 수 있다. 흡기 압력, 회전 속도와 추력과의 관계는 비행 규정이나 기관 매뉴얼 등에 나타나 있고 기관의 형식마다 다르다.

그림 3-12에 하나의 예를 나타내었다. 흡기 압력은 기관에 흡입되는 공기와 연료의 양을 나타내는 것이다. 따라서 흡기 압력은 절대값으로 알 필요가 있으므로 절대 압력계로 측정하고 있다. 그림 3-13에 흡기 압력계의 예를 나타내었다.

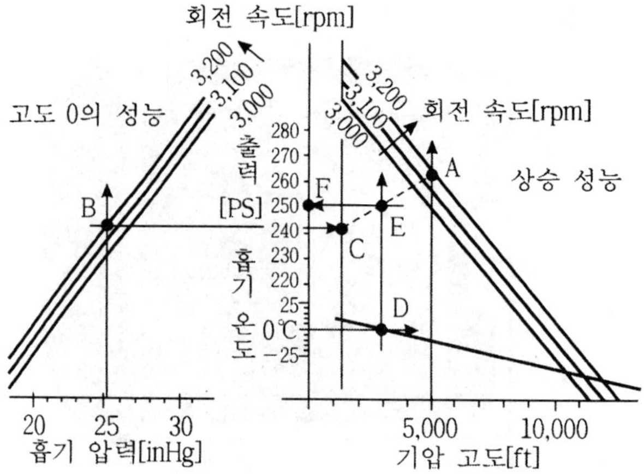

1. 기압 고도(5,000[ft]) 및 회전 속도(3,200[rpm])로 점 A에 의해 결정한다.
2. 흡기압(25.2[inHg]) 및 회전 속도(3,200[rpm])로 점 B에 의해 결정한다.
3. 점 B를 오른쪽으로 이동하여 점 C를 결정한다.
4. 점 A와 점 C를 직선으로 연결한다.
5. 흡기 온도(0[°C])에서 점 D를 결정한다.
6. 점 D를 위로 이동시켜서 점 E를 결정한다.
7. 점 E를 좌측으로 이동시켜 점 F에 의해서 출력(250PS)을 구한다.

그림 3-12 왕복 기관의 출력

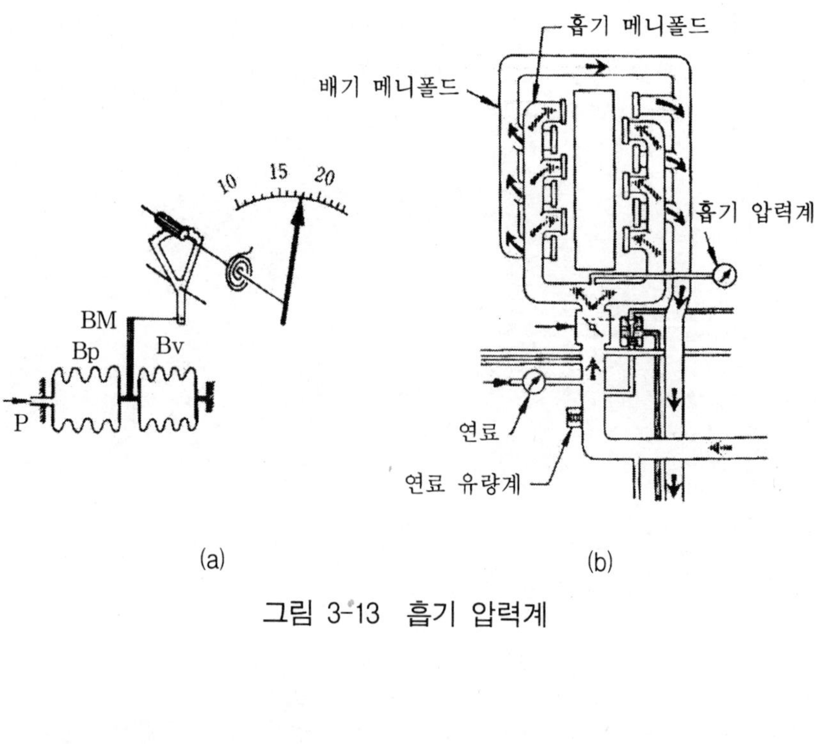

(a) (b)

그림 3-13 흡기 압력계

공함 B_p의 내부에는 계산되어진 흡기압이 가해지고 외부는 대기압(변화한다)으로 되어 있다. 공함 B_v는 내부가 진공으로 되어 있고 외부에는 대기압이 가해지고 있다. 대기압이 변화한 경우에는 B_p, B_v는 서로 역방향으로 신축하려고 하므로, 서로 상쇄되어 B_p, B_v의 가동 부분은 변위되지 않는다. 즉 지시값은 대기압에는 영향받지 않는다. B_p에 가해져 있는 흡기압이 변화한 경우에는 그것에 따라서 B_p가 신축한다. 이 신축은 확대 기구에 의해서 확대되고 지침에 의해서 흡기압(절대압)이 지시된다. 흡기 압력계는 흡기압의 절대 압력을 지시하는 계기이므로, 기관이 정지해 있는 경우에는 그 장소의 대기압을 지시한다. 흡기압은 기관의 회전(피스톤의 운동)에 의해서 맥동적으로 변동하므로 흡기 압력계의 입구에는 오리피스(Orifice) 또는 코일 모양의 가는 관이 있어서 맥동을 줄인다.

흡기 압력계의 눈금판에는 터보차저가 붙어있지 않는 기관(aspirated engine)의 경우에는 10~40[inHg]의 눈금이 만들어져 있는 것이 많다.

터보차저가 붙어있는 기관(turbocharged engine)의 경우에는 수퍼차징하는 정도에 따라 적당한 눈금이 매겨져 있다.

4. 기관 압력비 계기(Engine Pressure Ratio Indicator, EPR)

EPR(engine pressure ratio) 계기는 가스 터빈 기관에서 발생시킨 추력을 지시하는데 사용된다. 엔진 입구의 공기 압력과 배기 가스 압력을 수감하여 그 압력을 비로서 나타내어 준다.

압력비는 가스 터빈 기관 항공기의 추력을 좌우하는 요소이며, 기관 출력을 산출하는데 사용된다. 기관 입구 압력과 출구 압력은 공함(bellow)으로 수감하여 수감된 압력에 따른 기계적 변위량이 변환기(transmitter)에 의해 전기신호로 바뀌어 지시계로 전달된다.

지시계로 전기신호가 전달되는 형식은 전기용량 브리지 회로를 이용하여 불평형이된 전기용량으로 서보모터를 회전시키고 그 서보모터의 회전량이 오토신 변환기를 거쳐 오토신 지시계 형태의 EPR 지시계에 최종적으로 전달되어 기관 압력비를 지시하는 경우가 있으며, 원격지시장치를 통해 기계적인 운동이 전자적으로 비교가 되고 적당한 값이 지시계에 의해 출력되어 지는 경우가 있다.

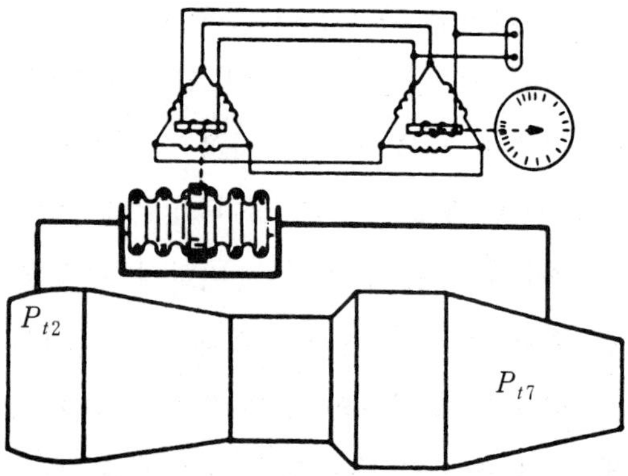

그림 3-14 EPR 계기의 구성도

5. 흡인 압력계(Suction Gage)

자이로의 구동 방법 중 진공압으로 자이로 로터가 구동되는 방식의 자이로에서 이 진공압을 알려주는 계기가 흡인 압력계이다. 보통 흡인압은 다이아프램 또는 벨로즈를 사용하여 그 내측에 자이로 수평(gyro horizon)의 압력을 받고 외측에 대기압을 받아 그 압력차를 지시한다.

흡인 압력계는 대기압보다 4±0.25[inHg]의 압력이 낮은 것이 정상이므로 3.75~4.25[inHg]의 범위를 지시할 때 정상압력이다.

공기 구동식 자이로(gyro) 계기를 장비한 항공기의 경우에는 자이로를 구동하기 위한 진공 펌프 또는 벤츄리(venturi)관을 갖추고 있고 그 흡인압을 지시하는 흡인 압력 계기가 장치되어 있다. 그림 3-15에 흡인 계통의 예를 나타냈다.

흡인 압력계에는 다이아프램식(diaphramgh type) 압력계가 이용되며 자이로를 구동하는 공기의 유입, 유출 부분의 압력차를 지시하도록 접속되어 있다. 보통 사용되고 있는 공기 구동 자이로 계기에는 수평의, 정침의(directional gyro) 및 선회계(tum indicator)가 있다. 수평의 및 정침의는 4[inHg], 선회계는 2[inHg]의 차압에서 정상으로 작동하도록 만들어져 있다. 그 때문에 흡인 압력 조절기는 수평의 및 정침의의 구동 압력이 4[inHg]가 되도록 조절하고 선회계는 다른 흡인 압력 조절기로 선회계의 구동 압력이 2[inHg]가 되도록 조절하고 있다.

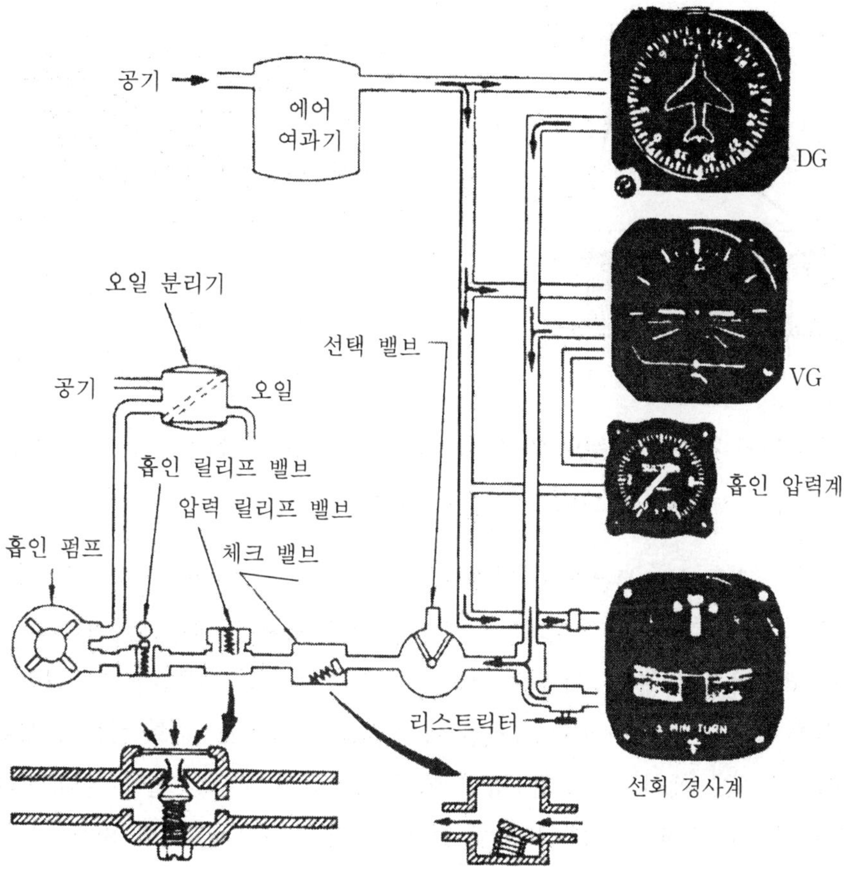

그림 3-15 자이로의 구동(흡인 계통)

흡인 계통에는 흡인부에 여과기(filter)가 장치되어 있고 자이로 계기 내부에 먼지, 연기(특히 담배연기) 등이 들어가지 않도록 되어 있다. 먼지 연기 등이 흡인되면 고속으로 회전하고 있는 자이로 로터 베어링의 수명을 짧게 하고, 또 짐벌(gymbal)과 짐벌 베어링에 부착되어 고장의 원인이 된다.

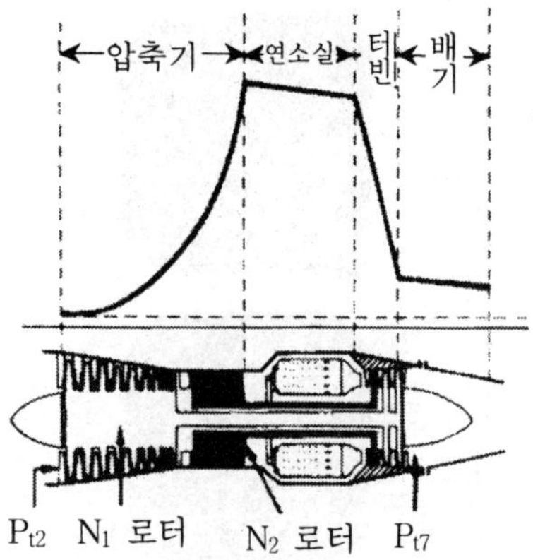

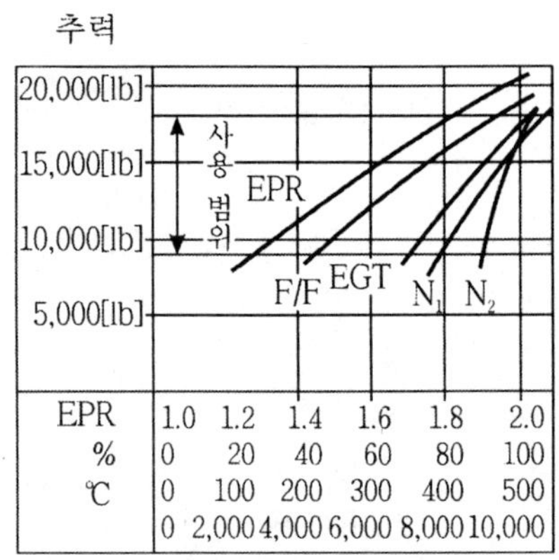

(a) 가스터빈 기관의 각 부의 압력　(b) 가스터빈 기관의 추력과 각 부의 파라미터

그림 3-16　가스터빈 기관

보통 공기가 유입되는 부분에서 연소 가스가 배출되기까지의 주요 부분의 압력을 $Pt_1 \cdots Pt_7$라고 부른다. 이 기호의 의미는 P(압력), t(전압), 1…7(위치)이다. 기관의 내부에서 공기 또는 연소 가스는 고속으로 흐르고 있다. 여기서 생각하는 압력은 대기 속도계에서 설명한 피토압(전압)에 상당하는 것으로 고속 흐름이 압력 센서에 충돌하여 속도 에너지가 모두 압력 에너지로 바뀐 경우의 압력(전압)이다.

보통 EPR은 Pt_7(터빈 출구의 전압)과 Pt_2(압축기 입구의 전압)의 비를 이용하고 있다. 그림 3-17에 EPR 계기의 예를 나타냈다.

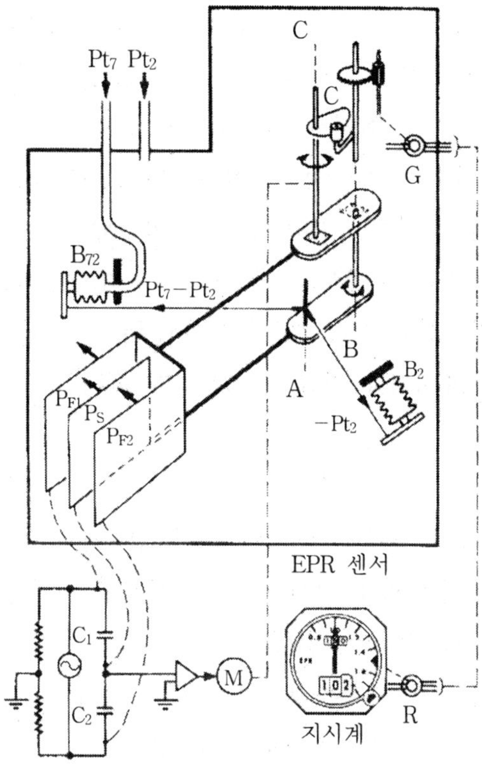

그림 3-17 EPR 계기

압력→EPR 변환부는 밀폐된 케이스 내부에 있고 케이스 내부에는 Pt_2가 가해져 있다. 벨로우 B_{72}는 내부에 Pt_7가 작용하고 있으므로 Pt_7과 Pt_2의 차 Pt_7-Pt_2에 의해서 가동 부분이 변위된다.

벨로우 B_2는 진공 공함이고 Pt_2에 의해서 가동 부분이 변위된다. P_{F1}, P_{F2}, P_S는 콘덴서(condensor)를 형성하고 있고, $P_{F1}-P_S$사이 및 $P_{F2}-P_S$간의 정전 용량이 브릿지 회로의 C_1 및 C_2에 상당하도록 결선되어 있다.

P_{F1}과 P_{F2}는 서로 기계적으로 고정되어 모드 C축을 회전축으로 하고, 또 P_S는 B축을 회전축으로 하여 회전하도록 구성된다. EPR 계기의 작동을 설명하기 위해 Pt_2는 일정하다고 가정한다.

Pt_7이 증가하면 B_{72}에 의해서 P_S는, P_{F1}에 접근하고 P_{F2}에서 멀어지도록 움직인다. 이것은 C_1이 커지고 C_2가 작아진 것이고 브릿지는 불평형하게 되고 브릿지에서 불평형에 따른(전압의 크기 및 변위) 전압이 발생하여 그것이 증폭되어 서보모터(servo motor)를 회전시킨다.

서보 보터의 회전은 기어를 끼워서 C축을 회전하여 P_{F1}, P_{F2}를 이동시키고 브릿지가 평형한 위치에서 정지한다. C축의 회전은 캠(cam) C에 의해서 발신 싱크로(synchro) G의 로터(rotor)를 회전시키고 G의 스테이터(stator)에 Pt_7/Pt_2에 해당하는 각도 신호를 발생시킨다. 이 신호는 계기판에 장치된 EPR 지시계의 수신 싱크로에 R이 장치된 지침에 의해서 ERP 값으로 지시된다.

위에 설명한 ERP 계기는 아날로그 방식이지만 디지털(digital)방식으로는 Pt_7, Pt_2를 각각 디지털량(전기신호)으로 변환하여 Pt_7/Pt_2을 계산하여 그 결과를 디지털 표시 또는 아날로그 표시하고 있다.

6. 제빙 압력계

제빙 압력계는 항공기의 날개에 설치된 제빙 장치에 공급되는 공기의 압력을 지시하는 계기로서, 부르동관으로 되어 있다. 게이지 압력을 psi 단위로 지시하고, 그 작동 원리는 작동유 압력계와 비슷하다.

항공기에 작용하는 압력들을 측정하는 그 밖의 압력계로는 앞에서 설명한 것 이외에도 객실 압력계, 작동 공기 압력계 등이 있다.

객실 압력계에서의 객실의 압력은 압력 단위로 나타내지 않고 그 압력에 해당하는 표준 대기의 기압 고도로 나타내는 것이 일반적이다. 그 작동 원리는 고도계와 같고, 지시 범위는 보통 0~15,000[m](0~50,000[ft])이다.

작동 공기 압력계는 공기 압력 장치에 사용되는 작동 공기의 압력을 지시하는 계기로서, 작동 원리는 작동유 압력계와 비슷하다. 지시 범위는 0~34,455[hpa](0~500[psi]) 또는 0~68,910[hpa](0~1,000[psi]) 정도이다.

7. 기타 압력계

항공기에는 앞에서 설명한 것 이외에도 많은 압력계가 사용되고 있지만 이들은 어느 것이나 지금까지 설명한 압력계와 유사한 것으로 측정하는 압력 범위가 다를 뿐이고 아래의 3가지가 이것에 해당된다.

① 작동유 압력계 : 버든 튜브식 압력계, 게이지압 지시, 4,000[psi] 정도 이상, 거의 원격 지시 방식

② 연료 압력계 : 버든 튜브 또는 벨로우식 압력계, 게이지압 지시, 직접 지시 또

는 원격 지시 방식, 100[psi] 정도 이하

③ 고압 공기 압력계 : 버든 튜브 또는 벨로우식 압력계, 게이지압 지시, 직접 지시 또는 원격 지시 방식, 100[psi] 정도

3.3 압력 계기의 정비

압력 계기 계통에서의 유체의 압력을 수감하기 위해서는 일반적으로 부르동관을 사용한다. 그러나 저압력 지시 계기에는 다이어프램이나 벨로스 형태의 수감 장치가 사용된다.

1. 시험 및 작동 점검

압력 계기의 작동 시험은 데드 웨이트 시험기(dead weight tester)에 의해서 수행되며, 이 때 계기의 지시 오차 시험이 동시에 이루어진다.

1) 압력 계기의 작동 시험

압력 계기의 작동 시험은 그림 3-18과 같은 데드 웨이트 시험기에 의하여 수행되며, 휴대용 시험기로서 압력 범위가 서로 다른 네 가지 계기에 대해서 시험할 수 있다. 즉, 압력 범위가 0～11.25[kg/cm^2](0～160[psi]), 0～42.18[kg/cm^2](0～600)[psi], 0～351.53[kg/cm^2](0～5,000[psi]), 0～703.07[kg/cm^2](0～10,000[psi]) 등이 있다.

이 시험기로는 압력 계기를 현장 정비시에 바로 교정할 수 있고, 작동 점검이 가능하다. 데드 웨이트 시험기는 매우 정밀하게 작동되며, 모든 연결 부분의 누설이 없어야 한다. 사용할 때 충격이나 취급 부주의로 인하여 시험기가 손상되지 않도록 해야 하며, 시험기의 부품들이 없어지지 않도록 주의해야 한다.

데드 웨이트 시험기로 시험을 하기 위해서는, 먼저 필러 플러그를 떼어 내고 펌프 내의 작동유 상태를 점검한 다음, 시험기의 맨 위쪽에 있는 공기 환기구를 닫고, 펌프에 부착된 작동유 저장 탱크 내에 규정된 작동유를 채운다.

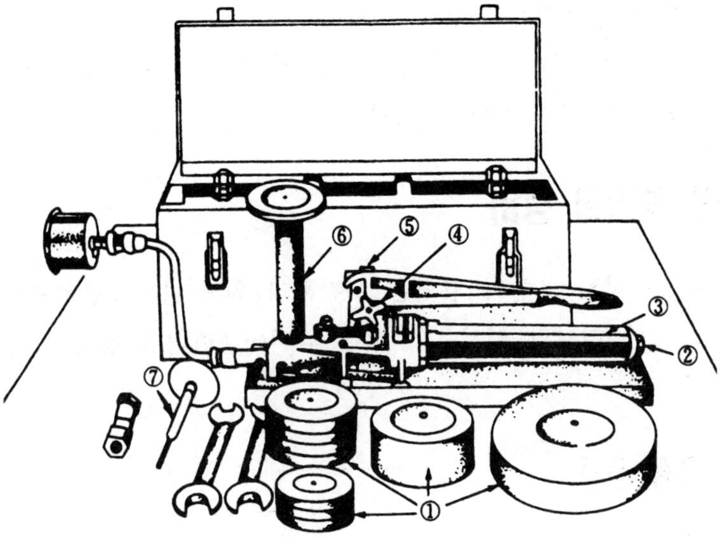

① 데드 웨이트 ② 필러 플러그 ③ 펌프 ④ 스타 밸브
⑤ 릴리프 밸브 ⑥ 저압력 피스톤 장착대 ⑦ 고압력 피스톤

그림 3-18 데드 웨이트 시험기

릴리프 밸브에 의한 압력 조절이 정확히 되지 않았을 때에는 스타 밸브로 다시 조절하며, 이렇게 하여 형성된 데드 웨이트 시험기의 압력과 시험 계기의 지시값을 비교하여 계기의 정확성을 시험한다.

2) 지시 오차 시험과 교정

계통의 압력을 지시할 때 계기 자체의 기계적 연결 부분의 결합으로 인하여 정확한 값을 나타내지 못하는 경우가 있는데, 이 때 발생하는 지시 오차를 파악하여 교정해야 한다.

계기의 지시 오차에는 그림 3-19와 같이 바늘의 범위 오차와 곡선 오차가 있다. 범위 오차는 초기값이나 최종값을 정확히 지시하지 못하고, 그 값보다 적거나 많게 지시함으로써 나타내는 오차를 말한다.

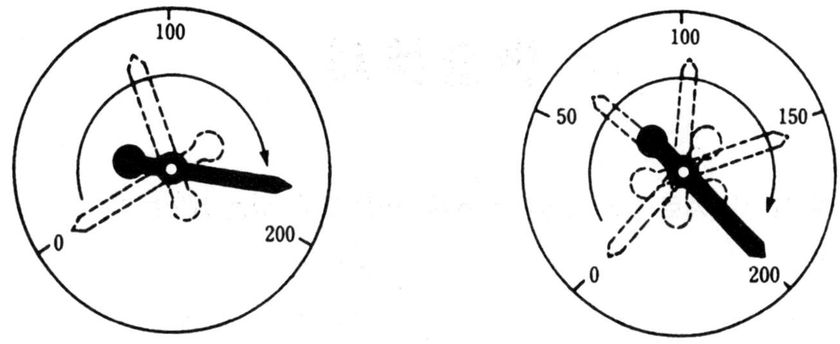

(a) 범위 오차 (b) 곡선 오차

그림 3-19 계기의 지시 오차

곡선 오차는 초기값과 최종값은 정확하게 나타내지만, 그 중간값에서 제대로 나타내지 못함으로써 발생하는 오차를 의미한다.

그 밖의 압력 계기에는 계기의 작동 기구가 원활하게 움직이지 못하여 발생하는 마찰 오차와 계기의 움직이는 부품이 불안정하게 장착되어 발생하는 위치 오차 등이 있다.

2. 고장 탐구

계기 작동 시험 중에 계기가 전혀 작동되지 않는 경우에는, 부르동관이 파열되었거나 압력이 전달되지 못하고 있음을 의미하므로 계기를 교환해야 한다.

그리고 계기 지시 오차에는 범위 오차, 곡선 오차, 마찰 오차, 위치 오차 등이 있다. 범위 오차와 곡선 오차의 경우에는 계기의 오차 교정 방법에 의하여 교정해야 하고, 만일 교정이 되지 않는 경우에는 계기를 교환해야 한다.

연습문제

1. 다음 중 그 지시계로서 bourdon tube를 이용할 수 있는 계기는?

① 속도계 ② 고도계
③ 승강계 ④ 증기압식 온도계

2. 부압 4[inHg]는 절대 압력으로 얼마인가?

① 29.92[inHg] ② 33.92[inHg]
③ 25.92[inHg] ④ 14.7[inHg]

3. 버든 튜브의 작용에 영향을 미치는 중요한 요인은?

① 압력 변화 ② 온도 변화
③ 습기 변화 ④ 속도 변화

4. pressure gage를 보호하기 위해 진동을 방지하는 것은?

① accumulator ② control valve
③ compensater ④ snubber valve

5. 다음 계기중 aneroid나 aneroid식 bellow를 사용할 수 없는 계기는?

① 기압식 고도계 ② 연료 압력계
③ 오일 압력계 ④ 흡기 압력계

6. 지상에서 발동기 정지시 M.A.P를 고도계의 barometic scale에 맞추면 고도 지시는?

① 기압 고도 ② 해발 고도
③ zero ④ 해면부터 pitot관까지의 높이

7. 엔진이 작동하지 않을 때 왕복엔진 다지관 압력계가 지시하는 값은?

① zero pressure ② 다지관 압력과 대기압의 차압
③ 수정된 차압 ④ 현재의 대기압

8. Cabin Differential Press란 다음 중 어느 것을 말하는가?

① 객실 내의 압력을 말한다. ② 외기압이 크면 커진다.
③ 외기압이 작으면 커진다. ④ 정답이 없다.

9. Fuel Pressure Gage가 지시하는 연료압은?

① 고도 상승에 따라 증가 ② 고도에 따라 감소
③ 고도 상승에 따라 변하지 않음 ④ 비행 속도에 따라 증가

10. 엔진이 작동할 때 흡입 압력 계기(manifold pressure gage)는?

① 흡입 다지관의 절대 압력을 측정한다.
② 흡입 다지관과 대기압의 차압을 측정한다.
③ 대기압보다는 결코 적게 지시하지 않는다.
④ 과급이 되는 엔진에서 대기압보다 많이 지시하지 않는다.

11. 어떤 오일 압력 계기의 입구를 제한(restriction)하는 목적은?

① 갑작스런 압력 파동에 의하여 생길 수 있는 버든 튜브의 손상을 방지하기 위해
② 응결된 오일에 의하여 생길 수 있는 계기의 손상을 방지하기 위하여
③ 계기로부터 습기를 배출시키기 위해
④ 배출 가능하게 하기 위해

12. 메니폴드 압력계에서 고도 여압에 따른 지시오차를 수정하여 주는 것은?

① Aneroid ② Diaphragm
③ Bellows ④ Bourdon tube

13. 압력의 단위와 절대 압력, 게이지 압력 그리고 대기압의 관계를 설명하여라.

풀이

① 압력의 단위

국제 표준 단위로는 Pa(pascal) 또는 N/m^{2}를 쓰도록 되어 있고, 공학 단위계에는 kg/cm^2, kg/m^2, mmHg, cmAq, mAq 등의 단위를 사용한다. 또한 기압을 사용하기도 하며, 표준 기압은

latm = 760mmHg = 1.0332kg/cm^2 = 10.332 mAq = 101325Pa
= 1.01325bar = 29.92inhg = 14.7psi

② 절대압, 대기압, 게이지압의 관계

절대압이란 완전 진공을 기준으로 측정한 압력

계기압(gage pressure)이란 대기압을 기준으로 측정한 압력

[절대압] = [대기압]±[계기압]

14. 압력 계기에 사용하는 수감부의 종류를 설명하여라.

풀이

① Aneroid : 저압의 절대 압력을 측정하는데 쓰이며 내부가 진공이어서 외부 압력을 절대압으로 지시한다.

② Diaphragm : 내 · 외측에 모두 압력을 받을 수 있으며 내 · 외측의 압력차를 측정하는데 사용된다. 만약 한쪽의 압력이 대기압이라면 다른쪽의 압력을 gage압으로 지시한다.

③ Bellows : 주름 모양의 차압 측정 수감부로써 압력을 받는 면적이 크고 발생되는 변위가 크므로 확대부 없이 직접 지시부에 연결할 수 있다.

④ Bourdon tube : 고압을 측정할 수 있는 장치로써 압력 계기의 수감부로 가장 많이 사용된다.

제4장 온도 계기

4.1 온도 계기 일반

온도를 측정하는 방법에는 직접 측정할 부분에 수감부를 설치하여 온도를 감지하는 접촉식과 복사열을 수감하거나 불꽃의 색깔로 온도를 알아내는 간접 측정법이 있으나 항공기에서 온도는 직접 측정법을 사용하여 온도를 측정한다.

온도 계기의 종류에는 그 측정 원리에 따라 증기압식, 바이메탈식, 전기 저항식, 열전쌍식 등이 있으며 항공기의 온도계 종류는 기통두 온도계, 배기가스 온도계, 외부 대기 온도계, 윤활유 온도계, 연료 온도계, 흡입 공기 온도계, 압축기 입구 온도계 등이 있다.

1. 온도 계기의 측정 범위 및 사용 목적

온도는 많은 것에 영향을 주고 있으므로 그것들을 이용하여 많은 온도 측정 방법이 고안된다. 표 4-1은 일반적으로 이용되고 있는 온도 측정 방법을 나타냈다.

표 4-1 각종 온도 계기의 측정 범위

방 법	측정 범위
액체의 팽창을 이용한 것	−200~600
고체의 팽창을 이용한 것	−100~600
기체의 팽창을 이용한 것	−200~600
열기전력을 이용한 것	−250~1,600
전기 저항의 변화를 이용한 것	−200~600
복사의 강도를 이용한 것	50~3,000
색온도를 이용한 것	700~3,000

항공기의 경우에는 주요한 온도 측정의 대상으로 외기 온도, 배기 가스 온도, 오일 온도, 실린더 온도 등이 있다. 측정 범위는 −100°~1,200[°C]까지이다.

온도 계기의 사용 목적은 다음과 같다.

① 온도에 의해서 제한을 받는 기기, 재료의 사용 제한을 유지한다.
② 사용 제한 범위 내에서 최량의 성능으로 사용하기 위함이다.
③ 측정한 온도와 다른 양을 조합하여 제3, 제4의 양을 구하기 위함이다.

위의 ①은 거의 모든 온도계에 해당한다. ②에 해당하는 것은 배기 가스 온도계가 대표적이고 ③에는 외기 온도계가 있다. 외기 온도는 온도를 비행의 안전을 위해서 이용하는 것 이외에 고도, 대기 속도 등과 기관 출력의 설정, 진대기 속도 등을 구하기 위해서 이용되고 있다.

2. 전기 저항의 온도에 의한 변화

거의 모든 금속, 반도체는 온도가 바뀌면 그 전기 저항이 변한다. 금속의 경우에는, 특히 합금(망간, 콘스탄탄) 등의 경우는 거의 변하지 않지만 온도가 상승하면, 그 전기 저항은 커진다. 반도체의 경우는 일반적으로 온도가 상승하면, 전기 저항은 감소된다.

어느 저항체의 온도가 1[°C] 변화할 경우, 1[Ω]에 관하여 어느 정도의 전기저항 변화가 있는가를 나타내는 값을 전기 저항의 온도 계수라고 부른다. 예를 들면 10[°C] 100[Ω]의 저항체를 20[°C]로 가열한 결과 105[Ω]이었다고 하면 그 저항체의 전기 저항의 온도 계수 α는 다음과 같다.

$$\alpha = (105-100) \times \frac{1}{100} \times \frac{1}{20-10} = 0.005$$

표 4-2는 금속 및 반도체의 전기 저항의 온도 계수를 나타낸다.

표 4-2 전기 저항의 온도 계수

물질의 종류	전기 저항의 온도 계수
알루미늄	4.2×10^{-3}
금	4.0×10^{-3}
은	4.1×10^{-3}
니켈	6.7×10^{-3}
백금	3.9×10^{-3}
망금(합금)	$-0.03 \sim 0.2 \times 10^{-3}$
콘스탄탄(합금)	$-0.4 \sim 0.1 \times 10^{-3}$
반도체	수 %

전기 저항의 변화를 이용한 온도계에는 니켈선, 서미스터(thermistor : 일종의 반도체이고 온도 변화에 민감하다) 등이 널리 이용되고 있다.

3. 열기전력(Thermo Electromotive Force)

그림 4-1과 같이 이종 금속, 예를 들면 철선(열기전력이 상당히 작기 때문에 실제로는 이용이 되지 않는다)과 동선이 각각 끝을 접속(H점)하여 개방된 다른 끝(L)에 전압계(밀리볼트계)를 접속하여 H점을 가열하면 전압계의 지침이 흔들려 철선이 ⊕, 동선이 ⊖로 되어 압력이 발생한 것을 나타낸다. 이와 같이 이종 금속을 접속하여 접속점(H점)과 개방점(L점)의 사이에 온도차를 준 경우에 발생하는 전압을 열기전력이라고 부른다. 또 열기전력을 이용할 목적으로 이종 금속을 접합한 것을 서모커플(thermocouple)이라고 한다.

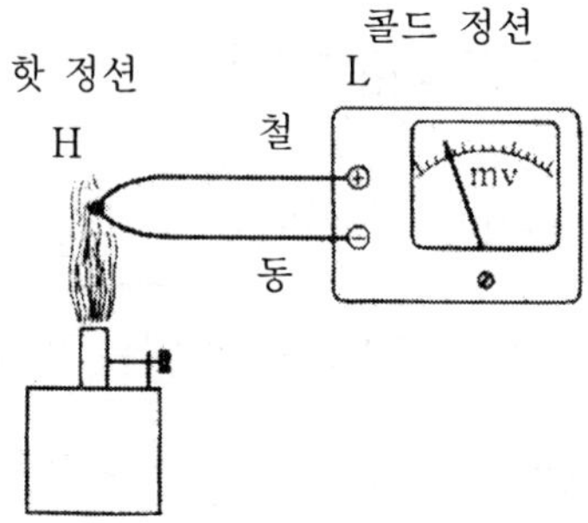

그림 4-1 서모커플

서모커플의 열기전력은 금속의 구성 및 H점과 L점의 온도의 차에 의해서 변하지만 금속의 구성이 결정된 경우에는 H점과 L점의 온도의 차에 의해서 결정된다. 따라서 L점의 온도가 알려져 있는 경우에는 열기전력을 측정하여 H점의 온도를 알 수 있다. 이것을 이용하여 온도의 측정에 널리 이용되고 있다. 표 4-3에 항공계기용으로 널리 이용되고 있는 서모커플(크로멜-알루멜 서모커플 및 철-콘스탄탄 서모커플)의 열기전력을 나타냈다. L점(cold junction)의 온도를 0[°C]로 한 경우의 값이다.

표 4-3 열기전력

온도	크로멜⊕, 알루멜⊖	철⊕, 콘스탄탄⊖
0[°C]	0 [mV]	0 [mV]
100	4.10 〃	5.32 〃
200	8.13 〃	10.87 〃
300	12.21 〃	16.44 〃
400	16.40 〃	22.00 〃
500	20.65 〃	27.62 〃
600	24.91 〃	33.39 〃
700	29.14 〃	39.44 〃
800	33.31 〃	45.88 〃
900	37.36 〃	-
1,000	41.31 〃	-
1,100	45.16 〃	-
1,200	44.89 〃	-

표 4-3에 나타낸 것처럼 크로멜-알루멜 서모커플은 온도와 열기전력과의 관계가 직선에 가깝고, 또 고온까지 사용할 수 있으므로 가장 널리 이용되고 있다. 철-콘스탄탄 서모커플은 온도와 열기전력의 비례 관계가 약간 나쁘고 고온까지 사용할 수 없지만 열기전력은 크다.

4.2 온도 계기의 종류

1. 증기압식 온도계(Vapor Pressure Type)

액체는 열을 받으면 증발하여 기체가 되는데 이를 이용하여 밀폐된 용기에 증발성이 강한 액체를 넣고 증기압을 측정하면 그 증기압과 일정한 함수 관계를 가진 그 물체의 온도를 구할 수 있다. 이 때 주로 사용하는 증발성이 강한 액체로는 염화메틸(methyl chloride)이 사용되며 전달부인 모세관, 그리고 증기압을 측정하여 기계적인 변위로 변화시키는 장치로는 버든 튜브가 쓰인다. 증기압식 온도계를 사용할 때 가장 주의할 점은 누설에 대한 오차이다.

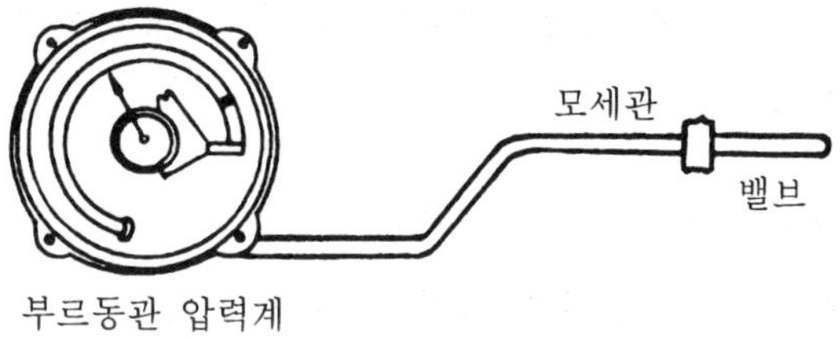

그림 4-2 증기압식 온도계

2. 바이메탈식 온도계(Bi-Metal Type)

철과 구리, 인바 합금(invar alloy)과 구리 등의 조합은 금속들 간의 열팽창 계수가 각각 다르다.

때문에 이런 2개의 금속 조각의 조합은 온도 변화에 따라 팽창에 차이가 생기게 되어 한쪽으로 휘게 된다. 이 휨 변위를 온도 단위로 지시한 형태의 계기가 바이메탈식 온도계이다.

이 온도계는 주로 항공기의 외부 대기 온도계에 사용되며, 이 때의 지시 범위는 −60[℃]~50[℃]이다.

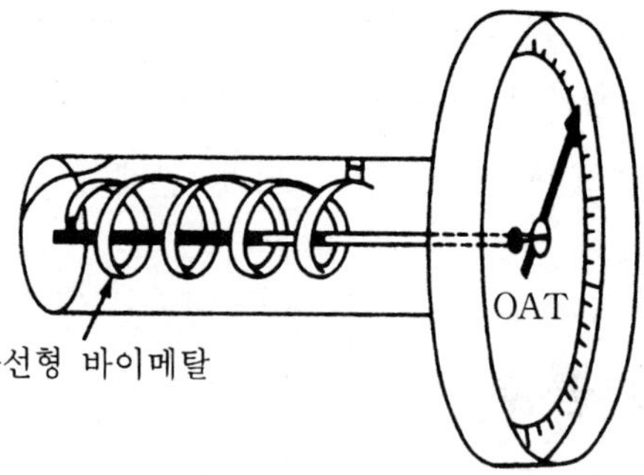

그림 4-3 바이메탈식 온도계

3. 전기 저항식 온도계(Electric Resistance Type)

대부분의 금속은 온도가 증가하면 전기 저항이 증가한다. 금속선으로 저항체를 만들고 그 저항체에 정해진 전압으로 전류를 흘려보내 주면 그 저항체를 흐르는 전류는 그 저항체의 온도에 영향을 받아 온도와 반비례로 변화할 것이다. 따라서 지시 눈금이 온도 단위인 전류계 형태의 지시계로 그 저항체의 전류량을 측정한다면 그 저항체의 온도를 알 수 있을 것이다. 이때 사용되는 저항체는 다음과 같은 조건을 만족해야 한다.

① 온도와 저항의 관계가 직선적인 관계일 것.

② 저항은 온도 이외 다른 조건에는 변하지 말 것.

③ 전기저항 계수의 변화가 클 것.

이런 조건을 만족하는 재료로는 백금, 순니켈, 니켈 망간 합금, 코발트 등이 있으며 이중에서 니켈이 가격이 저렴하기 때문에 많이 사용된다.

또한 서미스터(thermistor)와 같이 온도와 저항의 관계가 반비례하는 재료도 있으며 이런 서미스터는 화재탐지 계통에 사용되기도 한다.

전기 저항식 온도계는 외부 대기 온도, 기화기의 공기 온도, 윤활유 온도, 실린더 헤드 온도 등의 측정에 사용된다.

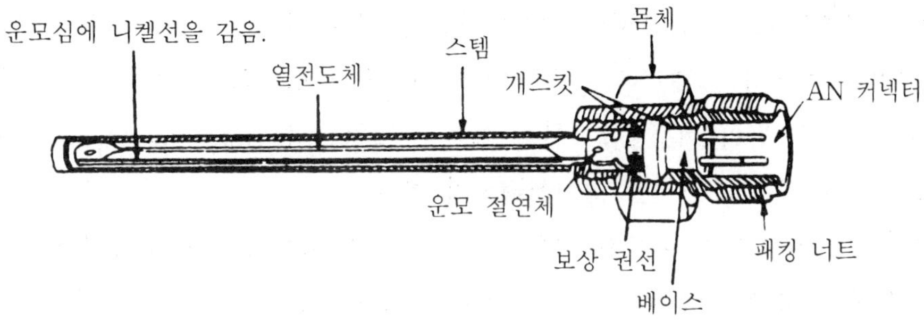

그림 4-4 스템감지식 온도측정 저항체

1) 전기 저항식 온도계 사용시 주의사항

① 전기 저항식 온도계는 내부가 약하므로 충격, 진동 등을 가하지 말 것.

② 온도 측정을 정확히 하기 위해 측정개소에 깊이 박히도록 한다.

③ 길이가 직경의 7~15배 정도로 길기 때문에 10분 정도의 지시 지연 시간이 걸린다.

④ 지시계를 계기판에 장착전에 바늘이 자유로이 움직이는가 확인해야 하며 자유로이 swing하지 않으면 고장을 의심해야 한다.

⑤ 0점 조절시 전원을 켠 상태에서 0점 조절해야 하며 전원이 off된 상태에서는 0 또는 어떤 특정값을 지시하는가 확인한다.

⑥ 온도 측정 저항체와 지시계 간의 연결 도선의 길이나 종류 굵기 등을 변화시키면 지시값이 변하므로 함부로 연결 도선을 변화시키지 말아야 한다.

⑦ 연결 도선이 끊어지거나 접촉이 불량하면 지시침은 full scale을 지시하며, 선이 단락(short)되면 off scale을 지시한다.

⑧ 니켈 등의 저항체는 300[℃] 이상에서 성질이 변하므로 300[℃] 이상의 열을 오래도록 가하지 말 것.

전기 저항식 온도계의 지시계 형태는 비율식과 브릿지식이 있으며 대부분 비율식을 사용한다.

4. 열전쌍식 온도계(Thermocouple Type)

전기 저항식 온도계는 직류 12[V], 24[V]의 외부 전원으로 사용하지만 열전쌍식 온도계는 외부 전원 없이 온도의 변화에 의해 열 기전력이 생기게 하는 장치인 열전쌍을 이용한다. 이 열전쌍은 2개의 다른 물질로 된 금속선의 양 끝을 연결하여 접합점에 온도차가 생기면 금속선에는 기전력이 발생하여 전류가 흐른다. 이 때의 전류를 **열전류**라 하고, 금속선의 조합을 **열전쌍**(thermocouple)이라 하며, 열전류를 생기게 하는 기전력을 **열기전력**이라 한다.

열기전력은 두 금속의 종류와 접합점의 온도차에 의하여 정해지며, 선의 굵기나 접합점 이외의 온도 분포에는 영향을 받지 않는다. 즉, 두 금속의 종류와 한쪽의 접합점 온도가 일정할 때에는 열기전력은 다른 한쪽의 온도에 의해서만 정해진다.

열전쌍의 재료는 다음과 같다.

① 구리-콘스탄탄, coper(Cu 99.9[%])-constantan(Cu 55[%], Ni 45[%]) : 최고 300[℃] 까지 측정 가능하며 왕복 기관 실린더 헤드 온도를 측정하는데 쓰인다.

② 철-콘스탄탄, Iron(Fe 99.9[%])-constantan(Cu 55[%], Ni 45[%]) : 최고 800[℃] 까지 측정 가능하며 구리-콘스탄탄 조합과 마찬가지로 CHT온도계로 사용된다.

③ 크로멜-알루멜, cromel(Ni 90[%], Cr 10[%])-almal(Ni 95[%], Al 12[%], Mn 2[%], Si 1[%]) : 최고 1,400[℃] 까지 측정 가능하며 가스 터빈 기관의 배기가스 온도계에 사용된다.

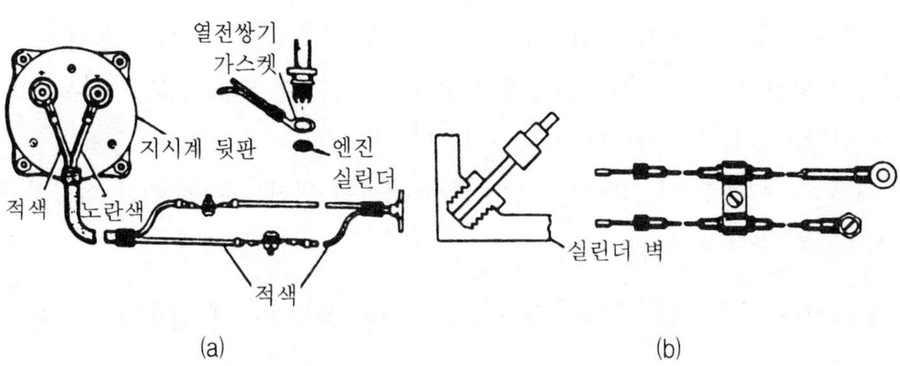

그림 4-5 기통두 온도계

열전쌍식 온도계는 온도를 측정하고자 열점과 지시계가 있는 냉점과의 온도차에 의해 생긴 열전류를 측정하게 되는데 이 때 조종실의 온도가 변하여 냉점의 온도가 변하면 열점의 온도가 변하지 않더라도 지시온도가 달라진다. 따라서 냉점의 온도는 지시온도에 영향을 미치지 않도록 하기 위해서 지시계 내부에 바이메탈 스프링을 설치하여 냉점의 온도가 보상되도록 해야 하며 결과적으로 지시온도는 열점만의 온도가 지시된다.

열전쌍을 이용하여 가스터빈 기관의 배기 가스 온도를 측정할 경우에는 배기구의 지름에 따라 여러 개의 열전쌍을 병렬로 설치하여 여러 곳의 온도를 측정하여 평균값이 지시되도록 한다.

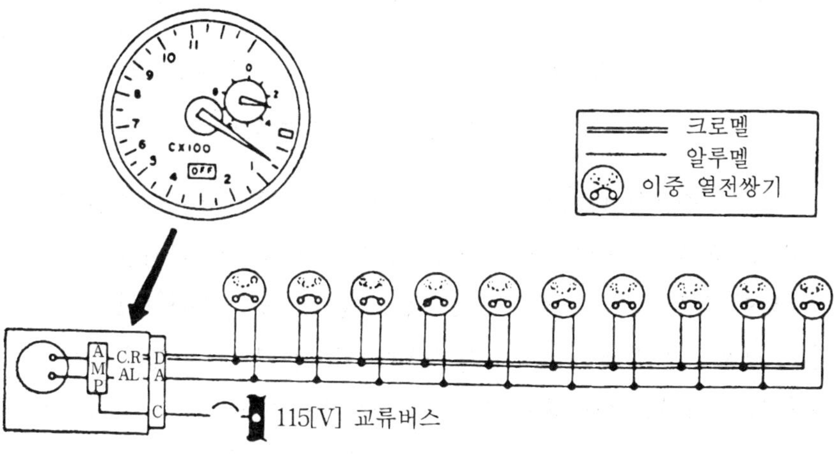

그림 4-6 배기가스 온도계

5. 오일 온도계

오일 온도의 측정에는 전기 저항식 온도계, 액체 팽창식 온도계가 많이 이용된다. 액체 팽창식 온도계는 버든 튜브 압력계와 흡사하지만, 압력계의 경우는 압력과 버든 튜브의 가동 부분의 변위량과의 관계로부터 압력을 알 수 있는 반면, 액체 팽창식 온도계의 경우에는 체적과 버든 튜브의 가동 부분의 변위량으로부터 온도를 알 수 있다.

그림 4-7은 전기 저항식 온도계의 원리를 나타낸 것이다. 온도를 감지하는 부분(그림중의 R_t)은 가는 니켈선 또는 서미스터(thermister) 등이 이용되고 있다. 서미스터의 경우에는 병렬로 전기 저항의 온도 계수가 작은 저항을 접속하여 온도와 전기 저항의 관계의 직선성을 개선하고 있다. 또 서미스터는 전기 저항의 온도

계수가 마이너스(온도가 상승하면 저항이 적어진다)이므로 그림 4-7은 니켈선을 다른 부분을 그대로 하여 서미스터로 바꾸어 놓을 수는 없다. 그림 4-7은 니켈선을 이용한 경우의 접속 예이다.

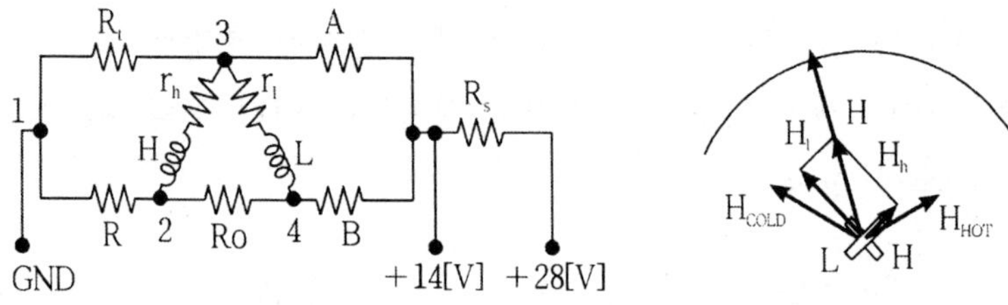

(a) 전기회로　　(b) 지시계

그림 4-7 전기 저항식 온도계

전원이 14[V]인 경우는 GND-14[V] 사이에, 28[V]인 경우는 GND-28[V] 사이에 접속된다. 그림 4-7 (b)의 2개의 코일 H 및 L은 (b)에 나타낸 것 같이 서로 바꾸어 설치되어 있는 코일 H가 만드는 자장 H_h 및 코일 L이 만드는 자장 H_l에 의해서 합성 자장 H가 만들어진다. 그 위치에 자석을 두고 그것에 결합된 지침에 의해서 자장 H의 방향을 나타내는 것에 의해서 온도가 지시된다.

오일의 온도가 낮은 경우에는 그것을 감지한 니켈선의 저항(R_t)이 작아지므로 1-3 사이의 저항이 작아지고, 코일 L에는 4에서 3으로 향하여 비교적 큰 전류가 흐르고 코일 H에는 2에서 3으로 향하여 전류가 흐른다.

그 결과 L, H 양 코일이 만드는 합성 자장은 H_{COLD}로 된다. 오일의 온도가 높은 경우에는 1-3 사이의 저항이 커지므로 H 코일에는 3에서 2로 향하여 전류가 흐르고 L 경우에는 3에서 4로 향하여 전류가 흐른다. 그 결과 L, H 양 코일이 만드는 합성 자장은 H_{HOT}가 된다.

이 방식의 온도계는 전원의 전압이 변동해도 H, L 두 코일이 만드는 자장이 모두 변동하므로 합성 자장의 방향은 바뀌지 않는다. 그 때문에 전원 전압이 변동해도 지시값은 거의 바뀌지 않는 장점이 있으므로 널리 이용된다.

6. 실린더 헤드 온도계

왕복 기관을 장착한 항공기 중에는 기관이 적정한 온도에서 작동되고 있는가를 감지하기 위해 실린더 헤드 온도계가 장착되어 있는 항공기가 있다.

실린더 헤드 온도계는 다수의 실린더 중에서 가장 온도가 높은 1개의 실린더 헤드 온도를 측정하도록 장치되어 있다.

실린더 헤드 온도계에는 열기전력이 큰 IC(철, 콘스탄탄) 서모커플이 널리 이용되고 있다.

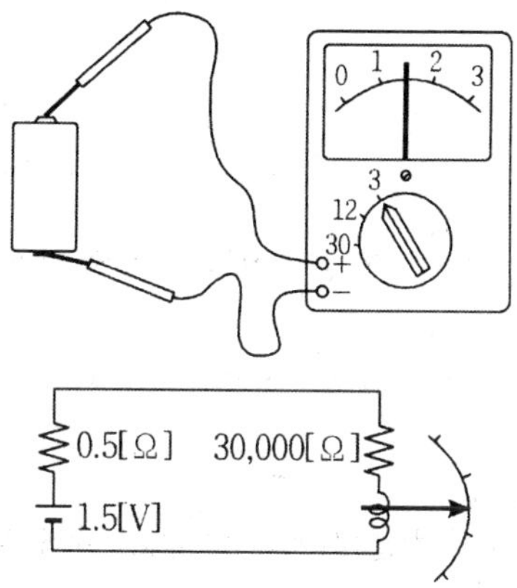

그림 4-8 건전지의 전압 측정

일반적으로 이용되고 있는 테스터(tester)를 사용하여 건전기의 전압을 측정하는 경우에 관하여 생각해 본다.(그림 4-8) 건전지(1.5[V], 내부 저항은 0.5[Ω]로 한다)를 테스터(직류 전압 3[V], 내부 저항은 30,000[Ω])를 사용하여 측정했다고 하면 테스터에 걸리는 전압은 다음과 같이 된다.

$$1.5 \times \frac{30,000}{30,000+0.5} = 1.499975[\mathrm{V}]$$

1.5[V]에 극히 가까우므로 지시값은 건전지의 기전력과 같은 지시값을 그대로 이용하고 있다. 그러나 열기전력과 같은 작은 전압(밀리볼트 이하)을 측정할 경우에는 특별한 측정 방법을 이용하지 않는 한 밀리볼트계의 내부 저항이 적으므로 서모커플(thermocouple), 리드선(lead wire), 미리 볼트계의 내부 저항 등에 관하여 다시 생각할 필요가 있다.

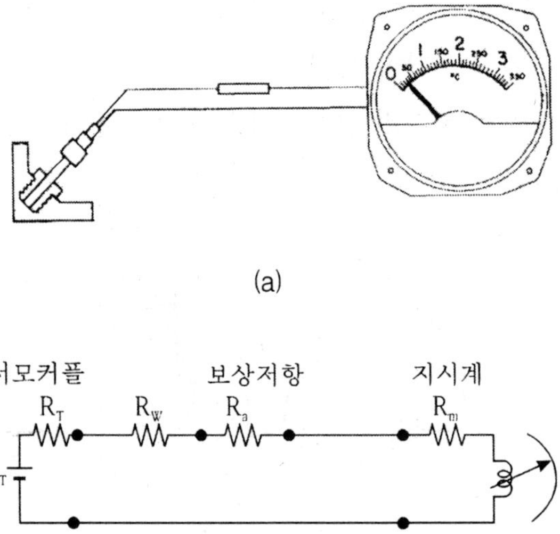

(a)

(b)

그림 4-9 서모커플(thermocouple) 온도계의 접속

항공기용 서모커플(thermocouple) 온도계의 접속을 그림 4-9에 나타내었다. 그림 (b)는 그림 (a)의 회로이다. 보상 저항은 리드선의 길이를 바꿀 경우에 조정하기 위한 것이다. R_T는 서모커플의 저항, R_W는 리드선의 저항, R_a는 보상 저항, R_m은 지시계의 내부 저항이다. 직선 회로에서는 압력은 저항에 비례하여 배분되므로, 열기전력을 E_T로 하면 지시계에 작용하는 압력 E_m은 다음과 같이 된다.

$$E_m = E_r \frac{R_m}{R_T + R_W + R_a + R_m}$$

서모커플식 온도계에서는 열기전력 E_T에 해당하는 온도가 지시계(미리볼트계)의 지시값이 E_m인 점에 눈금이 그어져 있다. 항공기용의 서모커플식 온도계에서는 R_a을 조정하여 $R_T + R_W + R_a$가 8[Ω](또는 2[Ω], 24[Ω])이 되게 한다.

앞의 설명에서와 같이 서모커플식 온도계에서는 콜드 정션(cold junction)의 온도가 알려져 있지 않으면 온도 측정을 할 수 없다. 그래서 지시계는 그림 4-10에 나타낸 것과 같이 콜드 정션의 온도를 구한다.

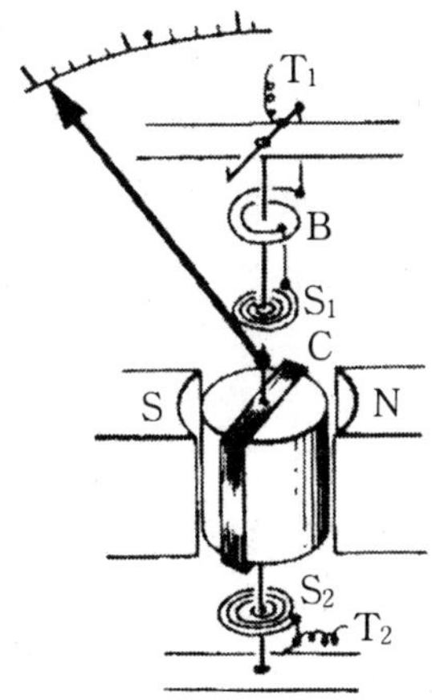

그림 4-10 서모커플 온도계의 구조

서모커플의 연기전력은 리드선과 보상저항을 통하여 단자 T_1, T_2에 접속된다. 가동선에 전원을 공급하고 있는 스프링 S_1은 바이메탈 B를 통과하여 고정되어 있고 지침은 지시계의 온도(콜드 정션의 온도)를 지시한다.

따라서 바이메탈에 의해서 콜드 정션의 온도가 기계적으로 지시되고 콜드 정션(cold junction)과 핫 정션(hot junction)의 온도차에 의한 서모커플에서의 기전력에 지시계의 온도가 추가되어 핫 정션의 온도가 나타난다.

7. 배기 가스 온도계(TIT Indicator or EGT Indicator)

왕복 기관에서도 배기 가스 온도계를 장착하여 공연비의 조절 등으로 이용하고 있는 것이 있지만 일반적으로 실린더 헤드 온도계를 장착해서 실린더 헤드 온도를 감지하여 기관의 상태를 감시하는 것이 많다.

그러나 가스 터빈 기관의 경우에는 연료 가스의 온도는 기관의 성능 및 상태를 감시하기 위해서 필요한 것이므로 반드시 장착되어 있다. 따라서 왕복기관 실린더 헤드 온도계보다 필요성이 높다.

가스터빈 기관의 연소 가스 온도는 연소 가스가 가스터빈 기관에 유입되는 장소의 온도(TIT : Turbine Inlet Temperature) 및 가스터빈 기관에서 배출된 장소의 온도(EGT : Exhaust Gas Temperature)를 측정하는 두 개의 방식이 있고, 기관의 형식에 따라 이용된다.

가스터빈 기관의 연소 가스의 흐름 단면은 도너츠형(donuts type)이 되어 있으므로, 한 곳에서 연소 가스의 온도를 측정한 것만으로는 전체의 온도를 아는 것은 힘들다. 그 때문에 기관이 큰 경우에는 여러곳의 온도를 측정하여 각 측정 위치의 평균값을 연소 가스의 온도로 하고 있다. 이와 같은 이유로 연소 가스의 흐름 단면에 원형으로 배치된 다수의 서모커플은 그림 4-11과 같이 접속되어 있다.

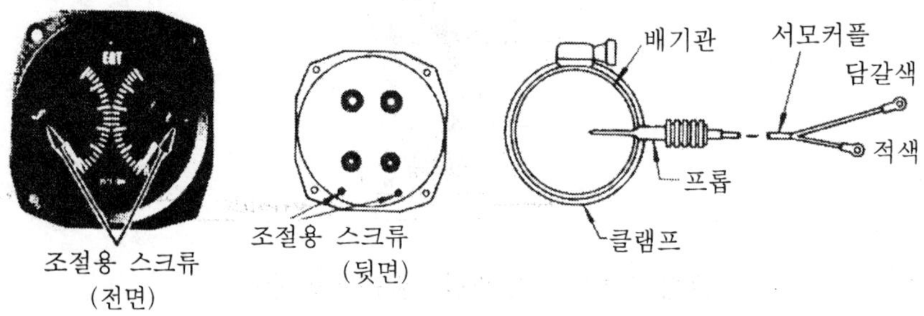

(a)

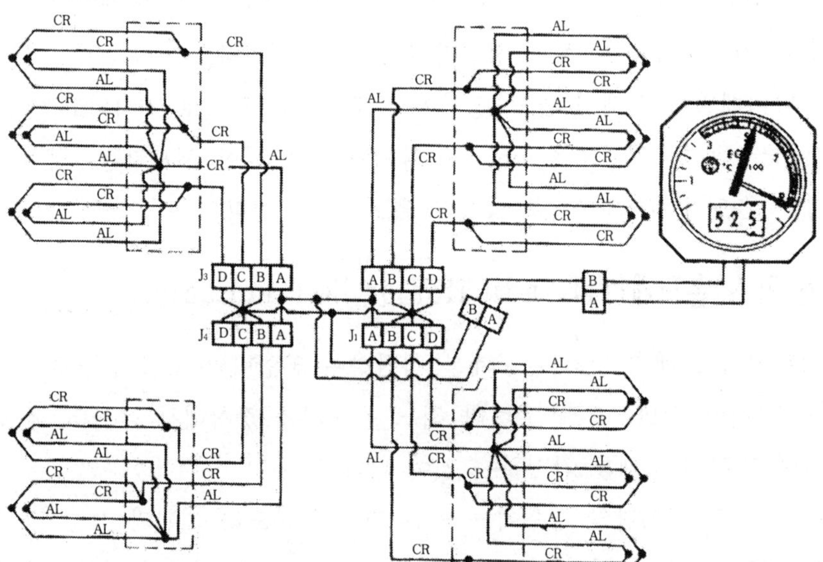

(b)

그림 4-11 연소 가스 온도계

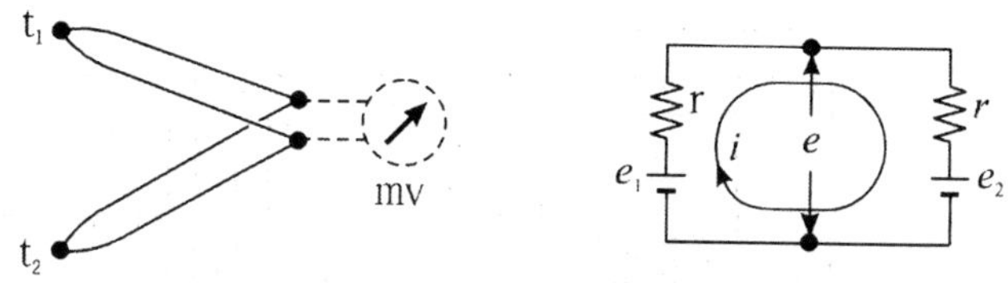

(a) (b)

그림 4-12 평균치 회로의 원리

그림 (a)는 소형 가스터빈 기관, 그림 (b)는 대형 가스터빈 기관에 이용된다. 그림 4-12와 같이 서모커플이 2개 있는 경우 평균 온도를 구하는 방법에 관하여 설명한다. 서모커플은 같은 것으로 각각의 리드선의 길이도 같이 제작하므로 그 회로는 (b)와 같이 된다. 전지의 전압 e_1, e_2는 온도 t_1, t_2인 장소에 위치된 서모커플의 열기전력이다. 두 개의 서모커플의 온도에 차가 있는 경우에는 e_1과 e_2에 차가 있으므로 루프 전류 i가 흐른다. 이 전류의 크기는 다음과 같다.

$$i = \frac{(e_1 - e_2)}{2r}$$

따라서, 두 개의 서모커플을 접속한 점에 생긴 전압 e는

$$e = e_1 - ri = e_1 - r\frac{e_1 - e_2}{2r} = \frac{e_1 - e_2}{2}$$

로 되고 e_1과 e_2의 평균이 된다.

서모커플 및 리드선으로 구성된 평균치 회로에 발생한 열기전력의 평균치는 리드선 및 보상 회로를 통하여 온도 지시계에 접속되어 연소 가스 온도의 평균치가 지시된다.

연소 가스의 온도 지시계는 앞에서 설명한 실린더 헤드 온도계와 같도록 연소 가스 온도를 눈금을 그은 콜드 정션(cold junction) 온도 수정 기능이 붙은 밀리볼트계, 또는 그림 4-13에 나타낸 서보식 지시기는 다음과 같이 작동하고 있다.

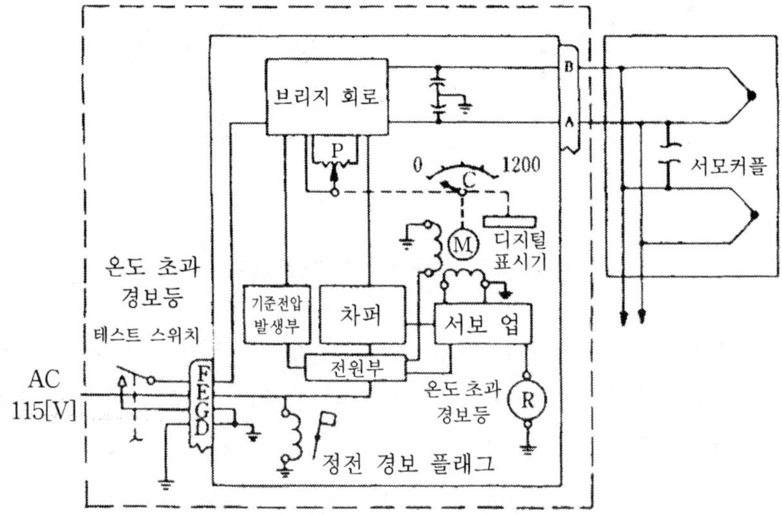

그림 4-13 서모식 지시기 회로

다수의 서모커플에 발생한 열기전력의 평균 전압은 단자 A, B에 접속된다. 이 전압이 브리지(bridge)회로에 들어와서 콜드 정션 온도의 수정을 위한 전압이 가산되고 전위차계(potentiometer)의 P점의 전압과 비교된다.

전압에 차가 있는 경우는 그 차전압이 증폭되어 서보 모터(servo motor)를 구동하여 P점의 전압이 열기전력의 평균 전압과 같아지기까지 포텐시오미터를 회전시킨다. 평형된 점에서 서보 모터는 정지한다. 그때의 전위차계의 슬라이드 암(slide arm)의 위치가 지시계의 지침에 의해서 온도로 지시된다.

8. 외기 온도계(OAT : Outside Air Temperature)

외기 온도는 기관의 출력 설정, 결빙 방지, 연료 내의 수분 동결 방지 등의 목적으로 사용되고 비행중인 항공기에 중요한 것이다. 또 고속 항공기에서는 항법상에 필요한 진대기 속도를 구하는 계산으로 필요한 것이다.

외기 온도의 측정은 다음의 방식중 어느 하나가 이용되고 있다.

① 온도계의 수감부를 항공기 외부로 돌출시키고 그 지시값을 그대로 외기 온도로 이용한다. 이 방법은 저속 항공기에 널리 이용된다.

② 전기 저항식 온도계의 수감부를 항공기 외부에 두고 그 지시값을 그대로 외기 온도로 이용한다. 이 방법은 저속 항공기로 원격 지시가 필요한 경우에 많

이 이용된다.

③ 전기 저항식 온도계의 수감부를 항공기 밖에 두고 다른 정보(교정 대기 속도, 고도)와 구성하여 단열 압축에 의한 온도 상승을 수정하여 외기 온도(진대기 온도)를 구한다. 고속 항공기의 경우에는 반드시 이 방법을 이용하고 있다.

②의 측정 방법은 오일 온도계에서 설명한 것과 같으므로 생략하고 여기에서는 ①, ③에 관하여 설명한다.

① 수감부를 항공기 밖으로 돌출시켜 직접 지시하는 것
바이메탈을 이용한 온도계로 그림 4-14는 구조를 나타낸다.
수감부를 항공기 밖으로 돌출시키고 지시부는 조종사가 보이도록 장치한다. 눈금은 [°C] 및 [°F]로 표시되어 있고 저속 소형 항공기에 널리 이용되고 있다.

② 다른 정보와 조합되어 진대기 온도를 지시하게 하는 것

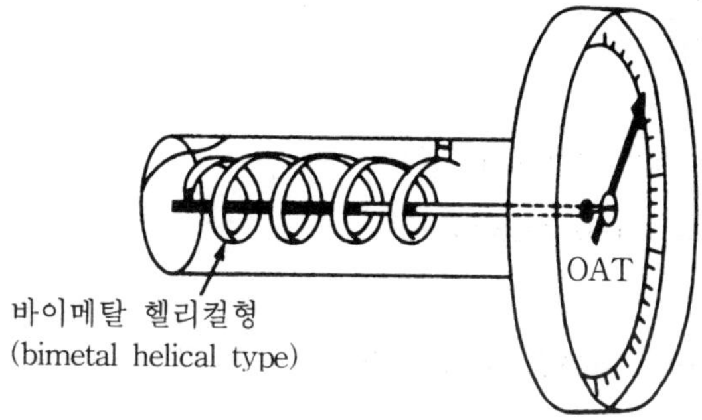

그림 4-14 바이메탈 온도계

고속 항공기에서는 고온계의 수감부에 충돌한 공기가 단열 압축되어 온도가 상승하므로, 수감부는 대기의 진짜 온도보다 높은 온도를 감지해 버린다. 이 온도는 전체 온도(total air temperature) 또는 정체 온도(stagnation temperature)라고 한다. 이것에 대하여 대기의 실제 온도(이것을 기온이라고 부른다)를 진대기 온도(static air temperature)라고 부른다.

표 4-4 비행 속도와 온도 상승

마하수	TAT[°C]
0	0
0.1	0.55
0.2	2.17
0.3	4.92
0.4	8.73
0.5	13.64
0.6	19.97
0.7	26.77
0.8	34.95
0.9	44.22

표 4-4는 전체 온도와 진대기 온도의 관계를 타나낸다.

전체 온도와 진대기 온도의 사이에는 다음과 같은 관계가 있다.

$$SAT = \frac{TAT}{1 + 0.2KM^2}$$

TAT : total air temperature[°K]

SAT : static air temperature[°K]

M : 마하수

K : 수감부 특유의 계수로 0.80~0.99

고속 항공기에서는 속도 및 고도로부터 마하수를 구하고, 또 위 식의 관계를 이용하여 외기 온도(OAT)를 구하고 있다.

4.3 온도 계기의 정비

항공기의 모든 부분에 있어서 온도가 미치는 영향은 매우 크다. 따라서, 온도의 측정이 정확히 이루어지기 위해서는 온도 측정 계통의 정상 작동이 항상 이루어져야 한다.

1. 계기의 취급

저항식 온도계는 수감부 재료의 표면이 상하거나 절단되지 않도록 주의해야 하며, 도선은 씌워진 절연물이 벗겨지지 않도록 주의해야 한다.

특히, 열전쌍식 지시 계통의 지시계는 매우 미세한 기전력에 의해 작동되는 일종의 다르송발식 정밀 전류계이므로, 이 계통의 구성품인 헤어 스프링이나 코일 등이 외부의 충격으로 인하여 손상을 입지 않도록 주의해야 한다.

2. 시험 및 작동 점검

전기 저항식 온도 지시 계통은 전기 저항식 온도계 시험기를 이용하여 간단히 시험할 수 있다. 온도 수감부인 저항 밸브에서 연결되는 선을 시험기에 연결하고, 시험기상의 노브를 돌려 저항값을 맞출 때 지시계 상에 해당되는 온도가 지시되는지를 시험한다.

그리고 열전쌍식 온도 지시 계통의 시험은 지시계의 시험과 열온도 지시계 시험기(N-3 tester)에 의해서 수행되고, 열전쌍과 그 계통 시험은 열전쌍 시험기에 의해서 행해진다.

열전쌍 온도 계기 계통을 시험할 때에는 시험하는 실내 온도가 정확히 파악되어야 하고, 시험기에 전기 도선의 단자를 연결할 때 음극과 양극이 바뀌지 않도록 주의해야 한다.

연습문제

1. Thermo-Couple식 기통두 온도계의 lead-line을 풀어내면 그 지시차는?

① zero를 지시한다.
② 기통 온도를 그대로 지시한다.
③ 계기 주위의 온도를 지시한다.
④ 기통두 온도와 계기 주위의 온도와의 차이

2. 터빈엔진의 온도를 측정하는 방법은?

① 철-콘스탄탄 서모커플을 이용 ② 전기저항식 서모메터를 이용
③ 크로멜-알루멜 서모커플을 이용 ④ 비례식 전기저항식 온도계 이용

3. 병렬로 연결되어 있는 배기 가스 온도(E.G.T)측정용 bulb 중 한 개가 끊어졌다면 그때의 지시값은?

① 감소한다. ② 증가한다.
③ 변하지 않는다. ④ 0을 지시한다.

4. 전기저항식 온도계의 온도 수감 buld의 저항을 증가시키면 그 지시는 정상보다 어떠한가?

① 높다. ② 낮다.
③ 변하지 않는다. ④ 주위 조건에 따라 다르다.

5. 다음 온도계의 주위에 관한 설명 중 부적당하다고 생각하는 것은?

① ratio-type을 영점 조정할 때는 스위치를 켠 상태로 한다.
② 장착하기 전에 pointer가 자유로이 swing하는가 살펴본다.
③ 전기저항식인 경우 bulb가 300[°C] 이상의 열을 오래도록 가하지 말 것
④ thermo-couple식을 영점 조정할 때는 switch on 상태로 해야 한다.

6. 전기저항식 온도계가 실제 온도가 정상 상태에서 최소값을 나타낸다면 그 원인은?

① bulb에 연결된 lead line이 끊어졌다.

② bulb에 연결된 lead line이 단락(short)되었다.

③ 사용 전원의 전압이 높다.

④ 영점 조정이 안되었다.

7. 다음 중 온도 보상 장치에 주로 사용되는 것은?

① negative resistor ② calibrating resistor

③ thermistor ④ bi-metal

8. thermo-couple식 기통두 온도계에서 기통이 300[°C]이고 조종실내가 20[°C] 라면 그때 계기의 지시값은?

① 300[°C] ② 280[°C]

③ 320[°C] ④ 20[°C]

9. 계기로부터 읽을 수 있는 엔진 오일의 온도는 다음 중 어느 오일의 온도인가?

① 소기 펌프 오일 온도 ② 엔진으로 들어가는 오일 온도

③ 엔진으로부터 나오는 오일 온도 ④ 탱크로 들어가는 오일 온도

10. 항공기 전기 계통이 고장이면 실린더 온도 계기의 지시에 어떤 영향을 미치는가?

① 계기가 높게 지시한다. ② 계기가 낮게 지시한다.

③ 계기 지시에 영향이 없다. ④ 계기가 떨린다.

11. 기통두 온도계의 열점과 냉점 접속은 어느 곳에 위치하는가?

① 두 접속이 모두 실린더에 위치하고 있다.

② 두 접속이 모두 계기에 위치하고 있다.

③ 열점 접속은 실린더에 있고, 냉점 접속은 계기에 있다.

④ 냉점 접속은 실린더에 있고, 열점 접속은 계기에 있다.

12. 성형기관의 기통두 온도는 항상 다음 어느 곳에서 측정되어 지는가?

① No.1 cylinder ② No.7 cylinder

③ master rod cylinder ④ 아무 실린더에서나

13. 다음 thermo-couple 조합 중 그 측정 온도 범위가 가장 높은 것은?

① Cr-Al ② Fe-Cn

③ Cu-Cn ④ Cr-Ni

14. 증기압식 온도계의 작동 원리를 설명하여라.

풀이

① 증발성이 강한 액체(염화 메틸)를 밀폐된 용기에 넣고 온도 변화에 따른 압력을 boudon tube를 이용하여 측정함으로써 그 때의 압력에 상당하는 온도로 환산하여 지시하는 방식.

② 지시 범위는 −40～50[°C]인 외기 온도계, −40～120[°C] 범위인 윤활유 온도계로 이용된다.

15. 전기 저항식 온도계에 사용되는 재료의 종류와 구비 조건을 설명하여라.

풀이

① 온도 수감용 저항체의 구비 조건

㉠ 온도와 전기 저항과의 관계가 직선적 관계에 있어야 한다.

㉡ 저항은 길이간에 균일해야 하며 온도 이외의 조건으로부터 저항은 변하지 말 것.

㉢ 온도 변화에 따른 전기저항의 변화가 큰 재료일 것.(온도 저항계수가 클 것) 이를 만족하는 재료는 순 Ni, Ni-Mn 합금, Kovalt, 백금 등이 있으며 가격이 저렴하기 때문에 니켈을 많이 사용한다.

16. 전기 저항식 온도계를 사용할 때 주의 사항을 설명하여라.

풀이

① 온도 측정 저항체는 내부가 약하기 때문에 진동이나 마찰이 가해지지 않도록 주의해야 한다.

② 오차를 적게 하기 위해 측정할 개소에 깊이 박히도록 길이를 직경의 7～15배로 하며 기체의 온도 측정시에는 10분 정도의 지시 지연이 있다.

③ 장착 전에 자유로이 swing하는가 검사한다.

④ zero adjust할 때 전원 스위치를 OFF한 후 0 또는 어떤 특정 값을 지시하는

지 확인한다.

⑤ 온도 측정 저항체와 지시계 간의 거리를 함부로 변화시키지 말 것.

⑥ 도선이 끊어지거나 접촉이 불량하면 지시침은 FULL scale, 단락(short)되면 OFF scale됨을 명심할 것.

⑦ 온도 측정 저항체에 300[°C] 이상의 열을 오래도록 가하지 말 것.

17. 열전쌍식 온도계의 원리를 설명하여라.

풀이

① 열전대란 열 에너지를 전기적 에너지로 변환하는 장치로서 길이가 비슷한 2개의 이질 금속선의 양 끝을 연결하여 열점(hot junction)간에 온도차를 두면 회로 내에는 온도차에 따른 상당 전류가 흐른다. 전류계 형식의 지시계를 조종석에 설치하여 열점의 온도를 지시하게 한다.

18. 열전쌍식 온도계에 사용되는 재료와 사용처를 설명하여라.

풀이

열전쌍식 온도계에 사용하는 재료는 이질 금속선 2개를 조합하여 사용한다.

① 크롬엘-알루멜 : 1400[°C]까지의 온도에 사용되며 gas turbine의 배기 가스 온도계로 사용한다.

② 철-콘스탄탄 : 800[°C]까지의 온도를 측정하는데 사용되며 기통두 온도계(C.H.T)로 사용한다.

③ 동-콘스탄탄 : 300[°C]까지의 온도를 측정하며 기통두 온도계(C.H.T)에 사용된다.

제 5 장

자기 계기

5.1 자기 계기 일반

항법(navigation)이란 지표의 한 곳에서 다른 곳으로 가기 위해 항로를 찾는 방법이라 할 수 있다. 항공기가 정확하게 목적지를 향하여 비행하려면 지리학적인 위치에서 항공기의 기수 방위를 알아야 하는데 자기 계기도 이런 목적을 위해 사용되었다. 하지만 지표를 나눈 좌표는 지구의 자전축인 지축의 북극인 진북과 지축의 남극인 진남을 기준하여 나눠었기 때문에 자기 계기가 지시하는 방향과는 어느 정도 오차가 생긴다. 자기 계기는 지자기를 수감하여 자기 자오선을 탐지하여 이것을 기준으로 항공기의 기수 방위를 나타내는 것으로서, 자기식 나침반 또는 자기 컴파스(magnetic compass)라고 부른다.

1. 지자기의 3요소

지자기란 지구에서 나오는 고유한 자기력이며 지자기의 N극은 지리학적의 북극인 진북과 2,100[km] 떨어진 곳에 위치하며, 지자기의 S극은 진남과 1,800[km] 떨어진 곳에 위치한다. 또한 이 위치는 고정된 것이 아니라 매년 주기적으로 약간씩 이동한다.

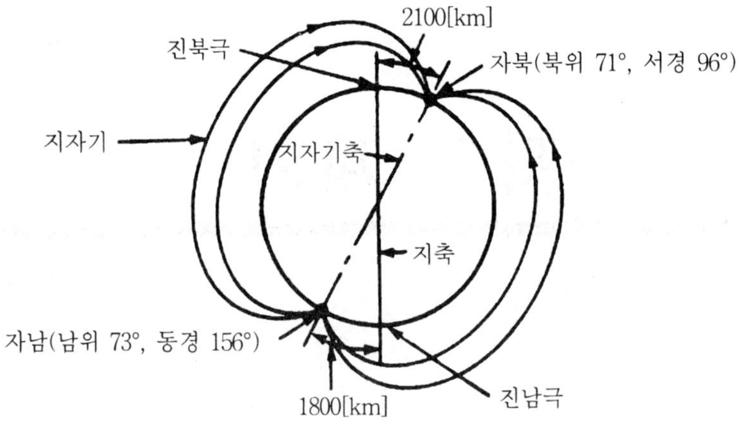

그림 5-1 지자기

1) 편각 또는 편차(Variation, Declination)

지구의 자전축인 지축과 지자기 축간에 이루는 각이며, 지축에 대한 자오선인 진 자오선과 지자기 축을 기준으로 한 지자기 자오선이 이루는 사이각이다.

이 편각(편차)는 지표면상의 지점마다 각각 다르며 이 편차를 교정하기 위해 항공챠트에는 편각선(variation line)을 표시하는데 이 선들을 **등 편각선**(isogonic line)이라 하며 편각이 0이 되는 지점을 연결한 선을 **0편각선**(agonic line)이라 한다.

2) 복 각(Dip, Inclination)

지자기 자력선의 방향과 지구 수평선이 이루는 각이다. 영구자석을 자유롭게 움직일 수 있도록 만들고 지자기를 탐지하면 지자기 방향과 영구자석 축이 일치하게 된다. 따라서 복각은 영구자석 축과 지구 수평면이 이루는 각이라 할 수 있다. 지구 적도 부근에서는 거의 0이고 양 극 지방으로 갈수록 직각에 가까워진다.

복각이 생기기 때문에 자기 컴파스의 동작 오차가 일어나게 된다.

3) 수평분력(Horizontal Component)

지자력을 지구 수평면 방향과 수직방향의 두 방향의 분력으로 나누었을 때 지구 수평면 방향쪽의 분력을 말한다. 수평분력＝지자력× cos γ (복각)이며 복각이 적은 적도에서는 최대가 되며 극 지방에서는 최소이다. 이 수평분력이야 말로 자기 컴파스가 수감할 수 있는 힘이 된다.

2. 방 위

방위란 북쪽을 기준으로 하여 시계 방향으로 잰 각으로서 나방위, 자방위, 진방위가 있다.

1) 나방위(Compass Heading ; C.H)

나침반 상의 나북을 기준으로 하여 항공기의 진로를 시계 방향으로 잰 각이다.

2) 자방위(Magnetic Heading ; M.H)

지자기축의 북쪽인 자북을 기준으로 하여 시계 방향으로 잰 각이다.

3) 진방위(Ture Heading ; T.H)

지축의 북쪽인 진북을 기준으로 하여 항공기의 진로를 시계 방향으로 잰 각이다.

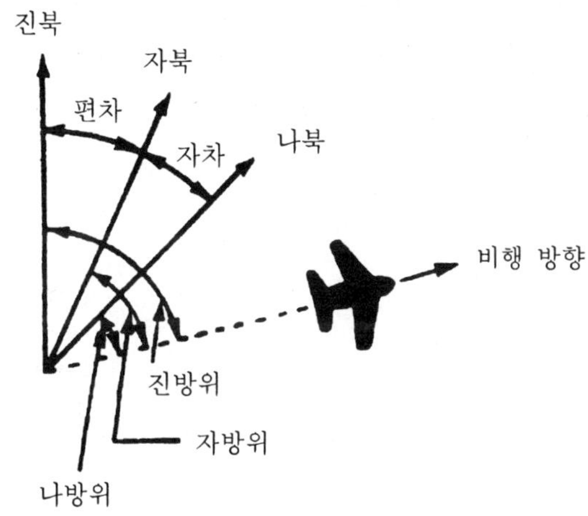

그림 5-2 방 위

나방위, 자방위, 진방위의 관계를 편각, 자차로 표시하면 진방위=자방위+편차이며, 자방위=나방위+자차, 따라서 진방위=나방위+자차+편차이다.

5.2 자기 컴파스

1. 자기 컴파스의 구조와 기능

360° 전방위에 대해 5° 간격의 눈금이 매겨진 컴파스 카드가 플로트(float)에 둘러싸여 있으며 플로트에는 2~12개의 작은 영구 자석봉이 달려 있다. 이것이 지지대에 올려져 있으며 지지점과 마찰되는 부분에는 보석 베어링이 있어 마찰을 최소로 할 수 있도록 설계되었으며 컴파스 케이스 안에는 컴파스 액을 채워 부자가 부력을 갖도록 하고 있다. 또한 컴파스 액이 온도 변화로 인해 열팽창 및 수축하지 않도록 다이어프램이 들어있는 확장실(expantion chamber)가 계기 후방에 위치하여 다이어프램 내부로 공기가 유입 또는 유출되므로서 열팽창으로 인한 내부 압력 증가를 방지한다.

또한, 컴파스에는 자차를 보정하기 위해 두 개의 스크류(N-S, E-W compensat-ing screw)에 연결된 4개의 소 자석봉이 내장되어 있어 전기기구에 의한 불이자기나 자성체에 의한 자기적인 영향을 상쇄시킬 수 있는 자기장을 만든다.

계기 케이스 앞부분에는 유리창이 있으며 그 중앙에 고정된 기준선(lubber line)으로 나방위를 읽는다. 컴파스 카드는 ±18°까지 경사가 지더라도 자유로이 움직일 수 있으나, 일반적으로 65° 이상의 고도위에서는 이 한계가 초과되어 사용하지 못한다.

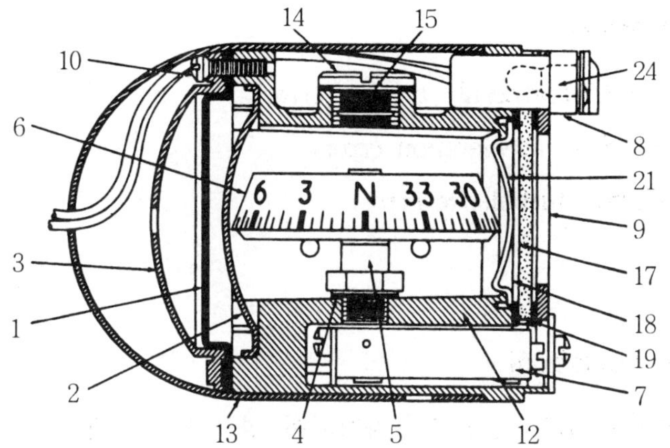

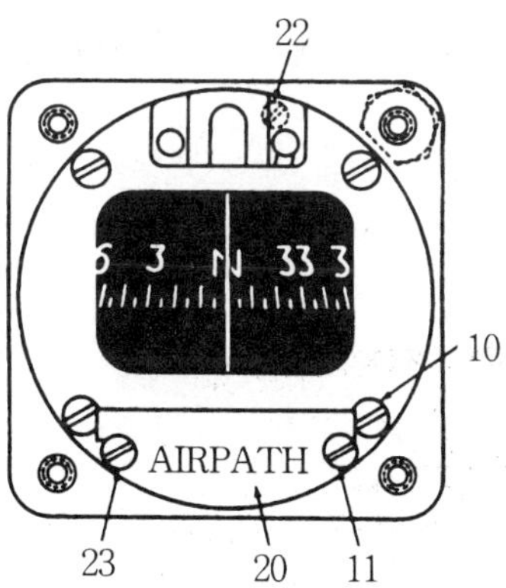

1. 진동판
2. 진동판 스톱
3. 아네로이드 백
4. 지지축 와셔
5. 지지축
6. 컴파스 카드
7. 보정기
8. 등
9. 베즐(bezel)
10. 베즐 및 아네로이드 백 스크루
11. 우측커버판 스크루
12. 케이스
13. 하우징
14. 용액 주입기 플러그
15. 용액 주입기 플러그 와셔
16. 너트
17. 렌즈
18. 베즐 밀폐 가스켓
19. 베즐 스페이서 가스켓
20. 보정기 커버판
21. 루버션
22. 등 스크루
23. 등 커버판 스크루
24. 램프

그림 5-3 자기 컴파스의 구조

2. 자기 컴파스의 오차

자기 컴파스에는 다음의 정적 오차와 동적 오차가 있다.

(가) 정적 오차(static error)

① 반원차(semicircular deviation)

② 사분원차(quadrant deviation)

③ 불이차(constant deviation)

이 세가지를 합하여 자차(deviation)라고 부른다.

(나) 동적 오차(dynamic error)

① 북선 오차(또는 선회 오차 : northernly turning error)

② 가속도 오차(또는 감속 오차 : acceleration error)

③ 와류 오차(oscillation error, turbulence error)

1) 정적 오차

(가) 반원차(semicircular deviation)

반원차는 항공기에 사용되고 있는 영구자석(자화되어 영구자석이 된 강재를 포함한다)에 의해서 생기는 오차이다. 그림 5-4에 하나의 예를 나타냈다.

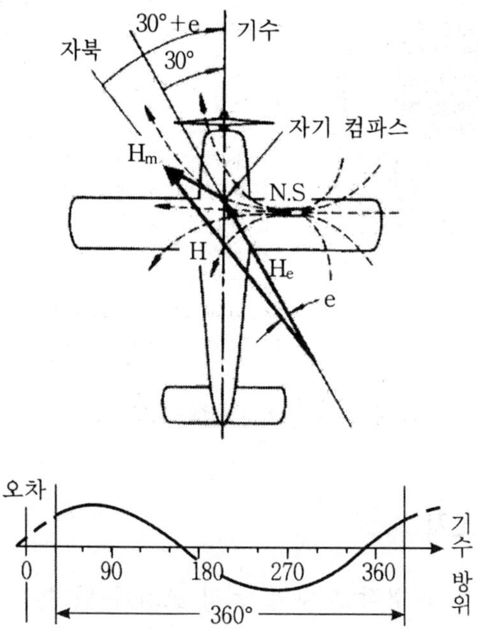

그림 5-4 반원차(semicircular deviation)

이 예는 우측 랜딩기어(landing gear)에 사용하고 있는 강재(steel part)의 탈자화(demagnetization)가 불완전하여 그림과 같이 영구자석을 설치한 것과 같은 결과가 되었다. 우측 랜딩기어에 의해서 생긴 자장 H_m가 지자기의 자장 H_e에 가해져 자기 컴파스의 위치에서 합성 자장은 H로 된다. 그 때문에 자기 컴파스는 바른 자방위(30°)에서 e만큼 우측으로 벗어난 자방위를 나타내는 것이 된다.

항공기가 방향을 바꾸면 H_m과 H_e의 화살표를 중심으로 원을 그리듯이 변하므로 오차는 180°마다 +, -가 반전한다. 그 때문에 반원차라고 불리운다.

반원차는 H_m를 상쇄하는 자장을 인공적으로 만들어서 수정할 수 있다.

(나) 사분원차(quadrant deviation)

사분원차는 항공기에 사용되고 있는 연철 재료에 의해서 지자기의 자장이 흩어지기 때문에 생기는 오차이다. 그림 5-5는 연철 재료 P에 의해서 자기 컴파스가 장치된 장소의 지자기에 의한 자장이 흩어진 상태를 나타낸 것이다.

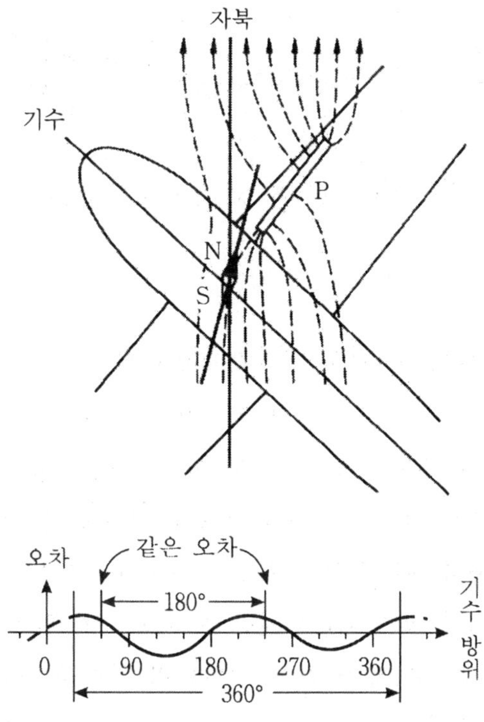

그림 5-5 사분원차(quadrant deviation)

이 경우(연철의 일치 자화에 의해서 자장이 흩어지는 경우)는 연철 재료가 지자기에 의한 자장에 대하여 180° 회전하면 역방향으로 일시 자화되고 같은 영향이 나타나므로 오차는 180°마다 같은 것이 된다. 그 때문에 사분원차라고 불리운다.

사분원차는 연철판, 봉, 구 등을 이용하여 수정할 수 있지만 그것은 제조시 큰 수리 또는 개조를 했을 경우 필요에 따라서 행하는 것으로만 통상의 정비를 수행한다.

(다) 불이차(constant deviation)

불이차는 모든 자방위에서 일정한 크기로 나타나는 오차로써, 컴파스를 기체에 장착했을 경우 장치 오차에 의해 생기는 것이다. 자기 컴파스 자체의 오차는 아니다. 이것은 반원차, 사분원차에 대해서도 같다.

불이차는 자기 컴파스의 장착 상태를 개선함으로써 비교적 용이하게 수정할 수 있다. 그러나 자기 컴파스의 자차를 구할 경우에는 모든 정적 오차가 가산된 것이 오차로 나타나므로 그림 5-6과 같이 불규칙한 자세로 나타난다.

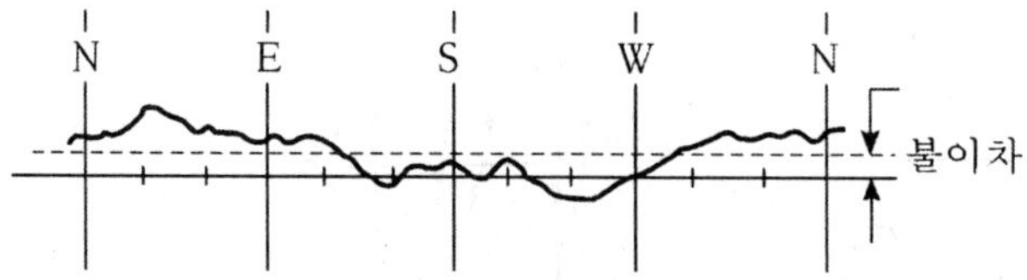

그림 5-6 불이차(constant deviation)

2) 동적 오차

(가) 북선 오차(선회 오차 : northernly turning error)

자기 적도(磁氣赤道) 이상의 장소에서 지자기에는 수직 성분이 있다. 그 때문에 항공기가 선회를 하기 위해 뱅크(bank)하면 컴파스 카드면이 지자기의 수직 성분과 직각이 흐트러져 자기 컴파스는 수직 성분을 감지하여 진짜 자방위에서 벗어난 위치를 지시하게 된다. 이 오차는 북선 오차라고 불리우고 선회시에 북(또는 남)으로 향했을 때에 가장 크게 나타나지만 선회를 하기 위해 뱅크했을 때는 반드시(동쪽 또는 서쪽을 향하고 있을 때는 나타나지 않는다) 나타나는 것으로 선회 오차라고 불리는 것도 있다.

그림 5-7에 나타낸 예는 북반구에서 자북으로 향하여 비행하고 있는 항공기가 오른쪽으로 선회하기 위해 오른쪽으로 뱅크(bank)한 순간을 나타낸 것이다.

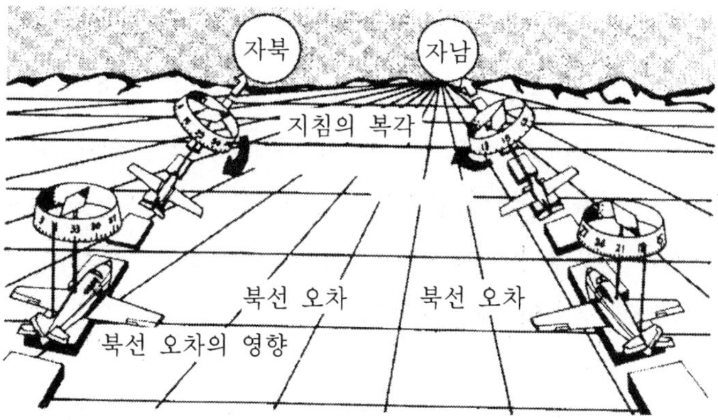

(a) NOSS(north opposite south same)

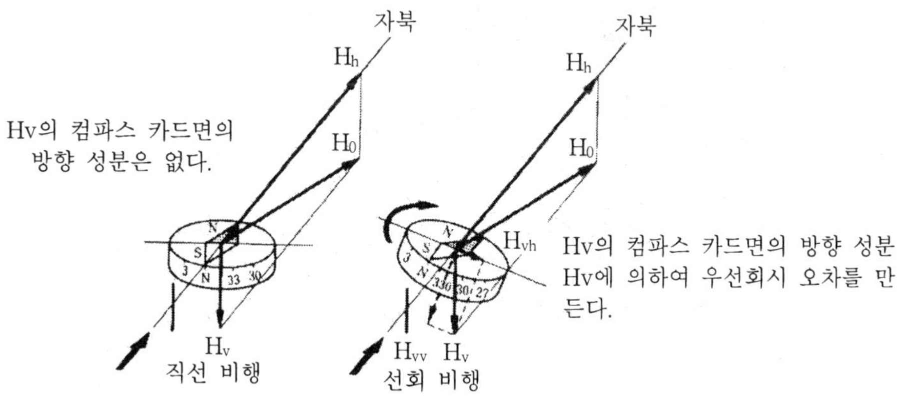

(b)

그림 5-7 북선 오차(선회 오차 : northernly turning error)

기체는 자북으로 향하고 있지만 자기 컴파스는 330°의 자방위를 나타내고 있다. 이와 같이 북반구에서는 북쪽(270°에서 90°의 북반구)으로 향하고 있는 경우에는 선회하려고 하는 방향과 반대 방향의 오차가 나타나고, 남쪽(90°에서 270°의 남반구)으로 향하고 있는 경우에는 선회하려고 하는 방향과 같은 방향의 오차가 나타난다. 이것을 NOSS(north opposite south same)라고 하는데 노스(nose)를 연상하여 기억하면 편리하다.

남반구의 경우에는 지자기의 수직 성분이 북반구의 경우와 반대가 되므로 north same south opposite로 된다.

(나) 가속도 오차(acceleration error)

가침 컴파스 카드 등을 포함하는 가동 부분의 중심은 지지점보다 아래에 있다. 그 때문에 가속시에는 컴파스 카드면은 앞이 아래에, 뒤가 위로 되도록 가울고 감속시에는 그 반대로 기운다. 앞에서 설명했듯이 컴파스 카드면이 기울면 지자기의 수직 성분을 감지하여 오차가 나타난다. 그림 5-8은 북반구에서 동으로 향하고 있는 항공기가 가속했을 경우의 예를 나타냈다.

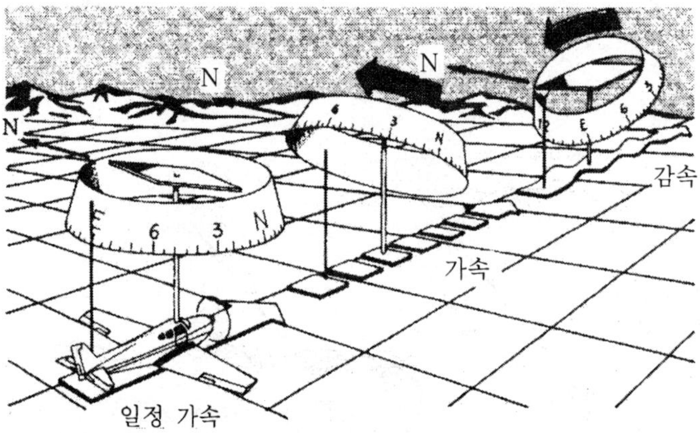

(a) ANDS(acceleration north deceleration south)

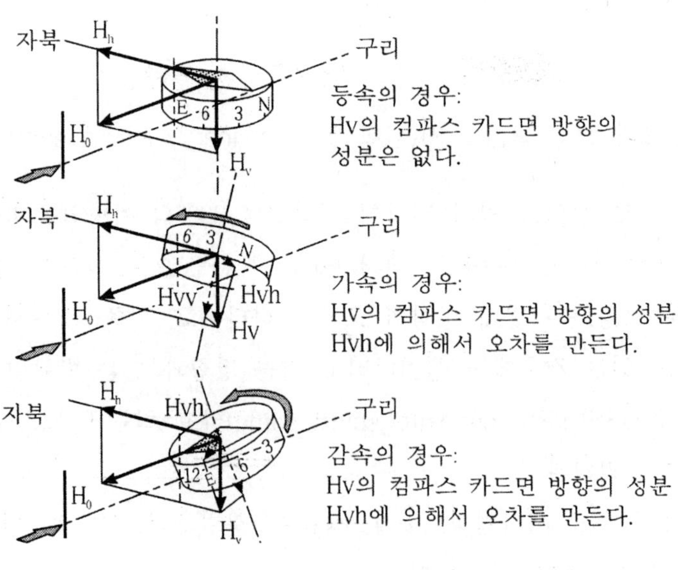

(b) 가감속 오차

그림 5-8 가감속 오차(acceleration error)

이 예에서는 가속에 의해서 컴파스 카드가 기울어져 기체가 동으로 향해 60°를 나타내고 있다. 반대로 감속했을 경우는 컴파스 카드의 기울이 반대가 되므로 지시는 E(90°)보다 큰 쪽으로 기운다.

이와 같이 북반구에서는 가속시에 북으로 기운 지시가 되고, 감속시에는 남으로 기운 지시로 된다. 이것을 ANDS(acceleration north deceleration south)라고 하는데 안데스(andes) 산맥을 연상하여 기억하면 도움이 될 것이다.

가속도 오차는 기체가 동 또는 서로 향하고 있는 경우에 가장 현저히 나타나고 북 또는 남으로 향하고 있는 경우에는 나타나지 않는다. 그 때문에 동서 오차라고도 불리운다.

(다) 와동 오차(oscillation error)

이 오차는 비행중의 난기류, 장시간의 선회 등에 의한 컴파스액의 와동에 의해서 컴파스 카드가 불규칙적으로 움직임으로써 생긴 것으로 지시 지연도 생긴다.

3. 자차의 수정(Compass Swing)

자차를 줄이기 위해 두 개 이상의 자차 보정용 영구자석(magnetic compensat-or)이 컴파스에 설치되는데 이 자기 보상장치를 적절히 사용하면 자차를 수정할 수 있다.

자기 컴파스의 정적 오차에는 반원차, 사분원차 및 불이차의 3개가 있고 이들의 합을 자차라고 부른다. 자차는 법적으로는 ±10° 이하로 되어 있고 다음과 같이 수정한다.

지상에서 자차의 수정을 할 경우에는 가능한 한 비행 상태와 가깝게 하기 위해 기체의 자세는 가능한 한 수평 비행 자세에 가깝게 하고 조종 계통은 중립 위치로 하고 기관외 전기기기는 작동하게 하면서 수행한다.

1) 수정 시기

① 100시간 주기검사 때

② 엔진, 항공기 내의 전기장치, 통신장비 등의 교환 후

③ 기체 구조재의 철재 구조재의 대수리 및 개조 작업 후

④ 그 외 컴파스 지시에 의심이 갈 때

2) 수정 전 준비사항

① 건물에서 50[m] 이상 다른 항공기에서 10[m] 이상 떨어진 평평한 곳에 정밀한 나침반을 이용하여 30°, 45° 간격으로 컴파스 로즈(compass rose)를 그린다.

② 컴파스 수정시 사용하는 장비나 공구는 비자성체를 원칙으로 한다.

③ 항공기에서 사용하는 장비는 가급적 비행상태로 유지한다.

④ 엔진은 가동시켜야 하며, 쓰로틀(throttle)은 순항 위치로 둔다.

⑤ 도어(door) 등은 close상태로 두며, 항공기 자세는 수평 비행 자세로 하기 위해 조종면을 중립위치로 둔다.

⑥ 자기 보상장치는 영효과(zero effect)로 할 것. 이것은 자기 보상장치에서 외부로 자기적 효과를 미치지 않는 위치를 말한다.

⑦ 컴파스액은 주로 케로신을 사용하며 점검하여 부족하면 보충한다.

⑧ 라디오(radio)는 보통 on상태에서 수정을 행한다.

3) 자차 수정법(직접 수정법)

자차는 최대 ±60° 까지 수정 가능하며 ±10° 이상의 자차가 발생했을 때 수정을 행하며 수정 후 자차는 ±3° 미만이 되게 한다.

(가) 반원차 수정

① 항공기의 기수를 컴파스 로즈(compass rose) 상의 북향(1°, 360°)에 위치시키고 N-S 조절 나사를 돌려 컴파스의 자차가 없도록 한다.

② 항공기의 기수를 컴파스 로즈(compass rose) 상의 동향(90°)에 위치시키고 E-W 조절 나사를 돌려 자차를 수정한다.

③ 항공기의 기수를 컴파스 로즈(compass rose) 상의 남향(180°)에 위치시키고 N-S 조절 나사를 돌려 자차값의 $\frac{1}{2}$ 만을 수정한다. 즉 컴파스가 184°를 지시했다면 2° 만큼만 수정하여 182°를 가리키도록 한다. 이렇게 하면 기수가 북향에 있을 때는 지시값이 2°가 된다.

④ 항공기의 기수를 컴파스 로즈(compass rose) 상의 서향(270°)에 위치시키고 기수가 남향에 위치했을 때와 마찬가지로 E-W 조절 나사를 돌려 자차값의

$\frac{1}{2}$ 만을 수정한다.

⑤ 위의 수정을 마치면 0°에서 30° 또는 45° 간격으로 기수를 돌리면서 자차 기록카드(correction card)에 자차를 기록하여 컴파스 옆에 붙인다.

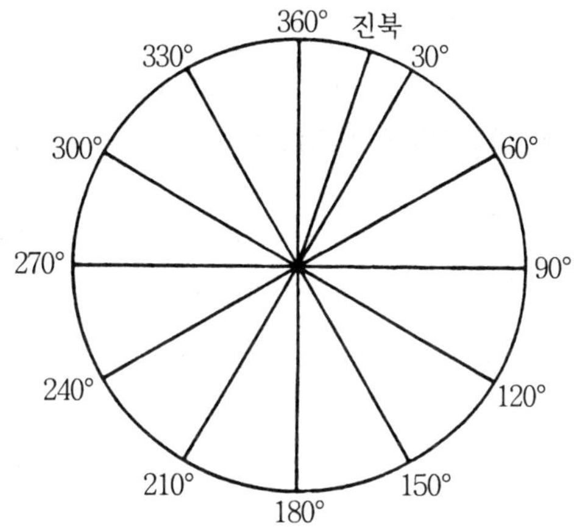

그림 5-9 Compass Rose

(나) 불이차 수정

직접 수정법에서는 불이차 수정이 불가능하며 수식을 이용하는 수정법에서 A에 해당하는 계수의 값이 불이차에 해당하므로 A값을 구하여 이 값만큼의 각도를 컴파스와 기체축을 기울이면 된다. 계수 A값이 2° 이상일 때 행하며 +값이면 시계 방향으로 −값이면 반시계 방향으로 컴파스를 돌려 장착한다.

자차 $\delta = A + B\sin\phi + C\cos\phi + D\sin2\phi + E\cos2\phi$이므로

불이차 A는 다음과 같이 구할 수 있다.

$$A = \frac{\delta_N + \delta_E + \delta_S + \delta_W}{4} \tag{5-1}$$

5.3 원격지시 컴파스(Remote Indicating Compass)

직독식 자기 컴파스 지자기의 수감부가 철재와 전기기기 등이 있는 조종실 내에 설치되어 있으므로 자차가 많이 발생하게 된다. 이 오차를 줄이기 위하여 원격지시 컴파스는 수감부를 자기의 영향이 작은 날개 끝이나 꼬리 부분에 장착하고, 지시부만을 조종석에 둔다.

1. 마그네신 컴파스(Magnesyn Compass)

마그네신 컴파스는 지자기의 수감부를 항공기 내부에서 자기 영향이 작은 날개 끝이나 꼬리 부분에 설치하고, 지시부를 계기판에 설치한다. 지자기 수감부에서 발생된 방위는 지시부로 마그네신 방식의 원격지시 방식으로 전달하며 지시계는 단순하게 지시한다.

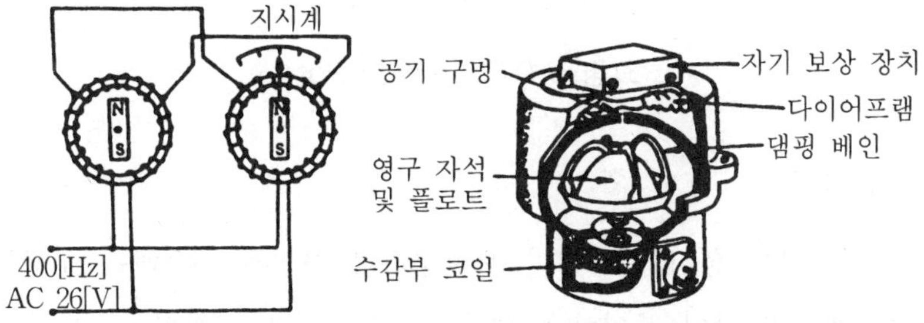

(a) 원리 (b) 수감부의 구조

그림 5-10 마그네신 컴파스

2. 자이로신 컴파스(Gyrosyn Compass)

자이로신 컴파스의 작동을 설명하기 전에 플럭스 밸브의 원리를 설명한다.

1) 플럭스 밸브(Flux Valve)

플럭스 밸브는 자장을 감지하여 그 방향으로 향하는 전기 신호로 변환하는 장치이다. 그림 5-11 (a)에 구조를 나타냈다.

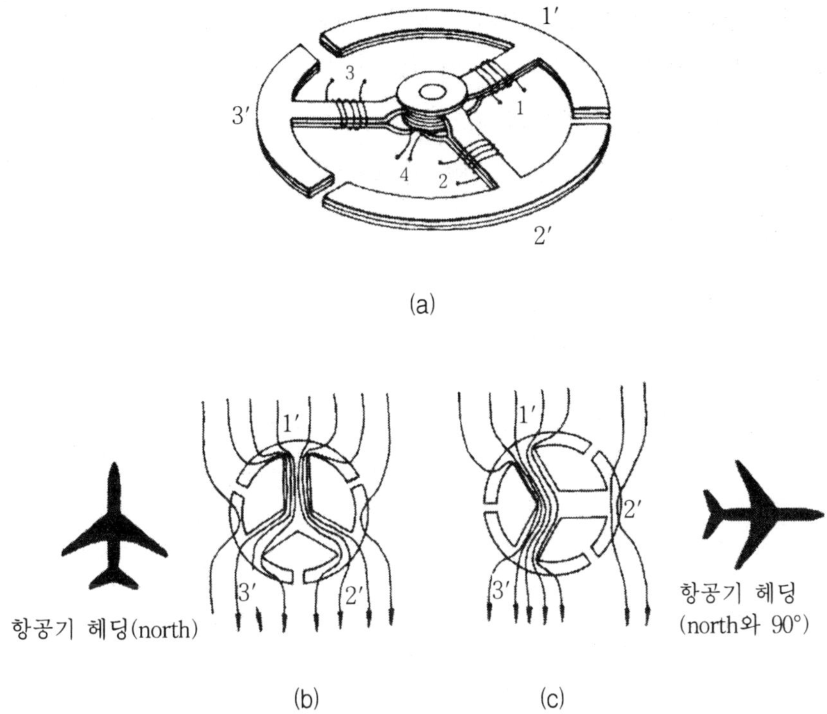

그림 5-11 플럭스 밸브(flux valve)

Y자형의 철심은 고투자율 합금으로 만들어진 적층 철심이다. 중앙부에 감긴 코일 4는 교류 전원에 접속되고 철심을 여자(excitation)하고 있다. 철심 3개의 다리 부분인 1′, 2′, 3′에는 권선 1, 2, 3이 감긴다.

(b), (c)는 플럭스 밸브를 지자기 자장 내에 두었을 경우의 여자의 분포를 나타낸 것이다. 철심은 교류 전압에 의해 깊이 여자되고 있으므로, 여자가 깊은 철심을 통하는 자속은 적지만 여자가 옅은 순간에는 그림과 같이 철심 내를 통과한다.

철심을 400[Hz]로 여자하고 있는 경우에는 여자가 옅어지는 순간이 800회/초의 비율로 발생하므로 세 개의 코일에 발생하는 전압은 800[Hz]의 교류전압이 된다. (그림 5-12)

그림 5-11 (b)에서 철심 1′은 남북선에 일치하고 있으므로 1코일 1에는 코일 2, 3보다 큰 전압이 발생한다. 그림 (c)에서는 2′가 남북선과 직각이 되어 있으므로 자속은 통과하지 않는다. 그 때문에 코일 2에는 전압이 발생하지 않는다.

이와 같이 코일 1, 2, 3에 발생하는 전압(크기와 위상)은 지자기의 자장의 방향에 대한 플럭스 밸브의 직각에 의해서 변화하므로, 3개의 코일에 발생하는 전압의 구성에 의해서 지자기의 자장 방향과 플럭스 밸브의 각도를 알 수 있다. 400[Hz]로 여자된 플럭스 밸브는 800[Hz]로 여자된 싱크로 발신기(synchro transmitter)의 로터에 상당하는 것은 지자기의 자장이다.

플럭스 밸브(flux valve)는 필드 센서(magnetic field sensor)라고도 불리우고 널리 이용되고 있다.

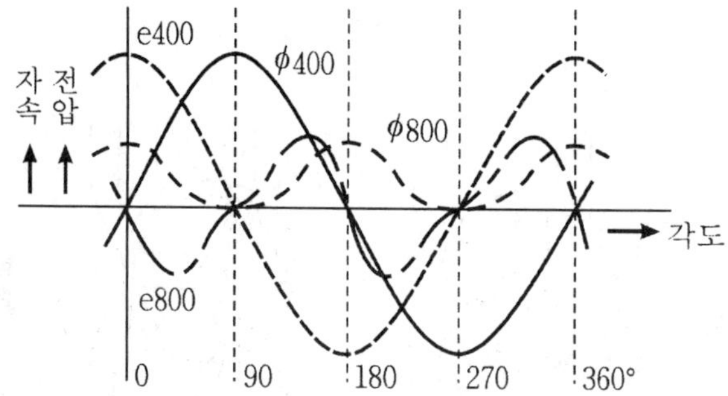

그림 5-12 플럭스 밸브의 자속과 전압

2) 자이로신 컴파스의 구성과 작동

자이로신 컴파스는 대형 항공기에서 많이 사용하고 있는 방식으로 자기 컴파스의 자기 탐지 능력과 방향 지시 자이로의 강직성을 전기적으로 조합시켜 자차가 거의 없곱 북선 오차와 같은 동적 오차도 없다. 주 구성품은 Flux Valve, Flux Valve Synchro, Slaving Torque Motor, Gyrosyn Amplifier, Gyrosyn Compass Control Unit 등이 있다.

그림 5-13에 자이로신 컴파스 구성의 예를 나타내었다.

이 컴파스는 수감부인 플럭스 밸브(flux valve)에서 지자기를 수감하여 전기적 신호로 변환하고 조종 장치 내에 있는 방향 자이로(directional gyro), 즉 정침의 지구 자전에 의한 편위가 없어지도록 수시로 증폭기(amplifier)를 통해 슬레이브 토크 모터(slaving torque motor)로 보내져서 토크 모터로 하여금 자이로가 섭동하도록 편차가 없어지며 플럭스 밸브와 자이로가 동기되면 편차에 대한 신호가 없어지게 한다. 자이로신 컴파스의 외부 전원은 115[V] 400[Hz] 3상 교류이다.

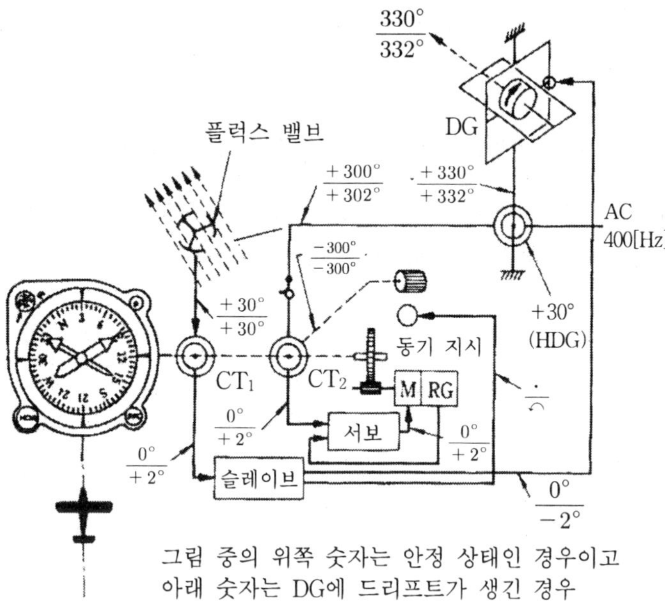

그림 5-13 자이로신 컴파스(gyrosyn compass)

그림 5-13 중에 2단으로 쓰려진 숫자는 상단이 자이로신 컴파스가 안정되게 작동하여 바른 방위를 지시하고 있을 경우의 각 부분의 신호(각도 신호)를 나타내고 하단의 숫자는 자이로(DG)에 편위가 생겨 그 수정을 하기 전 각 부분의 신호를 나타내고 있다.

(가) 안정되게 작동하고 있는 경우

① 플럭스 밸브에서 자방위 30°의 전기 신호가 보내진다.

② 컴파스 카드는 30°를 지시하고 있고 컴파스 카드 축에 장착된 차동 싱크로 CT_1의 출력은 30°−30°=0°이다. 따라서 슬레이빙 업(slaving up)의 입력은 0°이고 출력은 없다.

③ 그 때문에 DG를 움직이는 토크(torque)는 발생하지 않는다.

④ DG는 이 예에서는 로터축이 330°의 방향을 향하고 있고, 기체가 30°의 방향을 향하고 있으므로 DG의 방위 출력 싱크로 T로부터 330°−30°=300°의 신호가 발신되고 있다.

⑤ 동기 노브에 의해서 차동 싱크로 CT2가 −300°의 수정을 행하도록 셋트(set)하고 있으므로 CT_2의 출력은 0°가 되어 있다.

⑥ 그 때문에 서보 업(servo up)의 입력, 출력은 없고 이 상태가 유지된다. 즉, 기수 방위 30°로 비행중인 것이 지시된다.

(나) DG(directional gyro)에 원인 +2°의 편위(drift)가 생긴 경우

① DG에 +2°의 편위가 생겼으므로 CT_2의 입력은 302°가 된다.
② CT_2는 −300°의 수정을 행하도록 셋트되어 있으므로 CT_2의 출력은 2°가 된다.
③ 따라서 서보 업(servo up)의 입력은 +2°가 되고 컴파스 카드는 32°를 지시한다.
④ 컴파스 카드가 32°가 되었으므로 CT_1의 출력은 32°+30°=2°로 된다.
⑤ 따라서 슬레빙 업(slaving up)의 입력이 +2°가 되고 그 출력에 의해서 DG는 +2°의 편위가 수정되어 330°가 된다.
⑥ 그리고 컴파스 카드로 30°를 지시하게 된다.
⑦ 다시 (가)항의 상태가 된다.

(다) 항공기가 기수 방위를 바꾼 경우

① 플럭스 밸브의 출력이 기수 방위의 신호를 발신한다.
② 동시에 DG의 방위출력 싱크로 T에서 새로운 기수 방위에 상당하는 각도 신호가 발신되지만, CT_2로 300°의 수정을 하고 있으므로 CT_2의 출력은 기수 방위의 변화분에 상당하는 각도 신호가 발신된다.
③ 이 신호에 의해서 서보 업이 작동하고 컴파스 카드는 새로운 기수 방위를 지시한다.
④ 컴파스 카드가 새로운 기수 방위가 되면 CT_1의 출력은 0°로 되어 (가)항의 상태에 들어간다. 즉, 새로운 기수 방위를 지시하여 안정 상태가 된다. 이 예에서는 DG(directional gyro)에 +2°의 편위(drift)가 생긴 경우에 관하여 설명했지만, 실제에는 편위가 이와 같이 커지기 전에 수정되므로 문제는 없다.

3. 자이로플럭스 게이트 컴파스(Gyroflux Gate Compass)

자이로신 컴파스와 흡사하나 수평 안정을 진자식으로 하여 얻는 자이로신 컴파스의 플럭스 밸브 대신 지자기를 탐지하는 수감부인 플럭스 게이트는 자이로에 의해서 수평 안정을 줌으로서 플럭스 게이트 자신이 지자기 수감뿐만 아니라 자이로의 특성인 강직성도 갖게 된다. 구성품은 플럭스 게이트, 송출기, 주방향 지시계, 증폭기, 컴파스 반복기(compass repeater) 등으로 구성되어 있다. 항공기 기수 방위가 조금이라도 변하면 변한 만큼의 오차 전기 신호가 플럭스 게이트에서 발생하여, 이 신호가 원격으로 항공기의 기수 방위를 지시하게 된다.

5.4 자기 계기의 정비

1. 계기의 취급

자기 컴파스는 계기 내부에 컴파스 오일인 케로신이 들어 있어 컴파스 카드가 부력을 받는다. 외부의 과도한 충격은 카드를 지지하고 있는 축을 파손시킬 우려가 있고, 앞쪽 유리가 파손되면 내부액이 소모되어 계기의 기능이 상실된다.

또, 자기 컴파스는 자석이 주된 구성 요소를 이루고 있으므로, 보관이나 운송할 때에는 비자성체 용기를 이용하고, 자성체로부터 멀리 격리시켜야 한다.

2. 시험 및 작동 점검

자기 계기의 시험 및 작동 점검은 각 구성품별 시험과 계통 전체에 대한 자차 수정으로 나눌 수 있다.

자차 수정은 공중 수정과 지상 수정이 있다. 일반적으로, 공중 수정은 대형 항공기에서 천체 관측 컴파스를 이용하여 비행 중에 수정하는 방법을 말한다.

지상 수정은 컴파스 로즈 수정과 조준 수정으로 구분되는데, 컴파스 로즈 수정은 정확한 방위가 표시된 로즈에서 컴파스의 자차를 수정하는 것이다.

조준 수정은 기준이 되는 조준 컴파스를 항공기의 앞쪽이나 뒤쪽에서 항공기의 세로축과 일치시켜 놓은 상태에서 컴파스를 비교하여 조절하는 방법이다.

컴파스의 자차 수정은 항공기마다 정해진 기간에 수정하고, 컴파스에 영향을 줄 만한 부품을 교환했을 때에 수정한다. 새로운 컴파스를 장착했거나, 컴파스에 심한 오차가 발생했을 때에도 자차 수정을 하도록 한다.

연습문제

1. 마그네틱 컴퍼스는 언제 최대의 오차를 지시하는가?

① 남북을 지시할 때 ② 동서를 지시할 때
③ 항공기 진로가 225°일 때 ④ 항공기 진로가 295°일 때

2. 자석 나침반은 무엇을 지시하는데 사용하는가?

① magnetic heading ② true heading
③ both heading ④ aircraft heading

3. 270° 방위를 가리키고 있는 자기 컴퍼스에서 편각이 5° W, 자차가 +3° 라면 진 방위는 얼마인가?

① 278° ② 272° ③ 268° ④ 262°

4. compass 계통에 있어 편차라 함은?

① 진자오선과 자기 자오선이 이루는 각
② 진북과 진남을 이은 선
③ 자기 자오선과 비행기와의 차이 각
④ 나침반과 진자오선이 이루는 각

5. 다음 오차 중에서 자기 컴퍼스의 오차가 아닌 것은?

① 편차 ② 북선 오차 ③ 탄성 오차 ④ 불이차

6. 자기 컴퍼스의 자차수정을 행한 후에도 방향과는 상관없이 수평 비행시 자차는 몇 도 이하라야만 하는가?

① 1° 이하 ② 2° 이하 ③ 3° 이하 ④ 4° 이하

7. compass swing이란?

① 편차 수정 ② 자차 수정
③ 북선 오차 수정 ④ 컴파스축을 기축에 맞추는 행위

8. D.C를 주전원으로 하는 항공기에서 fluxgate compass에 사용되는 전원은?

① 24[V] D.C battery로 moter를 돌려서 작동

② 115[V] A.C 400cycle의 engine driven generator에 의해

③ 24[V] D.C battery 전압의 이해

④ invertor에 의한 115[V] 400cycle의 전원에 의해

9. agonic(0 편각선)이란 어떤 것을 말하는가?

① 편각이 0°가 되는 지점을 연결한 선

② 편각이 30°가 되는 지점을 연결한 선

③ 등 편각선(iso-gonic line)

④ 등복각선(iso-dip line)

10. 자기 compass 자차 수정시 compass rose를 설치한다. 건물과 타 항공기에서 약 몇 [m]씩 떨어지게 설치하는가?

① 100[m], 50[m]　② 20[m], 40[m]　③ 40[m], 20[m]　④ 50[m], 10[m]

11. magnetic compass의 자차수정 card에 기입된 숫자는?

① 발동기 정지시의 수평 자세에 있어서의 자차를 가리킨다.

② 발동기 운전시의 수평 자세에 있어서의 자차를 가리킨다.

③ 자차는 60° 간격으로 전방위에 대하여 기재한다.

④ 무선 수신기의 수위치 조작은 자차 기재와 관계가 없다.

12. 북선 오차를 바르게 표현하지 못한 것은?

① 지구상의 자기력의 불규칙

② 컴퍼스 가동부의 중심과 중심의 불일치

③ 선회 비행시에만 나타남

④ 가속도 오차의 발생 원인과 같다.

13. 자기 컴파스의 자차중 불이차의 원인이 될 수 있는 것은?

① 기체의 전선이나 전기기기에 의한 불이 자기

② 기내의 수직 철재

③ 기내의 수평 철재

④ 컴파스의 중심선이 기축과 바르게 평형되지 않았을 때

14. 자기 컴파스의 컴파스판에 부착된 고정된 참조 표식의 명칭은?

① reeder line ② lubber line ③ card line ④ pole line

15. 자기 컴파스에 액체를 채우는 이유는?

① float의 공정을 지연시키기 위해서이다.

② 자차를 감소시키기 위해서이다.

③ 온도 및 고도의 변화에 대응하기 위해서이다.

④ float의 진동을 제거시킨다.

16. 항공기 내부에 설치된 자기방향 지시계의 수평 비행중 허용 최대 자차는?

① 4° ② 6° ③ 8° ④ 10°

17. 자기식 나침반의 수정(compass swing)이란?

① 편차를 수정한다. ② 가속도 오차를 수정한다.

③ 자차를 수정한다. ④ 선회 오차를 수정한다.

18. 자기 컴파스 계기내에 충전되어 있는 액의 설명 중 옳지 않은 것은?

① 상질의 케로신액이다. ② 온도 보정 때문에

③ 외부의 진동 방지책 ④ 카아드에 부력을 준다.

19. 자기에 대한 진술 중 맞지 않는 사항은?

① 자성은 금속 물질을 끌어당기는 물체의 성질이다.

② 자기와 전기는 전혀 무관하다.

③ 자력선은 서로 교차될 수 없다.

④ 지구도 거대한 자석이라고 볼 수 있다.

20. 자차 수정시 틀리는 것은?

① 기내 장비는 비행 상태로 할 것.

② 항공기 자세는 수평 상태, control surface는 중립 위치

③ engine은 OFF

④ compass ross는 건물에서 50[m], 타 A/C에서 10[m] 이상 유지

21. 지자기의 3요소가 아닌 것은?

① 편각 ② 복각 ③ 수평 분력 ④ 지자기

22. 지자기의 3요소를 설명하여라.

풀이

① 편각 : 지축과 지자기축이 서로 불일치하기 때문에 생기는 각으로써 진자 오선과 자기 자오선이 이루는 각이다.

② 복각 : 지구 수평선과 자기 자오선이 이루는 각. 지구 적도 부근에서는 거의 0으로 두 극으로 갈수록 90°에 가까워진다.

③ 수평 분력 : 지자력의 지구 수평선에 대한 분력. 적도 부근에서는 최대, 두 극지방에서는 최소. 자기 계기의 수감부는 이 분력을 수감한다.

23. 자차의 종류와 발생 원인 수정 방법을 설명하여라.

풀이

수감부 주위의 기체 구조제 중의 자성체, 전기기구, 전선에 의한 전류 등의 영향을 받아 자체에 지시 오차가 생긴다.

① 불이차 : 영구자석봉의 축선과 compass card의 남북선이 서로 일치되지 않을 때, compass의 중심선과 기축선이 서로 평행하지 않을 때, 장착상의 잘못 등에 기인하는 오차.

② 반원차 : 기체 내의 전기기구 및 전선 등에 의한 불이 자기 및 수직 구조 철재에 의한 것.

③ 사분원차 : 기체의 구조재 중 수평 철재에 의한 것이다.

24. 자차의 수정 절차를 설명하여라.

풀이

① 직접 수정법

㉠ 항공기 기수를 compass rose의 북향으로 위치시키고 N-S 수정용 보정 screw로 0°이 되도록 조절

㉡ 동향에 위치시키고 E-W 수정용 보상 screw로 90°가 되게 보정한다.

㉢ 같은 요령으로 기수가 남향, 서향이 되도록 위치시키고 조절 스크류로 오차의 절반만을 조절한다.

㉣ 이 과정이 끝난 후 30°, 45° 간격으로 N에서 E, S, W를 거쳐 A/C를 회전시키면서 그 지시값을 조사 기록하여 수정표를 작성한다.

25. 자기 컴파스의 구성품들의 역할, 설치 목적을 설명하여라.

풀이

① 영구 자석봉 2~12개를 부자에 매달아 지지점에 얹어 띄운다.

② 영구 자석봉의 지자기 수감으로 나방위를 읽을 수 있다.

③ 부자(float) : compass액에 의해 부력을 받아 지지점의 마찰을 적게 할 수 있다.

④ compass액 : 부자에 부력을 주며 진동을 줄여준다.

⑤ expansion chamber : 온도 변화에 의한 팽창 수축에 따른 압력 파손을 방지하기 위해 영구 자석의 남북선을 기준으로 북방에서부터 시계 방향으로 5° 간격으로 눈금이 매겨져 있다.

⑥ 보상 장치 : 자차를 보정할 목적으로 가동부 근처에 4개의 소자석봉을 두어 상대 위치에 따라 다른 가동부에 미치는 자장을 변화시켜 주위의 전기 자기 등에 의한 불이 자기와 자기적 영향을 해소시킨다.

26. 자기 컴파스에서 발생하는 동적 오차를 설명하여라.

풀이

① 북선 오차 : 복각에 의해 compass card가 기울어지는 것을 방지하기 위해 가동부의 무게 중심을 지지 점보다 아래에 오도록 제작하였으나 북진 또는 남진시 동서로 선회하면 원심력에 의해 card가 기울어지고 이때 힘의 균형을 잃은 card는 복각에 의해 기울어질 것이다. 고로 이 힘들이 합성되어 실제 선회한 각보다 많거나 적게 지시할 것이다.

② 가속도 오차 : 동진 또는 서진 하다가 감속하면 발생하는 오차로써 발생 원인은 북선 오차와 같다.

③ 와동 오차 : 비행중 난기류 등과 같은 불규칙한 비행 조건 때문에 생기는 오차.

제6장

자이로 계기

6.1 자이로 계기 일반

한 점이 고정되어 있는 축 주위를 회전하는 것을 팽이라 하며 그 고정점이 회전체의 중심인 것을 자이로 스코프(gyroscope) 줄여서 자이로(gyro)라 한다. 회전체가 3축에 대해 모두 자유롭게 움직일 수 있으면 자유도가 3인 3축 자이로이며 정침의(directional gyro)와 인공 수평의(gyro horizon 또는 vertical gyro)에 사용된다. 3축 중 한축이 고정된 자이로를 자유도가 2인 2축 자이로라 하며 선회계(turn indicator)에 사용한다.

1. 자이로의 성질

자이로는 강직성과 섭동성이라는 특수한 성질이 있으며 이러한 성질을 자이로 계기에 응용하였다.

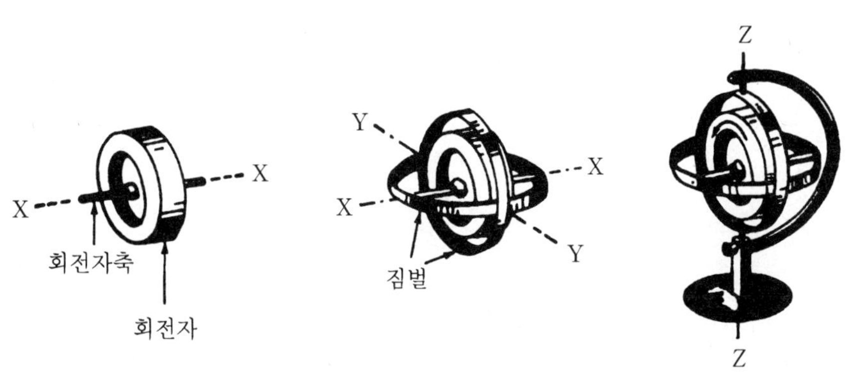

그림 6-1 자이로 스코프

1) 강직성(Rigidity)과 편위(Drift)

자이로는 외력이 가해지지 않으면 자이로 회전자 축은 우주 공간에 대하여 계속 일정 방향으로 유지하려는 성질을 가진다. 이러한 성질을 강직성(Rigidity)이라 하는데, 자이로 회전자의 질량이 클수록, 자이로 회전자의 회전이 빠를수록 강하다.

적도상의 한 지점에 자이로의 회전축을 두고 24시간 동안 관찰해 보면, 자이로 회전축의 방향은 그림 6-2와 같다. 이것을 지상에서 관찰하고 있으면, 그림 6-2 (b)와 같이 자이로의 회전축은 시계 방향으로 이동하여 24시간 후에는 원위치로 되돌아온다. 이것은 지구의 자전 때문에 생기는 현상이다.

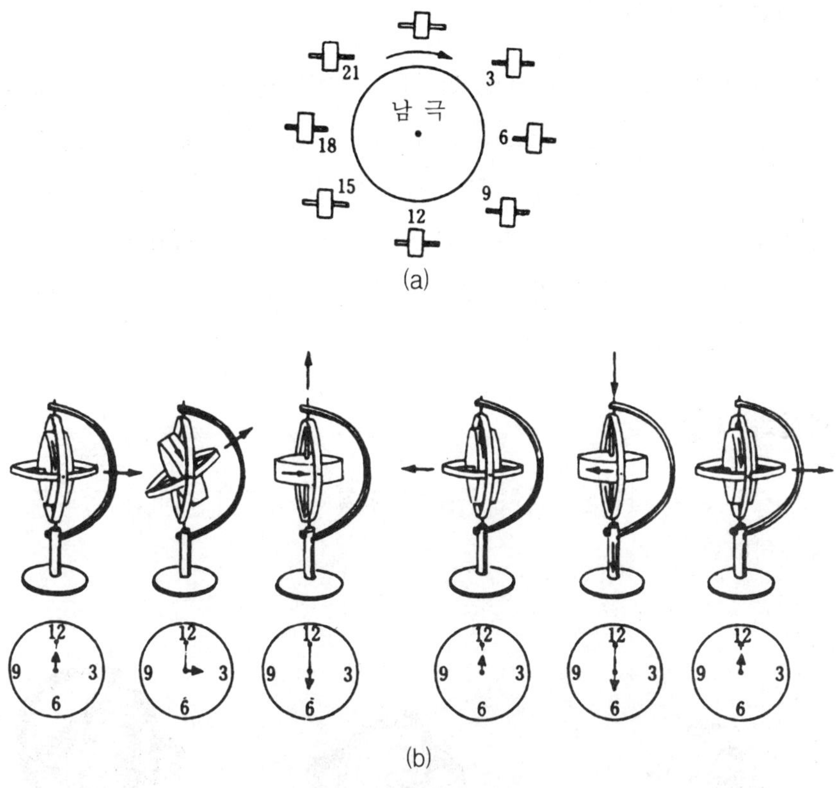

그림 6-2 자이로의 강직성과 지구와의 관계

편위(drift)는 자이로가 지구의 중력에 관계없이 자세를 유지하기 때문에, 지구의 자전에 의한 지구의 한 기준축과 각 변위가 생기는데 이것을 말한다. 이론적으로는 24시간 동안에 360°, 즉 1시간에 15°씩 기울어지는데, 이것은 어떠한 방법으로든지 수정을 해야 한다. 또, 자이로 회전자의 불평형과 마찰 등의 원인으로 섭동을 일으키게 되어 자세가 변위되는 현상이 생기는데, 이것도 편위에 포함된다.

2) 섭동성(Precession)

그림 6-3 (a)와 같이, 관성모멘트 I를 갖고 ω의 각속도로 회전하는 자이로가 회전하고 있을 때 회전자의 앞면에 F라는 힘을 가하면, 가한 점으로부터 회전 방향으로 90° 진행된 점에 P의 힘이 가해진 것과 같은 작용을 하여 회전축은 A, B 방향으로 움직인다.

그림 6-3 (b)는 지구의 중력에 대하여 기울어져 있는 팽이를 나타낸 것이다. 팽이는 기울어져 있으므로 중력에 의해서 힘 F가 작용한 것과 같겠지만, 섭동성에 의하여 회전 방향으로 90° 전진한 점에 힘 P가 작용하는 것 같이 기울어져서 회전하게 되므로 팽이는 섭동 운동을 하게 된다.

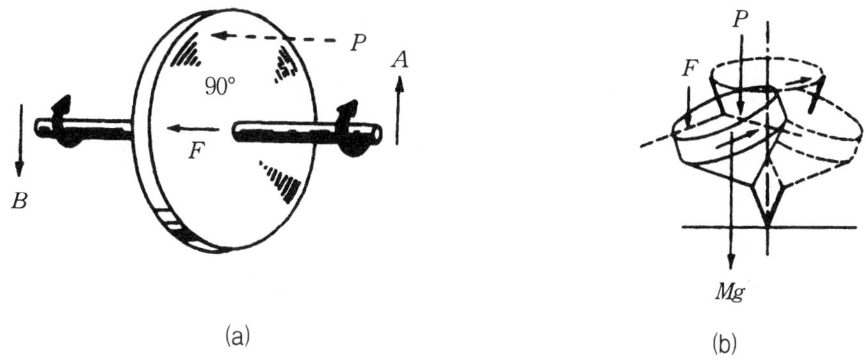

그림 6-3 섭동원리

$$\text{섭동각속도}[\Omega] = \frac{\text{외력}}{\text{관성력} \times \text{회전 각속도}} = \frac{M}{I\omega} = \frac{M}{L} \quad (6\text{-}1)$$

여기서, M : 외력, I : 관성력(관성 모멘트), ω : 각속도, L : 각 운동량

따라서, 섭동성은 로터의 무게가 증가하거나 회전 각속도가 크면 감소하고 로터를 기울이려는 외력에 비례하며 강직성은 섭동성과 반대의 성질이 있다.

2. 자이로 회전자의 동력원

강직성과 섭동성을 나타내려면 자이로 회전자는 고속으로 계속 회전해야 하는데, 자이로 회전자의 회전 동력원으로는 진공 계통, 공기압 계통, 전기 계통 등이 있다.

1) 진공 계통(Vacuum System)

① 벤튜리 계통(venturi tube) : 벤튜리관 목 부분의 부압을 이용하여 공기를 배출시킨다. 동력이 필요하지 않는 장점이 있지만 벤튜리 관이 직접 외부 공기와 닿기 때문에 결빙의 우려가 있다.

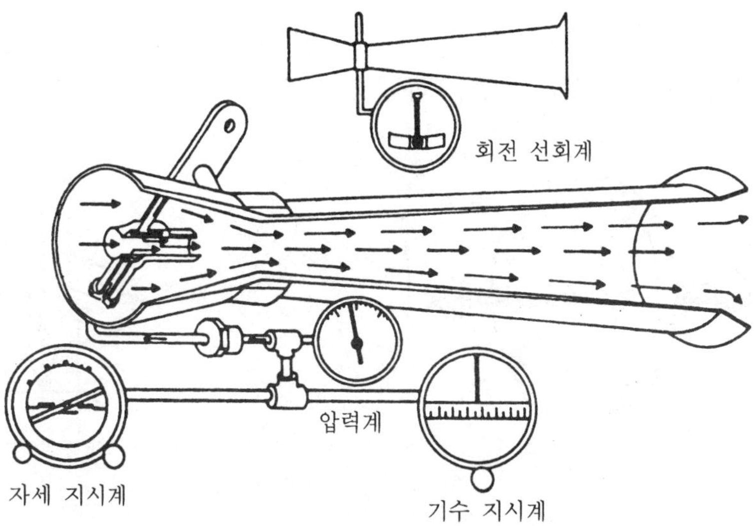

그림 6-4 벤튜리를 이용한 자이로의 동력원

② 진공 펌프 계통(vacuum pump) : 기관에 의해 구동되는 베인식 진공 펌프에 의해서 진공압을 얻는다. 진공 계통의 압력은 압력릴리프 밸브에 의해 4±0.25″[Hg]로 조절되며 선회 경사계는 흐름 제한기(restrictor valve)에 의해 2±0.1″[Hg]로 맞춰진다. 또한 흡인압력계는 진공압이 적당한가를 알려주기 위해 계통에 설치된다. 벤튜리관은 글라이더나 소형기에 사용되고 진공 펌프는 중형기에 사용되었으나, 현재에는 소형기와 중형기에서도 거의 진공 펌프가 사용되고 대형기에는 전기 계통이 사용된다.

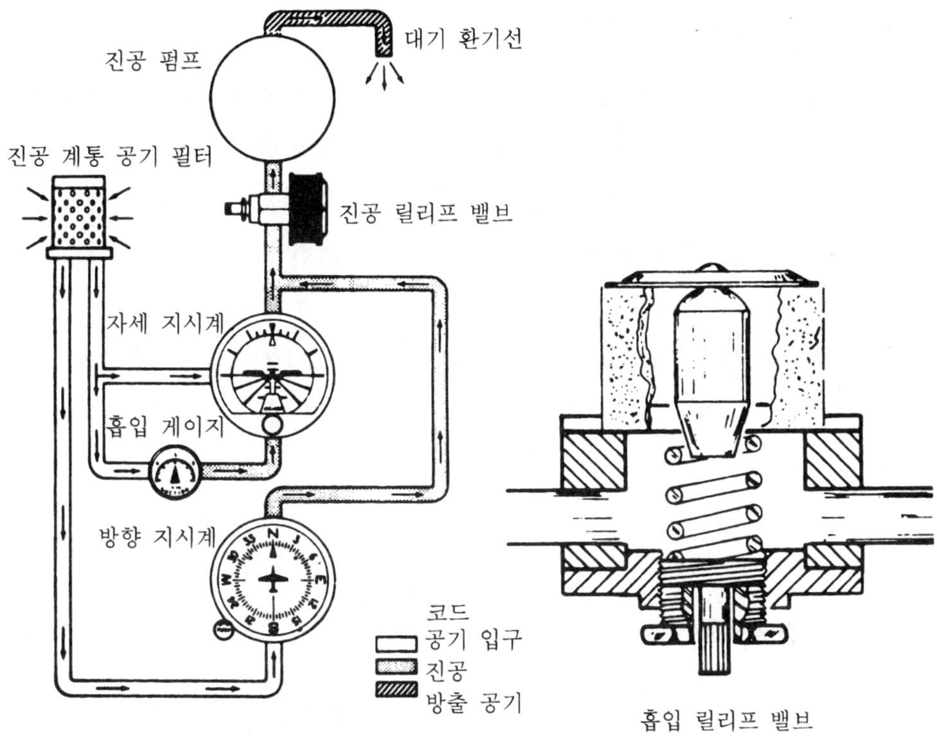

그림 6-5 진공 펌프를 이용한 자이로의 동력원

2) 공기압 계통

18,000[ft] 이상의 상공에서는 자이로 로터를 회전시키는 공기의 질량이 충분하지 못하여 진공압 계통으로는 로터의 구동이 어렵다. 따라서 공기압 펌프를 사용하여 대기압보다 높은 압력으로 자이로의 회전자를 회전시킨다. 공기압 계통이 진공 계통보다 효율적이다.

3) 전기 계통

고도와 무관하게 사용할 수 있는 전기구동식은 자이로 계기의 중요성이 커짐에 따라 쉽게 읽을 수 있고 자립 특성이 좋으며 오차가 적고 높은 고도에서도 효과적이기 때문에 현재 많이 사용되고 있다.

3. 짐발(Gimbals)과 자유도

자이로의 로터(rotor)는 불필요한 토크(torque)에 의해서 기울지 않도록 짐발에 베어링을 끼워서 지지되고 있다. 그림 6-6은 한 개의 짐발 G에 의해서 로터가 지지된 자이로이다. 짐발에 의해서 지지되고 있으므로 X-X′축에 관한 외부에서의 회전에 대해서는 차단되어 있다. 그러나 Z-Z′축에 관한 외부로부터의 회전에 대해서는 차단되어 있다. 그러나 Z-Z′축에 관한 외부로부터의 회전에 대해서는 로터의 회전축의 방향은 영향을 받는다. 이와 같은 자이로는 1축 자이로(degree of freedom)라고 불리운다. 로터축에 관해서도 외부에서의 회전은 차단되지만, 자유도를 계산할 수 있을 때는 계산에 넣지 않는다.

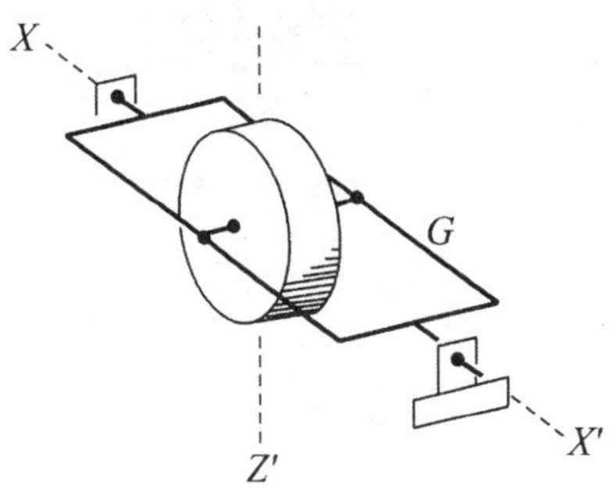

그림 6-6 1축 자이로

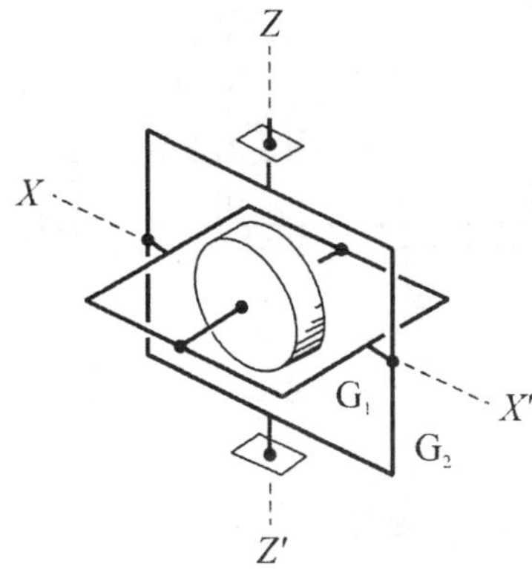

그림 6-7 2축 자이로

그림 6-7에 나타낸 것 같이 짐발축이 직각으로 교차되는 두 개의 짐발 G_1, G_2에 대해서 로터를 지지한 경우에는 두 개의 축 X-X′ 및 Z-Z′에 관하여 외부에서의 회전은 차단되므로 2축 자이로로 된다. 이 경우는 G_1을 내부 짐발(inner gimbals), G_2를 외부 짐발(outer gimbals)이라고 부른다.

그림 6-8은 짐발축이 서로 직각으로 교차되는 3개의 짐발에 의해서 1축 자이로를 세개 지지한 3축 자이로이다. 3축의 자이로에서는 외부로부터의 회전은 완전히 차단된다. 그림은 1축 자이로를 3개로 구성하여 3축 자이로를 만든 예지만, 2축 자이로를 2개로 구성하여 만들 수도 있다. 3축 자이로를 안정화 플랫폼(stable platform)이라고 한다.

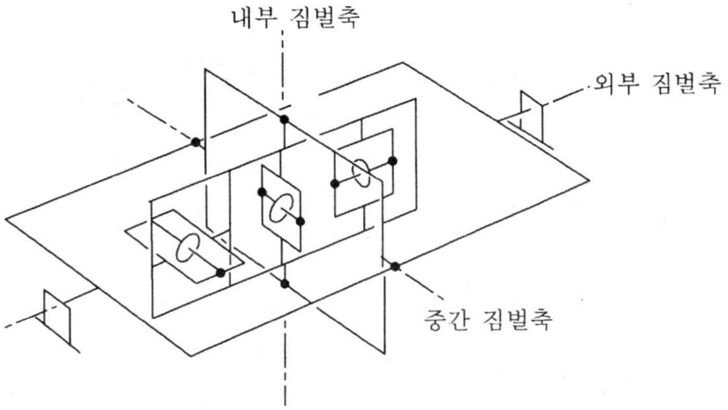

그림 6-8 3축 자이로

4. 자이로의 편위(Drift)

자이로의 로터축(rotor shaft)은 공간에 대하여 일정한 방향을 유지해야 하지만, 다음에 나타낸 것과 같이 로터 축의 편위(drift : 기울음)가 생긴다. 편위는 다음의 3가지로 분류할 수 있다.

(가) 랜덤 편위(random drift)

짐발 베어링(gimbal bearing), 짐발의 중량적 불평형, 각도 정보를 감지하기 위한 싱크로(synchro)에 의한 전자적 결합(電磁的 結合) 등에 의해서 생기는 토크(torque) 때문에 로터축이 시간의 경과와 함께 기울어 가는 것으로 랜덤 편위(random drift)라고 한다.

(나) 지구의 자전에 의한 편위

지구가 시간당 15°의 빠르기로 회전하고 있으므로, 로터축이 공간에 대하여 일정한 방향을 유지하고 있어도 지구와 함께 회전하고 있는 사람은 외견상 로터가 기운 것 같이 느낀다.

예를 들면 적도상에서 정오에 로터축이 수직이 되도록 둔 자이로는 6시간 후에는 15°/시간×6시간=90°만 로터축이 기우는 것 같이 보인다.(그림 6-9)

지구의 자전에 의한 편위는 외관의 편위이고 자이로축은 공간에 대하여 일정한 방향을 유지하고 있다.

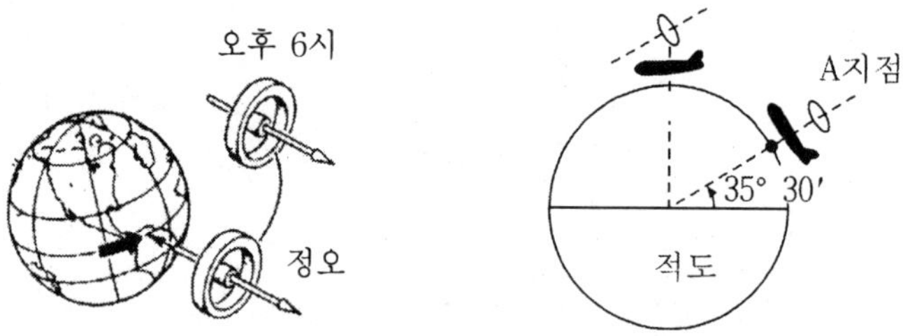

(a) 지구 자전에 의한 편위 (b) 이동에 의한 편위

그림 6-9 편위(drift)의 종류

(다) 이동에 의한 편위

이 편위도 외관의 편위이고 로터축은 공간에 대하여 일정한 방향을 유지하고 있다. A점에서 로터축이 수직인 자이로는 북극 상공에서만 90°－35°30′＝54°30′ 기울어진 것 같이 보인다.

6.2 자이로 계기의 종류

1. 방향 자이로 지시계(Directional Gyro Indicator)

방향 자이로 지시계는 자이로 회전자의 회전축이 항공기 기수 방향에 수평으로 놓여 있는 3축 자이로로써 강직성을 이용하여 항공기의 기수 방위와 선회 비행을 할 때에 정확한 선회각을 지시하는 계기이다. 자기 컴파스의 자차, 북선 오차 등에 의한 불편을 없애기 위하여 개발된 것이며 플럭스 밸브와 같은 장치와 연결하여 원격지시 컴파스로 발전하게 된다.

방향 자이로 지시계는 자이로의 성질만을 이용하므로 자기 컴파스와 같은 복각이나 자차의 영향은 없으나 회전축은 우주공간에 대하여 일정한 방향을 유지하므로 계기는 계기 내부의 마찰 등에 의한 영향과 지구 자전 등의 영향에 의한 편위가 발생한다. 따라서, 시간에 따라 오차가 커지므로 자기 컴파스를 기준으로 하여 15분마다 지시값을 수정해야 한다.

그림 6-10 공기 구동식 방향 자이로 로터의 구조

방향 자이로 지시계의 구조는 360° 전방위에 대한 눈금이 표시되어 있는 눈금카드, 3축 자이로와 짐벌, 기준선이 표시된 케이스, 계기의 앞면에는 케이싱 노브가 있어, 이것을 누르면 수평 짐벌이 고정되어 섭동현상을 방지할 수 있다. 노브를 돌리면 케이스 내부의 자이로 전체가 회전하여 눈금값을 다시 맞출 수 있고, 이 맞춤이 끝나면 다시 노브를 잡아당겨 계기가 정상 작동을 하도록 한다. 또한 중요한 부품 중 자이로 회전축이 항상 기체축과 수평이 유지될 수 있도록 해주는 공기 구동 또는 전기 구동 자립장치가 있다.

1) 공기 구동식 자이로의 자립장치

공기 구동식 자립장치는 섭동성을 이용하여 자립시키기 위한 방법으로서, 그림 6-11과 같이 공기 받침대 즉 플로우(plow)를 이용한다. 수직 짐벌 아래쪽으로 쐐기모양의 플로우(plow)를 설치하여 공기가 두 갈래로 나뉘게 된다. 자이로스코프가 수평이 되면 공기의 양이 서로 같게 된다. 그러나 자이로가 기울어지면 공기 기류가 받침대의 한면으로 치우쳐 비균형된 힘이 외부 짐벌을 움직이게 한다. 이 힘은 섭동성 때문에 회전 방향으로 90° 전진한 점에 자이로를 복원시켜 주는 힘으로 나타난다. 이렇게 됨으로써 기울어진 자이로의 회전축은 수평으로 복귀된다. 공기 구동식 방향 자이로 지시계의 정상 작동 범위는 피치(pitch)와 경사(rolling)가 모두 55°이다.

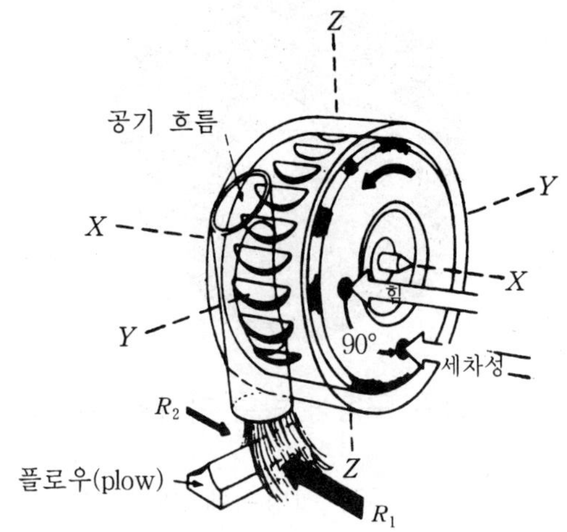

그림 6-11 공기 구동식 자이로 자립장치

2) 전기 구동식 자이로의 자립장치

전기 구동식 자이로의 자립장치는 외부 짐벌 위에 위치한 토큐모터에 의하여 수평이 된다. 이 모터의 회전으로 수직 짐벌에 토크가 가해지면 섭동에 의하여 자이로 회전자의 회전축은 수평으로 되돌아온다. 전기 구동식 방향 자이로 지시계의 정상 작동 범위는 피치와 경사가 85°이다.

2. 자이로 수평 지시계(Gyro Horizon, Vertical Gyro)

자이로 수평 지시계는 **인공 수평의**(artificial horizon indicator) 또는 줄여서 **수평의**라고 부르는 3축 자이로로서, 항공기 기수 방향에 대하여 수직인 자이로축을 가지고 있다. 정확히 말하면 지구 수평면과 수직인 축을 회전하는 자이로를 가진다. 자이로의 특징 중에 공간에 대한 강직성과 섭동을 이용한 직립장치를 사용하여 자이로의 회전축이 언제나 지구 중심을 향하게 함으로써 항공기의 지구 표면에 대한 자세, 즉 피치와 경사를 알 수 있게 하는 계기이다.

자이로 로터를 구동시키며 회전축이 지구중심을 향하도록 하는 방법에 따라 그 방법이 4±0.25″[Hg]의 진공압을 사용하면 **자이로 수평**(gyro horizon)이라 하며, 115[V] 400[Hz]의 교류전원을 사용하는 전기구동식인 경우는 **자이로 수직**(vertical gyro)이라 한다. 또한 자세를 나타내기 때문에 **자세 자이로**(attitude gyro)라고도 불리운다.

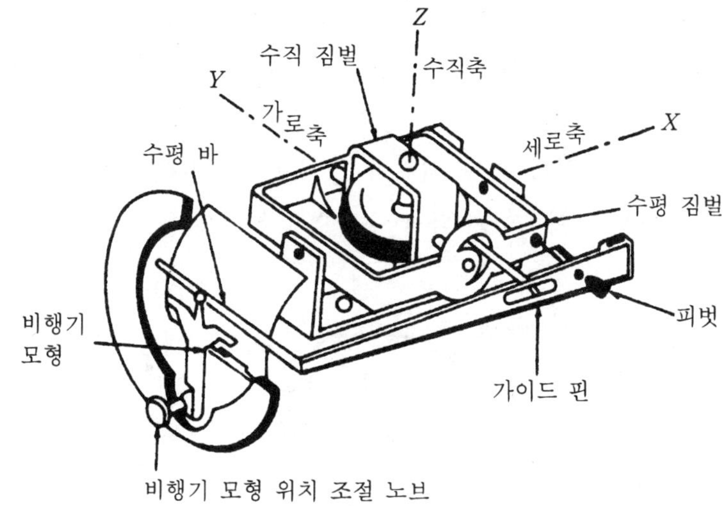

그림 6-12 자이로 수평 지시계의 내부 구조

그림 6-13 (a)는 수평 비행 상태를 나타낸 것이고, 그림 6-13 (b)는 항공기가 오른쪽으로 20°의 경사를 가지고 비행하는 상태를 나타낸 것이며, 그림 6-13 (c)는 항공기가 하강하고 있는 상태를 나타낸 것이다.

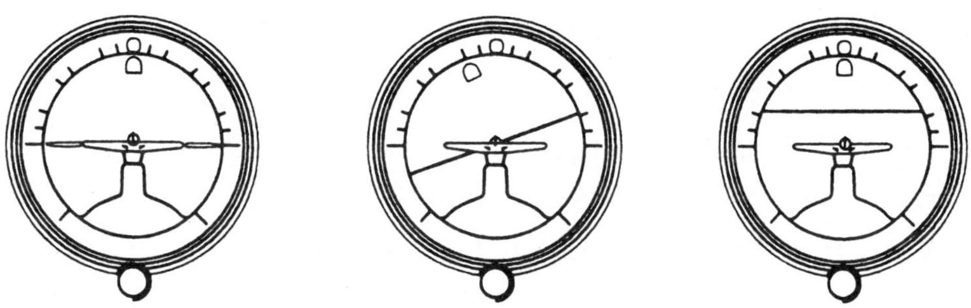
(a) 수평 비행 (b) 오른쪽 20° 경사 (c) 하강 비행

그림 6-13 자이로 수평 지시계의 지시 형태

1) 공기 구동식 자이로의 직립장치

직립장치는 자이로 회전자축이 비행 자세의 변화와 지구의 자전 등의 영향에 구애됨이 없이 지구 중심을 향하도록 하는 장치이다. 공기 구동식 직립장치는 자이로의 아래쪽에 4개의 진자식 베인이 달려 있다. 자이로가 수직일 때에는 4개의

베인이 동시에 구멍을 반씩 막고 있어, 자이로 회전자를 통과한 공기가 이들 구멍을 통하여 같은 양으로 배출되므로 공기에 의한 반작용력은 평형을 이룬다. 그러나 자이로가 기울어지게 되면 베인을 중력은 중력에 의하여 움직여 공기 흐름이 변화하며 공기의 반작용력에 의해 외력이 생기고 이 힘에 의한 섭동은 90° 전진한 힘으로 나타나므로 자이로축은 다시 수직으로 복귀된다.

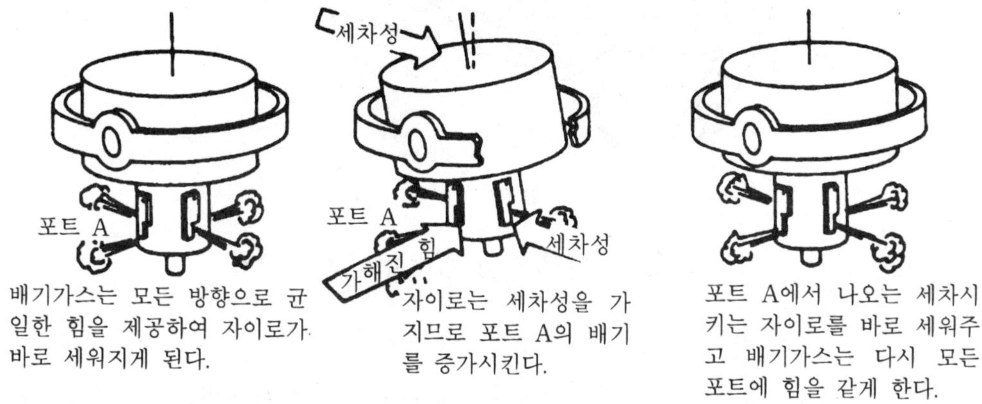

그림 6-14 공기 구동식 자이로의 베인식 직립장치

2) 전기 구동식 자이로의 직립장치

전기 구동식 자이로의 직립장치는 섭동을 이용하여 자이로 회전자를 수직으로 복귀시키는 것으로서, 볼식(ball type), 맴돌이 전류식(eddy current type), 진자식(pendulum type), 액체 스위치식(liquid switch type)이 있다.

볼식은 자이로 회전자 상단의 반원형 홈에 강철 볼을 넣어 회전자가 기울어지면 이 볼에 의해 발생하는 모멘트를 이용한 것이다. 맴돌이 전류식은 자이로 회전자 하단에 직립 콘(erection cone)과 자성체의 진자를 두어 회전자가 기울어지면 전자기적인 맴돌이 전류 효과에 의한 모멘트를 발생시켜, 회전자의 축을 수직으로 복귀시키는 방식이다.

한편, 전자식과 액체 스위치식은 짐벌에 각각 진자식 또는 액체식 스위치를 설치하여 회전자의 축이 기울어지면, 이들 스위치가 ON으로 작동되어 토크 모터에 전류가 흘러 모터가 회전하므로, 이로 인한 섭동 작용에 의해 회전자의 회전축을 수직으로 복귀시킨다.

3) 자이로 수평 지시계 지시장치

수평바가 있고 항공기의 위치가 수평선에 대하여 위치된 것을 지시하여 조종사가 항공기의 자세를 쉽게 판독할 수 있다.

3. 선회 경사계(Turn & Bank Indicator)

선회 경사계는 선회계와 경사계가 1개의 케이스에 조합되어 있는 계기이다. 이 가운데서 선회계는 자이로를 이용하여 항공기의 분당 선회율 즉, 선회 각속도를 [°/min] 단위로 나타내는 계기이며 경사계는 수평 비행을 할 때에는 항공기 날개의 쳐짐을 나타내고 선회 비행시에는 정상 선회, 내활 선회(slipping) 또는 외활 선회(skidding)인지를 나타내는 계기이다.

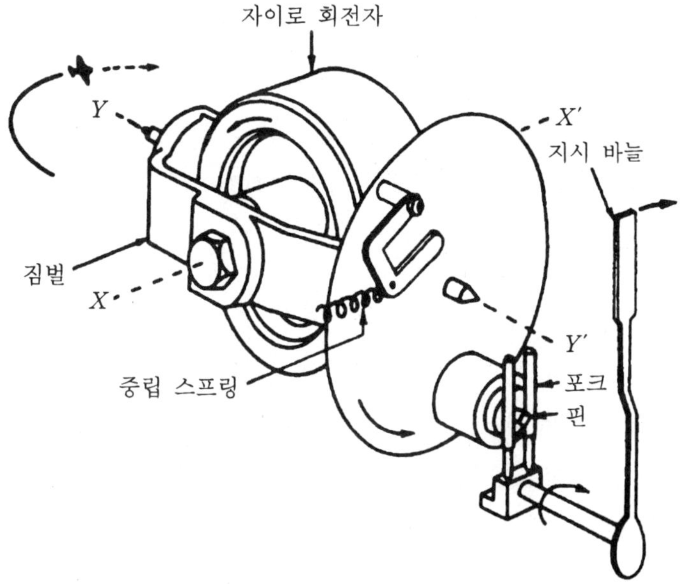

그림 6-15 선회계의 작동원리

1) 선회계

선회계는 1분 동안 몇 도를 선회했는가를 나타내는 계기로 자이로의 성질 중에서 섭동성만을 이용한 계기이다. 선회계는 그림 6-15와 같이 자유도가 2인 자이로가 X축과 Y축만을 중심으로 자유롭게 회전할 수 있도록 되어 있는데, 이 자유로에 의하여 지시 바늘이 작동된다. 자이로 회전자의 회전축이 $X-X'$로서, 회전자가 화살표 방향으로 회전하고 있을 때 항공기가 오른쪽으로 선회하게 되면 짐벌의 X는 앞으로 X'는 뒤로 힘을 받게 되는 모멘트가 발생한다.

이 모멘트는 회전자의 앞쪽을 왼쪽에서 힘을 가한 곳과 같은 효과를 가지게 되므로 회전자의 섭동은 회전자의 회전방향으로 90° 전진한 회전자의 축 X는 아래로 내려가고, X'는 위로 올라가 회전자의 축은 왼쪽으로 기울어진다. 이 기울어짐은 포크와 핀을 거쳐 지시 바늘을 선회 방향인 오른쪽으로 움직이게 한다.

이때 중립 스프링이 늘어나게 되는데 스프링의 장력은 바늘의 움직임과 균형하게 되고 항공기의 선회가 끝난 다음에는 자이로 회전자축을 중립 위치로 되돌리는 역할을 한다.

선회계의 지시방법에는 두가지가 있는데 그 한가지는 바늘이 1바늘 폭 만큼 움직였을 때 180[°/min]의 선회 각속도를 의미하고 2바늘 폭일 때에는 360[°/min]의 선회 각속도를 의미한다. 이것은 표준형으로서 2분계(2min turn)라 한다.

또 다른 한가지는 가스터빈 항공기에 사용되는 것으로서 1바늘 폭의 단위가 90[°/min]이고 2바늘 폭의 단위가 180[°/min]의 선회인데 이것을 4분계(4min turn)라 한다.

2) 경사계

경사계는 구부러진 유리판 안에 케로신과 강철 볼을 넣은 것으로서, 케로신은 댐핑 역할을 하도록 충분한 점성이 있고, 유리관은 수평위치에서 가장 낮은 지점이 중앙에 오도록 구부러져 있다. 볼이 중앙에 있으면 항공기는 수평 비행 중이며, 항공기가 경사지게 되면 기울어진 쪽으로 볼이 흐른다. 그러나 항공기가 선회할 때 발생하는 원심력과 중력이 균형을 이루면, 즉 정상 선회를 할 때에는 볼이 중앙에 있게 된다. 볼이 선회계 바늘과 같은 방향으로 치우쳤을 때에는 항공기가 선회 방향의 안쪽으로 미끄러지고 있는 상태인 내활 선회(slipping turn)이며, 선회계 바늘과 반대 방향으로 볼이 치우쳤을 때에는 항공기가 원심력 때문에 선회 방향의 바깥쪽으로 밀리는 상태인 외활 선회(skidding turn)임을 의미한다.

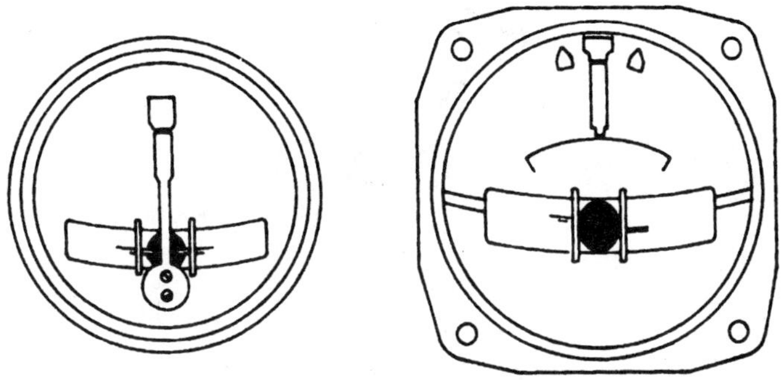

(a) Two minute turn indicator (b) Four minute turn indicator

그림 6-16 선회 경사계

4. 레이저 자이로(Laser Gyro)

1) 개 요

장거리 항법장치는 로란, 도플러 항법 장치에 뒤이어 관성 항법 장치(INS : Inertial Navigation System), 오메가 항법장치가 이용되고 있다.

그러나 INS에서는 고성능인 레이트 자이로와 복잡한 짐발이 이용되고 있으므로 평균 고장 시간(MTBF : mean time betweed failure)이 짧고, 또 1회의 정비비가 고가이다.

또 오메가 항법 장치의 경우에는 전세계적으로 설치된(8개소) 지상국을 의존하고 있는 것, 공전의 영향을 받는 등의 이유로 장거리 항법의 주장치로 사용하는 것에 문제가 많다.

이와 같은 조건 아래에서 개발된 레이저 자이로에는 우수한 점이 많이 있고 INS에 이용되고 있던 기계식 자이로를 레이저 자이로에 옮겨놓은 장거리 항법장치(IRS : Inertial Reference System)가 만들어져 널리 이용되게 되었다.

2) 레이저 자이로의 원리

레이저 자이로는 그림 6-17에 나타낸 것 같이 레이저 광원, 반사경, 프리즘, 광검출기 등으로 구성되어 있다.

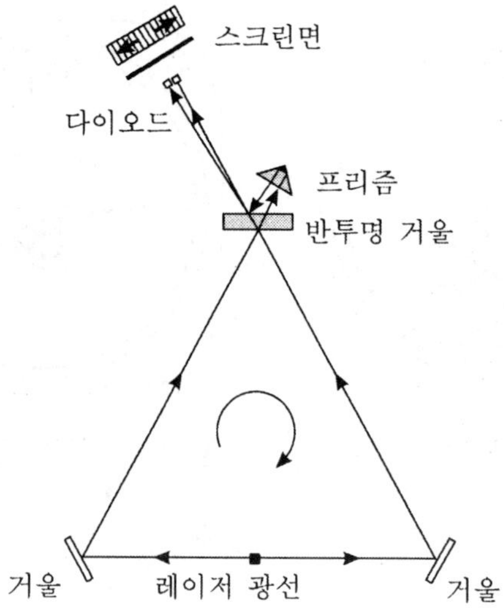

그림 6-17 레이저 자이로의 원리

이 장치가 외부에서 화살표 방향(시계 방향)의 회전을 받고 있는 경우에는 화살표 방향으로 나아가는 빛의 경로는 반시계 방향으로 나아가는 빛의 경로보다 길어진다. 빛의 전파 속도는 일정하므로 양방향으로 나아간 빛은 진동수의 차를 만든다. 그 때문에 스크린을 그림의 위치에 두었을 경우에는 그 위의 비단 모양은 각속도에 비례한 속도로 이동한다. 따라서 그림과 같이 2개의 롯트 다이오드에 의해서 이동 방향과 이동수를 구하는 것에 의해서 다음과 같은 사항을 알 수 있다.

① 호의 이동수에 의해서 각변위
② 호의 이동 속도에 의해서 각속도
③ 호의 이동 방향에 의해서 회전의 방향

레이저 자이로의 작동 범위는 상당히 넓고 검출 가능한 최소 각속도가 0.015도/초, 최대 측정 가능 각속도가 400도/초인 것이 실용화되고 있다.

3) 레이저 자이로의 특징

레이저 자이로의 작동 범위는 상당히 넓고 그 출력과 각속도 입력과의 관계의 직선성이 상당히 좋다. 그 때문에 스트랩다운(strapdown) 방식의 관성 항법장치를 실현할 수 있었다. 스트랩다운 방식의 관성 항법 장치에서는 자이로(laser gyro)와 가속도계를 직접 기체에, 국지적인 수평은 컴퓨터 내에서 계산상으로 만들고 자이로 및 가속도계의 출력을 계산상으로 만들어둔 국지적 수평에 의해서 국지적 수평에 관한 성분에 환산하여 항법 계산 및 자세 지시를 하고 있다.

스트랩다운 방식의 관성 항법장치에서는 복잡한 짐발을 필요로 하는 안정화 플랫홈이 불필요하고, 또 자이로에도 기계적인 회전 부분이 없으므로 평균 고장 시간은 INS에 비하여 대폭적으로 개선되었다. 더욱이 중량, 체적, 소비 전력도 대폭으로 개선되고 가속도에 의해서 복잡한 짐발이 악영향을 받는 일도 없어졌다. 이런 많은 장점은 레이저 자이로의 특징에 의해서 간접적으로 초래된 결과이다.

(가) 레이저 빔(laser beam)의 발생

그림 6-18은 링자이로(ring gyro)로 2개의 레이저 빛(laser light)이 있어서 각회전(angular rotation)을 측정한다. 레이저는 아주 예민한 장비로 다음의 4가지 부분으로 나눈다.

① 여자장치(excitation mechanism) : 고전압이 음극과 양극에 공급된다. 이 전압은 헬륨-네온 가스를 이온화 시켜서 자이로 주변에서 반대 방향으로 2개의 레이저 빛을 만든다.

② 게인(gain) : 게인은 시스템이 갖는 고유의 자연적인 손실을 극복하는데 도움을 준다. 게인은 낮은 압력의 헬륨-네온 가스를 고전압으로 이온화시켜서 밝은 고온 상태(glow discharge)를 얻는다.

③ 피드백 장치(feedback mechanism) : 피드백 장치는 글로우 상태가 삼각형 공간에 채워지는 곳에 위치하며, 각각의 코너에 장착된 거울에 의해 반사되게 한다.

④ 출력 커플러(output coupler) : 삼각형 코너 중의 어느 한 곳에 프리즘(prism)이 있어서 2개의 빔(beam)이 섞여서 탐지기(readout detector)의 역할을 한다. 만약 자이로가 움직이지 않으면 2개의 빛(light beam)은 똑같아서 프린지 패턴(fringe pattern)이 된다. 프린지 패턴은 자이로 회전이 좌우로 움직일 때와 같은 것이다. 낮은 회전율에서는 2개의 빛이 함께 섞이는데 이 상태를 레이저 락크-인(laser lock-in)이라고 부른다.

디서 모터(dither motor)는 이런 낮은 비율에서 자이로 어셈블리를 진동시켜서 정보를 잃지 않도록 막아준다. 락크-인 지역은 IRU 케이스에서 느낄 수 있고, 이 때는 약한 소리를 들을 수 있다.

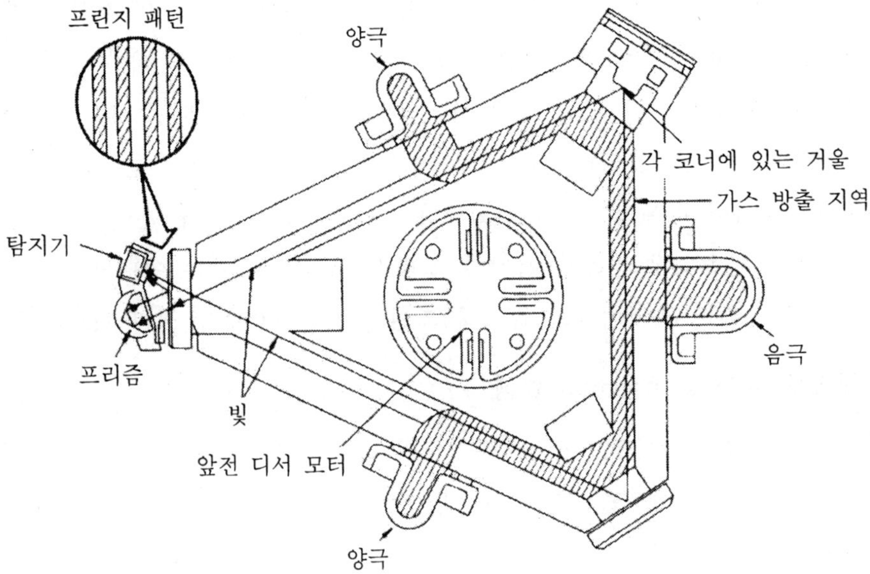

그림 6-18 레이저 빔의 발생

(나) 짐발(gimbal)과 스트랩다운(strapdown)

짐발은 항공기의 회전 운동으로부터 가속 감지장치(acceleration sensing device)를 분리시켜서 플랫폼이 지구의 회전과 평행한 상태를 유지시킨다. 짐발은 기체와 관성 플랫폼(inertial platform)을 효과적으로 분리시켜서 모든 자세에서 자유로운 운동이 가능하게 한다.

플랫폼은 짐발의 플랫폼에 장착된 3개의 1도 자이로(single degree of freedom gyro)에 의해서 안정된다. 자이로는 수감부 축(입력)이 서로 수직으로 장착된다. 플랫폼이 약간이라도 경사지거나 회전하면 자이로의 수감부 축(sense axes: input)에 입력 토크를 발생시킨다.

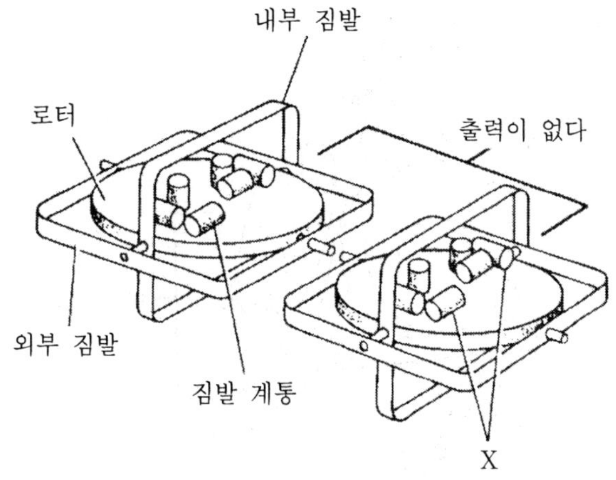

그림 6-19 짐발식(gimbal) 레이저 자이로

입력 토크는 자이로의 세차 운동(gyroscopic precession)을 유지하여 자이로 짐발이 자이로 출력축에 대하여 회전하므로 출력 신호를 발생시키게 한다. 이 출력은 짐발의 각도 변화로 나타난다. 이 증폭된 신호는 짐발 토크어(gimbal torquer)를 구동시키는데 사용해서 자이로가 널(null)위치에 있고 정확한 플랫폼 방향을 유지하게 된다.

스트랩다운 계통(strapdown system)은 짐발 계통보다 더 신뢰성이 크다. 스트랩다운 계통의 가속계(accelerometer)와 자이로가 항공기 기체에 바로 묶여서(strapped down) 항공기의 움직임을 바로 받는 상태가 된다.(짐발 계통에서는 가속계와 자이로가 기체가 아닌 플랫폼에 장착되는 것이 차이점이다.)

대부분의 스트랩다운 계통은 레이저 레이트 센서(laser rate sensor)를 사용하여 항공기 축과 일치시키고 데이터를 얻어서 항법에 사용한다.

레이저 레이트 센서는 움직이는 부품(moving parts)이 없으므로 편위(drift)가 거의 없다. 자이로와 가속계의 지시는 디지털 형태로 컴퓨터에 입력되어 실제의 고도 속도(altitude velocity)와 항공기의 위치를 계산하고 원하는 수치와 비교하여 필요한 수정을 한다.

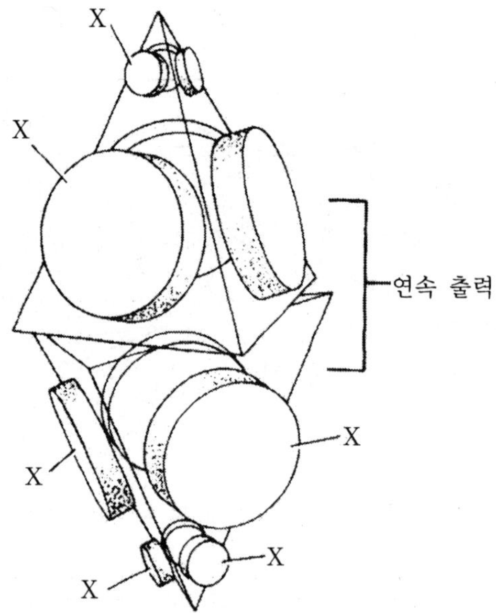

그림 6-20 스트랩다운(strapdown) 방식 레이저 자이로

각 계통의 센서는 각각 12개(6개는 자이로, 6개는 가속계)이다. 만약 짐발 계통에서 어떤 센서가 결함이 생기면 전체 계통이 불량이 된다.

스트랩다운 계통에서는 3개의 자이로와 3개의 가속계가 결함이 있어도 계속 작동한다.

6.3 자이로 계기의 정비

1. 계기의 취급

선회계는 2축 자이로를 이용하고, 자세 지시계를 포함한 그 밖의 자이로 계기는 대부분 3축 자이로가 이용된다. 따라서, 축과 축 사이의 움직임이 원활해야 하고, 그렇지 못할 때에는 편류가 생겨 지시상에 심한 오차를 가져오게 된다.

자이로는 20,000[rpm] 이상으로 회전하므로, 자이로 회전축의 베어링은 중요한 역할을 한다. 축과 축 사이의 연결 부위에도 베어링이 들어 있는데, 이 베어링은 외부로부터의 충격에 의하여 손상을 입을 수 있다.

베어링이 손상을 입게 되면 자이로의 각 축에 영향을 끼쳐 심각한 결함을 초래하므로, 이러한 영향을 끼치지 않기 위해서는 다음과 같은 사항을 유의하여 취급해야 한다.

운송과 보관을 할 때 충격을 흡수할 수 있는 완충 장치가 되어 있는 용기를 사용하고, 전원을 연결할 때에는 축 간의 요동을 방지하기 위하여 되도록이면 자이로가 수평 상태를 유지하도록 한다.

그리고 전원을 차단한 다음에 자이로 회전력이 감소되는 동안에는 섭동성으로 인하여 축 간의 요동이 발생하기 때문에 자이로를 이동해서는 안 된다.

2. 시험 및 작동 점검

선회 지시계의 시험은 일정 전압의 전원을 가하여 자이로 회전자의 회전이 원활한지를 시험한다. 자이로가 정상 작동을 하게 되면 그 상태에서 선회 지시계 작동 시험에 사용되는 스트로보스코프(stroboscope) 회전계를 이용하여 자이로 회전자의 회전수를 측정하여 규정값이 되도록 속도 조절 나사를 돌려 회전수를 조절한다.

그 다음, 회전자가 규정된 회전수로 회전할 때 계기를 여러 방향으로 바꾸어 가면서 바늘이 정상 지시에서 벗어나는 상태를 살핀다. 이 시험에서 바늘이 규정값 이상으로 벗어나면 회전자의 평형이 맞지 않음을 의미하는 것이다.

자세 지시계의 시험은 루프 스탠드로 시험하며, 전력 소모 시험, 시동과 초기 직립 시험, 경사 직립 시험, 키놀이 직립 시험과 루프 오차 시험 등을 한다. 이와 같은 시험을 하기 위해서는 계기를 루프 스탠드에 장착하여 규정된 방법으로 시험 함으로써 자세 지시계의 상태를 점검할 수 있다.

연습문제

1. 진공 pump가 없는 소형 항공기에 따로 벤츄리관이 장착되어 있는 목적은?

   ① 벤츄리관에서 발생되는 부압으로 실내 공기를 환기시킨다.
   ② 승강기에 연결된다.
   ③ 벤츄리관에서 발생하는 부압으로 선회계를 작동시킨다.
   ④ 발동기의 냉각을 돕는다.

2. rotor 속도가 증가할 때 gyro계기에서 주어진 토큐에 대한 진행 비율은 어떻게 되는가?

   ① 증가한다. ② 불변한다.
   ③ 감소한다. ④ 약간 감소한다.

3. 인공 수평의에서 고정된 비행기 부분은 어떤 부분과 연결되어 있는가?

   ① 외부 케이스 ② 내부 짐벌 링
   ③ rotor ④ stator

4. 다음 어떤 항공기용 계기가 gyroscope의 성질을 이용하는가?

   ① compass
   ② 원격 지시 컴파스(remote indicating compass)
   ③ slip indicator
   ④ mach meter

5. 방향 자이로는 보통 15분간에 몇 도 정도의 오차를 갖는가?

   ① ±15° ② ±10°
   ③ ±4° ④ ±0°

6. 자이로에 대한 다음 기술 중 맞는 것은?

   ① 동일한 moment에 대하여 각운동량이 클수록 강직성이 작다.
   ② 세차 운동 각속도는 각운동량이 클수록 크다.

③ 동일한 moment에 대하여 각운동량이 클수록 강직성이 크고 세차성은 쉽게 일어나지 않는다.

④ 강직성과 세차성은 비례 관계에 있다.

7. 방향 자이로 지시계에서 실제 비행 방향을 변화하지 않더라고 그 방위가 변하는 조건이 될 수 없는 것은?

① 지구의 자전 ② 베어링의 마찰력

③ 자이로 로터에 가해지는 마찰력 ④ 로터의 회전수

8. Gyrosyn Compass의 Fluxgate Valve에 대하여 다음 중 바른 사항은?

① 소형 경량으로 밀봉된 것으로 회전 부분이 없고 조종실의 계기판에 붙어 있다.

② 익단 꼬리 부분의 자기적 방해가 적은 장소에 붙어 있다.

③ 각 철편은 도자율이 적은 자성 합금

④ 앞부분의 장애물은 없애기 위하여 항공기 최전방에 위치한다.

9. 인공 수평의(V.G)의 회전축은 다음 중 어느 것과 일치해야 하는가?

① 연직 방향 ② 수평 방향

③ 기축과 평형 ④ 기축과 직각

10. 다음 계기중 주로 gyroscope의 강직성을 이용한 것은?

① gyrosyn compass ② gyro horizon

③ T&B indicator ④ D.G

11. 다음 중 Gyro를 이용하지 않은 것은?

① 정침의(D.G) ② 인공 수평의(G.H)

③ 선회계(turn indicator) ④ 경사계(bank indicator)

12. 공기구동식 자이로의 진공압이 적어지면?

① 강직성이 커지고 섭동이 활발하다.

② 강직성이 작아지고 섭동은 활발하다.

③ 강직성은 커지고 섭동은 둔해진다.

④ 강직성은 작아지고 섭동은 둔해진다.

13. 각속도의 단위는?

① m/sec ② m/sec^2
③ rpm ④ °/min

14. 자이로의 강직성이란?

① 외력을 가하지 않는 한 일정한 자세를 유지하려는 성질
② 외력을 가하면 그 힘의 방향으로 자세가 변하는 성질
③ 외력을 가하면 그 힘과 직각으로 자세가 변하는 성질
④ 외력을 가하면 그 힘과 반대 방향으로 자세가 변하는 성질

15. 자이로의 섭동을 이용한 계기는?

① 선회계 ② 정침의
③ 수평의 ④ 레이드 자이로

16. 자이로의 강성 또는 보존성이란?

① 외력을 가하지 않는 한 일정한 자세를 유지하려는 성질
② 외력을 가하면 그 힘의 방향과 자세를 변하는 성질
③ 외력을 가하면 그 힘과 직각으로 자세를 변하는 성질
④ 외력을 가하면 그 힘과 반대 방향으로 자세를 변하는 성질

17. 선회계가 지시하는 것은?

① 선회 각가속도 ② 선회 각도
③ 선회 각속도 ④ 선회 속도

18. 다음 중 자이로 스코프와 관련 없는 용어는?

① 복각 ② 강직성
③ 섭동성 ④ 각 운동량

19. 자이로신 컴퍼스내에 있는 플럭스 밸브에 대하여 설명하여라.

풀이 자이로를 이용하는 방향 지시계는 어떠한 방법으로도 편위를 없애주어야 하는데 자이로신 컴퍼스에서는 이 역할을 flux-v/v가 한다. 400[Hz]를 사용하는 교류 전자석으로 이루어진 flux-v/v를 미부나 익단에 설치하여 지자기의 방향을 탐지하여 지구 자전에 의한 편차를 없애 최종적으로 자이로가 자축을 지시하도록 한다.

20. Gyro계기의 종류와 각각의 계기들이 지시하는 것들을 설명하여라.

풀이

① 선회 경사계 : 선회계는 항공기의 분당 선회량을 나타내며 경사계는 직선 비행시 날개의 경사, 선회 비행시에는 정상 선회 여부를 지시한다. 이중 선회계만이 gyro를 이용한 계기이며 선회율을 360° 완전 선회하는데 몇 분이 소요되는지를 지시하는 계기.

표시 방법은 2분계(2min turn)인 경우 전면 dial에는 pointer의 폭과 같은 기준점이 있어 바늘 폭이 이점과 겹쳐 있으면 선회가 없으며 1폭 떨어져 있으면 1needle turn이라 하며 360° 선회시 2분의 소요를 의미한다.

② 정침의 : 항공기의 진로와 선회 비행시의 정확한 선회 방향 변화각을 지시.

③ 인공 수평의 : 자이로 축이 언제나 지구 중심을 향하도록 함으로써 자이로 축에 대한 항공기의 상태(pitching, rolling)을 지시한다.

21. Gyroscope의 원리를 설명하여라.

풀이

① 강직성 : 자이로 축은 외력이 가해지지 않는 한 그 회전축은 항상 우주에 대해 일정한 방향을 유지하려는 성질을 갖는데 이를 강직성이라 한다.

② 섭동성 : 관성 모멘트 I를 갖고 ω의 각속도로 Z축 주위를 회전하고 있는 fly-wheel은 Z축 주위에 $\omega \times I$ 즉, L이라는 각운동량을 갖는다. 이 때 외력을 가하면 본래의 각운동량 L과 새로운 각운동량의 합성 vecter가 생겨 90° 방향으로 기울어진다.

22. Gyro rotor의 회전 동력원의 종류를 설명하여라.

풀이

① 진공 계통(vacuum system) : 소형 항공기에 사용하던 방식이며 진공압 계통에는 벤튜리 튜브나 vane식 진공 pump 등이 필요하며 진공압은 엔진 출력 비행 속도와 관계없이 항상 일정해야 하므로 pressure relief v/v가 설치되어 4±0.25[inhg]의 부압을 유지시키고 turn & bank indicator는 restrictor v/v에 의해 2±0.1[inhg]의 압력을 유지시킨다.

② 공기압 계통 : 대기압보다 높은 압력으로 자이로의 회전자를 회전시키는 계통

③ 전기 계통 : 자기로의 중요성이 커짐에 따라 판독이 용이하고 자립, 직립 특성이 좋으며 오차가 거의 없는 전기 구동식 자이로가 많이 사용되고 있다.

23. 자이로 내의 자립장치와 직립장치를 설명하여라.

풀이

① 자립장치 : 자이로 회전자 축이 항상 수평을 유지하게 하는 장치이다.
공기구동식 자이로의 자립장치는 섭동을 이용하여 공기의 분사량을 나누어 분사시키는 원리를 이용한다. 만일 기울어진 면이 있다면 이면으로 좀 더 많은 양을 분사시켜 평형을 유지한다. 공기 구동식 방향 자이로 지시계의 정상 작동 범위는 pitch와 rolling 모두 55°이며 전기 구동식 자이로 자립장치는 피치와 경사가 모두 85°이다.

② 직립장치 : 자이로 회전자 축이 비행 자세의 변화, 지구의 자전 등에 관계없이 기구의 중심을 향하도록 하는 장치이다. 공기 구동식과 전기 구동식이 있으며 자이로 수평 지시계에 사용된다.

제 7 장

회전 계기

7.1 회전 계기 일반

회전 계기는 항공기 기관축의 회전수를 측정하는데 사용된다.

왕복 기관에서는 크랭크축의 회전수를 분당 회전수인 rpm(revolution per minu-te)으로 지시하고, 가스 터빈 기관에서는 압축기의 회전수를 최대 출력 회전수의 백분율[%]로 나타낸다.

이와 같은 회전축의 회전수를 지시하는 계기를 **회전계**(tachometer)라 한다.

항공기는 날개에 발생하는 양력에 의해서 비행하고 있다. 그 양력은 기관 회전에 의해서 발생한 추력 또는 회전익의 회전에 의해서 만들어진다. 항공기의 회전계는 기관, 로터 브레이드(rotor blade) 등의 회전 속도를 알기 위해서 이용되는 중요한 계기이다.

회전 속도는 1분간의 회전수(rpm : revolution per minute) 또는 정격 회전 속도에 대한 백분율(%)로 나타난다. 왕복 기관의 경우, 회전 속도는 1분간의 회전수로 표시되는 경우가 많다.

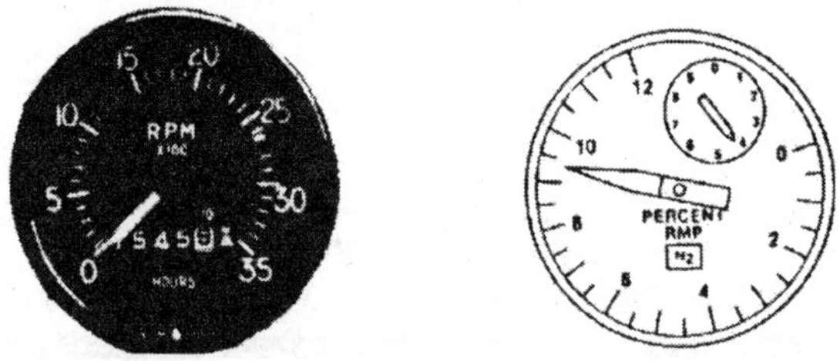

(a) (b)

그림 7-1 회전계(tachometer)

그림 7-1 (a)는 rpm으로 표시된 회전계의 예를 나타냈다. 지시기의 문자판의 눈금은 100[rpm] 단위로 쓰여져 있어, 예를 들면 20은 20×100[rpm]=2,000[rpm]을 의미한다.

가스터빈 기관의 회전 속도는 정격 속도에 대한 백분율로 나타내는 것이 많다. 그림 7-1 (b)는 %로 표시되는 회전 지시기의 예를 나타냈다. 장침은 0에서 100[%]까지의 범위를 약 3/4회전으로 표시하고 단침은 1회전으로 장침의 주요 눈금 1구간(10[%])을 표시하고 있다.

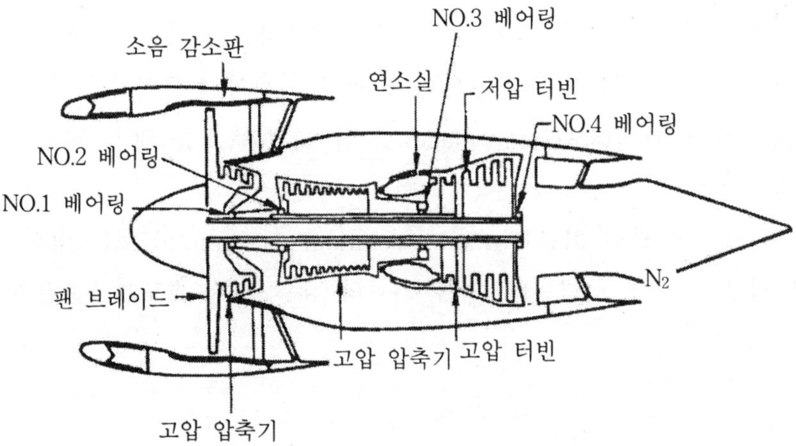

그림 7-2 가스터빈 기관의 구조

그림 7-2에 대표적인 가스터빈 기관의 구조를 나타냈다. 그림에 나타낸 것 같이 기관 회전 속도에는 저압 압축기(low pressure compressor)와 저압 터빈(low pressure turbine)을 연결한 축의 회전 속도(N_1) 및 고압 압축기(high pressure compressor)와 고압 터빈(high pressure turbine)을 이은 축의 회전 속도(N_2)가 있다. 그 때문에 가스터빈 기관의 회전계에는 N_1 회전계 및 N_2 회전계가 이용되고 있다.

헬리콥터의 경우, 로터 브레이드(rotor blade)의 회전 속도(N_R)를 주시하는 것이 중요하다. 그 때문에 왕복 기관을 장비한 헬리콥터에서는 기관의 회전계 및 로터 브레이드의 회전계가 장비되고 가스터빈 기관을 이용한 헬리콥터에서는 기관의 회전계로서 N_1 회전계와 N_2 회전계가 장비되고 로터 브레이드의 회전계로 N_R 회전계가 장비되어 있다.

프로펠러를 장비한 다발 항공기의 경우에는 많은 기관의 회전 속도를 맞추는데 편리한 동조 지시기(synchroscope)가 장비되어 있다.

그림 7-3 N_R 지시기

항공기에 사용되고 있는 회전계는 그 작동 원리로 분류하면 다음과 같다.

① 전기식 회전계
  ㉠ 직접 구동
  ㉡ 원격 지시
② 전자식 회전계
  ㉠ 회전하고 있는 부분의 돌출 부분을 세는 것
  ㉡ 발전된 교류 전압의 주파수를 세는 것

전기식 회전계에서는 드래그 캡(drag cap)이라고 불리우는 것이 회전 속도를 지시하는 기본이다.

그림 7-4 (a)에 나타나듯이 용이하게 회전할 수 있도록 지지된 알루미늄 등의 비자성 도체로 만들어진 원판을 양극으로 끼우도록 영구자석을 배치한다.

자석이 원판과 상대적으로 정지하고 있을 때는 원판도 정지하고 있다. 그러나 자석이 화살표의 방향으로 움직인 경우에는 원판 내부에 전자유도에 의해서 와전류(eddy current)가 발행된다. 이 전류는 자석에 의해서 만들어져 있는 자장에 의해서 힘을 받으므로 원판은 화살표 방향으로 회전을 시작한다. 이 회전 방향은 비자성 도체로 만들어진 원판이 자석에 의해 끌어당겨지는 방향이다.

(a) (b)

그림 7-4 전기식 회전계의 작동 원리

그림 7-4 (b)는 원판의 원리를 응용한 장비로 전기식 회전계의 주요한 부분이다.

영구자석은 알루미늄 등의 비자성 도체로 만들어진 캡 안에서 회전하고 있다. 캡은 스프링으로 조절되는 회전축으로 지지되고 있다. 캡에는 와전류에 의한 회전력이 발생하여 캡은 회전을 시작하지만, 스프링에 의한 조절은 토크와 평형하는 각도까지 회전하여 정지한다. 캡이 정지한 후의 캡과 자석의 상대적인 회전 속도는 자석의 회전 속도와 같아진다.

캡(cap)에 발생한 회전력은 캡과 자석과의 상대적인 회전 속도(자석의 회전 속도)에 비례하므로 캡의 회전각에 의해서 자석의 회전 속도를 알 수 있다. 이와 같은 목적으로 이용되는 캡을 드래그 캡(drag cap)이라고 부른다. 드래그 캡은 전기식 회전계로 자동차, 일반 동력장치에도 널리 이용되고 있다.

7.2 회전 계기의 종류

1. 직접 구동 회전계

1) 원심력식 회전계(Centrifugal Type)

기관과 계기판의 거리가 가까운 소형 항공기의 경우 기관 회전을 직접 가요성 구동축(flexible shaft)으로 계기판까지 기계적으로 연결시켜 회전계에 결합하여 회전수를 표시하는 방법 중 기계식 회전계(mechanical type tachometer)는 기관축에 연결된 구동축이 회전함에 따라 회전축에 연결된 기어가 회전한다.

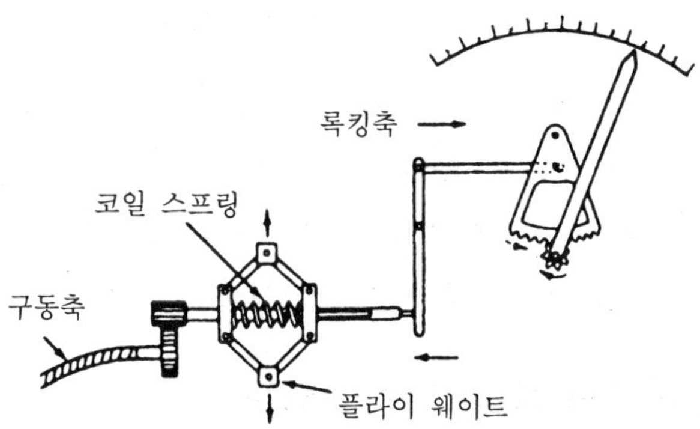

그림 7-5 원심력식 회전계

이것과 함께 회전하는 플라이 웨이트는 원심력을 받아 바깥쪽으로 벌어지면서 코일 스프링이 수축된다. 플라이 웨이트가 벌어짐에 따라 코일 스프링의 장력을 이겨 칼라가 미끄러져서 로킹축을 통하여 섹터에 운동이 전달되어 피니언 기어를 거쳐 바늘을 움직이게 한다.

2) 와전류식 회전계(Eddy-Current Type Tachometer)

맴돌이 전류를 이용한 계기로서 회전 자기장 내에 있는 알루미늄 또는 황동의 비자성 양도체로 되어 있는 원판은 그 판에 유기되는 맴돌이 전류 효과에 의하여 회전 자기장과 같은 방향으로 회전하려는 토크를 받는다. 이 때, 토크의 크기는 자기장의 세기와 회전 속도에 비례하며, 자기장의 세기는 영구 자석에 의한 것이므로 설계상 주어진 것이어서, 토크는 다만 자기장의 회전 속도에만 비례한다. 자력선은 영구 자석의 N극으로부터 드래그 컵(drag cup)을 통하여 S극으로 돌아온다. 기관의 회전축에 연결된 가요성 구동축은 계기에 연결하여 기관의 회전축과 같은 속도로 영구 자석을 회전시킴으로써 회전 자기장이 형성된다.

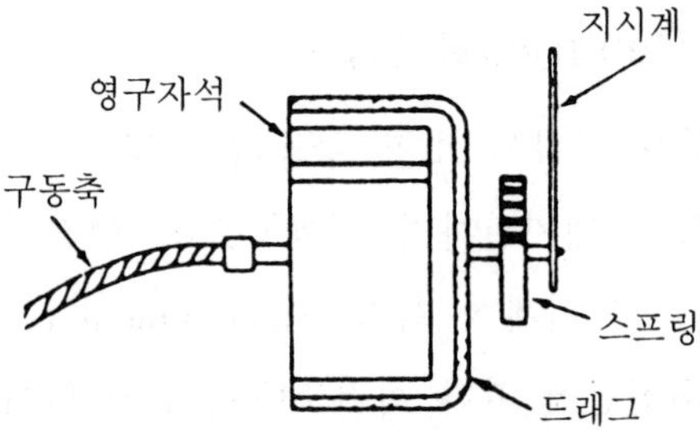

그림 7-6 와전류식 회전계

이로 인하여 드래그 컵에는 맴돌이 전류가 유기되며, 이 때 유기된 맴돌이 전류는 드래그 컵이 영구 자석을 따라 돌게 하는 회전력을 생기게 한다. 따라서 회전력이 나선형 스프링의 힘과 평형이 된다. 이 때, 드래그 컵에 달려 있는 바늘은 구동축 회전력, 즉 기관의 회전수를 지시하게 된다.

2. 전기식 회전계(Electrical Tachometer)

대표적으로 동기 회전자식 회전계(synchronous-rotor type)가 많이 쓰이며, 기관 근처에서 기관의 회전속도를 전기 신호로 바꾸는 회전계 발전기(tacho-genera-tor)와 전기 신호를 지시 바늘의 기계적 움직임으로 재생시키는 회전계 지시계(tacho-indicator)로 구성된다.

지시기 내에서 전기 신호에 의하여 회전 속도를 표시하는 방법이 이용되고 있다.

전기식 회전계의 지시계는 동기 전동기(synchronous motor)가 쓰이며 기관에 의해 구동되는 회전계 발전기는 3상 교류 발전기를 이용한다.

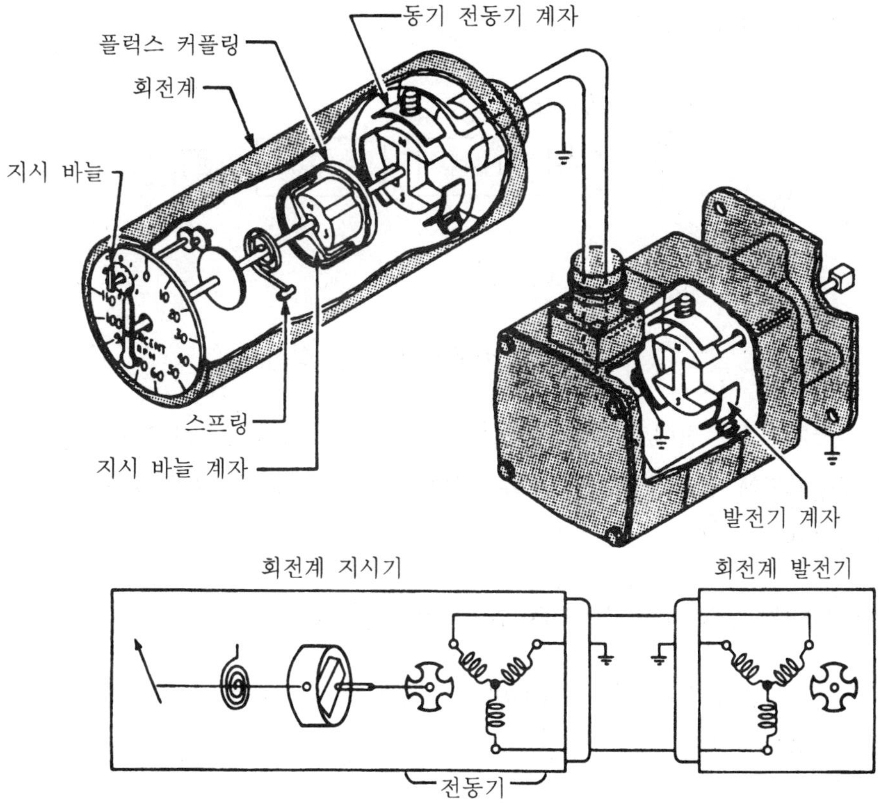

그림 7-7 전기식 회전계

영구 자석과 3상 권선으로 구성된 3상 교류 발전기(회전계 발전기)는 기관에 장착되어 기관의 회전 속도에 비례하도록 전압이 발생한다. 이 전압은 전선을 통해 회전계 지시기로 전달되는데 지시기 내부에는 역시 3상 권선과 영구 자석으로 구성되어 있는 3상 동기 전동기가 있고, 그 축은 앞서 설명한 맴돌이 전류식 회전계와 연결되어 있다. 지시기 내의 3상 동기 전동기는 기관에 장착된 3상 교류 발전기의 회전속도에 비례하여 회전하므로, 결국 기관의 회전속도는 전기적으로 계기까지 전달되어 회전수를 지시하게 되는 것이다.

3. 전자식 회전계

기관의 내부 또는 외부에서 회전수(회전 속도가 아니다)를 셀 수 있는 정도로 회전하고 있는 부품이 있는 경우에는 1초간 또는 1분간의 회전수를 세면 회전 속도를 구할 수 있을 것이다. 그림 7-8은 왕복 기관의 캠 축(cam staft)을 구동하고 있는 기어로, 기어는 50개 정도 있다고 한다.

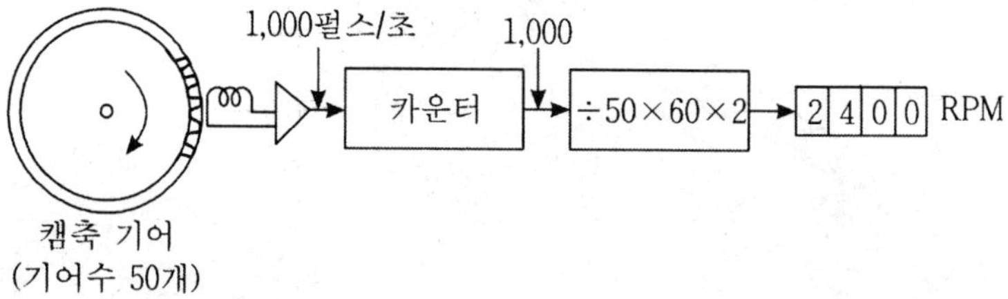

그림 7-8 카운터에 의한 회전계

기어 근처의 한 점에 설치된 검출기로 그 점을 통과하는 기어의 수를 센 결과, 1초간에 1,000매 통과한 것을 알 수 있다. 이 경우에는 기거의 회전 속도는 다음과 같이 된다.

1,000매/초÷50매/회전×60초/분=1,200회전/분

캠 축은 크랭크 축(crank shaft)의 1/2 속도로 회전하고 있으므로 기관의 회전 속도는 다음과 같다.

1,200회전×2=2,400회전/분

전자식 회전계는 위의 보기에 나타난 것 같은 방식으로 회전 속도를 측정하고 있다. 가스터빈 기관의 경우에는 팬 브레이드(fan blade) 등 세기 쉬운 것이 많이 있고, 또 N_1의 경우에는 회전축이 내부의 축이므로 전자식 회전계를 이용하면 상태가 좋다. 그림 7-9는 가스터빈 기관의 N_1 회전축의 예를 나타냈다.

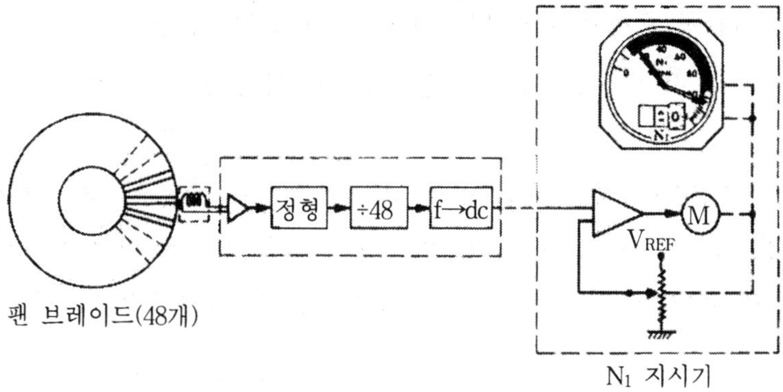

(a)

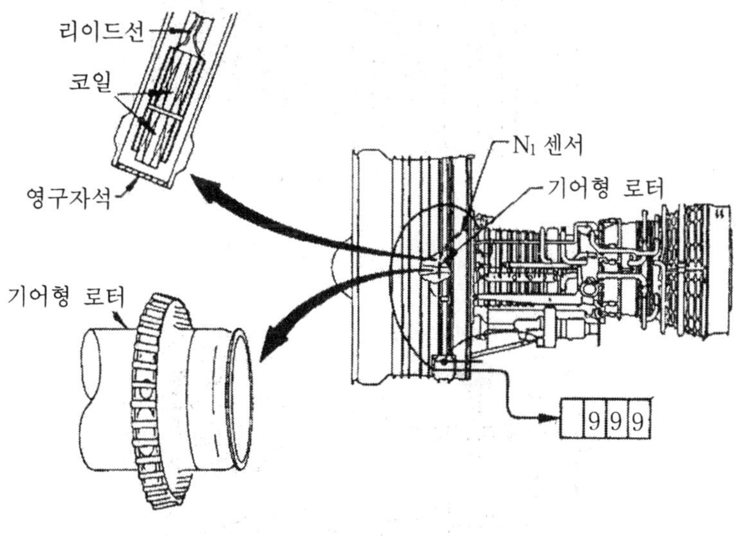

(b)

그림 7-9 N_1 회전계

이 보기에서는 브레이드의 수가 48배 있으므로 1초간에 측정한 브레이드의 수를 M으로 하면 N_1은

$$N_1 = \frac{M}{48} \times 60[\text{rpm}]$$

여기서는 1초간의 회전수에 해당하는 펄스(pulse)를 직류 전압으로 교환하여 %로 표시하고 있다.

가스터빈 기관의 경우에 고압 압축기(HPC)와 고압 터빈(HPT)이 결합된 축(N_2 로터축)에서는 보기 구동을 위한 회전축이 마련되어 있어 회전계 발전기를 쉽게 장착할 수 있다.

이 방식의 회전계는 예를 들면 펌프 구동축의 끝에 영구자석을 장착하고, 그 주위에 자석의 극수에 따른 단상 권선의 스테이터(stator)를 만들어 스테이터 권수에 N_2에 비례한 주파수의 교류 전압을 발생하게 한다.(그림 7-11)

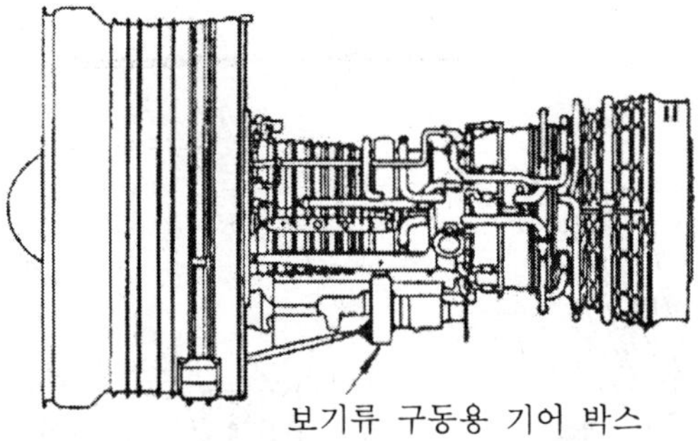

그림 7-10 N_1, N_2 센서

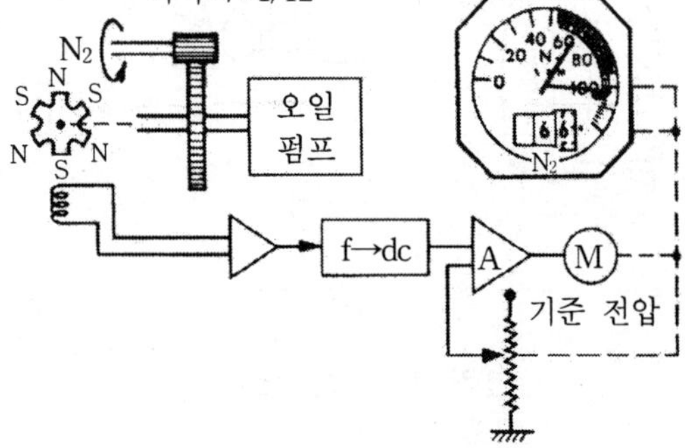

(a) 회전계의 원리

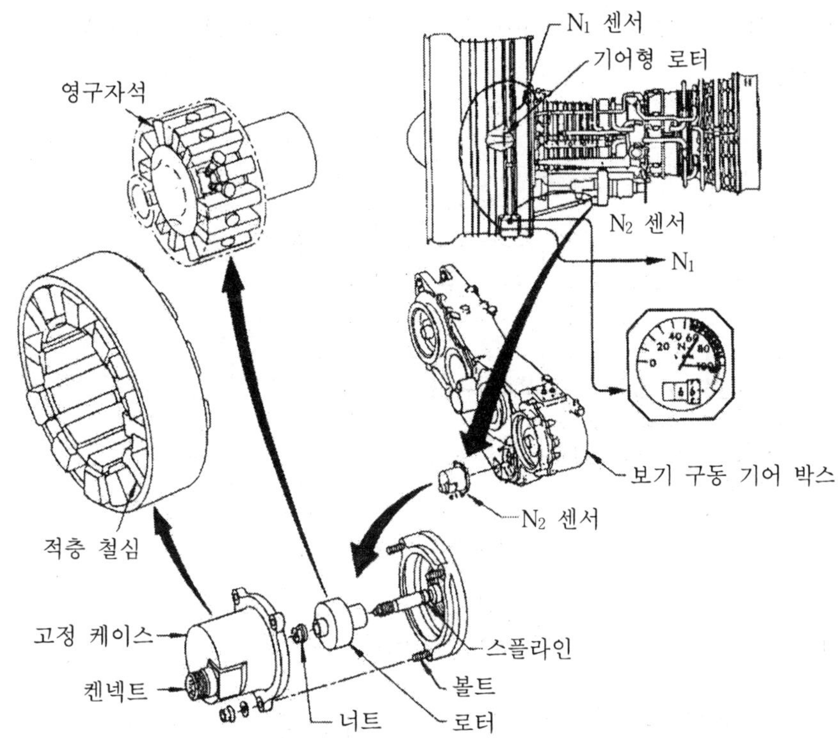

(b) 센서

그림 7-11 전자식 회전계의 원리 및 센서

이 교류 전압의 주파수를 세어서 N_2를 구한다. 그림 7-11에 나타낸 예에서 오일 펌프(oil pump)는 N_2의 1/12의 속도로 구동되고 회전계 발전기의 자극수는 6극이다. 발전된 교류 전압의 주파수가 매초 150이었다고 하면 오일 펌프의 구동축의 회전 속도 N은 다음과 같다.

$$N=\frac{2\times(\text{1초간 주파수})}{\text{자극수}}(\text{회전/초})$$

$$=\frac{2\times150}{6}=50$$

따라서,

$$N_2=50\times12=600(\text{회전/초})$$

$$=36{,}000[\text{rpm}]$$

이 보기에서는 발생한 펄스(pulse)를 그대로 직류 전압으로 변환하여 [%]로 표시하고 있다.

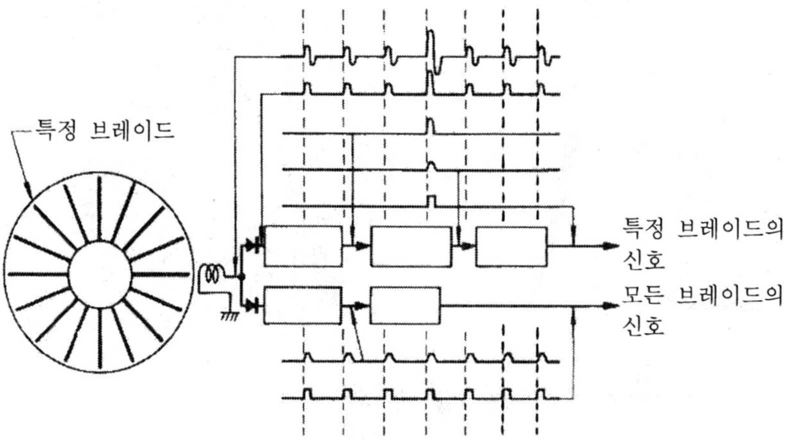

그림 7-12 정비용 회전계

이 회전계는 회전 속도를 아는 것이 주목적이 아니고, 기관의 정비를 하는데 이용되는 전기 신호를 발생하게 하기 위한 것이다.

전자식 회전계에서 설명한 것은 검출기 앞을 통과하는 브레이드(blade)를 모두 세어서 회전 속도를 구하는 방식이었다. 여기서 설명하는 것은 특정의 브레이드 1개만 팁 부분에 작은 철조각을 붙여두고 이 브레이드가 검출기 앞을 통과했을 때만 특별한 신호가 검출되도록 하고 있다.

브레이드의 재료보다 철(steel)도 자율이 크므로 철조각을 단 브레이드가 검출기의 앞을 통과했을 때만 특히 큰 신호가 검출되어 다른 신호와 구별할 수 있다. 철편을 단 브레이드가 통과했을 때의 신호와 모든 브레이드가 통과했을 때의 신호를 비교하여 회전하고 있는 기관의 어떤 순간의 로터의 위치를 알 수가 있다. 이것은 예를 들면 기관에 이상 진동이 발생한 경우의 원인 연구와 방지 대책 등으로 이용할 수 있다.

4. 동기계(Synchro-Scope)

쌍발 이상의 항공기에서 마스터 기관과 타 엔진의 회전속도를 비교하여 나타내는 계기가 동기계이다. 여러 개의 기관을 장착한 항공기는 기관의 회전속도가 같아지도록 조절할 필요가 있다. 특히, 다발 왕복 기관 항공기나 프로펠러를 장착한 다발 항공기의 경우에 각 기관의 회전 속도 차이가 나는 경우에는 기관이나 프로펠러 소음이 발생하여 불쾌감이나 불안감을 줄 수 있다.

만일, 회전 속도의 차이가 큰 경우에는 회전계의 지시 차이에 의하여 조절할 수 있지만, 회전 속도의 차이가 불과 몇 [rpm] 차이만 난다면 회전계 지시의 확인에 의한 조절 작업이 불가능하다. 이와 같은 경우에 동기계(synchro-scope)는 미세한 회전수 차이까지 정확히 지시한다.

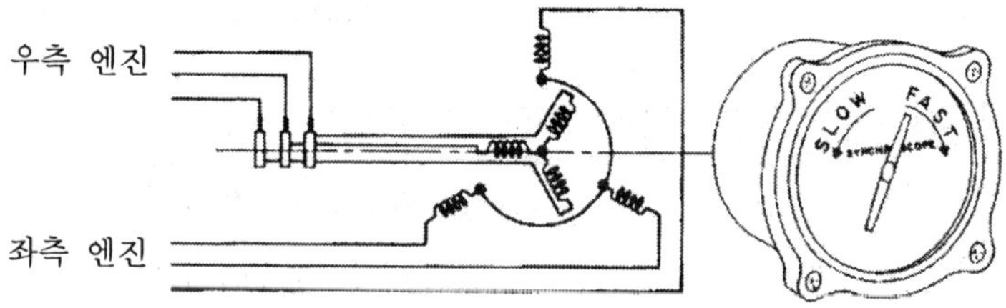

그림 7-13 쌍발 항공기의 동기계

동기계는 일종의 유도 전동기의 회전축에 지시 바늘을 부착시킨 것이다. 마스터 기관(master engine)에서는 3상을 동기계 스테이터 코일(stator coil)에 인가하고 슬레이브 기관(slave engine)에서는 단상을 계자 코일(field coil)에 부가하여 스테이터와 로터에 각각의 교류에 의한 회전자계와 단독 자계를 형성하도록 한다.

기관의 회전 속도가 같을 때에는 고정자와 회전자의 회전 자기장은 원래 같은 속도로 이동해 가므로 회전자에는 회전력이 발생하지 않고 따라서 지시 바늘은 정지한다.

그러나 만일 회전속도에 차이가 생기면 회전 자기장이 달라져 로터의 회전방향이 결정되며 지시 바늘이 회전한다. 슬레이브 기관이 마스터 기관에 비해 회전속도가 작으면, 고정자의 회전 자기장이 회전자의 회전 자기장을 지연시키므로 지시 바늘은 SLOW 쪽으로 회전한다.

지시 바늘의 회전 속도는 좌우 기관의 회전 속도의 차이에 비례하며, 만일 지시 바늘의 회전이 멈춰진 상태는 두 기관이 서로 동기되었거나, 두 기관 중에는 한 기관이 정지되어 있는 상태이다.

연습문제

1. 항공기에 사용되는 회전계(tachometer)의 눈금 범위는?

① 0~100 ② 35~450 ③ 0~110 ④ 35~115

2. 전기식 회전계에 사용되는 지시계는?

① 유도 모터 ② 동기 모터 ③ potentio motor ④ split motor

3. 다음의 어떤 회전계는 회전 방향을 고려하지 않아도 되는가?

① 전기식 회전계 ② 와전류식 회전계
③ 시계식 회전계 ④ 원심력식 회전계

4. 회전 계기에 대한 설명 중 틀린 것은?

① 회전 계기는 기관의 분당 회전수를 지시하는 계기인데 왕복 기관에서는 프로펠러의 회전수를 [rpm]으로 나타낸다.
② 가스터빈 기관에서는 압축기의 회전수를 최대 회전수의 백분율[%]로 나타낸다.
③ 회전 계기에는 전기식과 기계식이 있으며, 소형기를 제외하고 모두 전기식이다.
④ 다발 항공기에서 기관들의 회전이 서로 동기되었는가를 알기 위하여 사용하는 계기가 동기계이다.

5. 회전계 발전기의 자석 회전자를 꺼낼 때 가장 주의해야 하는 사항은 다음 중 어느 것인가?

① 영구자석의 자력이 저하하지 않도록 자력 보호 장치를 부착하는 것
② 영구자석과 회전자에 그리스와 기름이 붙지 않게 하는 것
③ 영구자석의 부근에 강철류를 두지 않도록 하는 것
④ 영구자석의 절연 저항을 측정하는 것

6. tachometer의 기능이 아닌 것은?

① 크랭크 축의 회전을 분당 회전수로 지시
② 발전기의 회전수를 지시
③ 압축기의 회전수를 지시
④ 피스톤의 왕복수를 지시

7. 전기식 회전계는 다음 어느 것에 의하여 작동되는가?

① 직권 모터 ② 분권 모터 ③ 동기 모터 ④ 자기 모터

8. 회전계 발전기의 영구자석의 수는?

① 2극 또는 4극 ② 4극 또는 5극
③ 5극 또는 6극 ④ 6극 또는 7극

9. 왕복 엔진과 가스터빈 엔진의 회전수를 지시하는 방법을 설명하여라.

풀이

① 왕복 엔진에서는 crank shaft의 회전을 분당 회전수(revolution per minute)로 지시한다.
② 제트 엔진은 compressor축의 회전수를 최대 출력 회전수의 100분률(%)로 나타낸다.

10. N_2의 회전계 발전기로 4극의 단상 교류 발전기가 사용되고 있다. 이 발전기는 기어비 10 : 1로 감속되어 N_2 로터에 의해서 구동되고 있다. 이 발전기가 발생하고 있는 교류 전압의 주파수를 측정하면 50파/초였다. N_2 로터의 회전 속도를 계산하라.

풀이

교류 발전기의 회전수 N[rpm], 주파수 f[Hz]와 자극수 P[극]와의 사이에는

$$N = 120f/P$$

의 관계가 있다. 이 문제에서는 극수 P가 4극, 주파수가 50파/초=50[Hz]이므로,

$$N = 120 \times 50/4 = 1{,}500[rpm]$$

이다. 이 발전기는 기어비 10 : 1로 감속되어 구동되고 있던 것이므로, N_2 로터의 회전 속도는 1,500×10=15,000[rpm]이다.

제8장 액량 계기 및 유량 계기

8.1 액량 계기 일반

액량 계기는 항공기에 탑재되는 연료, 윤활유, 작동유 등의 양을 부피나 무게로 측정하여 지시하는 계기로서, 액량을 부피로 나타낼 때에는 갤런(gallon)으로 표시하고, 무게로 나타낼 때에는 파운드(pound)로 표시한다.

부피는 항공기의 고도와 외부 온도에 따라 그 영향이 심하므로, 무게 단위로 측정하여 표시하는 것이 높은 고도를 비행하는 항공기에서는 특히 유리하다.

항공기에는 연료, 오일, 물, 방빙액, 작동유(유압 장치용) 등의 액체가 탑재되어 있다. 이것들은 어느 것이나 소홀히 할 수 없는 중요한 것이고 각각의 액량을 표시하는 계기를 설치하도록 정해져 있다.

8.2 액량 계기의 종류

1. 사이트 게이지식(Sight Gauge) 액량 계기

사이트 게이지식 액량 계기는 게이지 글래스(gauge glass)를 통하여 직접 액면을 보아서 액량을 아는 방식이다. 이 방식의 액량 계기는 탱크와 조종사와의 위치 관계에 의해 제약되므로 비행중에 사용되는 액량 계기로는 거의 사용되지 않으며, 지상에 있어서 정비 작업을 위해서 장착되어 있다.

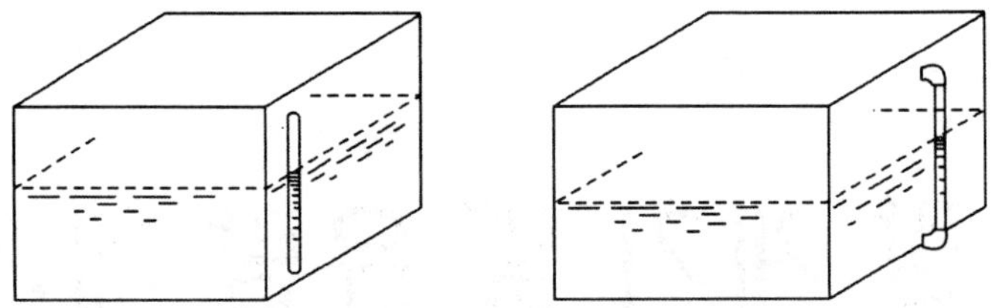

그림 8-1 사이트 게이지(sight gauge) 액량 계기

2. 부자식 액량 계기(Float-type Fuel/Oil Quantity Indicator)

부자식 액량 계기는 액면에 뜬 부자의 위치에 의해서 액면의 높이를 아는 방식으로 가장 많이 이용되고 있는 액량 계기이다.

1) 기계식 액량 계기(Mechanical Fuel/Oil Quantity Indicator)

그림 8-2에 나타나듯이 레버(lever)가 장착된 부자에 의해서 기어가 회전되어, 그 축 앞에 붙은 자석에 의해서 자기적으로 지침이 회전하여 액량을 표시한다. 이 방식도 조종사와 탱크의 위치 관계에 의해서 제약이 있으므로 비행중에 이용되는 것이 아니고 지상에서의 정비 작업에 이용되고 있다. 앞에서 설명한 사이트 게이식 액량 계기에 대신하는 것이다. 구조가 단순하므로 신뢰성이 높고 널리 이용되고 있다.

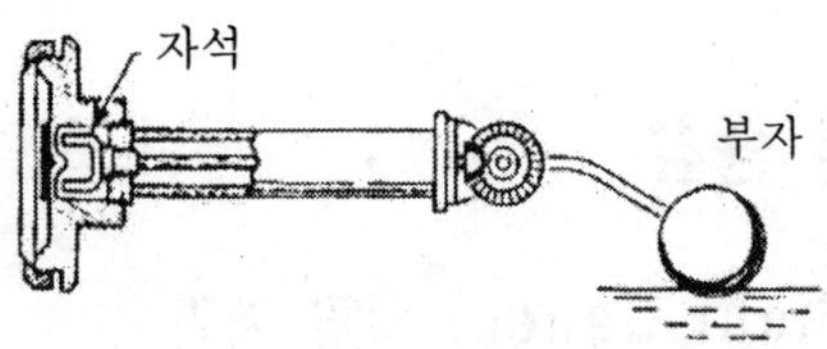

그림 8-2 기계식 액량 계기

2) 비율형 액량 계기(Ratiometer-Type Fuel/Oil Quantity Indicator)

이 방식은 자동차 등에 널리 이용되고 있는 연료 계기와 같다. 그림 8-3에 대표적인 예를 나타내었다. 가변 저항기의 가동 부분은 액면에 뜬 부자에 의해서 움직인다.

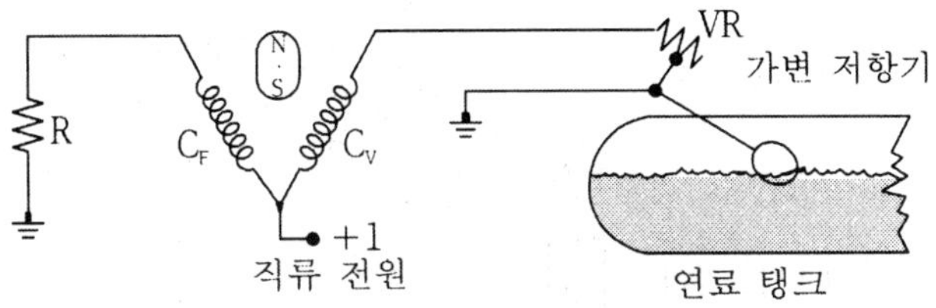

그림 8-3 비율형 액량 계기

액면 계기의 발신부(tank unit이라고 불리운다)는 위와 같이 가변 저항기와 부자(float)로 구성되고 있다. 가변 저항기는 탱크가 액체로 채워졌을 경우에 저항값이 최소가 되는 방식과 최대가 되는 방식이 있다.

액면계의 지시기는 두 개의 코일, 자석이 붙어있는 지침 및 저항으로 구성되어 있다. 코일 C_F에 흐르는 전류는 액면의 높이에 관계없이 일정하지만 코일 C_V에 흐르는 전류는 액면의 높이에 따라서 변화한다. 그 때문에 자석이 설치된 위치의 합성 자장의 방향은 바뀐다. 자석은 자장의 방향에 따라가므로 자석에 결합된 지침에 의해 액면의 높이를 알 수 있다.

이 방식의 지시기는 전원의 전압이 변동했을 경우에는 C_F, C_V 양 코일의 전류가 함께 변화하여 C_F, C_V의 전류의 비로 결정하는 자장의 방향은 변하지 않으므로 지시값도 변하지 않는다. 이와 같은 계기는 비율형 계기(ratiometer type gauge)라고 불리우고 널리 이용되고 있다.

3) 부자-나선형 액량 계기(Rotating Float-type Fuel Oil Quantity Indicator)

부자는 나선 상태의 홈이 붙은 원통에 장착되고 액면이 상하로 움직이면 나선 홈을 따라서 회선한다.

부자의 회전은 중앙 축에 의해서 싱크로(또는 데이신)의 로터에 전달된다. 로터의 회전에 의해서 스테이터(stator)에는 로터의 회전각에 따른 각도 신호가 발생된다. 이 각도 신호는 액량 계기 지시기에 보내져 액량이 지시된다. 이 방식의 액량 계기는 헬리콥터 등에 이용되고 있다.

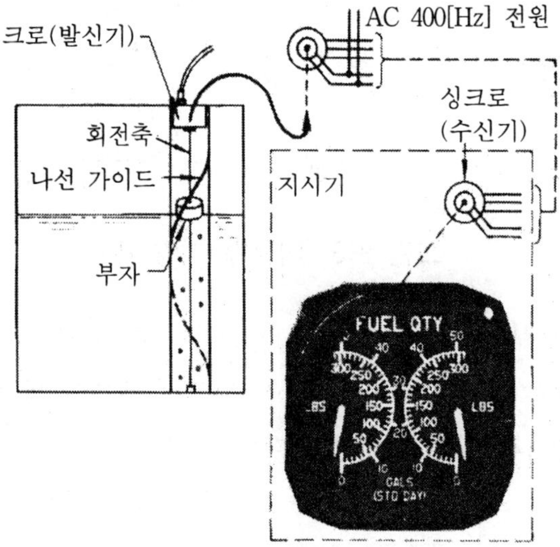

그림 8-4 부자-나선형 액량 계기

3. 딥 스틱식(Dip Stick Type) 액량 계기

길고 얇은 강철 와이어를 탱크에 삽입하여 유체가 묻어나오는 높이를 읽으므로 액량을 알 수 있는 계기이다. 와이어에 유면에 따른 지시 눈금이 있으며 점도가 높은 유체의 액량을 알아내는데 사용한다. 소형 항공기의 오일량계로 사용한다.

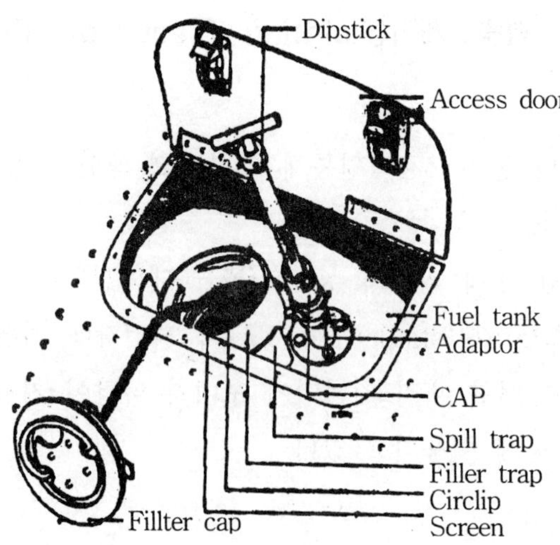

그림 8-5 딥 스틱식

4. 정전 용량식 액량 계기(Capacitance-type Fuel Quantity Indicator)

정전 용량식 액량 계기는 공기와 연료 등의 액체와 유전율의 차이를 잘 이용한 액량 계기로 그림 8-6에 원리도를 나타냈다. C_F는 일부가 연료에 가라앉은 동축 원통형 콘덴서, C는 고정 콘덴서, C_C는 전체가 연료에 가라앉은 동축 원통형 콘덴서이다.

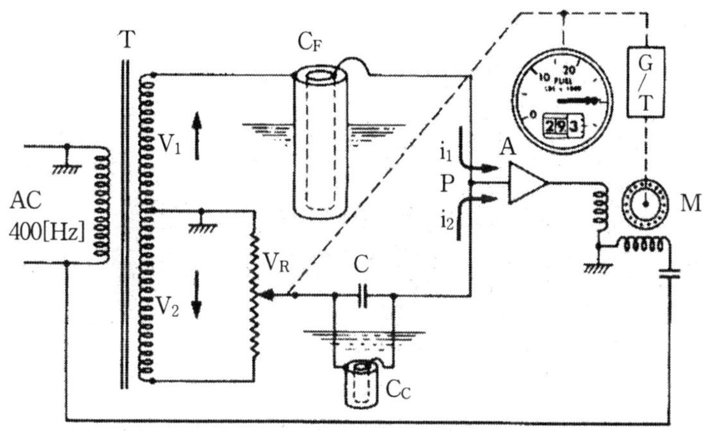

그림 8-6 정전 용량식 액량 계기

변압기 T에는 그림에 표시한 것과 같은 2차 권선이 설치되고 위상이 역관계에 있는 전압 V_1, V_2가 발생하고 있다. 서보(servo) 증폭기 A의 입력 P점에는 C_F를 통과한 V_1에 의한 전류 i_1 및 C, C_C를 통과한 V_2에 의한 전류 i_2가 흘러 들어간다. 이 입력에 의해서 서보 모터(servo motor) M이 회전하고 평형점에 달한 시점에서 정지한다.

액면이 높아지고 C_F가 증가하면 i_1이 커지지만, 이 i_1을 부정하므로 V_R이 아래도 움직여서 i_2를 증대시켜 평형이 된다. 따라서 V_R이 정지한 위치(지침의 위치)에 의해서 액면의 높이를 알 수 있다. 연료의 유전율이 변하는 경우(온도 변화가 다른 품질의 연료를 사용할 경우)에는 C_C가 바뀐 경우에도 지시값은 영향을 받지 않는다.

정전 용략식 액량 계기에는 다음과 같은 이점이 있다.

① 상반각이 있는 날개의 연료 탱크에서는 그림 8-7에 나타나듯이 복수의 탱크 유니트(tank unit)를 장치함으로써 액면을 알 수 있다.

② 탱크 유니트의 전극 형태를 선택해서 지시기 눈금을 균등 눈금으로 할 수 있다. (그림 8-8)

③ 수리할 때에 수고를 필요로 하는 연료 탱크 내부에 가동 부분이 없으므로 유리하다.

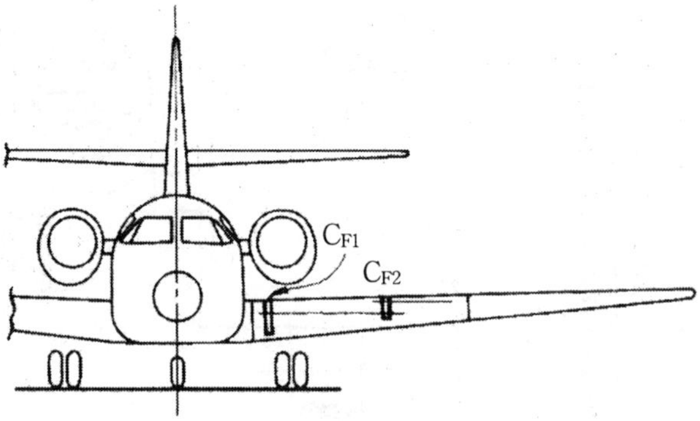

그림 8-7 탱크 유니트(tank unit)의 구성

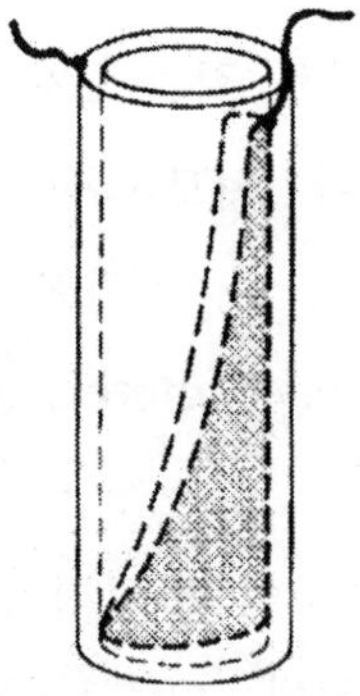

그림 8-8 탱크 유니트에 의한 지시

단, 중·대형 고정익 항공기의 연료량 계기에는 거의 정전 용량식 액량 계기가 이용되고 있다.

8.3 유량 계기 일반

항공기에 이용되고 있는 유량 계기(flowmeter)는 기관을 적절히 작동하므로 기관에 유입하는 연료의 유량을 측정하고 조정실에 장치되어 있는 연료 유량 계기 지시기로 표시하고 있다. 항공기 유량 계기의 연료 유량은 흔히 파운드/시간[lb/h] 또는 갤런/시간[gal/h]으로 표시된다.

대형 기관은 기관에 연료를 공급하는 중간에서 유량을 측정하는 장치를 만들고 유량을 전기 신호로 변환하여 조종실까지 보내고 연료 유량 계기 지시기에 의해서 유량을 표시하는 방식을 취하고 있다. 소형 기관(연료 분사식 기관)의 경우에는 연료 분사 노즐에 보내진 연료의 압력과 흡기압과의 차이(저압 분사 방식)를 연료 유량으로 환산하여 표시하고 있다.

유량 계기는 주로 연료 탱크에서 기관으로 흐르는 연료의 유량을 시간당 부피 단위, 즉 GPH(gallon per hour : 3.79[L/h]), 또는 무게 단위 PPH(pound per hour : 0.45[kg/h])로 지시하는 계기이다.

기관이 1시간 동안 소모하는 연료의 양, 즉 기관에 공급되는 연료파이프 내를 흐르는 유량률(rate of flow)을 부피의 단위 또는 무게의 단위로 지시한다.

이 계기는 오토신 또는 마그네신의 원리를 이용하여 원격으로 지시하는데, 그 종류에는 차압식 유량 계기, 베인식 유량 계기, 질량 유량 계기, 동기 전동기식 유량 계기가 있다.

대형 기관에 베인식 유량 계기 및 질량 유량 계기가 흔히 이용되고 있고, 연료 분사식의 소형 왕복 기관에는 차압식 유량 계기가 이용되고 있다.

8.4 유량 계기의 종류

1. 차압식 유량 계기(Differential Pressure-type Flowmeter)

그림 8-9는 차압식 유량 계기의 원리를 나타낸 것이다.

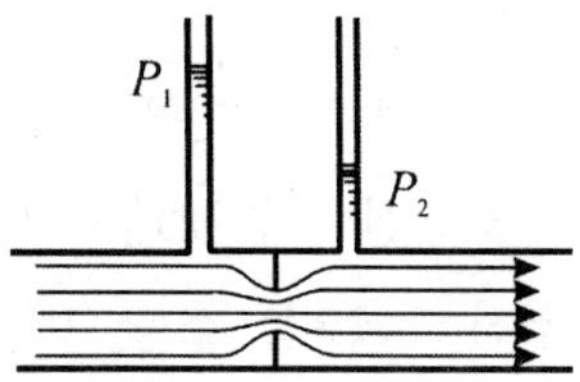

$$Q = k\sqrt{(P_1 - P_2)}$$

그림 8-9 차압식 유량 계기

액체를 보내는 튜브의 도중에 그림에 나타난 것 같은 작은 구멍을 만든 오리피스(orifice)를 설치하면 액체의 흐름이 없을 때는 오리피스의 상류와 하류의 압력에 차이가 없지만, 액체를 흘러보내면 상류와 하류에 압력차가 생긴다. 오리피스의 모양과 액체의 성질이 일정할 경우는 유량과 압력차의 사이에는 일정한 관계(유량은 압력차의 제곱근에 거의 비례한다)가 있으므로 압력차를 측정함으로써 유량을 알 수 있다. 그림 8-10은 차압식 유량 계기(원료)의 예를 나타내었다.

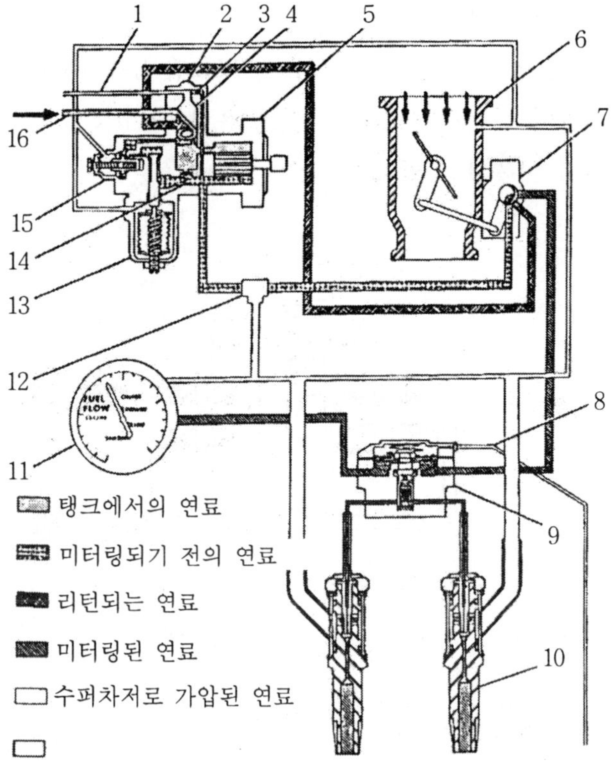

1. 기포 배출기
2. 기포 분리기
3. 기포 배출부
4. 기포 분리부
5. 펌프
6. 스로틀
7. 연료·공기 조절 장치
8. 벤트 드레인
9. 연료 밸브
10. 연료 분사 밸브
11. 연료 유량 계기
12. 연료압 조절기
13. 아네로이드 밸브
14. 첵크 밸브
15. 릴리프 밸브
16. 연료 입구

그림 8-10 차압식 유량 계기(연료)

연료 탱크에서 보내진 연료는 16의 연료 입구에서 유입하여 기포가 제거되고, 가압 펌프 5 및 압력 조절 장치 12에 의해서 흡기 압력에 적합한 압력까지 가압된다. 가압된 연료는 흡입 공기량에 적합한 유량으로 7의 연료・공기 조절 장치에 의해서 조절된다. 흐름량이 조절된 연료는 연료 밸브 9를 지나서 연료 분사 노즐 10에 보내진다. 연료 분사 노즐은 기관의 흡기 밸브의 입구 근처(저압 분사 방식)에 장치되어 있고, 분사된 연료는 흡기와 함께 실린더 내로 흡입된다. 유량 계기는 연료 분사기에 들어오는 연료의 압력과 연료가 분사되는 장소(흡기관 내)의 압력의 차이를 측정하고 있다.

수퍼차저(supercharger)가 없는 기관의 경우(그림 8-11)에는 연료 가압 펌프의 방출 압력을 대기압에 의해서 조절하고 연료 유량 계기(차압계)의 한쪽 끝에 대기압을 작용시킨 것이 이용되고 있다.

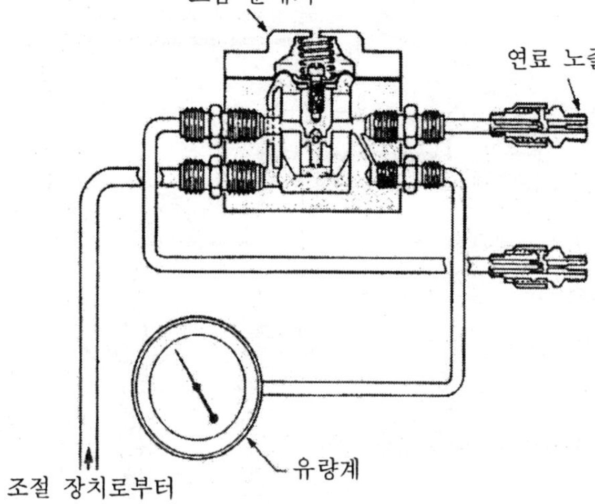

그림 8-11 차압식 유량 계기

연료 유량 계기 지시기는 저압 분사 방식(거의 저압 방식이다)에서는 밸로우(bellow)를 이용한 차압 계기에 유량(또는 유량 및 차압)의 눈금을 매긴 것이 이용되고 있다. 그림 8-12에 하나의 예를 나타냈다.

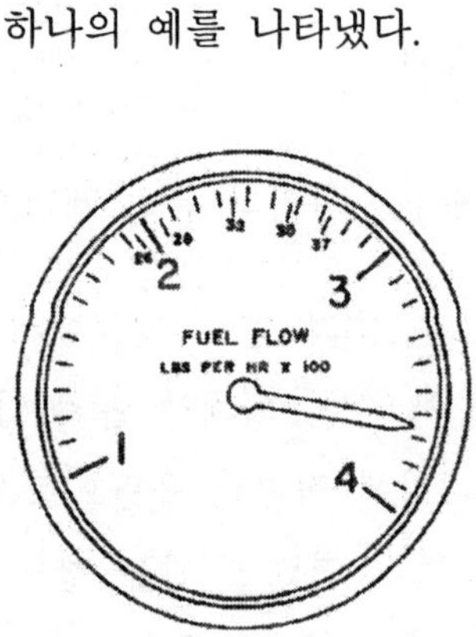

문자판의 작은 숫자는 압력[psi]을 지시한다.

그림 8-12 차압식 유량 계기의 지시

2. 베인식 유량 계기(Vane-type Flowmeter)

그림 8-13에 베인식 유량 계기의 예를 나타냈다. 밸브 V는 흐르고 있지 않을 때는 스프링에 의해서 액체의 통로를 막는 1의 위치에 있지만 흐름이 있을 때는 유량에 따라서 2, 3, …의 위치로 변하여 스프링의 힘과 균형을 이룬다.

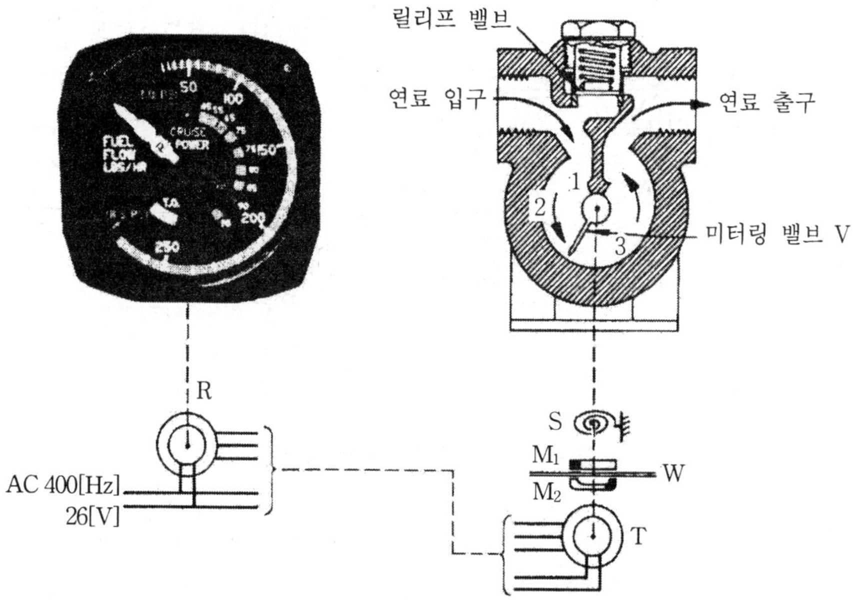

그림 8-13 베인식 유량 계기

밸브의 각도는 자석 M_1, M_2에 의해서 다이아프램(diaphragm) W의 바깥쪽에 전달되고 싱크로(또는 데이신(desyn), 마그네신(magnesyn) 등)에 의해서 유량 계기 지시기(fuel flowmeter indicator)까지 전기적으로 보내져 유량이 지시된다.

3. 질량 유량 계기

단면적이 A인 튜브 내부를 밀도 d의 액체가, 액체속도 V로 흐르고 있는 경우에

$$Q_v = AV$$

가 용적 유량이고

$Q_M = AVd$

가 질량 유량이다.

그림 8-14에 널리 이용되고 있는 질량 유량 계기의 예를 나타냈다.

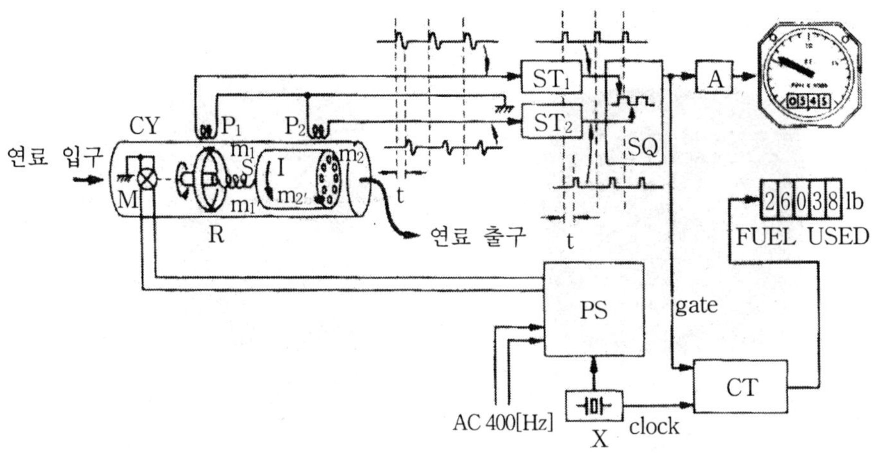

그림 8-14 질량 유량 계기(1)

연료는 질량 유량 계기를 구성하는 원통 CY 내를 좌에서 우로 흐른다. 원통 내에는 수정 발진기 X로 조절된 정주파수 전원 장치 PS에 의해서 구동된 정속 전동기 M, 이 전동기에 연결된 링 R, 정속 전동기 M에 토크 스프링 S를 끼워서 결합된 임펠러 I가 설치되어 있다. 링 R에는 영구자석 m_1, m_1'이 장착되어 있고 이것에 대응하여 임펠러 I에는 영구자석 m_2, m_2'가 장치되어 있다. 원통의 외부에는 m_1, m_1'가 통과한 것을 검출하는 코일 P_1 및 m_2, m_2'가 통과한 것을 검출하는 코일 P_2가 장치되어 있다.

원통 내에 연료가 흐르지 않을 때는 P_1 및 P_2가 검출하는 전압파형은 동시에 발생하지만, 연료가 흐르고 있을 때는 임펠러 I에 의해서 연료에 소용돌이 운동을 주므로 토크 스프링 S에 비틀어짐이 생겨서 검출 코일 P_2에 발생하는 전압파형을 P_1에 의해서 검출된 전압파형에서 일정 시간 t만큼 지연된다. 이 지연 시간 t는 유량(mass fuel flow)에 비례하므로 지연 시간 t를 측정해서 질량 유량을 알 수 있다.

P_1, P_2에 발생한 전압은 펄스(pulse) 발생 회로 ST_1, ST_2에 의해서 각각 전압의 위상 시각에 일어나는 폭이 좁은 펄스(pulse)에 교환되고 단형파 발생회로 SQ로

들어간다.

단형파 발생 회로에서는 P_1 코일의 전압에 동기하여 일어나고, P_2 코일의 전압에 동기하여 시작하는 단형파가 만들어진다. 따라서 그 단형파의 폭은 지연 시간 t와 같은 것이 된다. 이 단형파는 평균화 회로 A에서 평균치(유량에 비례한다)로 교환되어 유량 계기 지시 계기에 들어가고 유량으로 표시된다.

한편, 지연 시간에 비례한 파장폭을 가진 단형파는 카운터 C_T의 게이트 신호로 C_T에 들어가고 단형파가 H_i인 기간만 CLOCK 신호를 세어서 연료 사용량의 누계가 표시된다. 이 유량 계기는 작동 원리에서 추측할 수 있도록 질량 유량을 표시하게 되고 표시의 단위는 [lb/h]로 된다.

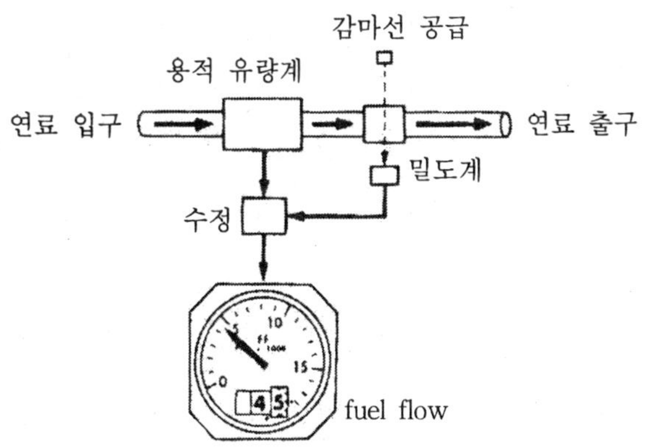

그림 8-15 질량 유량 계기(2)

질량 유량은 유량의 체적에 밀도를 곱한 것이다.

그림 8-15는 체적 유량을 측정하고 그 값을 밀도 측정의 결과로 수정하는 방식의 질량 유량계이다.

4. 동기 전동기식 유량 계기(Synchronous Motor Flow Meter)

연료의 유량이 많은 제트기관에 사용되는 질량 유량 계기로서, 연료에 일정한 각속도를 준다. 이 때의 각 운동량을 측정하여 연료의 유량을 무게의 단위로 지시할 수 있다.

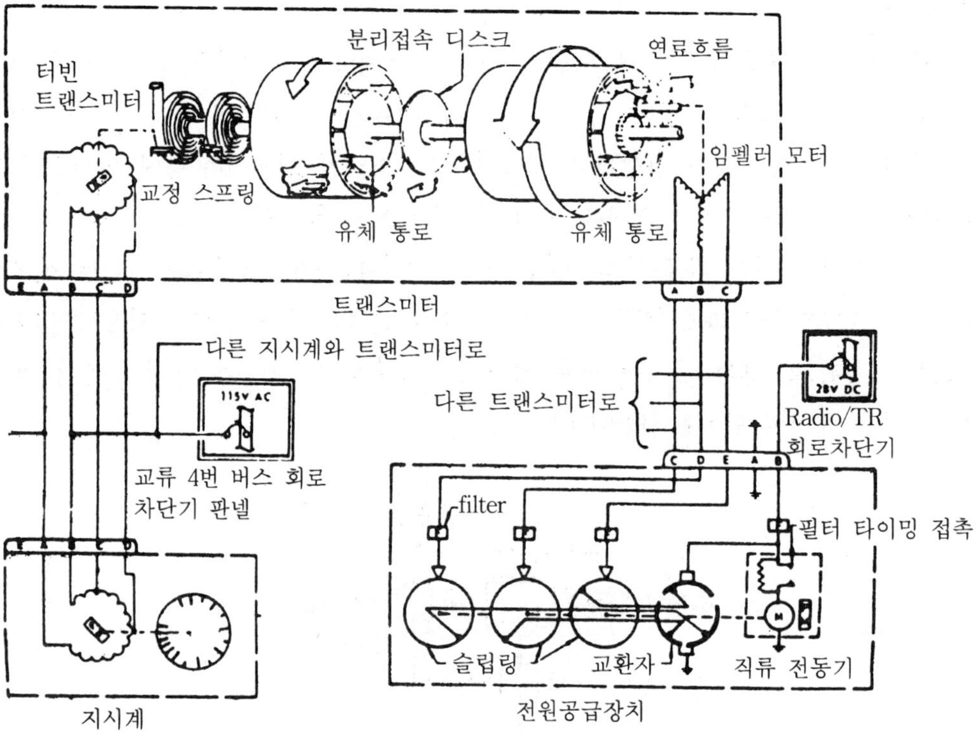

그림 8-16 동기 전동기식 연료 유량 계기의 구성

이것의 작동원리는 임펠러를 전기 전동기에 의하여 일정한 속도로 회전시키면 연료는 임펠러를 지나서 일정하게 각속도 운동을 하게 된다. 이 때, 임펠러를 떠나는 연료의 각 운동량은 회전 속도가 일정하므로 유량에만 비례하며 이 각 운동량을 가진 연료가 터빈을 지나면서 터빈에 회전력을 가해 준다. 이 때의 회전력을 나선형 스프링의 힘과 평행시켜 터빈의 각 변위량을 오토신이나 마그네신을 이용하여 지시계에 원경으로 전달한다.

그러나 이 방법은 임펠러를 일정한 속도로 회전시켜야 하며, 전원의 주파수가 변동하면 유량의 지시 변화가 일어나기 때문에 전원이 정밀해야 한다.

8.5 액량 계기 및 유량 계기의 정비

1. 계기의 취급

전기 저항식 액량계의 전달기를 취급할 때에는 충격으로 인한 계기 속의 코일 저항이 손상되지 않도록 주의해야 한다. 전기 용량식 액량계에서는 전달기에 입혀진 피막이 벗겨지지 않도록 취급에 주의하고, 극판 간의 간격에 변화를 줄 만큼 과도한 힘이 가해져서는 안 된다.

지시계 뒷면의 EMPTY(비어 있음)와 FULL(차 있음)에 대하여, 가변 저항기로 조절할 때 한계값을 넘기지 않도록 주의해야 한다.

2. 시험 및 작동 점검

액량 계기의 작동 점검은 액량 지시계 시험기에 의하여 수행되며, 탱크 내의 액량을 수감하는 부분을 탱크 유닛이라 한다. 전기 용량식 액량계 탱크 유닛의 점검은 탱크 유닛 시험기에 의해서 수행된다.

이는 일종의 전기 용량 시험기로서, 탱크 유닛이 규정된 전기 용량을 가지는지를 시험하는 것이며, 동시에 탱크 유닛의 단락 시험은 절연 저항과 메거 측정기를 사용하여 실시한다.

연습문제

1. 전기 용량식 연료량계의 capacitance를 좌우하는 요소는?
   ① 극판의 넓이　② 극판의 거리
   ③ 저항　④ 유전율

2. 근래의 항공기에 사용하는 연료량 계기는?
   ① 전기 저항식　② 전기 용량식
   ③ 부자식　④ 직독식

3. 전기 용량식 연료량계를 설명한 것 중 옳지 않은 것은?
   ① 연료는 공기보다 유전율이 높다.
   ② 온도나 고도 변화에 의한 지시 오차가 없다.
   ③ 전기 용량은 연료의 무게를 감지할 수 있으므로 연료량을 중량으로 나타내기에 적합하다.
   ④ 옥탄가 등 연료의 질의 변화에도 지시 오차가 없다.

4. 전기 용량식 연료량계에서 실제 full tank가 아닐 때 full 이상을 지시한다면 다음 중 어느 사항이 결함인가?
   ① 탱크 capacitor의 절단　② 보상 capacitor의 절단
   ③ 탱크 capacitor의 단락　④ 시험 스위치를 눌렀을 경우

5. 다음 연료량 계기 중에서 탱크 내의 연료를 중량으로 표시하기에 적합한 것은?
   ① 전기 저항식　② 전기 용량식
   ③ 부자식　④ 기계적인 방법

6. 연료 유량 계기의 눈금에 대하여 옳은 것은?
   ① 수평 비행 상태에서 사용 불능이 되었을 때의 양을 0으로 표시한다.
   ② 연료 탱크가 비었을 때 0으로 하여 탑재 연료량을 눈금으로 표시한다.
   ③ 연료 탱크가 비었을 때 0으로 표시하고 사용 불능 연료량을 적색 호선으로

눈금상에 표시한다.

④ 사용 불능 연료량을 0으로 하고 수평비행 상태에 있어서 탱크의 20[%]를 표시부분의 적색 호선으로 나타낸다.

7. 싱크로노스 연료 유량 계기에 있어 신호는 다음 어느 것에 의하여 전달되는가?

① 전기적으로 ② 기계적으로
③ 압력에 의하여 ④ 유체에 의하여

8. fuel flow meter의 단위는 다음 중 어느 것인가?

① psi ② rpm
③ pph ④ mpm

9. 연료량을 중량 단위로 나타내는 연료량계에서 실제는 그렇지 않은데 full을 지시한다면 예상되는 결함은?

① 탱크 유닛의 단락 ② 탱크 유닛의 절단
③ 보상 유닛의 단락 ④ 시험 스위치의 단락

10. 다음 중 액량 계기와 유량 계기에 대한 설명 중 맞는 것은?

① 액량 계기는 tank에서 기관까지의 흐름량을 지시한다.
② 액량 계기는 흐름량을 지시한다.
③ 유량 계기는 연료 탱크에서 기관으로 흐르는 연료의 유량을 부피 및 무게 단위로 나타낸다.
④ 유량 계기는 tank 내의 연료의 양을 나타낸다.

11. 연료량을 중량으로 지시하는 방식은 무엇인가?

① 전기 용량식 ② 전기 저항식
③ 기계적인 방식 ④ 부자식

12. 연료 유량계의 눈금에 관하여 바른 것은 어느 것인가?

① 탱크가 비었을 때 0으로 하고 탑재 연료의 전량을 눈금으로 나타낸다.
② 탱크가 비었을 때를 0으로 하여 사용 불능 연료의 양을 적색 호선으로 나타낸다.

③ 사용 불능 연료의 20[%] 증가한 양을 0으로 하면 안된다.

④ 수평 비행 상태에 있어서 사용 불능이 되었을 때의 양을 0으로 나타낸다.

13. 유량 및 액량 계기의 단위를 설명하여라.

풀이

① 액량 계기는 항공기에 사용되는 액체를 부피나 무게로 측정하여 지시하는 계기로서 gallon, pound 등으로 표시한다.

② 유량 계기는 주로 연료 tank에서 기관으로 흐르는 연료의 유량을 시간당 부피 단위인 GPH(gallon per hour), 무게 단위 PPH(pound per hour)로 지시한다.

14. 전기 용량식 액량 계기의 작동 원리를 설명하여라.

풀이

① 직독식 액량 계기는 연료의 양을 체적으로 밖에 구할 수 없지만 전기 용량식 액량 계기는 그 양을 중량(LBS)으로 측정할 수 있다. 축전기의 전기적 용량은 ㉠ 극판의 넓이, ㉡ 극판간의 거리, ㉢ 중간 매개체의 유전율에 좌우되는데 ㉠과 ㉡은 설계시 정해지면 중간 매개체인 항공 연료와 공기의 유전율의 비율은 2:1이므로 연료량이 유전률의 변화를 가져와 전기 용량의 값을 좌우한다. 이렇게 구해진 전기 용량의 값은 고도의 변화에 의해 연료의 부피가 변하므로 연료의 밀도를 구하여 보상하면 고도 변화에 따른 오차는 없을 것이다.

제9장 전기 계기(원격 지시 계기)

9.1 전기 계기(원격 지시 계기) 일반

항공기가 대형화, 고성능화 되면서 계기의 수감부와 지시부 사이의 거리가 멀어지게 되었다. 수감부의 기계적인 각변위 또는 직선 변위를 전기적인 신호로 바꾸어, 멀리 위치한 지시부에 같은 크기의 변위를 나타낼 필요가 있게 되었다. 이때 사용되는 것이 전기 계기(원격 지시 계기)이다. 전기 계기(원격 지시 계기)의 구성은 전동기나 발전기와 같이 고정자와 회전자로 구성되어 있으며 각도나 회전력과 같은 정보의 전송을 목적으로 한다. 이와 같은 전기 계기(원격 지시 계기)는 항공기 각 계통의 여러 부분에 응용된다.

여기에 사용되는 전기 동기기는 전원의 종류와 변위의 전달 방식에 따라 싱크로(synchro), 서보(servo), 데이신(=직류 데신, 직류 셀신), 마그네신(magnesyn), 오토신(autosyn) 등이 있는데 제작사에 따라 독자적인 명칭으로 불리고 있다.

9.2 전기 계기(원격 지시 계기)의 종류

1. 싱크로(Synchro)

1) 싱크로의 구성 요소

싱크로는 그림 9-1에서 보는 바와 같이 권선 회전자가 포함되어 있는 변환장치의 일종으로써, 와이어를 사용하여 각도 변환을 전달하는데 사용한다.

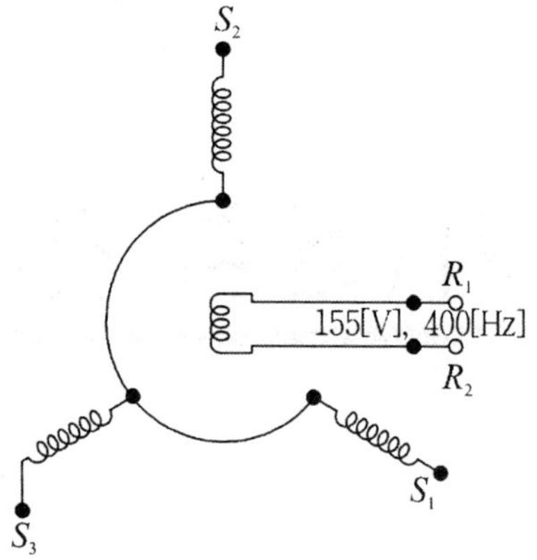

그림 9-1 싱크로의 기초

싱크로 발전기(그림 9-2에서 TX)는 하나의 권선을 가진 회전자와 전기적으로 120° 위상차가 나는 3개의 권선을 가진 고정자로 구성되어 있다. 회전자는 각도 변화 입력값을 제공하는 축에 연결되고, 회전자 권선은 교류 전원에 의해 전원을 공급받는다. 3개의 고정자 권선에서 발생하는 전압은 회전자 각도의 함수이다.

싱크로 수신기(그림 9-2에서 TR)는 싱크로 송신기에 전기적으로 결합되어 있다. 회전자는 자유롭게 회전하며 회전 축에서 각도를 나타내며, 송신기의 권선에서 유도되는 전압의 위상과 진폭으로부터 위치를 예측한다.

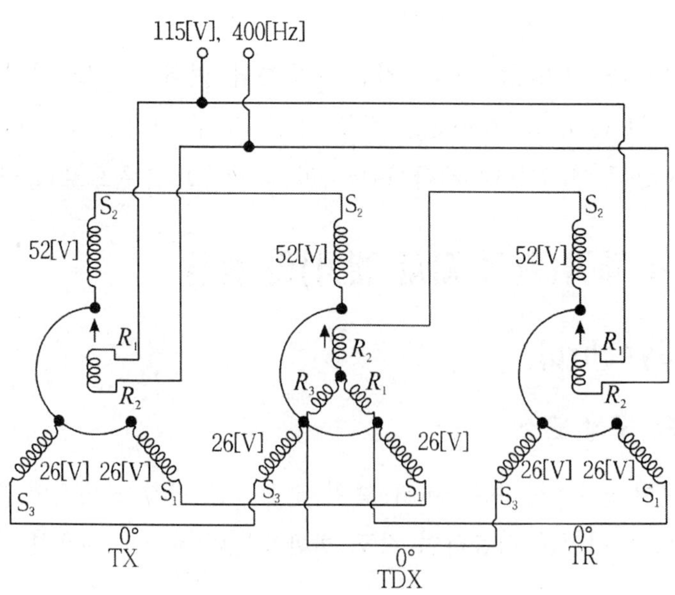

그림 9-2 싱크로 발전기 수신기 및 차동 변환기

회전자의 유도 전압은 유기 전압에 대하여 그림 9-3에서 보는 바와 같이 동위상이거나 180°의 위상차가 난다. 3개의 고정자 전류는 싱크로 수신기에서 자기장을 발생시키는데, 송·수신기의 고정자와 회전자가 똑같은 상태가 될 때에는 매우 작은 양만 존재한다.

그림 9-2에서, 축의 각도는 회전자가 S_2와 일치할 때 0°로 되며, 싱크로는 그림 9-4에서 보는 바와 같이 전기적으로 0일 때 구동 기점으로 삼는다. 점퍼(jummper)는 전압 S_1, S_2이 정확하게 같으며, S_2의 전압이 최고가 된다. 그러므로 회전자는 전기적으로 똑같게 된다. 진상이 점퍼가 되면 각도의 크기를 나타내는 역학적 다이얼은 0이 된다. 고정자의 접속을 변화시키면 싱크로의 동작을 변화시킬 수가 있는데, 이러한 동작은 잘못된 결선으로 잘못된 동작을 유발하는 경우가 흔히 있으므로 특히 유의해야 한다.

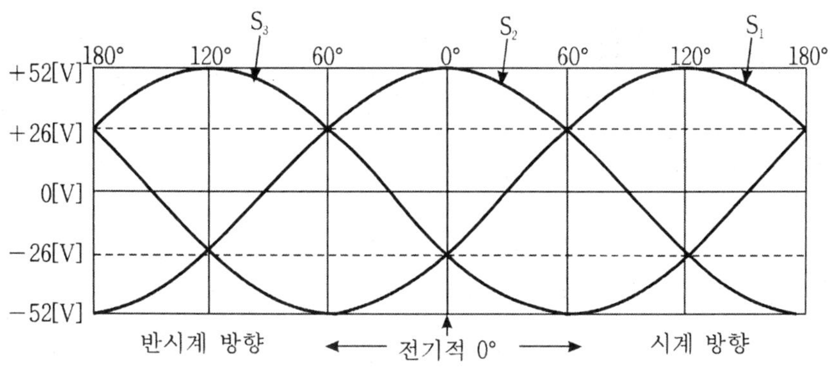

그림 9-3 싱크로의 각도에 대한 전압 관계

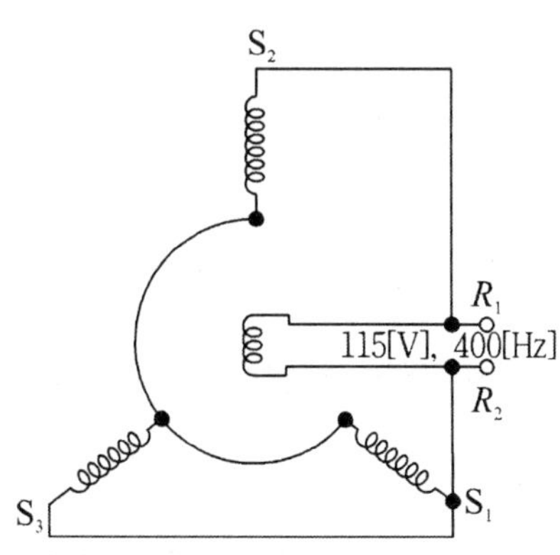

그림 9-4 싱크로 구동 기점

2) 싱크로 차동 변환기(TDX)

이 장치는 역학적 차이로 동작하며, 구조는 3개의 고정자 권선과 회전자 권선을 각각 가지고 있다. 이 장치의 출력에 나타나는 전압을 송신기 회전자의 위치뿐만 아니라, 차동 회전자의 각도 함수의 결과 나타나는 고정자의 자기장을 회전시킨다. 차동 싱크로는 송신기 축을 어느 위치에 둠으로써 각도를 변화시키기 위한 장치로서, 트림 조정이나 항법용 컴퓨터 등에 사용된다.

3) 싱크로 제어 변환기(CT : Control Transformer)

이 장치는 전기적으로 싱크로 송신기나 수신기와 동일 성질을 나타내지만 구조는 약간 다르며, 서보 시스템의 오차 전압을 검출하는 데에 쓰인다. 회전자 권선에는 전압이 가해지지 않고 그 대신 회전자가 널(null)점을 벗어날 때 기전력이 유기된다. 널점의 위치는 3개의 고정자 권선의 자기장에서 유기되는 전압이 없는 회전자의 위치를 뜻하며, 고정자에 발생하는 자기장이 회전함에 따라 회전한다. 회전자는 각각 최대점과 널점을 가지므로 동상과 역상이 존재한다.

2. 서 보(Servo)

서보(servo)는 명령에 따라 명령을 수행하는 능력을 갖는 장치이다.

그림 9-5는 기본적인 서보 루프를 나타낸 것이다. 서보는 입력장치, 오차 검출기, 증폭기, 구동장치, 부하 등으로 구성되어 있다. 오차가 감지되면 증폭기는 오차를 정정하는 부하에 구동장치를 통하여 에너지를 공급한다.

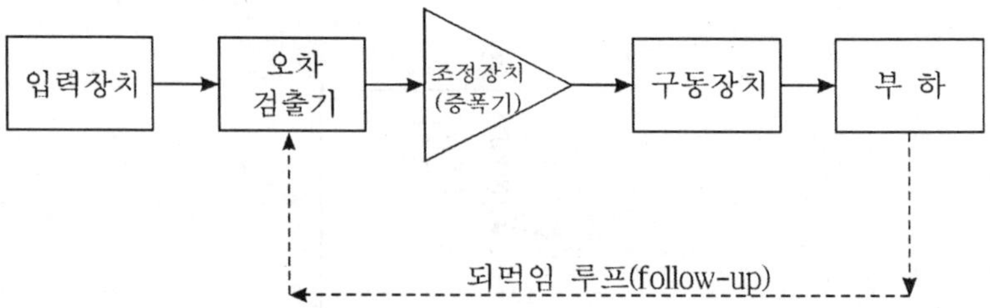

그림 9-5 기본적인 서보 루프

그림 9-6에 나타낸 바와 같은 전기적인 서보에는 두가지의 오차 감지 방법이 있다. 즉, 컨트롤 트랜스를 쓰는 것과 전위차계를 쓰는 것 등이 있는데, 이는 교류

의 기준 위상차를 기초로 한 것이다.

컨트롤 트랜스 방식에서는 서보축은 회전자가 90°되는 곳에서 정지한다. 위상 전극은 회전이 오른쪽인가 왼쪽인가를 결정하는데, 오차 전압은 90°의 한쪽 면에서 다른 면에 대하여 180° 역전된다. 이는 전동기의 방향이 뒤바뀌는 원인이 된다.

전위차계 방식에서 감쇠 지점은 전위차계의 중앙 지점이다. 각 중앙 지점에서부터 위상이 반전되며, 축이 한 방향에서 다른 방향으로 회전하는 원인이 된다.

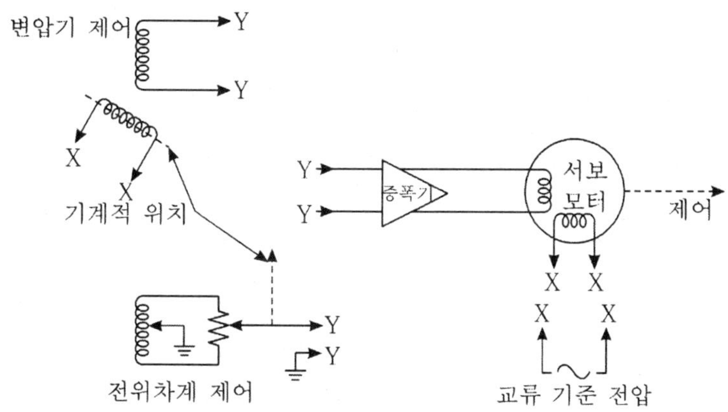

그림 9-6 전기적인 서보 시스템

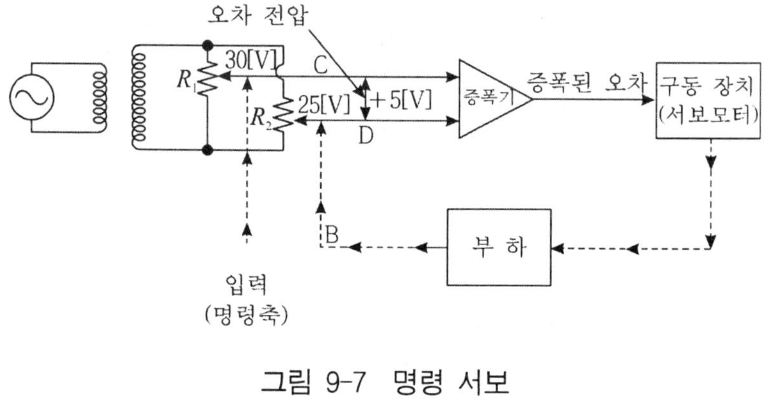

그림 9-7 명령 서보

그림 9-7은 명령에 의해 고정량만큼 축을 움직이는 원인을 나타낸 것이다.

여기서 오차는 전위차계에 의하여 감지되며, 축 A는 명령에 해당하고, B는 기계적으로 서보모터와 연결된다. 이 장치는 C, D 사이에 전위차가 없을 때 정지된다.

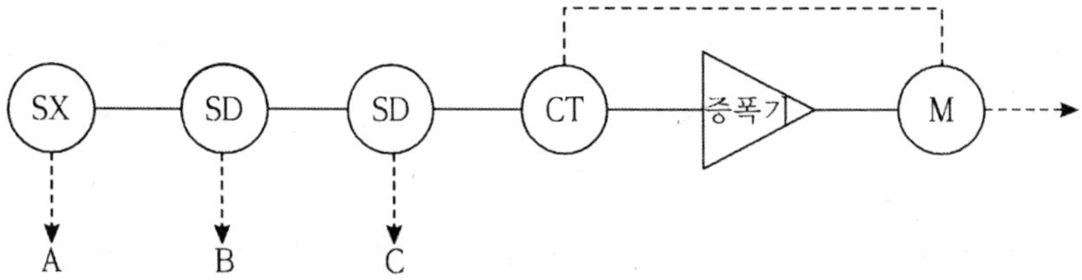

그림 9-8 서보 컴퓨터

그림 9-8은 서보 컴퓨터를 나타낸 것인데, 축 A, B, C 사이의 회전의 합이 출력에 나타난다.

3. 데이신(DC Synchro ; 직류 데신, 직류 셀신)

그림 9-9는 영구자석(permanent magnet) M에 의해서 만들어진 자장 가운데에 연철 조각(iron part) P를 두었을 경우에 안정된 2개의 상태를 나타낸다. 그림 (a)에서는 P의 A끝이 M의 N극에 접근하여 정지하고 있지만, 그림 (b)에서는 A끝이 S극에 접근하여 정지되고 모두 안정된 상태로 되어 있다. 이와 같이 연철 조각은 자장에 놓았을 경우에 2개의 안정 상태를 만든다. 따라서 연철 조각으로 자장의 모양을 알려고 했을 경우에는 자장의 방향을 알 수 없다.

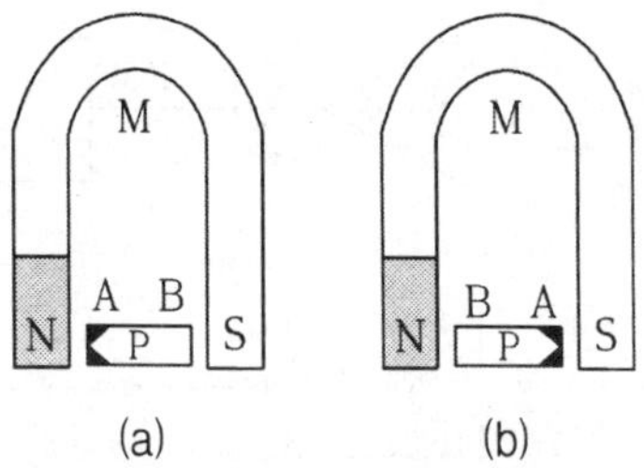

그림 9-9 자장중의 연철

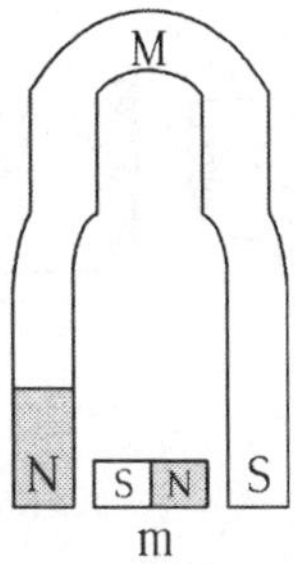

그림 9-10 자장중의 자석

그림 9-10은 영구 자석 M에 의해서 만들어진 자장 가운데에 자침 m을 놓았을 경우, 안정 상태인 것을 나타내고 있다. 이 경우에 m의 N극은 M의 S극에 접근한 상태가 단 하나의 안정 상태이다. 따라서 자침을 이용하여 자장의 상태를 점검하는 경우에는 자장의 방향을 확정한다. 이것은 우리가 자석(하이킹용의 자석)을 이

용하여 동서남북을 아는 것으로 자주 이용하고 있다.

자장에 놓아둔 자석은 자장의 방향에 의해서 정해지는 하나의 안정 상태로 정지한다. 이것을 이용하여 각도를 전송할 수 있다. 그림 9-11은 2개의 코일, 자석, 가변 저항기 등을 이용하여 각도를 멀리까지 전송하는 장치이다.

2개의 코일 1 및 2의 중심선이 교차하는 점에 설치한 자석 m은 1, 2에 의해서 만들어진 자장의 합성 자장 방향을 난타낸다. 코일 1, 2에 흐르는 전류는 가변 저항기 VR의 가동 부분의 위치(각도)에 의해서 결정된다. 따라서 미리 θ_1과 θ_2의 관계를 알아두면 θ_2을 읽으로써 θ_1을 알 수 있다. 즉, 각도를 멀리까지 전송할 수 있다.

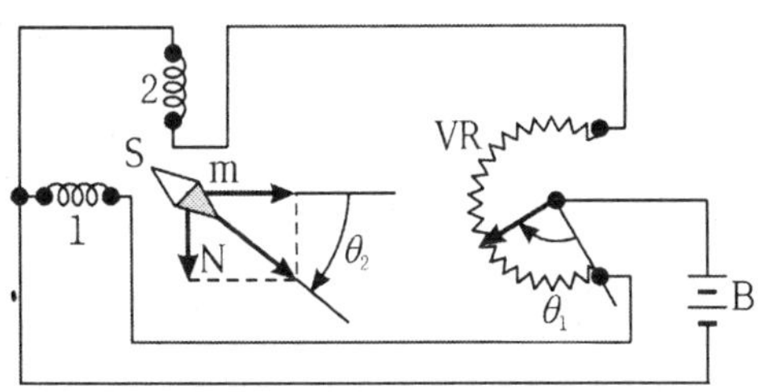

그림 9-11 각도의 전송

데이신(desyn)은 각도의 원격 지시를 하는 장치이다. 그림 9-12에 데이신의 예를 나타냈다.

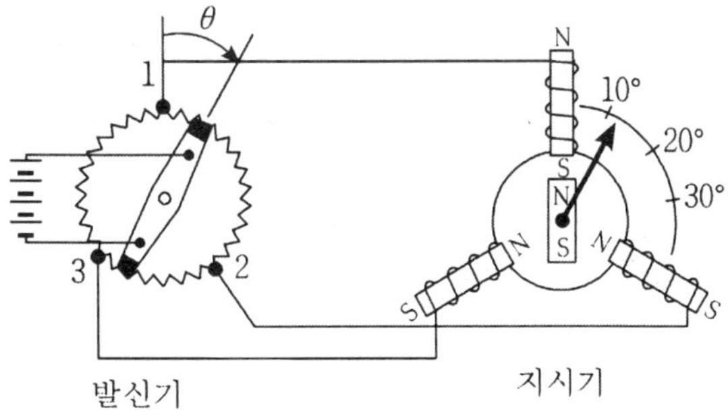

(a)

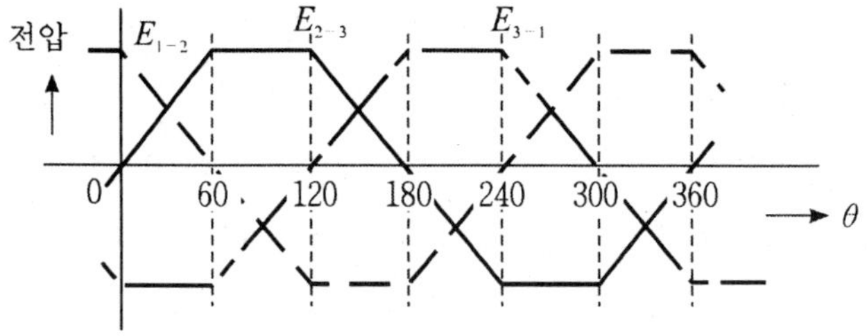

(b)

그림 9-12 데이신(DC synchro)

발신기(가변 저항기)의 가동 부분의 위치(각도) θ와 3개의 출력 단자 1, 2, 3의 사이에 나타나는 전압 E_{1-2}, E_{2-3}, E_{3-1}의 관계는 그림 (b)와 같이 변화한다. 그 때문에 지시기 내의 자장(방향)은 θ와 함께 회전하므로 그것에 설치해둔 자석은 자장과 함께, 따라서 가동 부분과 함께 회전한다. 자석에는 지침이 붙어있고 그 지침에 의해서 발신기와 가동 부분의 위치(각도)를 알 수 있다.

데이신의 경우에는 전원 전압(직류 전압)이 변동해도 지시기 내에 만들어지는 자장은 크기만 변하고 방향은 변하지 않는다. 즉 일종의 비율 작동형을 계기이고 전원 전압의 변동에 대해서는 오차는 거의 나타나지 않는다.

4. 마그네신(Magnesyn)

마그네신도 싱크로(synchro), 데이신(desyn)과 같이 각도를 전기적으로 전송하는 장치이다. 작동 원리는 플럭스 밸브(flux valve)와 아주 비슷하다. 플럭스 밸브의 경우에 자장은 지구의 자기에 의해서 만들어진 자장이었지만, 마그네신 발신기의 경우에는 고정자의 내부에 자유로이 회전할 수 있게 조립된 자석에 의해서 만들어진 자장이다.

그림 9-13에 마그네신의 예(발신기 및 수신기)를 나타냈다. 발신기 및 수신기는 완전히 같은 구조이고, 고정자에 감긴 권선은 오픈 델타(open delta) 권선이고 오픈 단자에서 교류 전압(보통 400[Hz])에 의해서 여자되어 있다.

여자 전압 주파수와 같은 주파수의 전압 성분은 송수신기 모두 완전히 같게 분포하지만, 여자 전압 주파수의 2배 주파수의 전압 성분은 로터(자석)의 위치에 의해서 분포가 바뀐다. 따라서 송신기 및 수신기의 로터가 같은 위치가 되었을 경우가 유일한 안정 상태이다. 즉, 마그네신은 그 여자 전압 주파수의 2배의 주파수의 전압으로 여자된 싱크로와 같게 작동한다.

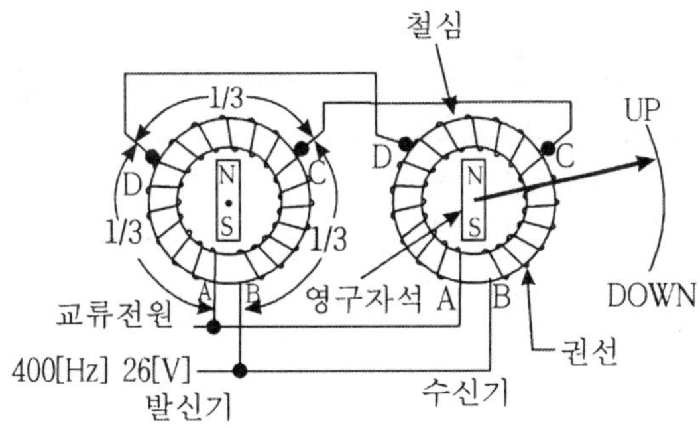

그림 9-13 마그네신

5. 오토신(Autosyn)

오토신은 벤딕스 사(Bendix Aviation Corp.)에서 제작된 동기기 이름으로서, 교류로 작동하는 원격 지시 계기의 한 종류이다. 26[V], 400[Hz]의 단상 교류 전원이 회전자에 연결되고 고정자는 3상으로서 Δ 또는 Y결선이 되어 서로의 단자 사이를 도선으로 연결한다.

이 때, 도선의 길이에 의한 전기 저항값은 계기의 측정값 지시에 영향을 주지 않으며 회전자는 각각 같은 모양과 같은 치수의 교류 전자석으로 되어 있다.

변환기의 회전자는 플랩의 위치, 착륙 기어 위치, 윤활유나 연료의 유량 위치 등 계통장치의 움직임에 따라 기계적으로 회전한다. 이 때, 회전자의 움직임에 따른 교류 자기력은 변환기 고정자의 3개의 권선에 전압을 유도하고, 이것을 병렬로 연결되어 있는 지시계의 자기력도 변환기와 같게 된다.

지시계의 회전자는 변환기 회전자의 교류로 여자되어 회전자의 자기력과 같아지므로 회전자의 움직임은 바로 지시계의 회전자를 움직이고, 여기에 부착된 지시 바늘도 따라 움직이게 되는 것이다.

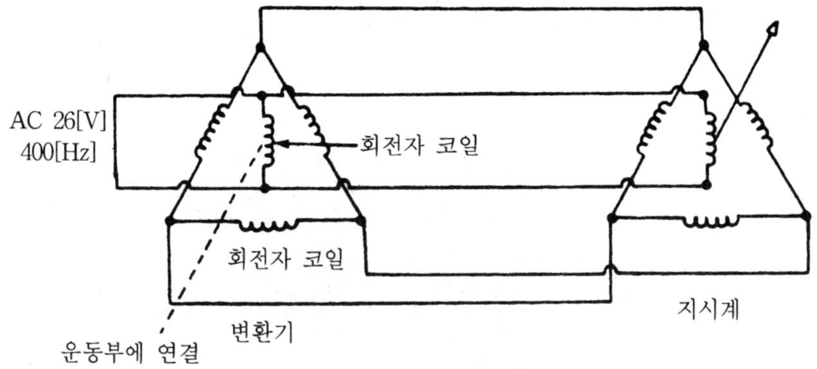

그림 9-14 오토신

9.3 전기 계기(원격 지시 계기)의 정비

전기 계기(원격 지시 계기)의 시험과 작동 점검은 전기 계기 시험기에 의해서 수행되며, 지시계와 전달기의 시험을 각각 실시한다. 지시기의 시험을 위해서 전기 계기(원격 지시 계기) 시험기에 시험할 지시기나 전달기를 연결하여 지시 계기의 0점 시험, 눈금 오차 시험, 마찰 오차 시험, 위치 오차 시험 등을 한다.

회전 지시 계기와 회전 계기 발전기의 작동 중에 발생되는 고장으로는, 지시값이 역으로 나타나는 경우, 지시가 전혀 안 되는 경우, 지시 바늘이 진동하는 경우, 지시값이 낮거나 높게 나타나는 경우 등이 있는데, 이들 고장은 주로 멀티미터를 이용하여 찾아 낸다.

지시값이 역으로 나타나는 것은 3선 중에서 어느 2개가 서로 바뀐 것으로, 도선의 연결을 바꾸어야 한다. 회전 계기 계통의 도선이 단락, 단선 및 지시 계기나 발전기가 고장났을 때에는 지시값이 전혀 나타나지 않을 수가 있다. 이 때에는 도선의 연결을 확인하여 수리하고, 지시 계기나 발전기가 고장났을 때에는 이들을 교환한다.

연습문제

1. 원격 지시 계기에 대한 설명 중 틀린 것은?

① 직류 실센(DC selsyn), 오토신(autosyn), 마그네신(magnesyn) 등이 있다.

② 직류 셀신은 착륙장치나 플랩 등의 위지 지시 계기나 연료의 용량을 측정하는 액량 계기로 주로 쓰인다.

③ 마그네신은 오토신보다 크고 무겁기는 하나 토크가 크고 정밀도가 높다.

④ 마그네신은 교류 26[V], 400[Hz]를 전원으로 한다.

2. 싱크로 계기에 속하지 않는 것은?

① 직류 셀신(DC selsyn) ② 마그네신(magnesyn)

③ 동기계(synchroscope) ④ 오토신(autosyn)

3. 싱크로 계기 중에서 전원이 끊겼을 때 지침이 원래 상태로 되돌아가지 않는 것은?

① 오토신 계기 ② 마그네신 계기

③ DC 셀신 계기 ④ 싱크로텔 계기

4. 단락시 오토신과 마그네신의 특징은?

① 둘다 그 자리만 지시한다. ② 오토신만 그 자리를 지시한다.

③ 마그네신만 그 자리를 지시한다. ④ 0을 지시한다.

5. Synchro Transmitter를 Synchro Receiver에 연결시키는 방법으로 맞는 것은?

① linkage를 통해서 기계적으로 ② 자석적 연결

③ 전선을 사용해서 전기적으로 ④ 서로 연결되지 않는다.

6. Fuel Flow Transmitter는 지침을 어떤 방식으로 전달하도록 설계되었는가?

① 기계적 방식 ② 전기적 방식

③ 시각적 방식 ④ 유체역학적 방식

7. 다음 원격 지시계 중 수감부의 직선변위를 지시계의 회전변위로 전달시키는 형식은?

① autosyn ② gyrosyn

③ 2선식 desyn ④ 3선식 desyn

8. 다음 원격 지시계 중 로터가 전자석인 것은?

① 2-wire selsyn ② 2-wire selsyn

③ magnesyn ④ autosyn

9. 자기 동기 계기에서 회전자(rotor)가 전자석인 계기는?

① 직류 데신(desyn) ② 오토신(autosyn)

③ 마그네신(magnesyn) ④ 자이로신(gyrosyn)

10. 다음의 싱크로 계기 중에서 전원이 끊겼을 때 지침이 원래로 되돌아가는 것은 어느 것인가?

① 오토신 계기 ② 마그네신 계기

③ DC 셀신 계기 ④ 싱크로텔 계기

11. 싱크로의 로터를 여자한 경우에 스테이터에 발생하는 전압에 관하여 다음 중 어느 것이 바른가?

① 스테이터에는 서로 120° 사이를 둔 3개의 권선이 있으므로 3상 교류 전압이 발생한다.

② 스테이터의 3개 권선에는 동상 또는 역상의 관계인 3개 전압이 발생한다.

③ 스테이터의 단자간의 전압은 같지만 위상이 벗어나 있다.

④ 로터의 각도에 따라서 위상이 바뀌는 3종류의 전압이 발생한다.

12. 오토신 계기에서 고려할 사항이 아닌 것은?

① 전원 OFF시 자기적 pull off용 bar magnet 사용

② ENG GEN의 power on하기 전에 해당 계기 SW를 미리 ON한다.

③ TX에 완충을 위해 shock mount를 사용

④ 직선 변위를 직접 전달치 못하는 점을 고려해야 한다.

13. 오토신(autosyn) 원리를 이용한 오일 압력계에서 엔진 운전시 퓨즈가 단선되면?

① 0 지시 ② 최상 지시 ③ 중간 압력 지시 ④ 당시 압력 지시

14. 마그네신에 관하여 다음 중 바른 것은?

① 마그네신은 교류 전원으로 여자하여 사용되고 있으므로, 전압 규격 및 주파수 규격이 같은 것이면 발신기 또는 수신기의 어느 것이라도 싱크로 발신기 또는 싱크로 수신기로 바꿔 놓을 수 있다.

② 마그네신의 스테이터 권선은 오픈 델타 권선이 되므로 전원에는 3상 교류가 필요하다.

③ 마그네신의 스테이터는 포화 여자되어 있다.

④ 마그네신의 로터에는 영구 자석이 이용되고 있으므로 전달할 수 있는 각도의 범위는 180°까지 이다.

15. 오토신과 마그네신의 설명으로 틀린 것은 어느 것인가?

① 오토신은 자기 동기 원격 지시 방식으로 발신기와 수신기의 구조는 동일하다.

② 오토신의 신호는 400[Hz]이다.

③ 마그네신의 신호는 800[Hz]이다.

④ 마그네신은 오토신보다도 소형 경량으로 정밀도가 좋으므로 모든 기기에 사용되고 있다.

16. 원격 지시 계기의 종류와 각각의 사용 전원, 특징을 설명하여라.

풀이

전원의 종류와 전달 방식에 따라 desyn, autosyn, magnesyn 등이 있으며

① desyn은 직류 전원을 사용하며 착륙 장치나 플랩 등의 위치 지시계, 연료량을 지시하는 액량 계기로 사용한다.

② autosyn은 26[V], 400[Hz]의 단상 교류 전원이 사용되며 변환기와 지시계 모두 같은 치수의 교류 전자석으로 되어 있다. 그러므로 정밀한 계기에 사용된다.

③ magnesyn은 autosyn과 같은 전원을 사용하나 회전자를 장력한 영구 자석으로 바꾼 것으로서 autosyn보다 작고 가볍지만 토크가 약하고 정밀도가 다소 떨어진다.

제10장
전자 계기

10.1 전자 지시 계기

비행기의 조종실을 보면 수많은 계기들이 있다. 최근의 항공기에는 기능별로 독립되어 있던 계기들을 하나의 계기로 통합하여 지시하도록 함으로써 조종사의 주의력의 분산을 막고, 또 도식화된 지시를 채용하여 이해를 쉽게 하기 위한 총합 방식이 채용되고 있다.

자동 착륙을 목적으로 한 항공기는 착륙 진입 때 조종사가 수행할 일의 양이 많으므로, 기체의 상황을 정확하고 쉽게 알아볼 수 있는 지시의 총합화와 함께 각 관련 시스템의 고장이나 운항에 따른 상태를 나타내고 경고하는 논리의 집합과 이론화를 포함할 수 있는 계기 장비가 만들어지고 있다. 또, 플라이트 디렉터는 조종사의 조종의 방향과 양을 지령하는 명령 계기로 하여 자동 조종 중의 종합 감시 계기로서 널리 사용된다.

따라서, 총합 지시 계기, 플라이트 디렉터(flight director) 및 자동 조종 장치는 항공기의 비행 관리 시스템 중에서 핵심이 되는 장치들이다. 이 밖에도 핵심적인 전자 지시 계기들로는 비행 자세 지시계(ADI), 수평 상태 지시계(HSI), 무선 자기 지시계(RMI) 등이 있고, 최근의 장비로는 전자식 총합 지시 계기가 있다.

1. 플라이트 디렉터(Flight Director)

플라이트 디렉터는 컴퓨터에 입력된 정보를 사용하고 기체 특성 및 과도 특성까지를 고려하여 조종사가 수행해야 할 수많은 일들이 필요한 명령 신호를 산출하는 장치이다. 명령 신호는 롤축과 피치축으로 나누어 계산되어 비행 지시 막대에 표시된다. 조종사가 이 지시 막대를 중심에 일치하도록 조종하면 진로에 원활히 진입 또는 진로 유지가 쉽게 이루어진다. 비행 계획에 따라 컴퓨터에 결합하는 데에는 데이터 근원의 변화 및 계산 회로의 변경을 필요로 하기 때문에, 부조종사가 조작하기 쉬운 장소에 기능 선택기가 붙어 있고, 계기판에는 조종사에게 컴퓨터의 동작기능을 알리기 위한 통보 장치가 장착되어 있다.

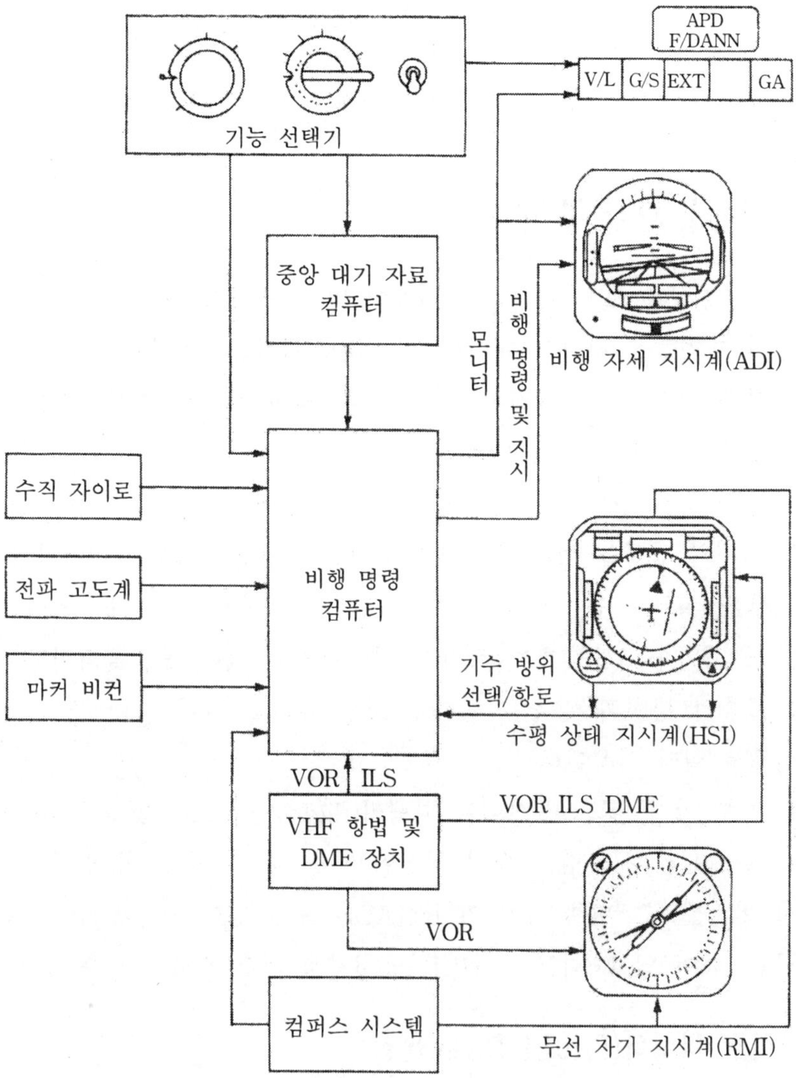

그림 10-1 플라이트 디렉터 계통도

그림 10-1은 그 계통도를 나타낸 것이다. 플라이트 디렉터는 수동 조종에서는 명령으로 사용되는 것 이외에 자동 조종 장치에 의한 비행 중의 총합 감시기로도 사용된다.

또, 자동 조종장치와 같은 조종 신호를 산출한 뒤에 이것을 서보에 공급하여 계기를 지시하는 것이므로, 자동 조종장치가 정상으로 동작하고 있을 때에는 플라이트 디렉터의 지시는 중앙에서 일치되어 있다.

최근의 대형 제트기에서는 플라이트 디렉터와 자동 조종장치의 각 기능을 공통화하는 방향으로 설계하고 있으며, 각 컴퓨터도 공통화하고 있다. 예를 들면, B747에서는 약 75[%]가 양자 공통으로 사용되고 있다.

2. 비행 자세 지시계

비행 자세 지시계(ADI : Attitude Direction Indicator)는 자세계라고도 하며, 조종사 계기판의 가장 보기 쉬운 앞면 중앙에 장치되어 있다. ADI는 그림 10-2와 같이 자세를 표시하는 수평의와 비행 지시 막대가 중앙에 있고, 그 주위에 ILS 편위량, 희망 속도로부터 편위량을 표시하는 바늘이 있다. 여기에 전파 고도계가 60[m]에 달하면, 바늘은 아래쪽에서부터 올라와서 최저 강하 고도에 이르는데, 이렇게 되면 오른쪽 위에 있는 착륙 결심 고도(decision height) 램프가 점등된다. 또, 계기착륙장치(ILS : Instrument Landing System) 코스에 따라 정상으로 비행하고 있을 때 비행 지시 막대는 중앙에서 일치되므로, 다른 바늘도 눈금의 중앙에 있게 되어 한눈에 알아볼 수가 있다.

각 계통에 고장이 생겼을 때에는 조종사에게 신속, 정확하게 알리는 한편, 경고를 알리기 위해 해당 표시 바늘을 계기면으로부터 감추는 방법이 쓰이고 있다. 이와 동시에 경고 표시등이 점멸되어 고장 발생을 나타낸다.

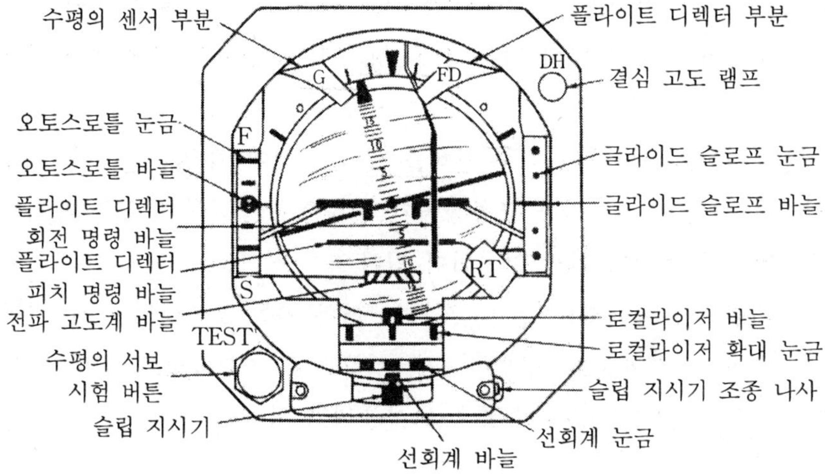

그림 10-2 비행 자세 지시계(ADI)

3. 수평 상태 지시계

수평 상태 지시계(HSI : Horizontal Situation Indicator)는 조종사 계기판의 가장 보기 쉬운 앞면 중앙에 장치되어 있다. HSI는 그림 10-3과 같이 기수 방위를 나타내는 컴퍼스 카드와 코스로부터 이탈됨을 표시하는 바늘이 중앙에 있고, 그 주위에 목표 지점으로부터의 거리를 표시하는 계수기가 배치되어 있다.

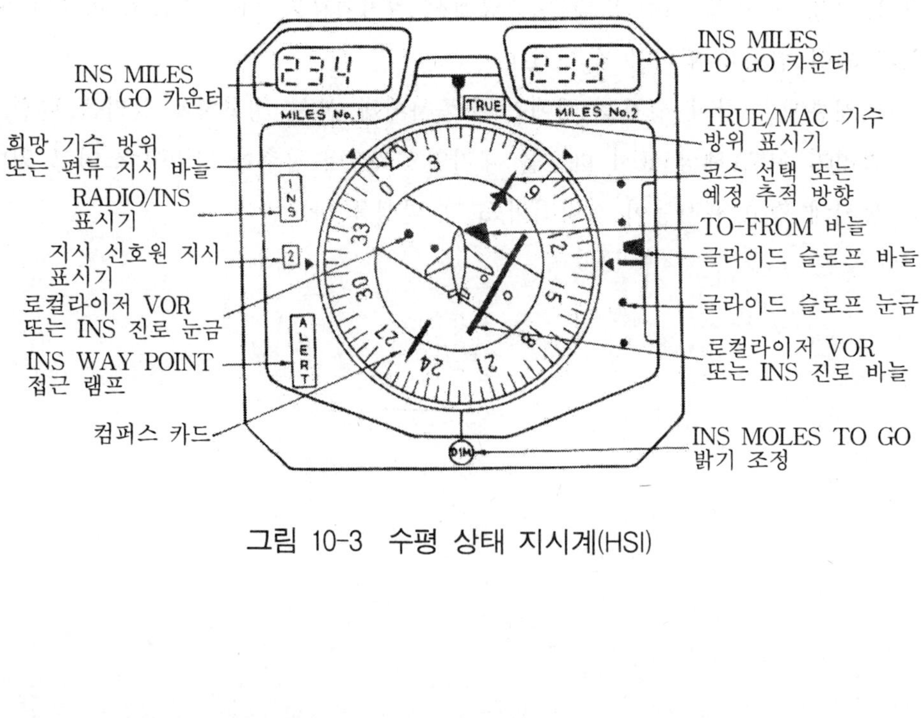

그림 10-3 수평 상태 지시계(HSI)

또, ILS 수신 때에는 강하 경로 편위 신호가 오른쪽에 표시된다. 이 계기에는 관성 항법장치에 의한 장거리 항법과 지상 항법 시설에 의한 단거리 항법의 어느 경우에도 절환 사용할 수 있는 것으로, 계기 왼쪽에 PADIO/INS 표시기를 붙여 신호원을 표시한다. HSI의 중앙에는 항공기의 모형이 유리면상에 인쇄되어 있어서 움직이지 않는다.

VOR(초단파 전방향 무선표지 시설(기지국), VHF(Omnidirectional Radio Range)를 향한 가상의 직선이 코스 화살표의 움직이는 중앙에 의해서 표시된다. VOR 중앙선을 따라서 비행하려면 이 가상의 직선은 마치 고속도로에 진입하기 위한 진입로 입구의 경사진 길처럼 알맞은 각도로 만나도록 접근시켜야 한다. 코스 화살표의 움직이는 중앙부는 공중에서 가상의 직선은 나타낸다. 그러므로 HSI의 중앙에 있는 항공기 모형은 목표로 하는 진행 방향선에 대한 상대적인 방향을 나타내게 된다.

이것을 그림 10-4에 나타내었다.

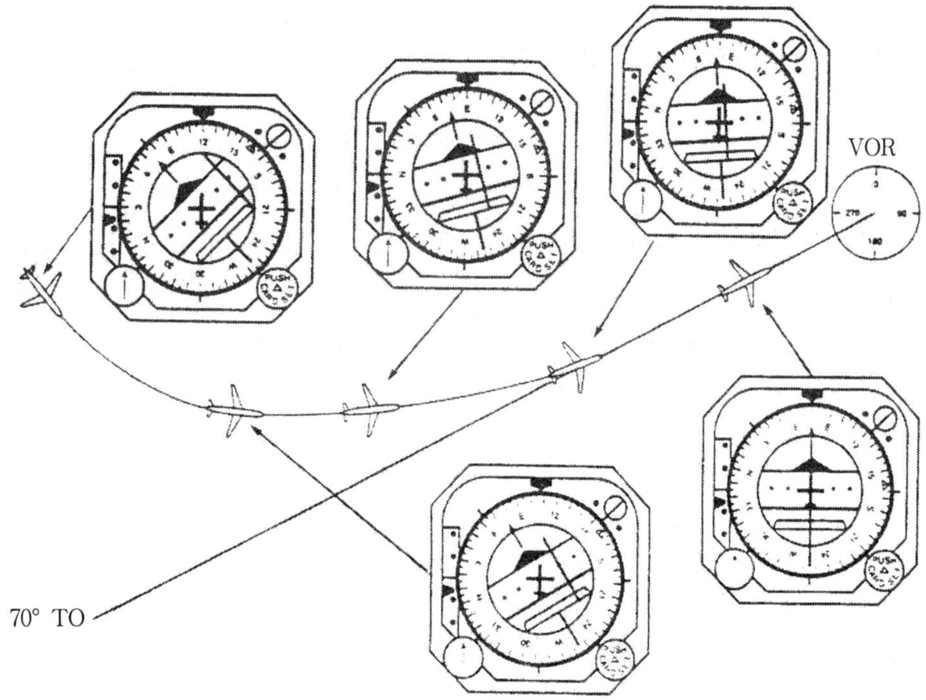

그림 10-4 VOR 방향에 대한 HSI 지시기의 상태

4. 무선 자기 지시계

무선 자기 지시계(RMI : Radio Magnetic Indicator)는 자북극 방향에 대해 VOR 신호 방향과의 각도 및 항공기의 방위각(heading)을 나타내 주는 계기이다.

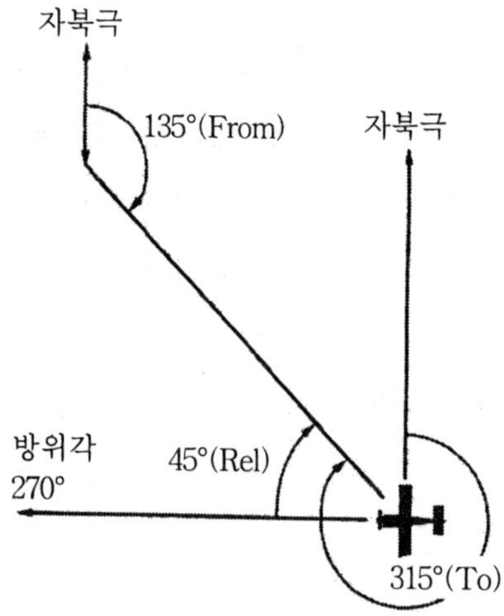

그림 10-5 자기 방위각과 상대 방위각

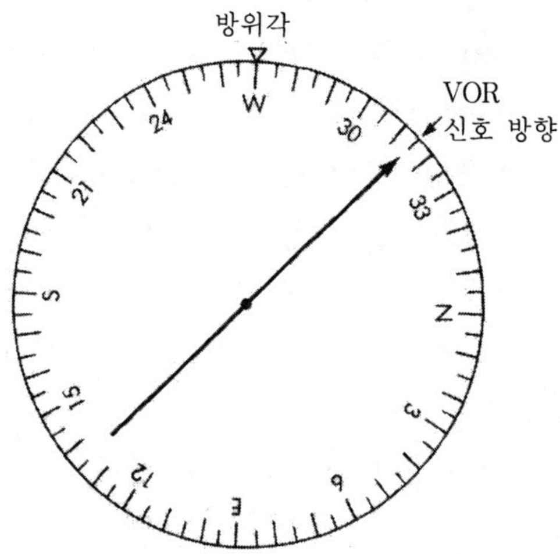

그림 10-6 RMI의 표시

그림 10-5에 표시된 것과 같은 상황에 대해서 RMI의 지침 표시는 그림 10-6과 같다. 여기서는 이해를 돕기 위해서 한 개의 지침을 사용하였지만, 실제로는 두 개의 지침을 사용하여 하나는 VOR의 방향을, 또 하나는 ADF의 방향을 나타내도록 되어 있다.

그림 10-7은 두 개의 지침을 가지는 RMI를 나타낸 것이다.

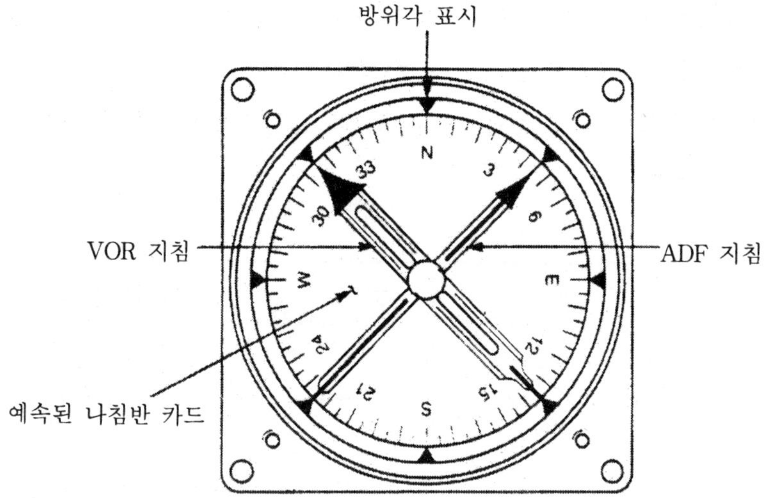

그림 10-7 두 개의 지침을 가지는 RMI

10.2 종합 전자 계기

이 장치는 디지털 컴퓨터와 브라운관을 사용한 전자식 종합 지시 계기이다. 그림 10-8과 같이 이 방식은 각종 데이터를 컴퓨터에 입력시킨 후에 기능 스위치를 사용하여 필요한 정보만을 선택해서 표시할 수가 있다.

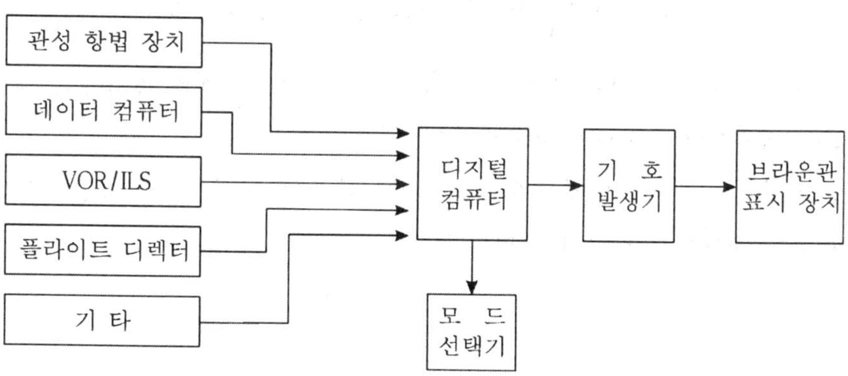

그림 10-8 전자식 종합 지시 계기의 계통도

컴퓨터의 소프트웨어를 변경함에 따라 표시 방법, 기호 등을 쉽게 변경시킬 수 있다. 그 때의 비행 상황과 명령을 표시하며, 계속해서 비행 상태를 알리는 동시에 예상 비행 경로 및 예상 속도 등을 계산하여 점선 등으로 표시할 수 있다. 그 밖에 마하(mach)/고도, 대기 속도/고도, 연료 잔량/비행 거리의 그래프 등 비행 상황을 한눈에 볼 수 있도록 도표로 나타낸다.

그림 10-9와 같은 전자식 총합 지시 계기는 B757, B767, B777 등 최신 항공기에서 채택하고 있다.

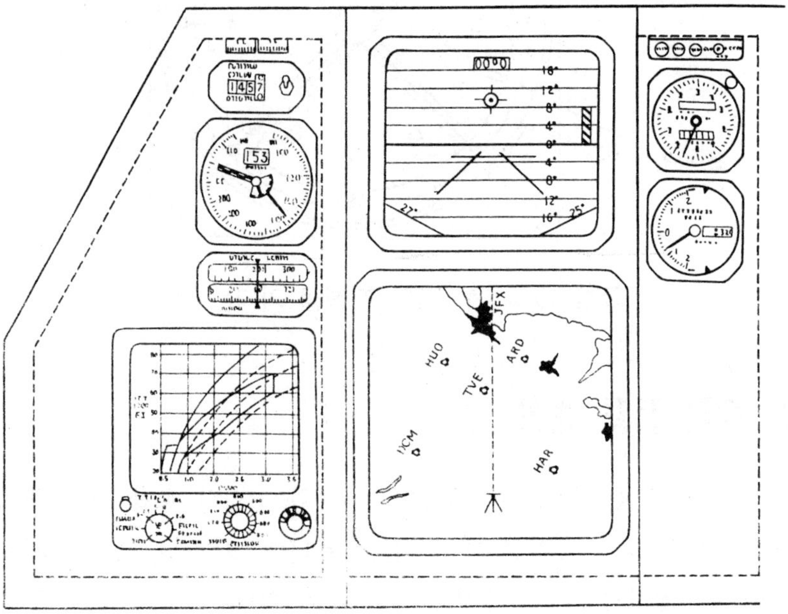

그림 10-9 전자식 총합 지시 계기 장치 예

이와 같은 계기의 출현에 의해 승무원의 작업 부담은 한층 줄어들고 계기 판넬(panel)의 대폭적인 간소화가 이루어졌다.

그림 10-10은 조종실 내에서의 이 시스템 배열의 예이고, 또 그림 10-11에 시스템의 전체 계통도가 나타나 있다.

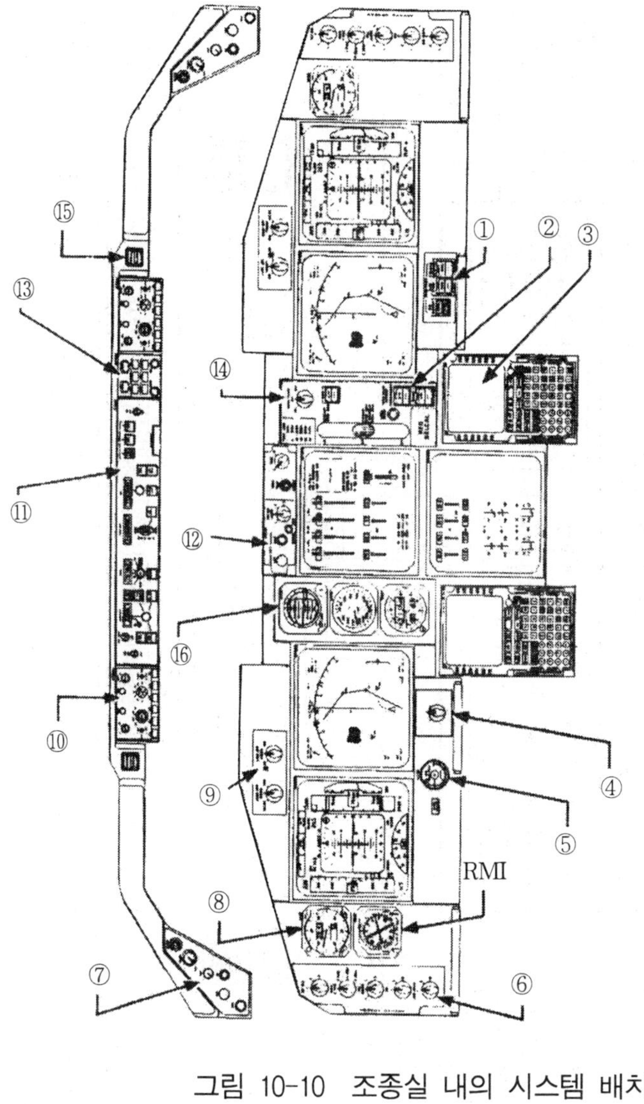

① 지상 접근 경보
Over Light Switch
② 대체 기어 조종장치
③ CDU
(Control Display Unit)
④ 오토 브레이크 스위치
⑤ 브레이크압 지시계
⑥ 계기 입력원 선택
⑦ 조명 밝기 조절
⑧ 시계
⑨ 지시 선택 스위치
⑩ EFIS Control Panel
⑪ AFDS Mode
Control Panel
⑫ EICAS Control Panel
⑬ EICAS 지시 선택 스위치
⑭ 대체 플랩 컨트롤 판넬
⑮ 종합 경보/경고등 및
리셋 스위치
⑯ Stand By 계기

그림 10-10 조종실 내의 시스템 배치(B747-400)

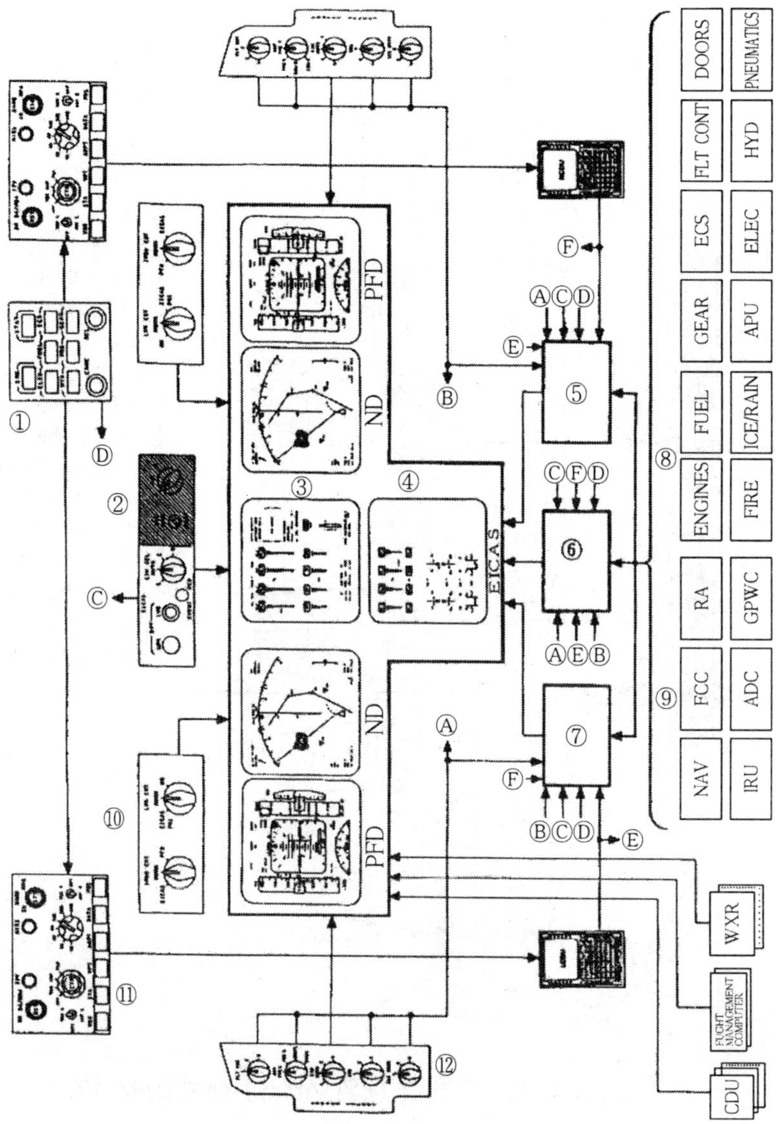

① EICAS 지시 선택 판넬
② EICAS Control Panel
③ 메인 지시장치
④ 보조 지시장치
⑤ 우측 EIU
⑥ 중앙 EIU
⑦ 좌측 EIU
⑧ 시스템 센서
⑨ 항법 센서
⑩ 지시 선택 스위치
⑪ EFIS Control Panel
⑫ 계기 입력원 선택 모듈

그림 10-11 종합 전자 계기 시스템(B747-400)

시스템의 구성은 제작사에 따라 다르지만, 최신 대형 항공기에서는 지시장치(IDU : integrated display unit)는 PFD(primary flight display), ND(navigation display) 및 EICAS(engine indication and crew alerting system)로 구성되어 있다. 이 중 PFD와 ND를 합하여 EFIS(electronic flight instrument system)라고 부르고 있다.

시스템의 입력 정보 소스(source)로서는 무선 항법 장치(NAV)와 IRU(inertial reference unit) 등의 항법 센서와 기관, 연료 계통 등의 시스템 센서이고 이들로부터의 데이터가 아날로그(analog) 또는 디지털 신호(digital signal)형으로 인터페이스용 유니트(EIU : EFIS/EICAS interface unit)에 입력된다. 이 유니트는 센서로부터의 데이터를 디지털 신호로 처리하고 EFIS, EICAS의 지시 데이터로 6개의 IDU에 출력된다.

IDU(integrated display unit)는 그 중 필요한 정보를 선택하여 문자, 심벌, 화상(畵像)의 형으로 지시한다. IDU의 지시 방식은 문자, 숫자 및 심벌 부분이 스트록크 스캐닝(stroke scanning) 방식으로 그 외의 지면, 하늘 등의 공간 부분은 텔레비전과 같은 모양의 라스터 스캐닝(raster scanning) 방식으로 해서 영상을 보기 쉽게 한다.

IDU의 지시 선택, 지시 정보의 조절 등은 주변에 장착된 여러 가지 컨트롤 판넬(control panel), 선택 판넬(select panel) 등에 의해 이루어진다. 또, 입력 정보 중 FMC(flight management computer), 기상 레이더 등의 정보는 IDU에 직접 입력되고 있다.

단, 계기의 CRT화의 제일단계는 종래의 ADI와 HSI의 전자화에서 시작되었으므로, 초기의 통합 전자 계기에서는 EFIS의 2면의 CRT는 각각 EASI(electronic attitude situation indicator) 및 EHDI(electronic horizontal director indicator)라고 불리고 있다.

EASI는 기본적으로 종래의 기계식 ADI와 같은 지시로 전파 고도계(radio altimeter) 지시, 대지 속도(air speed) 지시 등을 부가하여 CRT에 지시를 꾀한 것이다.

EHDI는 종래의 HSI의 비행 코스 표시에 항공 지도와 구름의 영상을 균형있게 맞추어 CRT에 지시하는 것이다. 이 시스템에서 대기 속도계, 기압 고도계 등 일부의 계기는 기계식 계기로 남겨져 있지만, 이것의 성능을 향상시켜서 대부분 계기를 2면의 대형 계기에 통합화한 것이 위의 PFD(종래의 EASI의 발전형)와 ND(종래의 EHDI의 발전형)이다.

다음은 각 지시 시스템에 관하여 설명한다.

1) PFD(Primary Flight Display)

PFD의 표시를 그림 10-12에 나타냈다. 그림에서와 같이 PFD는 기계식 계기였던 ADI, 속도계, 기압 고도계, 전파 고도계, 승강계, 기수 방위 지시계, 오토 파일럿(autopilot) 작동 모드 표시, 마커등 등을 한 곳에 집약하여 지시하는 것으로, 조종사는 이것에 의해 자기의 비행 상태를 한눈에 알 수 있다. 지시 내용은 다음과 같다.

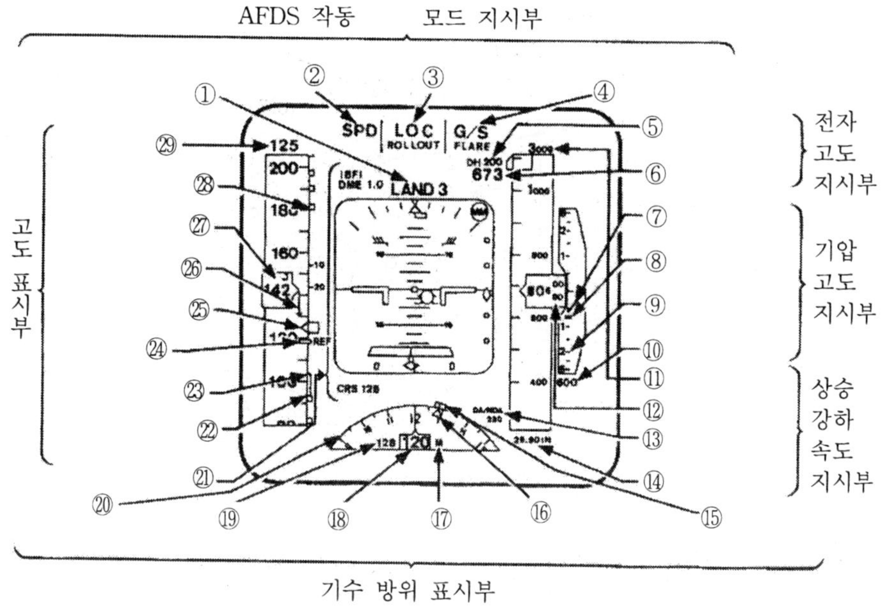

① autopilot/autoland status 지시(G)
② autothrottle 작동 모드(G)
③ roll mode 지시(G, W)
④ pitch mode 지시(G, W)
⑤ 착륙 결심 고도[ft](G)
⑥ 전파 고도[ft](G)
⑦ 승강 속도 포인터(W)
⑧ 승강 속도 선택(M)
⑨ 승강 속도 눈금(×1,000[ft])(W)
⑩ 승강 속도(W)
⑪ 선택 고도[ft](W)
⑫ 현재 고도(W)
⑬ 결심 고도/최저 강하 고도(G)
⑭ 기압 고도 기준(W)
⑮ 선택 기수 방위 포인터(M)
⑯ 드리프트(drift) 각도(W)
⑰ 자방위/진방위 구분(G, Y, W)
⑱ 현재 기수 방위(W)
⑲ 선택 기수 방위(M)
⑳ 컴파스 로즈(compass rose)(W)
㉑ 비행자세 지시부(그림 b)
㉒ 스틱쉐이커 속도(stick shaker)(R)
㉓ 최소 운용 속도(Y)
㉔ 착륙 속도(G)
㉕ 목표 속도(M)
㉖ 도달 예측 속도(G)
㉗ 현재 속도[nm](W)
㉘ 최대 운용 속도(R)
㉙ 목표 속도(M)

(a)

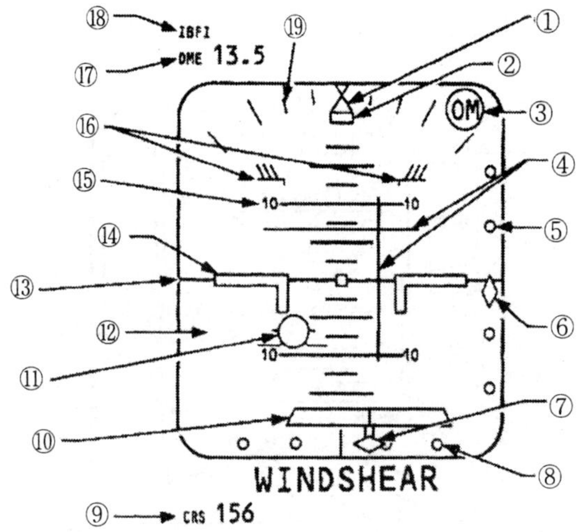

① roll pointer(W)	⑩ 활주로 표시(G)
② 미끄럼 지시계(W)	⑪ FPV(W)
③ 마커(marker)지시(C, Y, W)	⑫ 대지(BR)
④ FD command bar	⑬ 수평선(W)
⑤ 글라이드 슬롭 눈금(W)	⑭ 항공기 기준 심볼(W)
⑥ 글라이드 슬롭 포인터(M)	⑮ 피치 눈금(W)
⑦ 로칼라이저 포인터(M)	⑯ 피치 한계 기호(Y)
⑧ 로칼라이저 눈금(W)	⑰ ILS/DME 거리(W)
⑨ 활주로 선택 코스(W)	⑱ ILS ID/주파수(W)

(b)

그림 10-12 PFD(primary flight display)(B747-400)

(가) 비행 자세(attitude) 지시부

비행 자세(attitude) 지시와 비행 지시장치(FD : flight director)의 코멘드 바(command bar), ILS의 표시는 종래의 ADI와 같지만, 그 밖의 플라이트 패스(flight path)각과 드리프트(drift)각에 비례하여 상하·좌우로 움직이고 항공기의 중심 위치의 이동 방향을 감각적으로 잡을 수 있게 한 FPV(flight path vector), 마커등(maker beacon)을 표시한다. 또 과거의 항공기에는 없었던 저층 윈드 쉐어(wind shear)와 만난 경우, 경보와 탈출을 위해서 취해야 할 최대 기수 상승각의 지시가 가능해지고 있다.

이들의 정보는 자세 표시에 관해서는 IRU와 FMC에서, FD 코멘드 바(command bar)는 FCC(flight control computer)의 피치(pitch) 혹은 롤 코멘드

(roll command)에서, ILS와 DME 등 NAV 관계의 지시에 관해서는 각 무선 항법장치에서 얻고 있다.

(나) 속도 지시부

종래 둥근 계기에서 테이프형(tape type)의 지시로 바뀌고 있다. 대기 속도를 나타내는 테이프는 속도의 변화에 따라서 상하로 움직이며 현재의 속도가 지시된다.

또, AFDS(autopilot/flight director system)로 선택한 목표 속도가 테이프 상부의 디지털 표시와 테이프상의 버그(bug)로 지시된다. 그 외 각종 속도 데이터(V_1, V_R 등)와 각 플랩(flap) 위치에 따른 속도 등 여러 가지 속도 정보가 지시된다. 속도 지시 윈도우(display window) 내에서 뻗는 화살표는 현재 상태에서 항공기가 10초 후에 도달되는 예상 속도를 나타내고 있다. 이들 표시와 정보 입력원은 ADC(air data computer)와 FMC(flight management computer)이다.

(다) 기압 고도(barometric altitude) 지시부

기압 고도와 대기 속도는 같은 테이프 형식이고 현재의 기압 고도가 윈도우(window)에 지시된다.

AFDS(autopilot/flight director system)로 선택된 기압 고도가 테이프 상부와 테이프를 상하로 이동하는 버그로 지시된다. 또 EFIS 컨트롤 판넬로 설정한 항공기의 결정 고도(DA : decision altitude)/최저 강하 고도(MDA : minimum descent altitude)가 테이프 좌측 하단에 디지털 출력 및 테이프의 포인터(pointer)로 나타난다.

(라) AFDS 모드 지시부

피치(pitch), 롤(roll), 오토 스로틀(auto throttle)의 각 AFDS 작동 모드를 지시한다. 지시를 위한 정보 소스(source)는 FCC(flight control computer) 및 FMC(flight management computer)이다.

(마) 전파 고도 지시부(radio altitude display)

고도 2,500[ft] 이하일 때 전파 고도가 디지털로 지시되어 이 위쪽에 설정된 착륙 결정 고도(DH : decision height)가 지시된다. 항공기가 DH에 도달하면 이들 지시가 점멸되고 지시색이 변화되어 주의를 환기시킨다.

(바) 승강 속도(vertical speed) 지시부

승강 속도도 종래의 둥근 계기에서 테이프로 바뀌고 있다. 현재의 승강 속도는 포인터의 끝 위치로 지시되고, 또 속도가 일정한 값을 초과하면 동시에 디지털로 지시된다.

정보 입력 소스(input source)는 IRU와 ADC이다. 또, AFDS로 승강 속도 모드를 설정하면 선택된 승강 속도를 나타내는 버그(bug)가 지시된다.

(사) 기수 방위(heading) 지시부

자세 지시부의 하단에 약 70° 범위의 컴파스 로즈(compass rose)가 지시되고, 현재의 기수 방위, 편류각(drift angle), AFDS로 선택된 기수 방위 등이 컴파스 로즈상에 나타난다. 정보는 FMC와 IRU로 입력되고 있다. PFD에 지시되는 각종 데이터에 편위(deviation)가 있었을 때에는 그림 10-13과 같이 문자 및 박스에 의해 플래그(flag)가 표시된다.

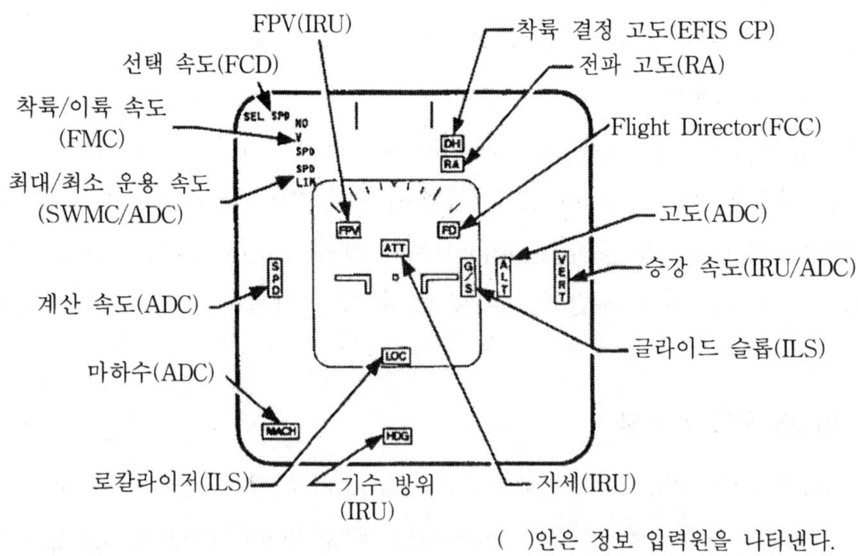

그림 10-13 PFD의 지시(고장시)(B747-400)

2) ND(Navigation Display)

항법(navigation)에 필요한 데이터를 나타내는 CRT로써 현재 위치, 기수 방위(heading), 비행 방향, 선택 코스에서의 벗어남(deviation) 외에 비행 예정 코스,

도중의 통과 지점까지의 거리, 방위, 소요 시간의 계산과 지시 등을 한다. 이 외 CRT상에는 풍향, 풍속, 대지 속도(ground speed), 구름 등이 지시되고 해당 항공기의 코스와 악천후의 위치와의 관계를 쉽게 포착할 수 있도록 되어 있다.

또, ND는 HSI(horizontal situation indicator)의 모든 기능을 포함하고 있다. ND(navigation display)에는 APP(approach), VOR, MAP, PLAN의 각 모드가 있다.

(가) APP 모드(approach mode)

APP 모드는 항공기가 비행장에 진입할 때에 사용되는 모드로 그림 10-14에 나타낸 것 같이 expanded mode와 center mode가 있다. 그 조절은 EFIS 컨트롤 판넬의 모드 선택 스위치로 한다. 어떤 지시도 기수 방위가 중앙 상부에 지시되어 있다.

expanded mode에서는 정보 지시 범위가 전방 80° center mode에서는 전방위(360°)인 것 외는 거의 같은 내용의 정보가 지시된다.

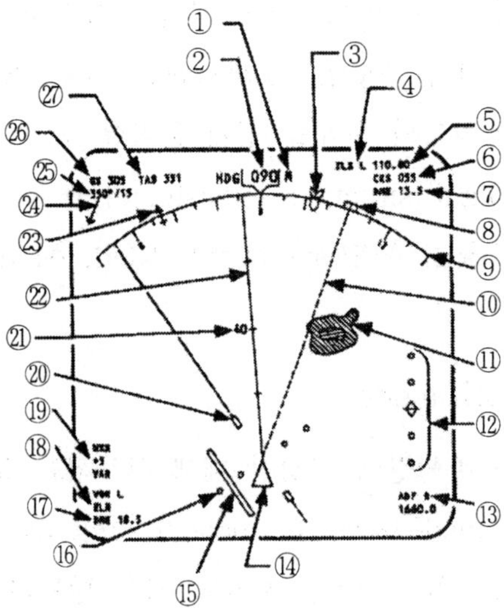

① 자방위/진방위 구분(G)
② 기수 방위(W)
③ ADF/VOR 포인터 (오른쪽)(C, G)
④ ILS 정보원(G)
⑤ ILS 주파수/ID(G)
⑥ 선택 코스(G)
⑦ DME 거리(G)
⑧ 선택 기수 방위 버스(M)
⑨ compass rose(W)
⑩ 선택 기수 방위 벡터(M)
⑪ 기상 레이더 정보(G, Y, R, M)
⑫ 글라이드 슬롭 눈금(W) 및 포인터(M)
⑬ 무선 항법 장치 데이터 ID/주파수(C, G)
⑭ 기준 항공기 심벌(W)
⑮ LOC 편위 바(M)
⑯ LOC 편위 눈금(W)
⑰ DME 거리(G)
⑱ 무선 항법 장치 포인터 ID/주파수(C, G)
⑲ 기상 레이더 데이터(W)
⑳ 선택 코스 포인터(W)
㉑ range 눈금(W)
㉒ track line(W)
㉓ ADF/VOR 포인터(좌측)(C, G)
㉔ 풍향 방향 화살표(W)
㉕ 풍속/풍향(W)
㉖ 대지 속도(GS)(W)
㉗ 진대기 속도(TAS)(W)

(a) expanded mode A

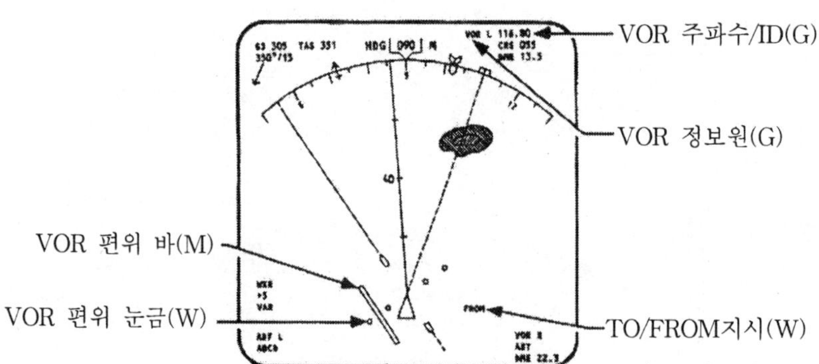

(　)안은 색표시

(b) expanded mode B

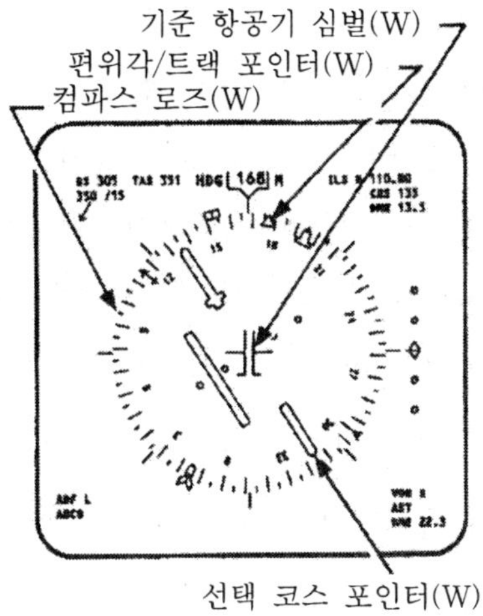

( )안은 색표시

(c) center mode A

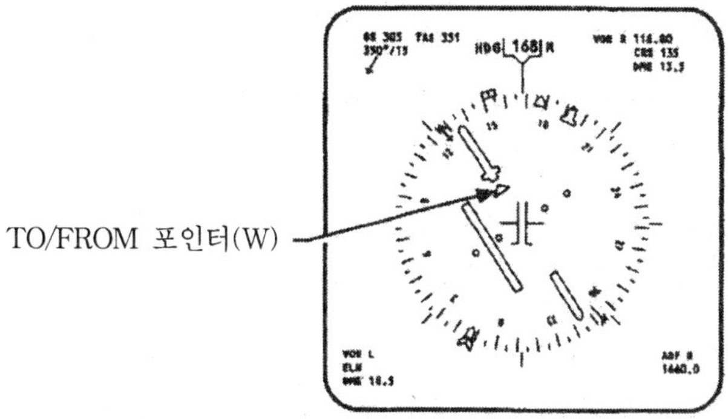

( )안은 색표시

(d) center mode B

그림 10-14

① 기수 방위(HDG : heading)는 두가지 모드(mode)에서 자방위(M)/진방위(TRU)의 구분과 함께 중앙 상부의 윈도우에 지시된다.

② 해당 항공기의 비행 방향(TRACK)은 expanded mode에서는 TRACK LINE으로 center mode에서는 편류각(drift angle) 포인터로 나타낸다.

③ 두 mode도 코스 포인터 및 편위 바(deviation bar)로 ILS · LOC 코스가 글라이스 슬롭 포인터(glide slop pointer)에 의해 글라이드 슬롭 코스가 나타난다.

④ AFDS로 선택한 선택 기수 방위는 expanded mode의 경우는 버그(bug)와 버그타(그림의 점선)이고 center mode인 경우는 버그만으로 표시된다.

⑤ 위의 것 이외에 ILS 지상국의 주파수(또는 식별 부호 : ID), 선택한 활주로 방향, ILS · DME까지의 거리 등이 화면 우측 상단으로, 수신중의 VOR/DME 또는 주파수(또는 ID) 및 이것에 대응하는 방위 지시가 각각 같은 좌우 하단 및 컴파스 로즈(compass rose)상에, 또 대지 속도(GS), 진대기 속도(TAS), 풍속, 풍향(및 그것을 나타내는 화살표)이 같은 좌측 상단에 각각 표시된다.

⑥ expanded mode일 때에는 EFIS 컨트롤 판넬에서의 선택에 의해 구름 등 기상 레이더 정보를 지시된다.

이들 지시를 위한 데이터는 각각의 HDG, TRACK, GS, wind 정보는 IRU와 FMC에서, 선택 기수 방위 정보는 FCC에서, ILS와 VOR 등의 무선 항법 정보는 각각 무선 항법장치에서 TAS는 ADC에서 얻고 있다.

(나) VOR mode

VOR 모드에도 APP 모드와 같이 expanded mode와 center mode가 있다. 지시 정보는 정보원이 LOC에서 VOR로 바뀐 것만으로(당연히 글라이드 슬롭의 표시는 없다) 대부분이 APP 모드와 동일하다.

VOR 코스는 2가지 mode에서 ILS의 경우와 같고 코스 포인터 및 편위 바(course pointer 및 deviation bar)로 지시된다.(VOR의 경우 편위 눈금 1돗트는 5°)

VOR 지상국의 방향을 나타낸 「TO/FROM」 지시는「TO」 또는「FROM」의 문자(expanded mode) 또는 삼각형의 포인터(center mode)로 표시된다.

(다) MAP mode

MAP 모드에서는 비행 모드, 무선 항법 시설의 위치 등의 지시가 영상 지시되고 ND에 있어서 특히 중요한 모드이다. 보통의 순항중에는 주로 이 모드를 지시하여 비행한다. MAP 모드에서도 그림 10-15와 같이 expanded mode와 center mode가 있고 양 mode의 지시 항목은 동일하다. MAP 모드에서는 APP 모드와 VOR 모드가 다르고 비행 방향(TRACK)이 중앙 상부에 오는 지시 형식으로 되고 기상 레이더 정보는 expanded mode, center mode의 양쪽으로 지시 가능하다.

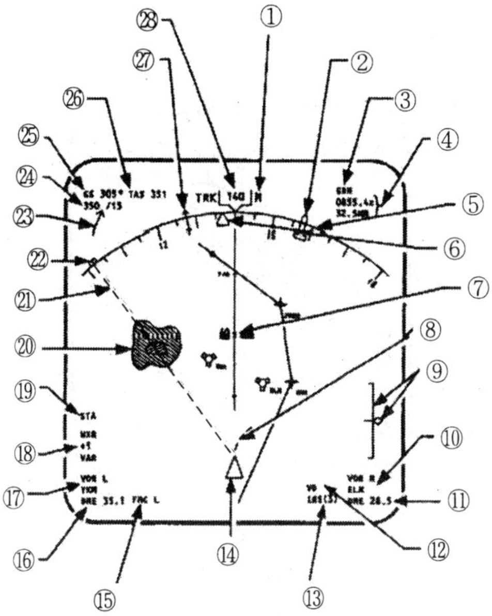

① 자방위/진방위 구분(G)
② ADF/VOR 포인터 (좌)(C, G)
③ 2차 웨이 포인트명(M)
④ 도착 예정 시각(ETA) 및 거리
⑤ compass rose(W)
⑥ 기수 방위 포인터(W)
⑦ range 눈금(W)
⑧ trend vector(W)
⑨ 수직 편위 눈금 및 포인터 (W, M)
⑩ 무선 항법 장치 데이터 ID/주파수(C, G)
⑪ DME 거리(G)
⑫ FMC-무선 항법 장치 갱신 모드(G)
⑬ FMC-IRS 갱신 모드(G)
⑭ 기준 항공기(W)
⑮ 정보 입력원(G)
⑯ DME 거리(G)
⑰ 무선 항법 선정 데이터 ID/주파수(C, G)
⑱ 기상 레이더 데이터(W)
⑲ MAP 데이터 선택 모드(C)
⑳ 기상 레이더 지시(G, Y, R, M)
㉑ 선택 기수 방위 벡터(M)
㉒ 선택 기수 방위 밥(bob)
㉓ 풍향 화살표(W)
㉔ 풍속/풍향(W)
㉕ 대지 속도(W)
㉖ 진대기 속도(W)
㉗ ADF/VOR 포인터 (오른쪽)(C, G)
㉘ 트랙(track) 각도(W)

(a) ND-Map mode(B747-400)

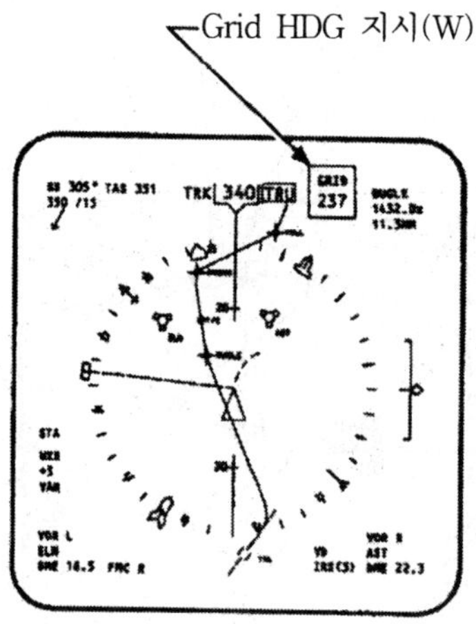

(b) center mode

그림 10-15

① TRACK은 expanded mode, center mode 두가지 모드 모두 중앙 상부의 창(window)에 숫자로 지시되고, 또 expanded mode의 경우 항공기 심볼에서 창까지 center mode의 경우 항공기 심벌의 전후에 TRACK LINE이 끌린다. TRACK LINE 위에는 항상 레인지 마크(range mark)가 표시된다.

② 기수 방위(HDG)는 삼각형의 포인터로 표시된다.

③ 화면 우측 상단에 다음 웨이 포인터명, 이에 도달하는 예정 시각(ETA)(UTC : 세계 표준 시계) 및 웨이 포인터까지의 거리가 지시된다.

④ TREND VECTOR는 항공기 30~90초 후(선택하고 있는 렌지(range)에 따라 다르다)의 예측 위치를 나타낸다. VECTOR의 1세그멘트(segment)가 30초에 상당하고 있다.

⑤ 수직 편위는 항공기가 강하(desent)를 개시했을 때에 지시하고 설정 강하 경로에서의 수직 방향의 벗어남을 나타낸다.

⑥ EFIS 컨트롤 판넬 MAP 데이터 선택 스위치에 의해 FMC에 메모리 되어 있는 지상의 무선 항법 시설(STA), 웨이 포인트(WPT), 공항(ARPT) 등의 위치, 주파수 등의 정보 및 선택 모드가 지시된다.

⑦ FMC-IRS 체인지 모드는 FMC가 어느 IRU에 의해 위치 데이터를 바꾸고 있는가 나타내는 것으로 보통 3개의 IRU가 정상으로 작동하고 있는 경우 그 평균값을 이용하여 위치 데이터의 갱신을 하고 있으므로 지시는 IRU ③로 된

다.(IRU가 고장일 경우는 IRU(R 또는 L), IRS (C) 등으로 지시된다.)

⑧ FMC-RADIO 체인지 모드는 FMC가 어느 무선 항법 시설에 의해 위치 데이터의 갱신을 하고 있는가를 나타내는 것으로 DD(DME-DME), VD(VOR-DME), LOC의 어느 것인가의 지시가 된다.

⑨ GRID HDG 지시는 자방위를 사용할 수 없는 극지방을 비행할 경우에 사용되는 것으로 MAP 모드 혹은 PLAN 모드에 있어서 자방위를 사용할 수 없는 공역에 지시된다. GRID HDG는 기수 진방위와 현재 위치에서 계산에 의해 산출된다.

그 외 GS, TAS, 바람, 무선 항법 정보, 선택 기수 방위 등의 정보 지시는 앞에서 설명한 각 모드와 같다. 이들 TRK, HDG, 웨이 포인트(WPT), TREND VECTOR, 수직 편위 등의 데이터의 정보 입력원은 주로 FMC, IRU(inertial reference unit)이다.

(라) PLAN mode

PLAN 모드는 비행 계획(flight plan)을 작성할 때 사용되고 모드는 그림 10-16에 나타내는 expanded mode 뿐이다. 컴파스 로즈 상부의 정보 지시는 expanded MAP 모드와 동일하다. 그 아래의 에리어(area)에는 진북을 나타내는 북방향 포인터와 이것을 기준으로 한 비행 계획이 지시된다. 또, 이 모드에서는 무선 항법 정보, 기상 레이더 정보는 지시할 수 없다. ND에 있어서도 각종 지시 데이터에 이상이 있었을 때는 PFD와 같은 모양의 플래그가 나온다.

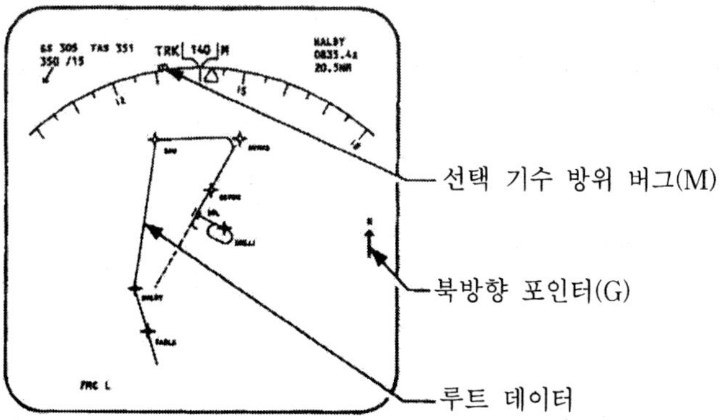

(다른 표시 사항은 그림 10-14 참조)

그림 10-16 ND-plan mode(B747-400)

3) EICAS(Engine Indication and Crew Alerting System, 엔진조종사 경고 계통)

EICAS는 기관 파라미터를 지시하는 기능, 항공기의 각 시스템 계통을 모니터(moniter)하는 기능 및 시스템에 이상이 발생했을 때에 메시지의 시스템을 제조자에 따라서는 ECAM(electronic centralized aircraft moniter)이라고 부르고 있다. 이들 지시장치는 보통, 조종사석과 부조종사석 사이에 기관 스로틀 레버의 상부에 배치되어 있다.

지시장치는 상부의 메인 지시장치와 하부의 보조 지시장치의 2면이 있고, 메인 지시장치에는 주로 기관의 기본 파라미터와 시스템 이상시의 경보 메시지가, 보조 지시장치에는 기관의 2차 파라미터와 각 시스템 계통의 모니터 정보가 지시된다.

(가) 메인 지시장치(main EICAS display)

메인 지시장치에는 EICAS의 기본 정보(primary format)가 지시된다. 지시 예를 그림 10-17에 나타냈다. 그림과 같이 지시장치에는 종래 기계식 기관 계기로 지시되어 있던 N_1(저압 로터 회전수, %표시), EGT(배기 가스 온도, [°C])등 기관의 주요 파라미터 외에 시스템 이상 상태를 나타내는 메시지, 나머지 연료량·온도 및 상황에 따라서 착륙 장치와 플랩의 위치, 객실 여압 상태 등이 지시된다.

시스템의 이상 상태를 나타내는 메시지는 그 긴급도에 따라 몇 개의 레벨(경고, 경계, 조언 등)로 구분되었고 각기 다른 색으로 표시되고, 또 새로운 메시지는 같은 레벨의 메시지 그룹의 최상부에 지시되고 있다. 긴급도가 높은 메시지에 관해서는 메시지 지시와 같이 경고등의 점등, 벨 등이 크게 울려 주의를 환기한다.

PFD(primary flight display)의 정보는 항공기의 운항에 중요한 정보이고 항상 지시된다. 또, 이 정보는 상부 지시장치가 고장일 때는 자동적으로 하부 지시장치로 교체되어 표시된다. ECAM에서는 이것과 같은 모양의 기능을 가진 시스템을 E/WD(engine/warning display)라 부르고 있다.

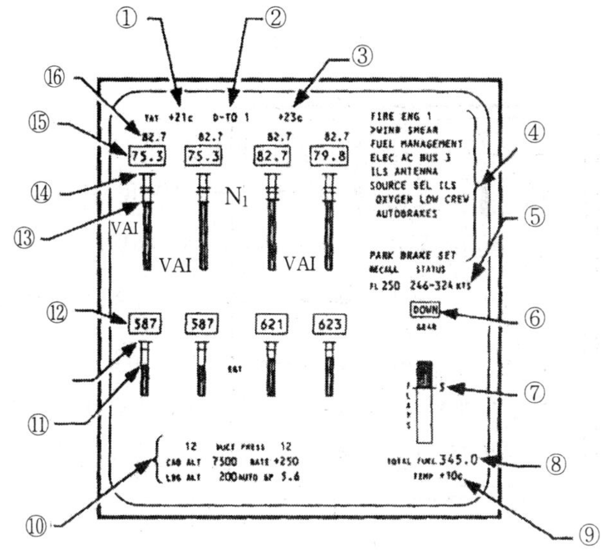

① 온도(W)
② thrust mode(G, W)
③ 선택 온도(G)
④ 경고 메시지(R, A, W)
⑤ 엔진 재시동 필요 속도(비행중 엔진 정지시)
⑥ 착륙장치 상태 표시(W, G)
⑦ flap 위치 표시(W, G, M)
⑧ 전체 연료량(×1,000[lb])(W)
⑨ 연료 온도(W)
⑩ 객실 여압 데이터
⑪ 현재의 EGT(W, A, R)
⑫ 현재의 EGT 수치(W, A, R)
⑬ 현재의 N_1(W, R)
⑭ N_1 한계(R)
⑮ 현재의 N_1 수치(W, R)
⑯ 기준 N_1 수치(G)

( )은 색표시

그림 10-17 EICAS engine parameter

(나) 보조 지시장치(auxiliary EICAS display)

보조 지시장치에는 다음과 같은 종류의 지시가 있고 필요에 따라 화면을 바꾸어 지시한다.

① 기관의 2차 파라미터 지시

② 스테이터스 지시(status display)

③ 시스템 계통 지시

④ 메인터넌스 지시(maintenance display)

기관의 2차 파라미터 지시 화면에는 그림 10-18과 같이 N_2(고압 로터 회전수), FF(fuel flow : 연료 흐름량), 기관의 유압 · 유온 · 유량 및 진동 데이터가 표시된다.

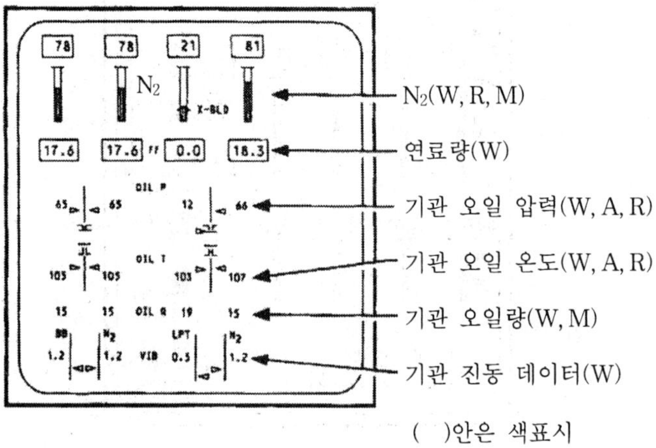

그림 10-18 EICAS engine parameter(B747-400)

보조 EICAS 장치에 이 화면을 선택하고 있는 상태에서 화면을 다른 표시로 교환했을 때, 혹은 보조 EICAS 장치의 고장시에 이 화면을 선택했을 때 등은 이 정보는 메인 EICAS 장치의 기본 포맷과 함께 정리하여 지시된다.(「compacted format」라고 불리운다) 또, 보조 지시장치로 다른 지시 화면을 선택하고 있는 상태에서 기관 2차 파라미터가 한계값을 넘은 경우에는 자동적으로 다른 화면으로 교환된다.

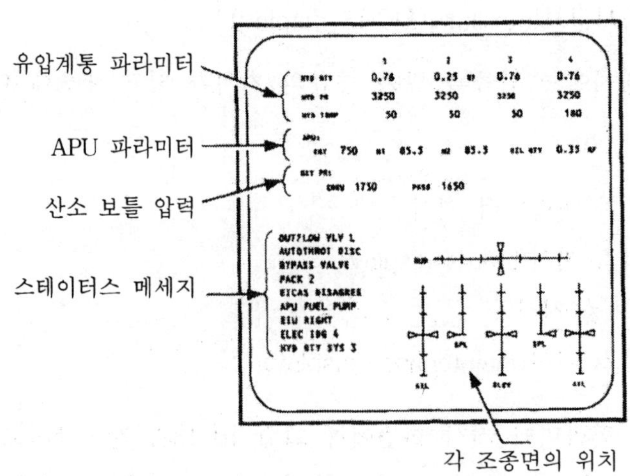

그림 10-19 EICAS status display(B747-400)

상태 표시(status display)는 주로 비행전에 기체의 이상 유무를 확인하기 위해서 사용된다. 이 화면은 그림 10-19에서 나타낸 것 같이 유압 계통(hydraulic system), APU(auxiliary power unit), 각종 조종 면(control surface)의 위치 등이 숫자, 문자 등으로 지시된다. 또, 기체의 출발 판단에 관련하여 파일롯의 주의를 환기할 필요가 있는 항목에 관하여 스테이터스 메시지가 표시된다.

시스템 계통 표시는 항공기의 각종 시스템 계통의 상태를 한눈으로 파악할 수 있도록 간략한 형으로 지시하는 것이다. 이 지시에는 전기 계통, 연료 계통, 에어컨디셔닝 계통, 유압 계통, 도어(door) 계통, 착륙장치 계통 등의 각 시스템 계통마다 다른 화면 지시가 사용된다.

일례로 연료 계통의 지시 화면을 그림 10-20에 나타냈다. 그림과 같이 이 모드를 선택하면 화면에는 연료의 계통도와 각 연료 탱크의 남은 연료량, 연료 탱크에서 기관으로의 연료의 공급 상황 등이 계통도의 형태로 지시된다.

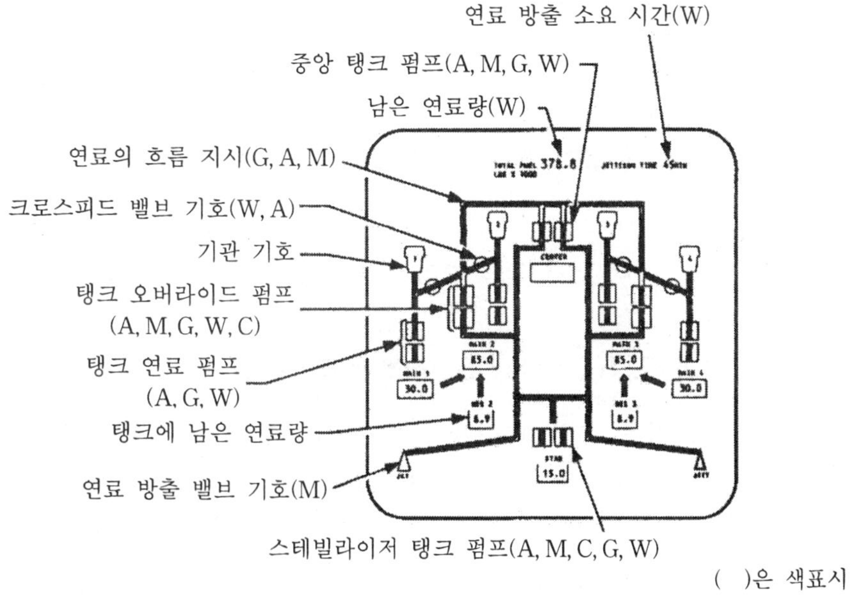

그림 10-20 시스템의 계통 표시(연료 계통의 예)(B747-400)

유지보수 지시(maintenance display)는 주로 정비를 위한 시스템의 상세한 데이터는 숫자로 지시하는 것이다. 이 지시에도 시스템 계통별로 많은 화면의 지시가 능하다. 표시의 예를 그림 10-21에 나타냈다. 이 지시에는 시시각각의 상태 지시

외에 고장 탐구를 용이하게 하므로, 수동 혹은 시스템 이상 발생시에 있어서는 자동으로 어느 시점의 지시 화면을 기록하고 후에 불러들여서 재지시하는 기능을 가지고 있다.

또, ECAM(electronic centralized aircraft monitor)에서는 이것과 같은 기능을 가진 지시장치를 SD(system display)라 부르고 있다.

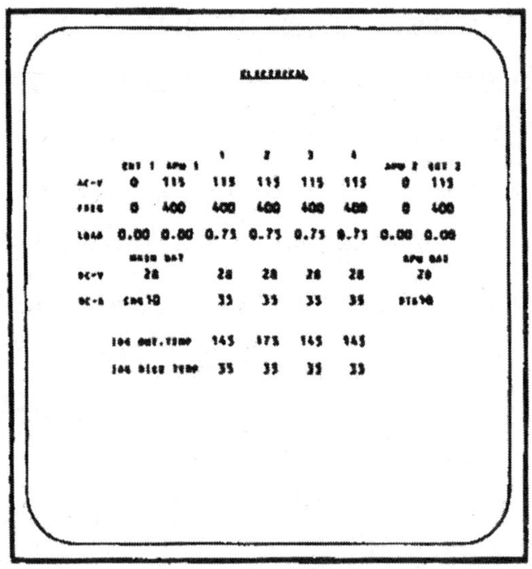

(보조 지시 장치)

그림 10-21 Maintenance Display(전기 계통의 예)(보잉 747-400)

4) 지시의 선택과 조종(Display Select and Control)

EICAS의 지시 조작은 그림 10-22에 나타낸 것 같은 EFIS(Electronic Flight Instrument System, 전자비행기 계통) 컨트롤 판넬에 의해 DH, DA/MDA의 설정, 기압의 설정, 우측/좌측 각각의 무선 항법장치의 선택(VOR 또는 ADF), ND 표시 모드 선택, ND 표시 레인지의 교체, MAP 모드에서의 지시 데이터의 선택 등을 한다.

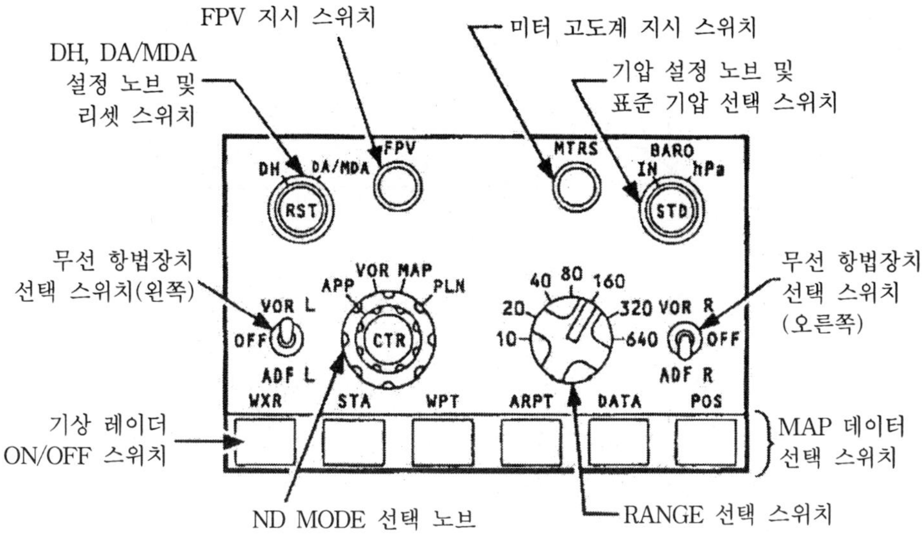

그림 10-22 EFIS control panel(B747-400)

또, 그림 10-23과 같은 계기 정보 선택 판넬에 의해 EFIS 입력 정도(FD, FMC, EIU, IRS, ADC)의 장치의 선택(우측, 좌측, 중앙 등 어느 장치를 선택하는 가라고 하는 것)을 할 수 있게 되어 있다.

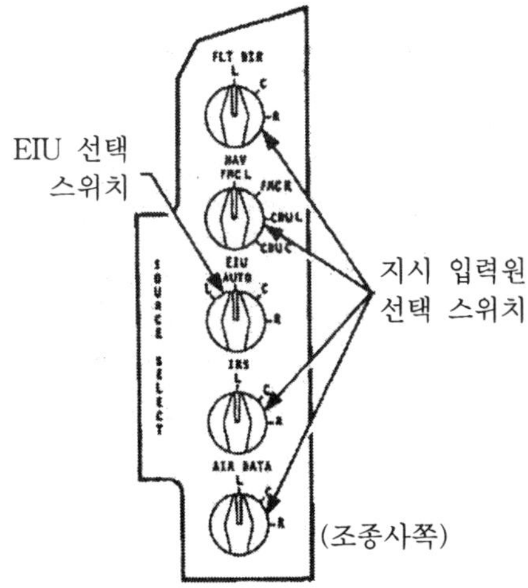

그림 10-23 계기 입력원 선택 모듈(B747-400)

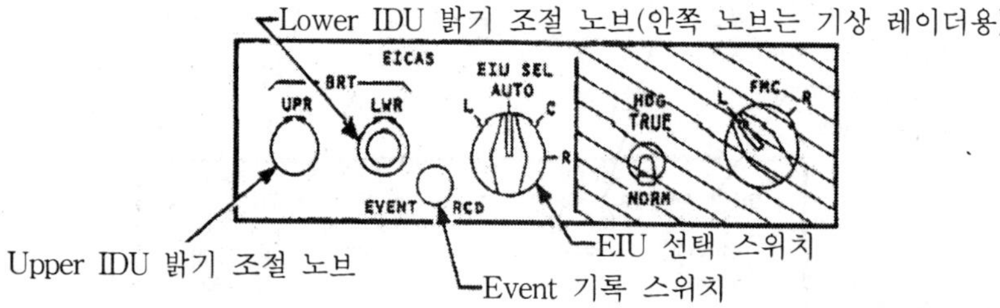

그림 10-24 EICAS control panel(B747-400)

EICAS에서는 EICAS 컨트롤 판넬(그림 10-24)에 의해 사용하는 데이터 처리용 유니트(EIU : EFIS/EICAS interface unit)의 선택, 지시의 밝기의 조절 등을 함과 동시에 EICAS 지시 선택 판넬(그림 10-25)에 의해 보조 지시장치의 지시 화면의 선택을 한다.

지시 화면은 EFIS, EICAS도 같은 길이, 규격으로 만들어져 있고 어느 것인가가 고장나도 이 내용을 다른 지시 장치로 교환되어 그대로 지시할 수 있다. 즉, 운항상 특히 중요한 PFD 및 EICAS 메인 지시장치의 고장시에는 ND (navigation display)가 PFD(primary flight display)에 보조 지시장치가 주지시에 각각 자동적으로 교환됨과 함께 그림 10-26과 같은 지시 선택 스위치(selector)에 수동(manual)으로 바꾸는 것도 가능하다.

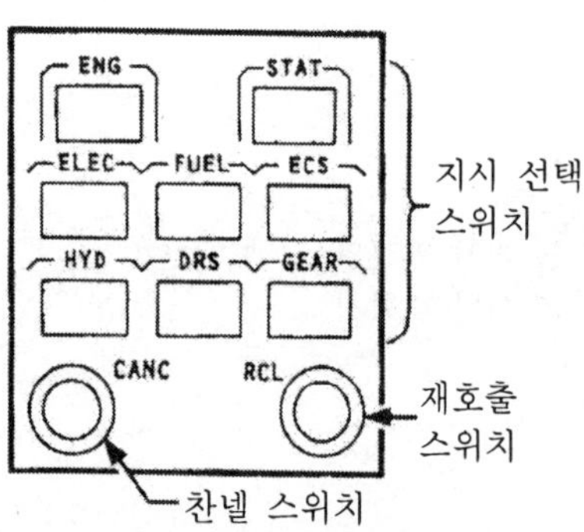

그림 10-25 EICAS 지시 선택 판넬 (B747-400)

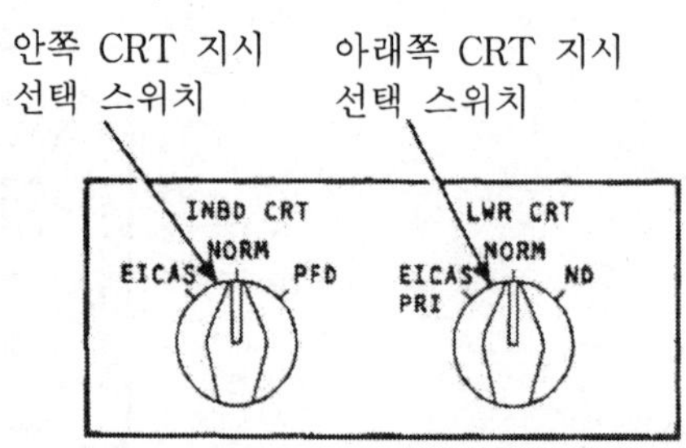

그림 10-26 지시 선택 스위치 (B747-400)

10.3 중앙 대기 자료 컴퓨터(에어 데이터 컴퓨터)

(CADC : Central Air Data Computer, ADC : Air Data Computer)

항공기의 성능이 향상되어 비행 속도와 비행 고도가 증가함에 따라 대기 온도, 대기 압력, 대기 속도 등 대기에 대한 정확한 정보가 필요하게 되었다.

이와 같이 높은 고도와 빠른 속도로 비행하는 항공기에서는 대기에 대한 정보를 측정할 경우 몇 개의 양을 동시에 측정하여, 그것들을 근거로 한 일정한 계산 과정을 거쳐 필요로 하는 정보를 얻을 수 있다. 이러한 계산을 하는 것을 중앙 대기 자료 컴퓨터(CADC : central air data computer 또는 ADC : air data comput-er)라 한다.

초기의 중앙 대기 자료 컴퓨터는 캠, 링크, 전위차계(potentiometer), 서보 모터 등을 이용한 전기 및 기계적인 형식이었지만 요즘은 컴퓨터와 전자 기술의 발달로 디지털 형식의 컴퓨터를 사용하여 성능이 많이 향상되었다.

1. 중앙 대기 자료 컴퓨터(에어 데이터 컴퓨터)의 개요

중앙 대기 자료 컴퓨터는 입력 정보와 출력 정보의 흐름 계통에 의해 운용되고 있다.

1) 중앙 대기 자료 컴퓨터의 입력 정보

① 정압

② 트랜스듀서(transducer)가 외부 영향으로 인하여 발생할 수 있는 오차를 보정하기 위한 자료인 온도, 자세, 가속도에 대한 정보

③ 정압공에서 발생하는 오차 보정을 위한 장치에 입력시키는 보정 신호

④ 기압 규정 신호

⑤ 기종 특유의 최대 운용 한계 속도 그래프를 만들기 위한 정보

⑥ 피토압

⑦ 온도 감지기에 의한 외기 온도에 대한 정보

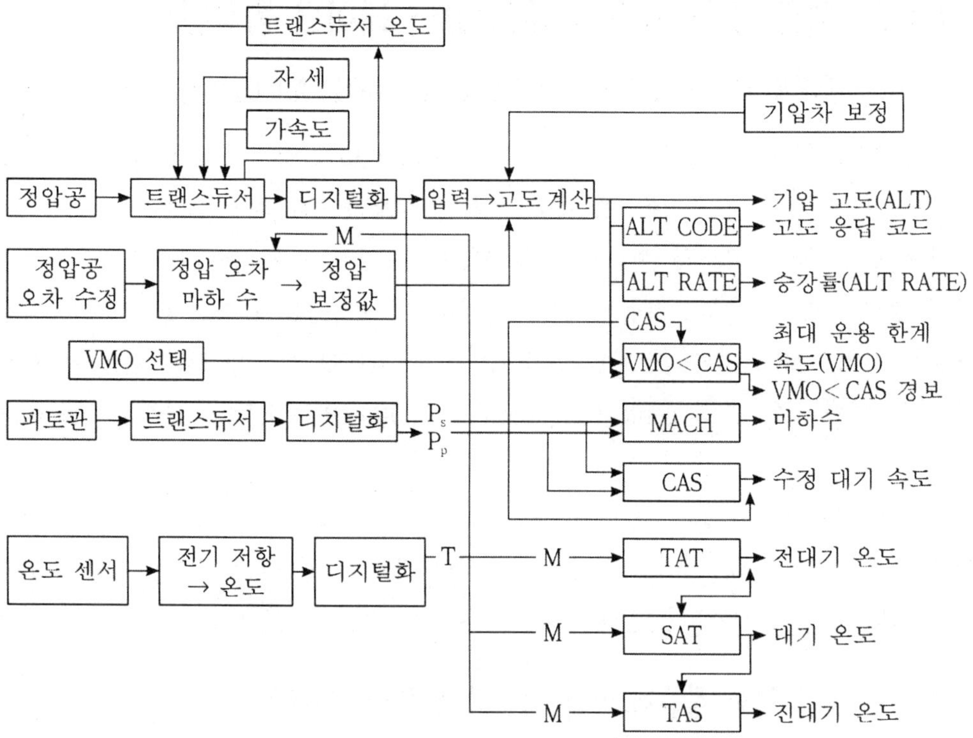

그림 10-27 중앙 대기 자료 컴퓨터의 정보 흐름도

2) 중앙 대기 자료 컴퓨터의 출력 정보

① 기압 고도

② 지상으로 보내는 항공 교통 관제용 고도 응답 신호

③ 기압 고도의 변화율(승강률)

④ 기종이나 고도에 따른 최대 운용 한계 속도

⑤ 최대 운용 한계 속도를 초과한 것에 대한 정보

⑥ 마하수

⑦ 수정 대기 속도(CAS)

⑧ 진대기 속도(TAS)

⑨ 대기 온도(SAT : static air temperature)

⑩ 전체 온도(TAT : total air temperature)

2. 중앙 대기 자료 컴퓨터의 기능

중앙 대기 자료 컴퓨터는 전원부, 변환부, 계산부와 이들을 감시하는 중앙 감시 장치 등으로 구성되어 있다. 컴퓨터에 입력된 여러 자료들은 전기적인 신호로 바뀐 다음, 해당 수식에 의해 자동적으로 계산이 되어 해당값으로 출력된다.

1) 기압 고도 계산

정압공에서 측정된 정압은 압력 트랜스듀서에 의해 압력을 전기적 신호로 변환시켜 준다. 트랜스듀서는 온도, 자세, 가속도 등에 의해 오차가 발생할 수 있으므로 오차를 수정하여 이 수정된 정압 신호를 컴퓨터에 입력하기 위한 디지털 신호로 바꾼다.

여기에다 기압 규정 및 대기 속도의 변화에 따라 근본적으로 정압공에 발생할 수 있는 오차에 대한 정보가 보태어져 최종적으로 압력을 고도로 바꾸어 전기 신호로 기압 고도가 출력된다.

2) 고도 응답 신호 발생

출력된 기압 고도 신호는 고도 응답 코드(alt code)로 변환되어 항공 교통 관제 응답기로 보내어진다.

3) 승강률 계산

기압 고도 신호는 승강률 계산부(alt rate)로 들어가 고도 변화율이 계산되고, 이 자료가 승강계로 보내어진다.

4) 최대 운용 한계 속도 발생

항공기 최대 운용 한계 속도(VMO : maximum operating limit speed)는 그 항공기 기종과 고도에 따라 각각 정해진다.

중앙 대기 자료 컴퓨터의 최대 운용 한계 속도 발생부에서는 VMO 점퍼에 의해 정해진 기종 및 고도 정보 입력에 의해서 고도-속도 곡선이 만들어지고, 비행 고도에 따라서 VMO가 출력되어 VMO 지시기에 보내어진다.

5) 마하수 계산

고속으로 비행하는 항공기에서 마하수는 중요한 요소가 된다.

특히 높은 고도에서는 음속이 떨어지므로 해당 고도에서 마하수를 아는 것은 매우 중요하다. 마하수를 계산하는 공식의 내용 중에는 정압과 피토압이 포함되므로, 전기적 신호로 변환된 피토압과 기압 고도 계산부에서 계산된 정압이 이 식에 입력되어 마하수를 계산한 다음 이것을 마하계로 보낸다.

6) 수정 대기 속도 계산

수정 대기 속도 계산식에는 입력 요소인 피토압, 정압, 표준 대기의 압력 및 밀도 등이 포함되므로 컴퓨터에서 계산이 되어 대기 속도 지시계로 보내어진다.

7) 전체 온도 계산

외부 대기 온도를 측정하기 위한 외부 온도계의 수감부는, 공기가 충돌하여 압축되면서 온도가 상승하기 때문에 정확한 외부 온도를 측정하기가 곤란하다. 실제로 0[℃]인 대기 중을 대기 속도 마하 0.8로 비행하고 있는 경우에는 34.95[℃]가 상승한다. 이 경우 0[℃]는 실제 대기 온도(SAT)이고 34.95[℃]는 전체 대기 온도(TAT)이다.

항공기에 장착된 온도 수감부는 정확한 측정을 위해 많이 개선되기는 하였지만, 실제 대기 온도와 전체 대기 온도 사이의 온도를 감지하게 된다. 중앙 대기 자료 컴퓨터의 전체 대기 온도 계산부에서는 이러한 마하수에 따른 온도 변화에 대한 수정을 하여 전체 대기 온도 지시기에 보낸다.

8) 대기 온도 계산

대기 온도 계산은 전체 대기 온도와 마하수로부터 계산을 하여(켈빈 온도), 이것을 섭씨나 화씨 온도로 환산하여 대기 온도 지시기에 보낸다.

9) 진대기 속도 계산

진대기 속도는 앞의 수정 대기 속도와 마하수와의 관계를 계산하여 진대기 속도 지시기에 보낸다.

10.4 중앙 정비 컴퓨터 계통
(CMCS : Center Maintenance Computer System)

중앙 정비 컴퓨터 계통은 최근 개발된 첨단 항공기 정비용 컴퓨터로 보잉 747-400에 장착되어 항공기 계통의 결함 정보를 보고, 지시, 수집해 주며 또한 항공기의 전 계통의 지상 작동상태를 시험하는데 사용한다. 중앙 정비 컴퓨터는 정비 요원에게 정비 데이터를 시험하고 수집할 수 있어 항공기의 정비를 용이하게 함으로써 운항 정시율을 높여주며 기존의 항공기에 비하여 높은 운항 신뢰성을 제공해 준다. 이 컴퓨터는 효율적인 정비 및 운항을 가능하게 해주어 차세대 운송용 항공기에 사용될 것으로 기대된다.

1. 개 요

중앙 정비 컴퓨터 계통(CMCS)은 B747-400의 복합 및 집적 계통을 고장 탐구하고 검사하는 목적으로 개발되었다. 이 컴퓨터는 또한 지상 검사, 결함 정보 저장, 실제 시간 데이터 감지 등을 가능케 해준다. 전에 개발된 비행기들은 결함 고립은 계통 내에서 한정되어 있고 결함이 여러 계통에 연루되어 있어 한 계통의 결함이 다른 계통에 관련된다. 중앙 정비 컴퓨터가 주 계통에 연결되어 있어 계통에 연루되는 결함 감지를 제공해 주고 한 결함에 관련된 다른 계통의 결함을 알려준다.

기존의 항공기의 또 다른 문제점은 보편적인 지상 시험절차가 거의 없어 지상 시험으로 결함을 발견할 수 없는 현실이었다. 그러나 B747-400에서 중앙 정비 컴퓨터(CMC)의 사용으로 모든 계통을 시험하여 결합 여부를 인지할 수 있게 되었다.

2. 중앙 정비 컴퓨터의 계통

약 70개의 전자, 전기 및 전자 기계 계통의 상태와 결함은 집적 화면 계통(IDS : Integrated Display System)과 중앙 정비 컴퓨터(CMC)로 보내진다. 직접 화면 계통(IDS)은 전자 비행기 계통(EFIS : Electronic Flight Instrument System)과 엔진 조종사 경고 계통(EICAS : Engine Indicating and Crew Alerting System)을 통합하여 지시하고 있다.

모든 계통은 거의 전자 비행 계기 / 엔진 지시 조종사 경고 연관장치(EIU : FIS/EICAS Interface Units)를 통하여 데이터를 중앙 정비 컴퓨터(CMC)로 보내지고 어떤 계통은 데이터를 직접 중앙 정비 컴퓨터(CMC) 화면장치(CDU)로 보내기도 한다.

원격(remote) CDU는 따로 주 전자 장비실에 장치되어 조종실에 접근하지도 않고 쉽게 정비사가 지상에서 전자실로 들어가 데이터를 시험할 수 있다. 그림 10-28에서 CMC 프린터를 통하여 데이터를 프린트하고 아링통신 접속 보고장치(ACARS)가 장착된 항공기에서는 비행 중 지상으로 중앙 컴퓨터의 데이터를 송신할 수 있다.

이는 비행기가 지상에 도착하기 전 결함 수정을 준비하여 항공기의 운항 신뢰성을 높일 수 있다. 이에 부가하여 데이터 로터(data loader)를 통하여 컴퓨터 플로피 디스크로 데이터를 복제하여 정비 기록 등을 분석할 수 있다.

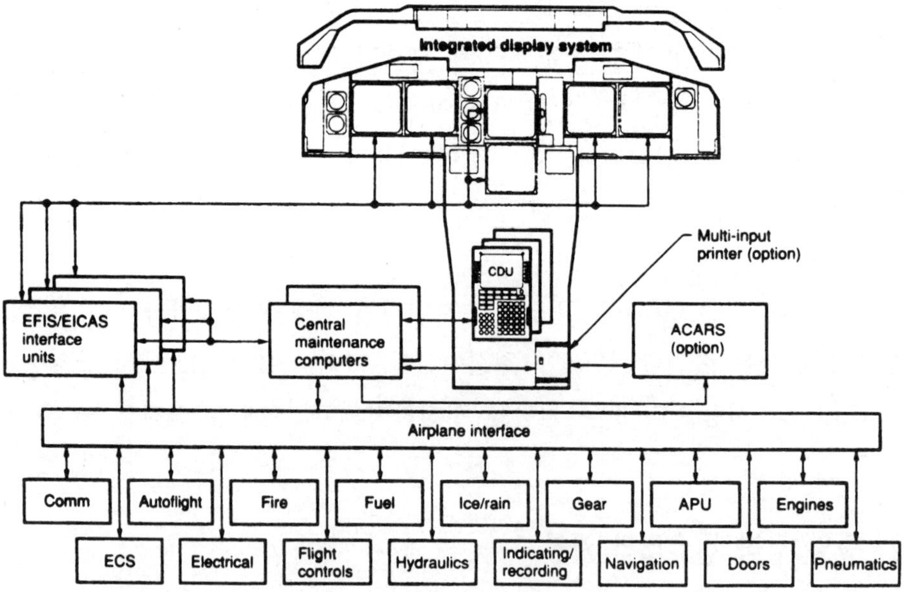

그림 10-28 중앙 컴퓨터 계통

중앙 정비 컴퓨터(CMC)는 항공기에 두 개가 장착되어 병행하여 작동하며 각각의 정비 데이터를 제공해 주고 좌측 컴퓨터가 결함이 발생하면 자동적으로 우측 컴퓨터가 작동되도록 설계되어 있다.

이 단원에서 중앙 컴퓨터를 다루는 이유는 차세대 항공기에 이용될 장치로 이 컴퓨터의 개념을 이해하지 않고는 앞으로 항공기 정비를 이해할 수 없다는 점이다. 컴퓨터 지식없이 기존의 기술만 가지고 있다면 이는 마치 두뇌가 없이 움직이는 로봇과 마찬가지일 것이다. 좌측 컴퓨터에 결함이 발생되면 자동적으로 우측 컴퓨터로 전환되어 설계되었다.

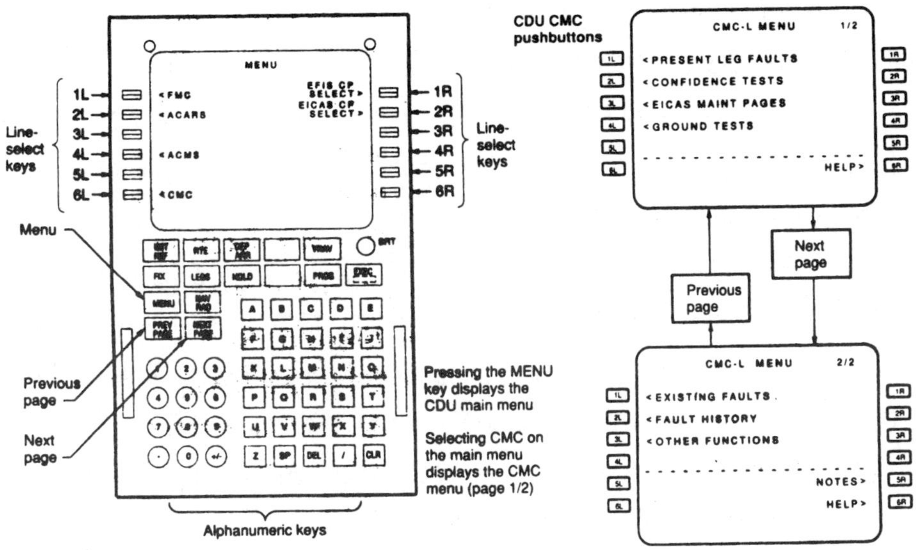

그림 10-29 CDU와 명령 메뉴

3. 결 함

결함 지시는 집적 화면장치(IDS)에 의하여 전자 비행 계기장치(EFIS) 플랙(flag)이나 엔진 지시 조종사 경고장치(ELCAS) 메시지(messages)에 의하여 표시된다. 이 결함들을 총괄하여 조종실 효과(Flight Deck Effects : FDES)라 하며 EFIS나 EICAS 화면에 나타나는 결함을 뜻한다. CMC는 한 가지 계통에서 나타난 결함과 관련되는 다른 계통의 결함을 인지할 수 있으며 이를 결함 관련(fault correlation)이라 한다. 이는 정비사에게 무엇이 비행일지에 기록된 결함을 야기시키는지를 관련시켜 쉽게 고장 탐구할 수 있다. CMC는 약 7,000개의 메시지를 가지고 있으며 여기서 1,000개가 조종실 효과(FDE) 메시지이다.

4. 결함 메세지 처리 및 보고

중앙 정비 컴퓨터는 사실상 일반인이 사용하는 개인용 컴퓨터와 거의 흡사하나 단지 항공기에 사용하기 때문에 무게 절감의 이유와 신뢰성이 요구되므로 작게 설계된 특수한 목적의 컴퓨터이다.

일반 컴퓨터에 비하여 중앙 정비 컴퓨터는 간단하고 특수한 키보드를 가지고 있는 화면(CRT)도 아주 적게 설계되어 있다.

CDU화면에는 FMC, ACARS, ACMS, CMC 등의 메뉴가 갈매기 표시가 되어 있다. 여기에서 CMC 갈매기 표시의 바로 좌측 키(6L)를 누르면 CMC-L MENU (1/2)라고 적힌 화면이 나온다. 이 페이지는 2페이지로 되어 있어 다음 페이지로 넘길 때 'Next Page'키를 선택하여 이동한다.

Present Leg Faults(PLF)란 최종 비행 경로 결함으로 비행중 결함이 자동적으로 이 결함 칸에 저장이 되어 결함 메시지 번호와 결합 보고 코드가 기록된다. 정비사는 결함 고립 매뉴얼(fault solation manual)에서 이 메시지 번호를 찾아 결함에 대한 조치사항을 찾아 작업을 수행할 수 있다.

confidence tests는 조종사가 비행전 성능시험을 행하는 시험으로 해당키를 선택하면 실속 경고(stall warning), 화재시험(fire test), 스틱 쉐이커(stick shaker) 등 비행전에 필요한 시험을 간단히 행할 수 있다.

eicas maint page는 엔진 지시 조종사 경고장치 정비 페이지로 각 계통의 정비 데이터가 CRT 화면에 나타나 지시 상태를 점검할 수 있다.

ground test는 지상시험으로 정비사가 필요한 계통의 장치가 제대로 작동되는가를 알기 위해 쉽게 계통의 상태 결과 여부가 CDU에 나타난다.

CMC-L MENU(2/2)에는 existing fault가 있는데 이는 실제 존재하는 결함을 나타내어 결함관리를 적절히 행할 수 있다. fault history는 각 계통장치의 결함을 저장하여 최종비행으로부터 100회의 과거 비행까지 결함기록을 할 수 있어 계통의 상태를 분석할 수 있다. 결함기록은 보통 500개의 결함까지 기록이 가능하다. other function은 다른 기능으로 키를 선택하면 다시 shop fault, input monitor-ing, configuration이 지시되는 페이지가 나타난다. shop fault는 지정된 부분품에 대한 결함으로 기록하고 input monitoring을 통하여 항공기 각 구성품을 할당된 입력코드로 넣어주면 부품의 상태가 바이트 정보로 나타나 고장탐구를 할 수 있다. 마지막으로 configurations은 특정 컴퓨터에 대한 하드웨어와 소프트웨어에 대한 기록이며 항공기의 타이어 압력의 정비사항이 기록되어 있다.

이 단원에서는 중앙 정비 컴퓨터에 대하여 대략적인 기본사항만 기술하였다. 실제로 국내·외 항공 정비 계통의 출판물은 이 분야에 대하여 언급을 하지 않았다. 앞으로 차세대 항공기에서는 이 분야가 필수적으로 정착이 되므로 이를 이해함으로써 최첨단 기술에 쉽게 접근할 것이다.

연습문제

1. 전자 계기의 일반적 원리는?

   ① 전류의 자기 작용　　② 전류의 열작용
   ③ 압력을 전기 변화　　④ 전류의 상승 작용

2. RMI에 관한 다음 기술 중 틀린 것은?

   ① 컴파스 시스템과 ADF로 구성된 RMI에서는 기수 방위 및 비행 코스와의 관계가 표시된다.
   ② 컴파스 시스템과 VOR로 구성된 RMI에는 기수 방위와 VOR 무선 방위가 표시된다.
   ③ 2침식의 RMI는 동축 2침식 구조이다.
   ④ 2침식의 RMI의 경우에도 각각의 지침은 VOR 또는 ADF로 바꾸어 사용할 수 있다.

3. 비행 계기가 아닌 것은?

   ① radio alt　　② directional gyro
   ③ rate of climber　　④ 속도계

4. 전자 종합 지시계란?

   ① 전자 자세 지시계에 ISL 코스로 편위 표시
   ② 전자 자세 지시계에 글라이드 패스(glide path)를 지시
   ③ 전자 속도 지시계에 결정 고도 지시
   ④ 전자 속도 지시계에 local을 표시

5. ADI의 설명 중 틀린 것은?

   ① ADI는 희망하는 코스로 조작하여 항공기의 위치를 수정한다.
   ② F/D 컴퓨터의 일부이다.
   ③ F/D 컴퓨터의 ADI는 음속 이하에서 같이 사용된다.

④ ADI 계기에는 슬립 인디케이터(indicator)가 함께 사용된다.

6. 중앙 대기 자료 컴퓨터(에어 데이터 컴퓨터)의 입력으로써 불필요한 것은?

① 기압 규정치　　② 정압
③ 동압　　④ 마하수
⑤ 가속도　　⑥ 자세

7. 비행 중 중앙 대기 자료(에어 데이터)에 관하여 틀린 것은?

① 진대기 온도≤전온도　　② 진대기 속도<교정 대기 속도
③ 진대기 속도≥교정 대기 속도

8. EICAS(engine indication and crew alerting system)의 기능이 아닌 것은?

① engine parameter를 지시한다.
② 항공기의 각 system을 감시한다.
③ system의 이상상태 발생을 지시해 준다.
④ engine parameter를 설정할 수 있다.

9. 집합 계기(전자 계기)의 장점이 아닌 것은?

① 필요한 정보를 필요할 때 지시하게 할 수 있다.
② 한 개의 정보를 여러개의 화면에 나타낼 수 있다.
③ 다양한 정보를 도면을 이용하여 표시할 수 있다.
④ 항공기 상태를 그림, 숫자로 표시할 수 있다.

10. FD(flight director)을 바르게 설명한 것은?

① 희망하는 방위, 고도, course에 항공기를 유도하기 위한 명령을 나타낸다.
② 안정화 기능을 갖고 있다.
③ throttle lever를 자동적으로 조정하여 조종사가 설정한 속도를 유지시켜 준다.
④ 고도경보장치를 갖고 있다.

11. ADI에 관한 설명으로 틀린 것은?

① ADI에는 자세의 현상과 미리 설정한 비행 모드에서의 벗어남을 수정하기 위

한 조작 지령이 표시된다.

② ADI는 플라이트 디렉터(F/D) 컴퓨터의 표시부이다.

③ 플라이트 디렉터 컴퓨터와 ADI는 음속 이하의 항공기이면 그대로 공용할 수 있다.

④ ADI에는 미끄러짐 지시기와 함께 구성되는 경우가 많다.

12. 다음 중 HSI에 관한 설명으로 옳은 것은?

① HSI는 기수 방위와 ADF 무선 방위가 회화적으로 표시된다.

② deviation bar는 착륙 진입할 때에 글라이드 슬롭과의 관계를 표시할 수도 있다.

③ deviation bar는 VOR 또는 LOC 코스와의 관계를 표시한다.

④ deviation bar는 수신국과 수신 지점이 확정한 경우에는 일정한 표시로 된다.

13. EICAS에 대한 설명 중 맞는 것은?

① 엔진 계기와 승무원 경보 시스템의 브라운관 표시장치

② 지형에 따라서 비행기가 그것에 접근한 때의 경보장치

③ 기체의 자세 정보의 영상 표시장치

④ 엔진출력의 자동제어 시스템장치

14. ND에 관한 설명으로 옳은 것은?

① ND는 VOR, ADF, ILS 등의 무선 항법장치에서의 항법 정보만을 정리하여 표시한 표시장치이다.

② ND의 표시 정보는 PFD에 비하여 우선도가 낮으므로, 표시장치의 크기는 PFD보다 약간 작게 되어 있다.

③ ND에는 자기의 위치와 비행 코스 외에 기상 레이더 정보도 표시 가능하다.

④ ND의 각 표시 모드는 비행의 단계에 따라 자동적으로 교환되어 표시된다.

15. PFD에 관한 설명으로 틀린 것은?

① PFD는 기체의 자세, 속도, 고도, 상승속도 등을 집약화하여 컬러 브라운관상에 표시한다.

② PFD는 초기의 전자식 통합 계기인 EHSI에 다른 계기의 표시 기능을 부가하

여 성능을 향상한다.

③ PFD의 표시 정보는 IRU, FMC, ADC 등의 정보를 데이터 처리용의 유닛을 통해서 얻고 있다.

④ PFD의 표시는 운항상 상당히 중요한 것이고, 표시장치 고장시에는 ND용 표시장치로 바꾸어 준다.

제 2 편

항공 전자장치

제1장 통신장치
제2장 항법장치
제3장 자동 조종장치
제4장 기록장치와 경고장치
제5장 착륙 유도장치 및 관제장치

제1장

통신장치

1.1 통신장치에 사용되는 전파의 성질

넓은 의미의 전자파(electromagnetic wave)란 무선 통신에 사용되는 무선 전파를 포함하여 적외선, 가시 광선, 우주선을 총칭하고, 좁은 의미의 전자파란 무선 통신용 전자파를 의미하며, 이것을 전파라고 약칭한다.

송신 안테나에서 복사된 전파가 널리 떨어진 수신 안테나에 도달하기까지의 전파 경로는 여러 갈래로 나누어지며, 송·수신 안테나 사이의 거리, 사용 주파수, 복사 전력의 크기, 계절 및 주간과 야간 등의 구별에 의해서 전파 상태가 달라진다. 이와 같은 여러 가지 전파 성질에 관하여 공부하기로 한다.

1. 항공 주파수 대역

1) 항공 주파수 대역

지상 100~250[km] 지점에 전파를 흡수 또는 반사하는 소위 전리층이라 불리는 이온화 가스층이 있는데, 이 층에는 헬륨, 질소, 수소 및 그 밖의 다른 가스 원소들이 존재하고 있으며, 이들 가스 원소의 최외곽부 전자 구도에서 운동하고 있는 전자가 태양의 자외선을 받아 이탈되어 양(+)으로 대전된 이온층을 형성하여 생기는 것이다. 이러한 이온층의 낮은 위치는 100[km] 지점에 위치하고 있으며, 이 층은 주간에 태양 광선의 영향을 많이 받는 E층이라 한다.

또, 이보다 높은 200~250[km] 지점에 F층이라 불리는 전리층이 있는데, 비교적 태양 광선의 영향을 적게 받으므로 매우 안정된 상태에 있다.

HF(high frequency, 고주파) 주파수 대역의 전파는 주로 E층을 지나 전파의 흡수가 적은 F층에서 반사되어 밤과 낮의 영향 없이 원거리에서 전파되는 특징이 있으므로, HF 대역에서는 원거리 통신이 가능하다.

지표면으로부터 발사된 전자파의 속도는 이온층을 통과하는 전자파의 속도가 자유 공간을 통과하는 전자파의 속도보다 조금 늦다. 이 현상이 전자파의 반사나 굴절을 일으킨다. 이온층의 상태와 주파수에 따라 이온층에서 반사되는 정도가 다르며, 이온층으로부터 반사된 전파는 다시 지표면으로부터 반사하여 이온층으로 되돌아가는데, 이러한 현상의 반복으로 아주 먼 거리에서도 통신을 가능하게 한다.

밀도가 다른 두 영역 상에 전자파가 도래될 때에 파장이 긴 전자파는 반사되고, 파장이 짧은 전자파는 직진한다. 이 효과는 스넬의 법칙(Snell's law)에 의하여 설명된다.

일반적으로, 주파수에 따른 전파의 분류에 의한 HF 대역 주파수는 3~30[MHz]이나 항공기에서 이용하는 HF 대역 주파수는 2~25[MHz]이다. 그러나 최신의 항공기에서는 2~29.9999[MHz]까지 이용하고 있다.

HF 항공 주파수 대역은 앞에서 설명한 바와 같이 이온층(전리층)이 시간, 계절, 태양 광선 등에 따라 달라지고, 거의 일정한 주기를 가지고 변화하며, 태양의 흑점 계수 등의 영향을 받는다. 따라서, 태양의 흑점 계수 등의 변화와 이온층의 상태를 예측할 수 있으면 무선 주파수의 선택으로 적절하고 효과적인 무선 통신이 가능할 것이다.

2) VHF 항공 주파수 대역

일반적으로, 파장이 매우 짧고 높은 주파수의 전자파는 이온층에서 반사되지 않고 직진한다.

또, 지표파는 감쇠가 심하여 공간파에 비하여 상대적으로 약하다. 따라서 VHF (very high frequency) 대역은 가시 거리 통신에만 유효하다. 보통 공대지통신에는 VHF 대역이 이상적이다.

VHF 대역에서는 약 900[m] (3000[ft] 상공의 항공기와 약 320[km](약 200마일))의 통신 통달 범위를 가진다. VHF의 안테나는 HF 안테나보다 크기가 작아서 항공기에 장치하기가 편리하다.

VHF는 항공기의 거도에 따라 지상 통신국(항공 관제국)과의 통신가능 범위가 달라지는데, 이 관계를 그림 1-1에 나타내었다.

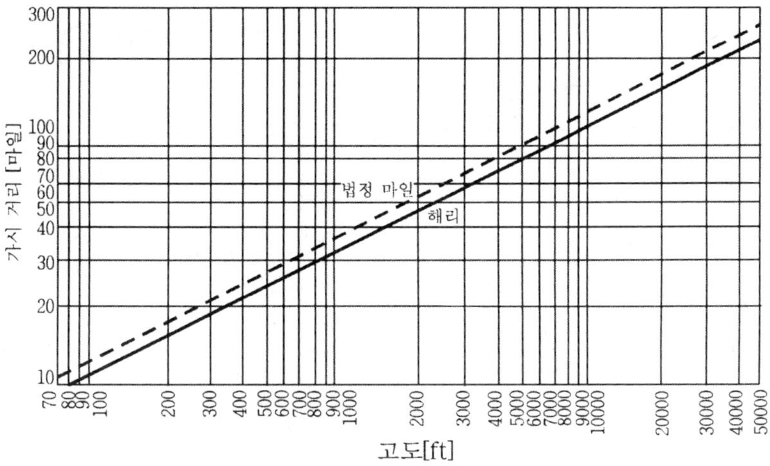

그림 1-1 VHF 대역에서 항공기의 고도에 대한 지상 통신국과의 통신 가능 범위

국제적으로 규정된 VHF 항공 통신 주파수 대역은 108.0~136.975[MHz]대이며, 로컬라이저(localizer)와 낮은 출력의 VOR(VHF omnidirectional radio range)국은 108.1~111.95[MHz] 사이의 주파수를 적절히 할당하고, 장거리용의 강한 출력의 VOR 국은 112.0~117.9[MHz]를 할당하고 있다.

또한 VHF 항공 통신 주파수의 간격은 각각 25[kHz]의 주파수 간격을 두고 통신 채널이 배정된다. 관제탑에서 항공기의 이·착륙 관제에 사용되는 주파수 범위는 118.0~121.4[MHz] 대의 주파수는 공항 지상 관제용으로 사용된다.

FCC(미연방 통신 자문 위원회) 주파수 할당은 그림 1-2에 표시되어 있다.

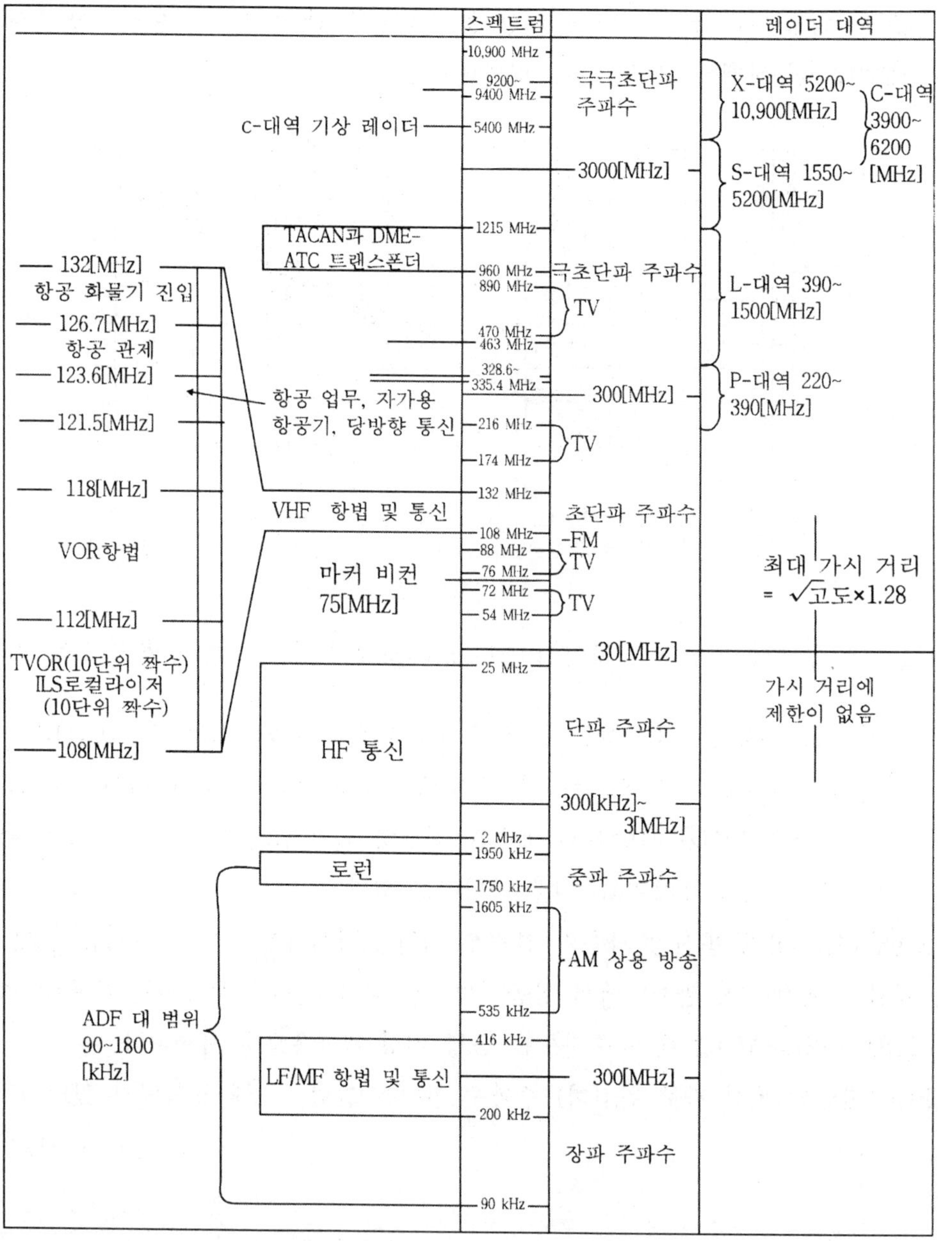

그림 1-2 항공 주파수 대역 표지

3) UHF 항공 주파수 대역

전파의 발생, 발사 방법에서 현저한 변화가 시작되는 것은 300[MHz] 이상 전파라고 할 수 있다. 이 이상의 전파를 UHF(ultra high frequency) 대역으로 표시하며, 이 전파의 대기 반사 효과는 대기층이 마치 도파관과 같은 덕트를 형성하여 보다 먼 거리까지 통신을 가능하도록 해 주는 효과를 나타낸다.

450[MHz]의 UHF 대역에서는 군사용 공대지 통신으로 이용하고, 착륙관제설비의 글라이드 슬로프(glide slope) 설비는 329.3[MHz]와 335[MHz] 사이가 이용되며, 감시 레이더와 트랜스폰더는 1,000~4,000[MHz], 항행 보조 도플러 레이더는 8,800[MHz]가 사용된다. 우천시 빗방울 등에서의 전파의 반사 효과는 10,000[MHz] 대해서 대단히 좋으며, 이러한 효과를 이용하여 지상 레이더를 10,000[MHz] 대에서 사용한다.

2. 전파의 성질

전파는 그 전파 경로에 따라 크게 나누어 보면 지상파(ground wave)와 공간파(sky wave)로 나눌 수 있으며, 지상파는 이를 다시 자유 공간 전파 특성을 가지는 직접파(direct wave), 대지에서 반사되어 도달되는 대지 반사파(reflected wave), 지표를 따라 전파되는 지표파(surface wave), 산 또는 큰 건물 위에 회절해서 도달하는 회절파(diffracted wave) 등으로 구별된다.

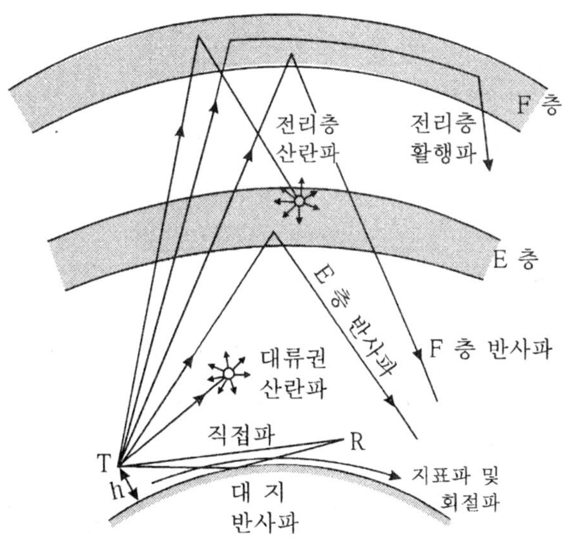

그림 1-3 전파의 여러 가지 전파 통로

공간파는 대류권 내에서 불규칙한 기류에 의해 산란되어 전파되는 대류권 산란파(tropospheric wave)와 전리층에서 반사되거나 산란되어 전파되는 전리층파

(ionospheric wave)로 나누어진다. 전파가 공간을 전파할 때에 보통 다음과 같이 분류하며, 어떠한 통로를 거치는가에 따른 대표적인 통로는 그림 1-3과 같이 된다.

위의 분류 방법에서는 직접파는 지상파에 속하기는 하지만, 항공기와 항공기 사이 또는 인공위성과 지구국 사이의 직접 통신과 같은 경우도 직접파라고 할 수 있다. 그러므로 위의 분류 방법은 편의상 분류한 것이다. 그리고 실제로 임의의 두 송·수신 지점 사이에서 생각할 때, 전파가 전파되는 경로는 위의 것들 중 하나, 둘 또는 그 이상의 전파경로를 거쳐서 도달되는 경우도 많이 있다.

송·수신소 거리에 따라 잘 전파되는 전파를 조사해 보면 대략 표 1-1과 같다.

표 1-1 주파수와 거리에 따라 잘 전파되는 전파

전파 거리 주파수 구분	100[km] 이내			100~800[km]		800~1,000[km]		1,000[km] 이상	
	지표파	직접파	대지 반사파	낮	밤	낮	밤	낮	밤
장 파	○			○	○	○	○	○	○
중 파	○				○				
중단파	○			○	○		○		
단 파						○	○	○	○
초단파		○	○						
극초단파		○							

[주] ○표는 잘 전파됨을 나타낸다.
100[km] 이상에 있어서는 장파 외에는 전리층파를 나타낸다.

1) 지상파의 전파

(가) 직접파

직접파는 대지면에서 접촉되지 않고 송신 안테나로부터 직접 수신 안테나에 도달되는 전파이다.

전파는 빛과 같은 전자파이므로 빛과 같이 직진하는 성질을 가지고 있기 때문에 직접파의 도달 거리는 가시 거리 이내이다. 장애물이 없는 들이나 바다 위에서는 직접파의 도달 거리는 지평선이나 수평선에 의해서 제한되므로, 송신 안테나와 수신 안테나의 높이를 높일수록 도달 거리는 길어진다.

대기의 밀도는 지구 표면으로부터 위로 올라갈수록 점차 희박해지므로 대기의 유전율이 지구 표면 근처에서 가장 크고, 위로 올라갈수록 적어져서 대기의 굴절률도 위로 올라갈수록 점차 적어지기 때문에 직접파는 그림 1-4에서 보는 바와 같이 직진하지 않고 원호를 따라 구부러져 진행하게 된다. 그러므로 전파는 기하학적 가시거리보다는 더 멀리 구부러져 도달할 수 있다.

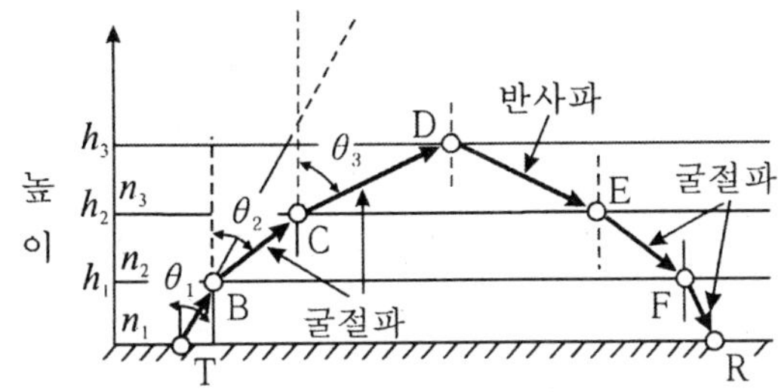

그림 1-4 대기의 굴절률과 직접파의 전파 경로(T : 송신점, R : 수신점)

그러나 전파는 직진한다고 하는 생각을 그대로 유지하는 것이 전파 통로를 나타내기 위한 지구의 프로필(profile)을 그릴 때에 편리하므로, 지구의 반지름이 대기의 굴절률 때문에 등가적으로 $\frac{4}{3}$만큼 확대되었다고 가정하면, 직접파 통로를 직선적으로 나타내어도 굴절류에 의한 효과를 나타낼 수 있게 된다.

직접파에 의한 수신 전기장의 세기(intensity of electric field)는 자유 공간의 전기장의 세로 표시되는데, 송신 전력과 안테나의 종류에 따라 다르게 구해진다.

(나) 대지 반사파의 영향

대지면에 입사된 전파는 일부가 대지 속으로 들어가서 그 에너지가 열로 소모되고, 남은 에너지는 반사되어 대기 중으로 다시 들어가는데, 여러 영향으로 인하여 광학적인 반사를 하지 못한다. 그러므로 수신점이 대지면 가까이에 있을 때엔 수신 전기장은 대지면 가까이에 있을 때에는 수신 전기장은 대지 반사파의 영향을 받게 된다.

특히, 대지는 수직 편파와 수평 편파에 대하여 반사 계수가 다르기 때문에, 두 가지 경우를 따로 따로 생각해야 한다.

수평 편파는 대지에서 반사 할 때에 위상이 180°만큼 변화되지만, 수직 편파는 위상이 변화되지 않는다.

일반적으로, 대지 반사가 존재하는 경우에는 전자파도 보통 함께 나타나므로,

수신 전기장을 구할 때에는 두 전파에 의한 전기장을 구하여 벡터적으로 합성해야 한다.

같은 송·수신 안테나 사이에서도 직접파보다 대지 반사파는 긴 통로를 거쳐 수신점에 도달되므로, 위상도 그만큼 뒤진다. 실제로, 높이 1,000[m] 이하에서 수평 거리 수 [km] 범위 내의 초단파 통신에 있어서는 대지 반사파가 대단히 중요한 영향을 끼친다.

(다) 지표파의 전파

대지를 완전 도체로 가정했을 때, 수직 접지 안테나에서 전파가 복사되면 송신 안테나로부터 먼거리에서의 파면은 가까운 것이 되어, 그림 1-5 (a)에 나타낸 것과 같이 파면이 지표에 수직이 된다.

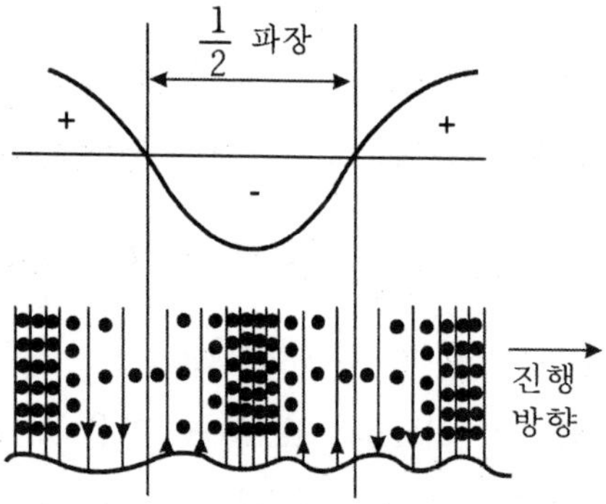

(a) 옆에서 본 전기장

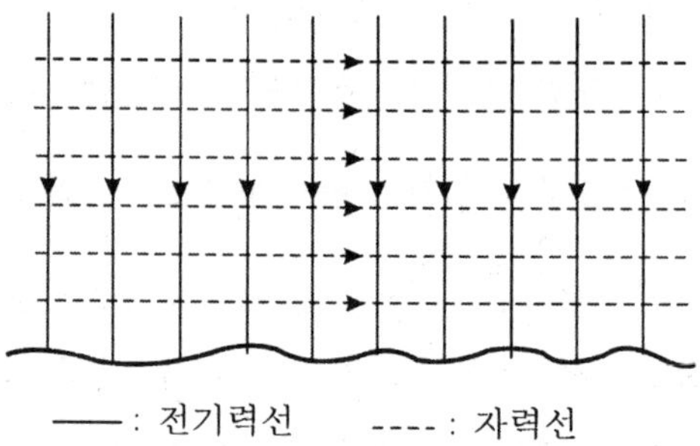

(b) 앞에서 본 전기장

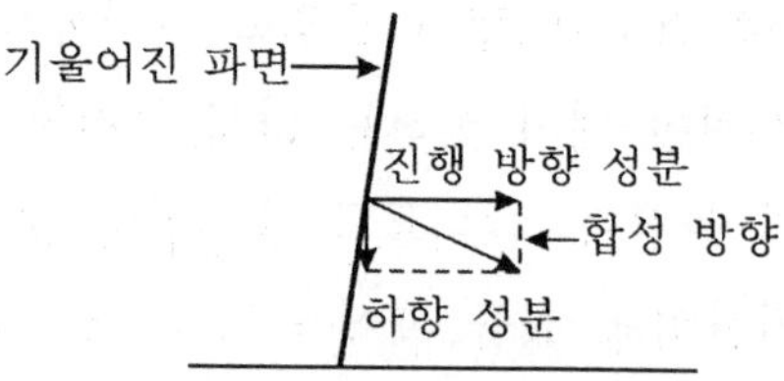

(c) 기울어진 파면과 각 방향 성분

그림 1-5 지표파의 파면

이 파면이 지표에 수직이 된다.

이 파면에 전기장은 한쪽 끝이 지표에 완전히 닿아 있어 전파가 진행할 때에 지표면을 스쳐 간다. 이 때, 자기장은 그림 (b)에 나타낸 것과 같이 지표에 평행하게 나타낸다.

(라) 전파의 회절

전파의 회절 현상을 이해하기 위해서 먼저 빛의 회절 현상을 설명하기로 한다.

광선을 불투명한 물체로 가렸을 때, 물체의 그림자는 물체 바로 뒤에서는 윤곽이 뚜렷하게 나타나지만, 뒤쪽으로 멀어짐에 따라 점차 윤곽이 흐려져서 그늘의 한계를 판별하기 어렵게 된다. 그 이유는, 빛의 회절 현상 때문에 빛이 물체의 주위로 구부러져 그늘 부분으로 진행하기 때문이며, 광선의 회절 현상은 주파수가 낮을수록, 즉 파장이 길수록 심하다.

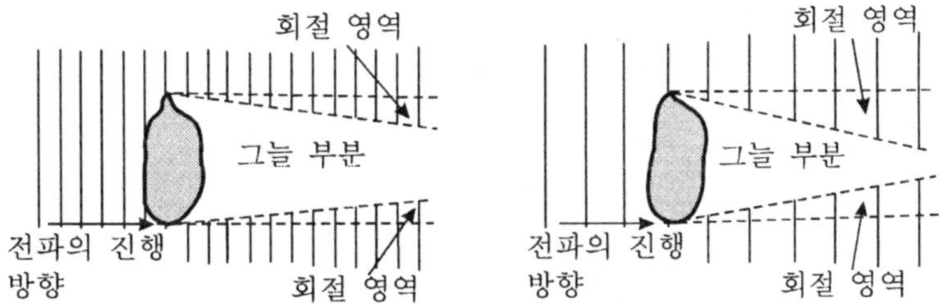

그림 1-6 전자파의 회절 현상

그림 1-6은 전자파의 회절 현상을 나타낸 것으로써, 장애물 위쪽의 그늘 부분에서도 전파가 구부러져 들어가는 것을 나타내고 있다.

무선 주파수대의 전자파는 광선보다도 파장이 훨씬 길기 때문에 회절 현상 때문에 산이나 건물 뒤쪽의 전파의 그늘에서도 수신이 가능한 것이다.

파장이 긴 장파가 가시 거리보다 먼 거리의 기하학적 그늘 부분에까지 도달되는 것도 전파가 많이 회절되기 때문이다.

전파의 회절은 초단파나 극초단파에서도 일어나는데, 언덕이나 큰 빌딩 뒤쪽 전파의 그늘진 곳에도 텔레비전 수신이 가능한 것은 이 때문이다.

2) 대류권 전파

대류권(troposphre)이란, 지표면으로부터 극지에서는 약 9[km], 온대 지방에 서는 약 10~12[km], 적도 근처에서는 약 16[km]의 높이에 있는 대류 지붕까지의 사이에 있는 공간을 의미한다. 지표면적으로부터 상공으로 올라감에 따라 기온이 낮아지지만, 어떤 높이에 도달하면 높이에 관계없이 거의 일정한 온도를 유지한다.

이것은 그 높이 이상에서는 대류가 일어나지 않기 때문으로, 이 높이를 가지는 구면을 대류 지붕 또는 지대류면이라고 한다. 대류권 내에서는 대지의 대류가 항상 일어나고 있어, 비, 바람, 눈과 같은 기상 변화를 일으키며, 기온, 습도 및 기압에 영향을 가져다 준다. 기온, 습도 및 기압의 공간적 변화와 시간적 변화는 대기의 유전율 변화의 원인이 되고, 이와 같은 유전율의 변화는 굴절률의 변화를 일으키기 때문에 전파의 전파 상태에도 영향을 끼치게 된다.

실제에 있어서는 기압보다 기온과 습도의 변동이 대류권 전파에 더 많은 영향을 끼친다. 평온한 날씨일 때의 대류권 높이와 기온과의 관계는 그림 1-7과 같다.

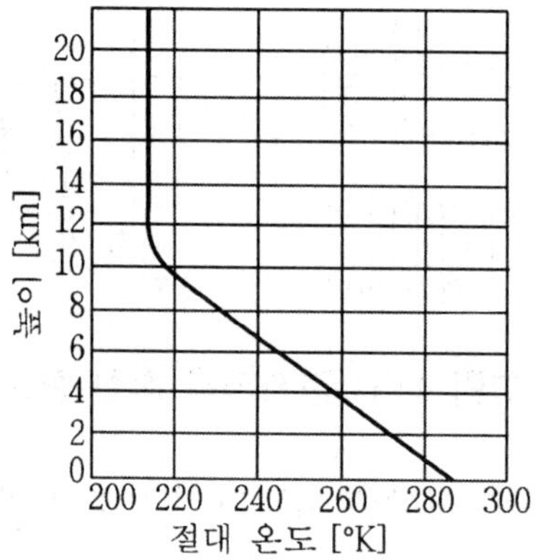

그림 1-7 대류권의 높이와 기온과의 관계

3) 전리층 전파

지구를 둘러싸고 있는 상층 대기가 태양으로부터 오는 복사 에너지에 의하여 전리된 층을 형성하고 있으며, 이로부터 전파를 반사시키는 작용을 하는데, 이 층을 가리켜 전리층(ionospheric layer)이라 한다.

그림 1-8에 나타낸 바와 같이, 지구를 둘러싼 대기층은 약 400[km] 높이까지 달하고 있다.

대기의 밀도는 지표면에서 가장 크고 위로 올라갈수록 희박해져서, 약 400[km] 높이에 도달하면 거의 진공 상태에 가까워진다.

지구 표면에서는 약 760[mmHg]이던 대기압이 위로 올라갈수록 낮아져, 약 400[km] 높이에서는 10^{-6}[mmHg] 이하로 떨어진다.

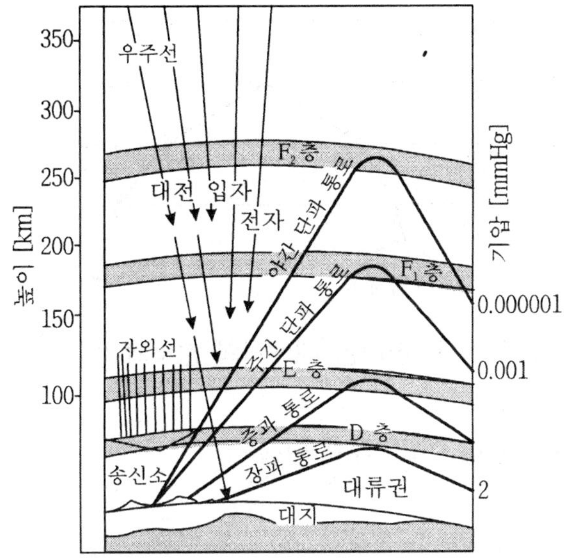

그림 1-8 지구를 둘러싼 대기권과 전리층

전리층은 비교적 대기압이 낮은 약 50~400[km] 범위의 공간에 존재하며, 그림 1-8에 나타낸 바와 같이 지상 약 100[km] 높이에 E층, 약 200~400[km] 높이에 F층이 존재한다. 이 중에서 D층은 높이가 가장 낮고, 낮에는 태양을 향하고 있는 동안에만 나타나며, 밤에는 전리된 전자들이 재결합하여 대부분 소멸되어 존재하지 않는다.

E층은 수 [MHz] 이하의 HF대 전파가 가능하고, E층 반사판에는 약 1,000[km] 이내의 통신에 있어서 중요한 역할을 한다.

보통 HF는 E층을 통과하고 F층에서 반사되어 전파된다. 국제 통신과 같은 원거리 전파의 경우에는 F층과 지면 사이를 몇 번씩 반사해 가며 전파된다.

전리층에서 전파가 반사될 때, 지상으로부터 전리층에 수직으로 입사한 전파는 어떤 주파수보다 낮으며 거의 수직 방향으로 반사하고, 그 주파수보다 높으면 투과하는데, 이 경계가 되는 주파수를 임계 주파수(critical frequency)라고 한다.

그림 1-9에 나타낸 바와 같이, 전리층을 굴절률이 단계적으로 변화하는 여러 층의 집합으로 가정했을 때, 어떤 입사각으로 입사한 전파는 각 경계선에서 굴절하고 점 C에서는 전반사되어 마침내 지구로 돌아온다.

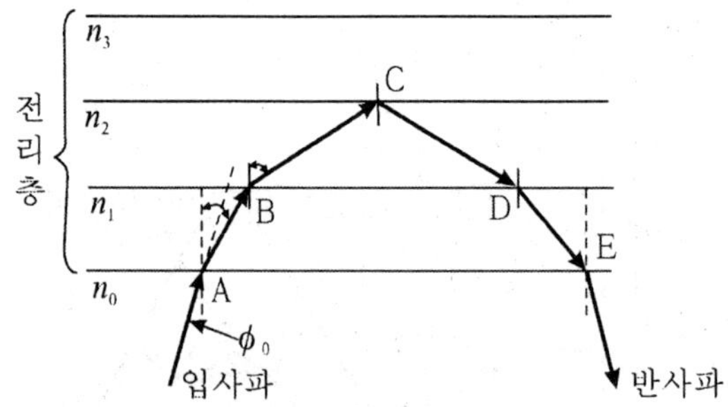

그림 1-9 전리층 내에서의 전파의 반사경로

4) 전파의 전파에 관한 여러 가지 현상

(가) 페이딩

페이딩(fading)이란, 수신 전기장의 세기가 둘 이상의 경로를 달리는 전파 사이의 간섭 사이의 간섭 또는 전파 경로의 상태 변화 등에 의해서 시간적으로 변동하는 현상을 말한다.

(나) 에코 현상

송신 안테나에서 발사된 전파가 수신 안테나에 도달하는 데에는 여러 가지 경로가 있을 수 있어, 각각의 성분이 도달하는 시간에도 약간의 차이가 생기는데, 같은 신호가 여러 번 되풀이하여 나타나는 현상을 에코(echo)라고 한다.

(다) 다중 신호

송신소로부터 전파가 정방향 및 역방향으로 진행하여 수신점에 도달하고, 그 위에 지구를 일주한 신호도 겹쳐져 그림 1-10과 같은 여러 개의 신호가 겹치는 현상을 다중 신호라고 하는데, 사진 전송시에 윤곽을 뚜렷하지 않게 하는 수가 있다.

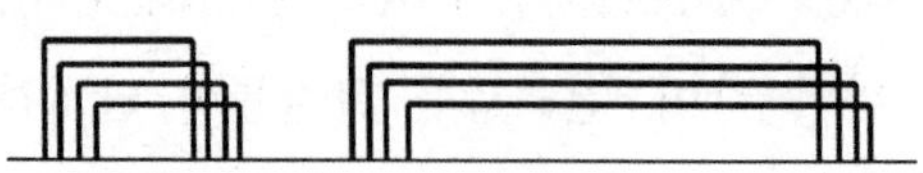

그림 1-10 다중 신호의 보기

(라) 태양 흑점의 영향

전리층의 상태는 태양과 밀접한 관계가 있음을 앞에서 배웠다. 즉, 낮과 밤, 태양의 위치가 달라지는 겨울과 여름 등에 따라서도 전리층의 상태가 크게 변화하며, 태양 흑점 수도 전리층에 많은 영향을 끼친다.

태양 흑점이 증가하면 자외선이 많이 증가되고, 또 전리층 내의 전자 밀도가 갑자기 증가하기 때문에 F층의 임계 주파수가 높아져서 높은 주파수의 전파가 잘 반사된다.

(마) 자기 폭풍

자기 폭풍(magnetic storm)은 태양 표면의 폭발이나 태양 흑점의 활동이 심할 경우에 지구 자기장이 갑자기 비정상적으로 변화하는 현상을 말한다.

자기 폭풍이 일어나면 HF 대역 통신이 불가능해지는데, 수 시간 또는 수일이 지나면 점차적으로 회복된다. 자기 폭풍이 발생하면 F_2층의 임계 주파수가 내려가고, HF대역에서는 20[MHz] 이상의 주파수에 많은 장애를 일으킨다. 그러므로 자기 폭풍이 발생되면 20[MHz]보다 낮은 주파수로 바꾸어서 통신하는 것이 좋다.

1.2 HF 통신장치

항공기를 운행함에 있어 귀의 역할을 하는 통신 수단은 기본 장비(통신장치, 항법장치, 감시장치)들 중에서 가장 빨리 도입된 것이다. 이 중에서 HF 통신장치는 주로 해상 원거리 통신에 사용 되었다.

전리층과 지표의 반사를 여러번 이용하기 때문에 전리층의 상태에 따라 통신품질이 변화하므로, 어느 정도의 불안정성을 피할 수 없다.

HF 항공 통신장치에 사용되는 통신 방식은 최근 회선수의 증가 요구에 따라 SSB(single side band) 방식이 채택되고 있는데, 현재 F_1 전신 또는 F_6 전신(항공고정국)이거나 A_3 전화(항공국)가 많고, 무선 설비도 A_1 전신 및 $F_1(F_6)$ 전신용 단일 기능의 장치이거나 같은 기재에 종단 변조용의 변조기를 부과하여 A_3 전화와의 겸용을 가능하게 한 것이 많다.

HF 대역 전파를 사용하는 HF 통신장치는 국내 항공로에서 사용되는 VHF 통신장치의 2차적인 통신 수단이며, 주로 국제 항공로의 등의 원거리 통신에 사용된다.

1. 원 리

1) 개 요

이 송·수신 장치는 표 1-2와 같이 2~25[MHz]의 범위에서 최고 144 채널까지를 수용할 수 있는 서보 동조 방식의 A_1, A_3 겸용 송·수신장치이다.

송·수신시에도 국부 발진 신호를 2중 주파수 변환시킨 회로 방식을 채용하고, 1.75~3.5[MHz] 주파수 범위는 국부 발진기 출력을 이용하며, 2~25[MHz] 범위의 출력 주파수를 연속으로 포함한다.

표 1-2 송·수신기의 주요 성능

<table>
<tr><td colspan="2">① 주파수 범위 : 2~25[MHz]</td></tr>
<tr><td colspan="2">② 채널 수 : 최고 144채널</td></tr>
<tr><td colspan="2">③ 채널 절환 시간 : 8초 이내</td></tr>
<tr><td colspan="2">④ 전파 형식 : A_1 및 A_3</td></tr>
<tr><td colspan="2">⑤ 사용 고도 제한 : 35,000[FT]</td></tr>
<tr><td>⑥ 송신 동작시
출력 : 100[W]
출력 임피던스 : 52[Ω]
스퓨리어 방사 : 40[dB] 이하
주파수 안정도 : 5×10^{-6}
<변조 특성>
주파수 범위 : 300~3000[Hz],±2[dB]
변조 능력 : 95[%]
변조 종류 : 5[%]</td><td>⑦ 수신 동작시
감도 : 3[μV] 이하 S/M 6[dB]
(1,000[Hz], 40[%] 변조)
선택도 : 6[dB]에서 6[kHz]
60[dB]에서 15[kHz]
이미지 억압도 : 60[dB], 500[mW]
AF 대역 : 300~30,000[Hz]±3[dB]</td></tr>
</table>

국부 발진 신호로서는 내장 수정 발진기 이외에 안정화 자동 발진기 등의 외부의 신호원을 사용하는 것도 있다. 이 송·수신기에서는 수정 발전기, 주파수 변환기 및 국부 발진용의 주파수 체배기 등은 송신과 수신의 두 가지 목적으로 사용되고 있다.

수신시에는 2,000~2,375[kHz]의 제1중간 주파수와 250[kHz]의 제2중간 주파수를 채용한 더블 슈퍼헤테로다인 수신기로 동작하며, 앞에서 말한바와 같이 1.75~3.5[MHz]의 국부 발진 신호에 의해 2~25[MHz]의 범위를 포함하고 있다.

송신할 때에는 내장된 250[kHz] 발진기 출력을 국부 발진 주파수(1.75~3.5

[MHz])와 주파수 변환 후 수신 할 때의 제1중간 주파수 증폭단과 공용하고 있는 동조 증폭단을 통해 얻은 2,000~3,750[kHz]의 신호를 다시 국부 발진 주파수를 홀수로 체배시킨 신호로 주파수 변환하여 동조 증폭단에 의해 2~25[MHz] 범위의 소요 반송파 주파수를 가진 여진 전압으로 종단 전력 증폭기에 공급한다.

종단 전력 증폭기는 플레이트 변조 방식의 피변조 증폭기로 부속된 위상 변별기에 의해 임의의 주파수의 여진 입력에 자동적으로 동조된 π형 동조 회로를 삽입하여 불평형 50[Ω] 부하에 100[W] 이상의 반송파 신호를 공급할 수 있다.

2) SSB 송 · 수신장치

(가) SSB 통신 방식의 원리

DBS(double side band) 방식의 경우, 주파수 성분은 그림 1-11과 같이 상 · 하측파대와 반송파의 3개의 성분으로 구성되어 있다.

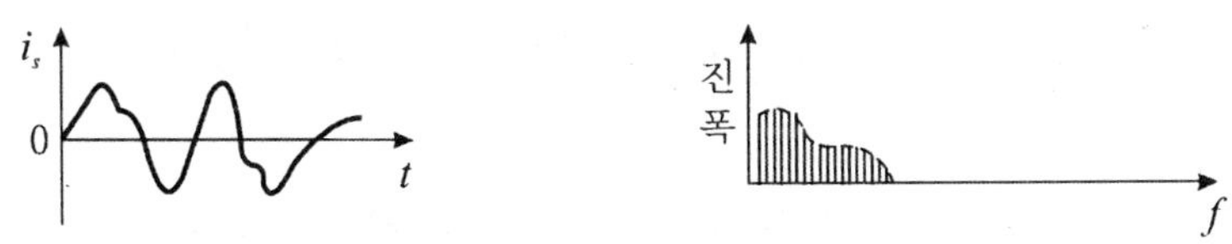

(a) 변조 신호의 파형 및 스펙트럼

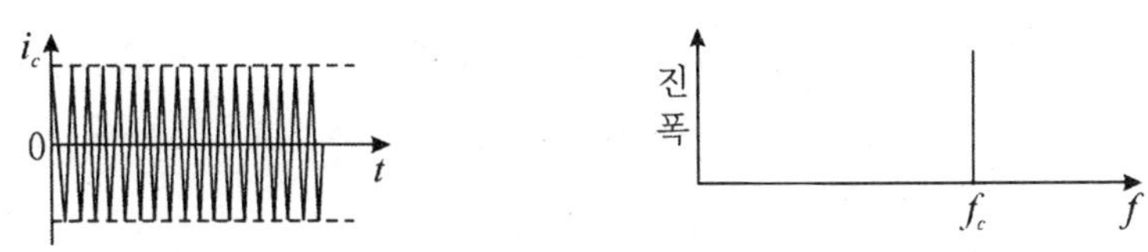

(b) 반송파의 파형 및 스펙트럼

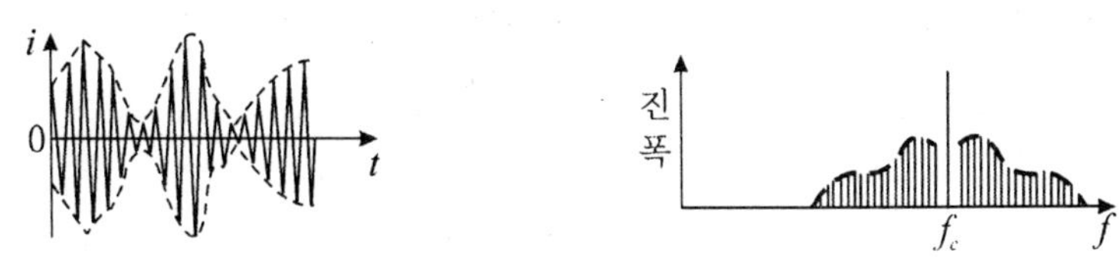

(c) 진폭 변조파의 파형 및 스펙트럼

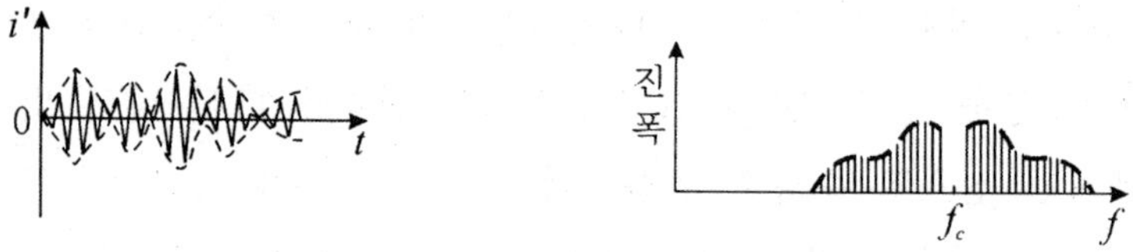

(d) 양측대파만의 파형 및 스펙트럼

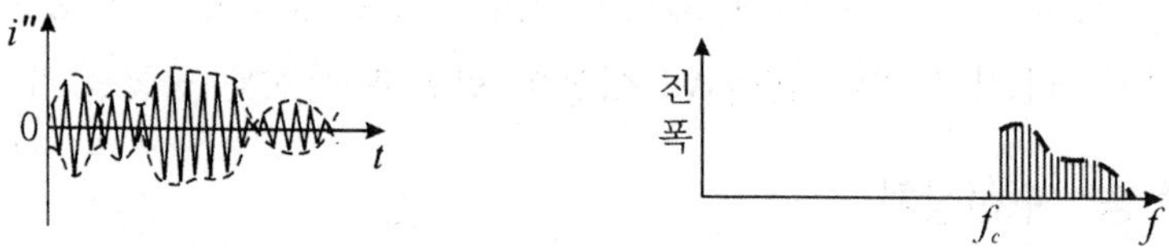

(e) SSB파의 파형 및 스펙트럼

그림 1-11 SSB 신호 발생과 파형, 주파수 스펙트럼

상측파대와 하측파대는 같은 정보를 전달하는 것이라고 생각할 수 있으며, 이들의 주파수 스펙트럼은 반송파 주파수 f_c를 기준으로 하여 상하 대칭 관계를 이루고 있다.

이러한 사실은 한쪽 측파대만을 송신하더라도 수신기 쪽에서 변조 신호를 재현시킬 수 있음을 말하는 것으로, SSB 통신 방식은 이와 같은 원리를 이용한 것이다.

SSB파를 복조하는 데에는 DSB파와 같이 포락선 검파 방법을 사용할 수는 없으므로, 수신측에서는 반송파와 같은 주파수의 국부반송파를 혼합하여 헤타로다인 검파를 하면 변조 신호를 분리해 낼 수 있다.

SSB파를 발생시키는 방법으로는, 진폭 변조한 출력을 필터를 사용하여 한쪽 측파대만을 분리하는 방법을 생각할 수 있으나, 실제로는 한쪽 측대파만을 분리하는 것이 매우 어려우므로, 그림 1-12와 같이 평형 변조기를 사용하여 반송파를 억제하는 방법이 사용된다.

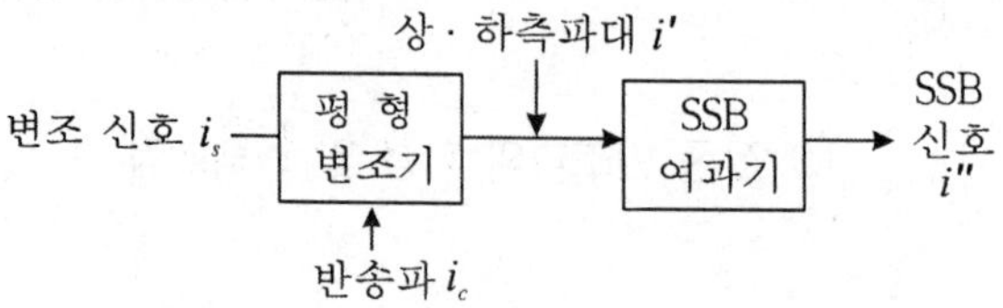

그림 1-12 SSB 변조기의 구성

평형 변조기에서는 출력 회로에 반송파와 변조 신호가 나타나지 않고 상·하측파대만 나타나므로, 출력 회로에 동조 회로를 사용하든지 또는 대역 통과 필터를 사용하여 SSB파를 얻을 수 있다.

(나) SSB파의 복조

현재, 우수한 성능을 가진 수신기에 있어서는 일반적으로 고주파 증폭부를 가지는 슈퍼헤테로다인 방식을 채택하고 있다.

수신기 쪽에서 SSB파를 복조하려면 그림 1-13에 나타낸 바와 같이 수신기 안에서 복조용 국부 반송파를 발생시켜 수신 안테나에서 들어온 SSB파와 함께 복조기에 넣어준다.

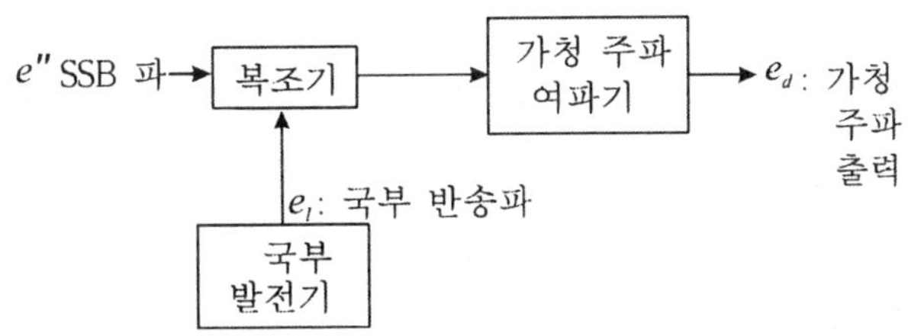

그림 1-13 SSB 복조기의 구성

(다) SSB 통신 방식의 특징

SSB 통신 방식의 특징은 그 원리상 DSB 통신 방식에 비하여 여러 가지 차이점이 있는데, 장점은 다음과 같다.

① 한쪽 측파대만을 사용하기 때문에 점유 주파수 대역폭이 $\frac{1}{2}$로 줄어든다.

② 같은 수신 전기장의 세기에 대하여 송신 전력이 DSB 방식보다 적어도 된다.

③ 송신기의 소비 전력이 DSB 방식보다 적게 받는다.

④ 선택성 페이딩의 영향을 DSB 방식보다 적게 받는다.

⑤ 수신기의 출력에 있어서 신호 대 잡음(S/N)이 개선된다.

⑥ 비트(beat) 방해가 일어나지 않는다.

⑦ DSB 방식에 비하여 송신기를 소형으로 제작할 수 있다.

위와 같은 장점이 있는 반면에, 단점으로는 송신기와 수신기는 입력에서 출력까지 직선성이 좋아야 하고, 주파수가 안정되어야 하며, 회로 구성이 DSB 방식보다 복잡하여 제작 가격이 비싼 것이 단점이다.

(라) SSB파의 점유 주파수 대역폭

현재 사용되는 SSB 통신 방식은 억압 반송파 방식이 주축을 이루는데, 이것은 반송파를 억압해서 출력에 나타나지 않게 하는 방식이고 이 밖에도 저감 반송파 방식 및 전반송파 방식 등 세 가지 방식이 있다. 이들 세 가지 방식 중 어느 것이 되든지 점유 주파수 대역폭은 DSB 방식의 $\frac{1}{2}$ 또는 그 이하가 된다. 따라서, DSB 방식의 약 2배의 통화로를 얻을 수 있다.

(마) SSB 송신기의 송신 전력

보통 DSB 송신기 출력은 반송파의 출력으로 나타내고, SSB 송신기의 출력은 첨두 전력으로 나타내기 때문에, 각 송신기의 공칭 출력으로 비교하면 SSB 송신기의 능력은 이것의 4배의 출력을 가지는 DSB의 송신기에 상당한다. 즉, 100[W]의 SSB 송신기와 400[W]의 DSB의 송신기는 거의 비슷한 정도의 통신을 할 수 있다.

2. 구 성

1) 개 요

그림 1-14는 HF 통신장치의 내부 계통의 예를 나타낸 것이다.

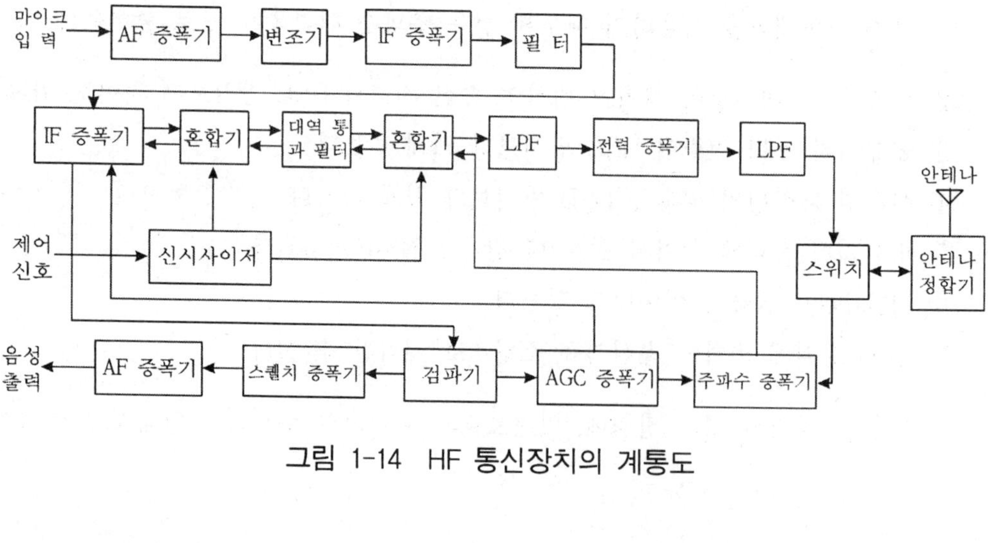

그림 1-14 HF 통신장치의 계통도

HF에서는 선택 호출장치(SELCAL : selective calling system)가 연결되어 조종사의 부하 경감을 가져오게 된다. 음성 입력 및 수신 음성 출력을 기내 인터폰 장치(interphone system)를 통하여 조종사의 송수화기와 연결된다.

제어신호는 주파수 제어 신호 데이터 베이스를 통해서 제어기와 연결된다. 최근의 제어기는 개별장치의 제어뿐만 아니라, VHF 통신장치나 각종 항법장치에도 제어하는 통합 제어기로 되어 있다. 항공기 탑재 기기는 제조 회사가 다르더라도 동일한 ARINCE의 권고를 기초로 제작된 것이라면 호환성을 가지게 된다. 다시 말하면, 내부 전기 회로가 다르더라도 외부 기기와의 인터페이스 조건이 동일하기 때문에, 제어기와 송・수신기를 같은 제작회사의 송・수신기를 대체하여 사용할 수 있다. HF 통신 장비는 그림 1-15의 계통도와 같이 대형 항공기에서는 보통 2중으로 장비하여 장치의 고장에 따른 통신의 지장을 예방할 수 있다.

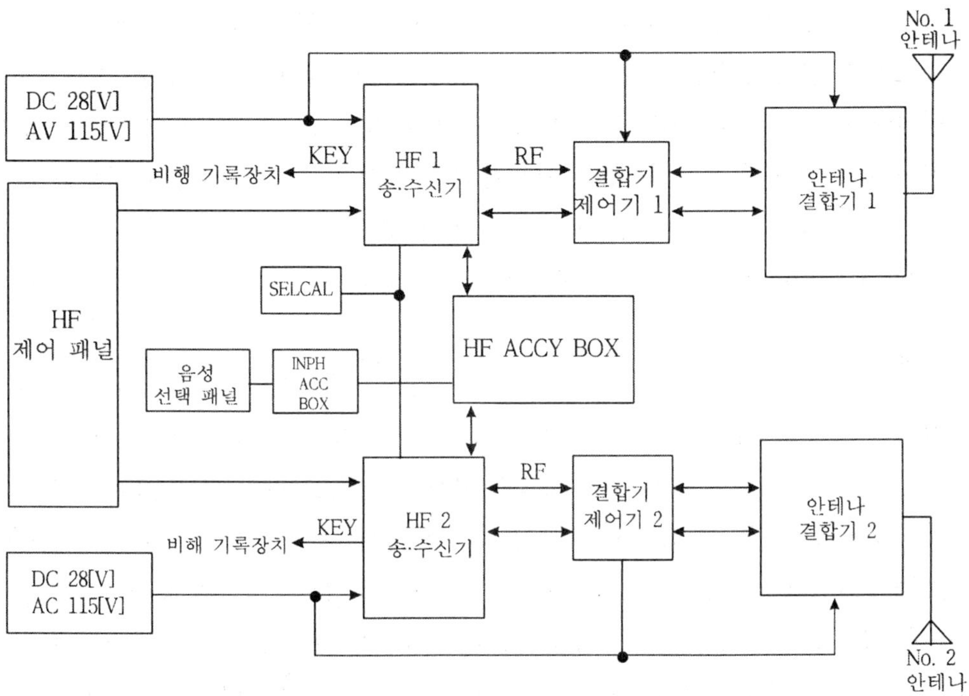

그림 1-15 HF 통신장치의 2중 계통도

2) 선택 호출장치

지상 무선국이 특징의 항공기와 교신하고 싶을 때 불러내는 장치이다. 각 항공기에는 각각 다른 코드(4개의 저주파 혼합)가 지정되어 있고, 지상국이 HF 또는 VHF 통신장치를 매개로 한 목적의 항공기에만 조종실에서 램프에 점등시킴과 동시에 차임을 작동시켜 조종사에게 지상국으로부터 부르고 있는 것을 알리는 것이다. 이 장치에 의해 조종사는 수신음성에 계속 주의를 하고 있지 않아도 지상국에서의 호출에 응할 수가 있다.

1.3 VHF 통신장치

VHF 통신장치는 조정 패널, 송·수신기, 안테나로 구성되어 있으며, 주파수 118.0~136.975[MHz]의 VHF 대역을 사용한 근거리 통신장치이다. VHF 대역의 전파는 대단히 안정된 통신이며, 안테나 계통도 소형화됨에 따라 국제선 및 공항 주변에서의 통신 연락은 대부분 이 통신장치가 이용되고 있다. 항공 회사에서는 국내선에 회사 전용의 VHF 통신의 통신망을 가지고 전 노선에 걸쳐서 공지 간의 통신 연락에 이용되고 있다. 항공기의 통신은 송신과 수신이 같은 주파수를 사용하고 있어 송신 스위치를 눌렀을 때에만 송신 상태가 되고, 그 밖에는 수신 상태로 되는 PTT(push-to-talk) 방식을 상용하고 있다.

1. 원 리

항공기 탑재용 VHF 수신기 및 송신기의 최저 동작 기준의 하나로서 미국 항공무선 기술위원회(RTCA)의 표준 조건에 따른 환경 조건의 요구 성능이 규정되고 있다. 이들 규정에는 25[kHz]와 50[kHz]의 두 가지 채널 간격이 설정되어 있으나, 현재는 25[kHz]를 사용하고 있다. VHF 통신장치와 같이 중요한 통신장치는 독립된 통신장치를 2중 3중으로 설치함으로써, 사용중인 통신장치가 갑작스럽게 고장났을 때 다른 VHF 통신장치로 전환하여 항공 통신에 지장이 없도록 하고 있다. VHF 송·수신기의 한 예로서 주요 성능을 표 1-3에, 계통도를 그림 1-16에 나타내었다. 이 송·수신기는 소형화, 경량화를 꾀한 것으로 송·수신 주파수를 발생시키기 위하여 수정 합성 위상 제어 방식의 주파수 합성기를 사용하고 있다.

표 1-3 NRA-114 VHF 송·수신장치의 주요 성능

항 목	성 능	항 목	성 능
주파수 범위	118.000~143.975[MHz]	선택도	6[dB], ±18[kHz] 이상 60[dB], ±37[kHz] 이하
주파수 채널 수	1,040		
프리셋 채널 수	20+가드채널	수신 출력	100[mW]
채널 절환 시간	25[W]	잡음 레벨	−35[dB] 이하
송신 출력	A_3	AVC 특성	입력 5[μV]~100[mW]에서 2[dB] 이내 입력 5[μV]~2[V]에서 6[dB] 이내
주파수 안정도	±0.003[%]		
채널 전환 시간	6초 이하	전원 입력	입력 20[μV](350~2,500[Hz], 80[%] 변조)에 있어서 −12[dB] 이하
감 도	입력 2[μV]에 있어서 S+N/N 6[dB] 이하		

또, 임의의 채널 주파수를 미리 프리셋 할 수 있도록 함으로써 조종사의 부담을 경감시키고 있다. 긴급 통신용으로서 중요한 121.5[MHz] 단일파만을 수신하는 가드 수신기도 내장되어 있다. 가드 수신기는 일반적인 송·수신기의 안테나와 공용으로 항상 수신 대기 상태로 되어 있다. 또 최근, 무선기 탑재 공간의 제한이 상당히 엄격한 소형 헬리콥터 등을 대상으로 조종석 앞면 패널에 정착할 수 있게 된 송·수신기도 많이 나오고 있다. 이 송·수신기는 제어기와 본체가 하나로 된 형식으로, 본체 앞면이 조작면으로 되어 있고, 원격 조작이 필요가 없게 되어 있고, 기체의 배선도 간략하게 되어 있다.

2. 구 성

1) 개 요

그림 1-16과 그림 1-17은 VHF 25[W] 송신기 및 수신기의 계통도를 나타낸 것이다.

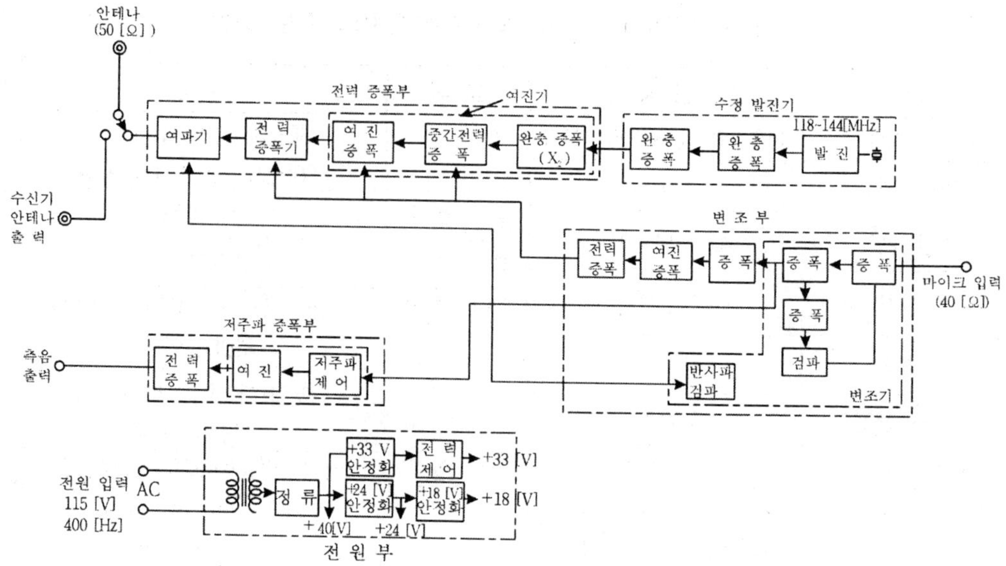

그림 1-16 VHF 25[W] 송신기 계통도

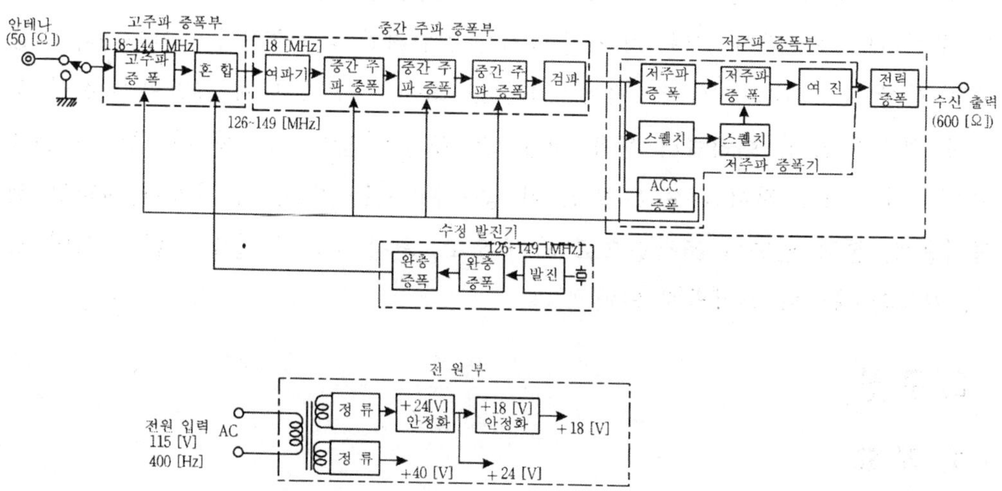

그림 1-17 VHF 25[W] 수신기 계통도

이 송·수신기는 주파수 범위 118~144[MHz]인 A_3 전파용의 송·수신기이다. 송신기는 공대역 증폭기에 의해 비동조형으로, 송·수신기 주파수 118~144[MHz]가 송신용 수정 발진기로부터 직접 발생되고, 이 출력을 여진부에서 10[W] 정도까지 증폭하고, 전력 증폭부에서 다시 25[W]까지 증폭한다. 변조는 중간 증폭부, 여진부 및 전력 증폭부를 거쳐 소위 다단 컬렉터 변조로 되어 있다. 변조기는 전력 증폭부의 과부하를 보호하는 보호 회로 및 과변조 방지 회로를 포함하고 있다. 수신기는 거의 IC화 되어 있으며, 가변 용량 다이오드에 의한 전기적인 동조 방식에 의하여 118~144[MHz]의 임의의 주파수에 동조하는 것이고, 동조 전압은 수정 발진기에 삽입한 가변용량 다이오드 제어 전압 발생 회로로 동작 하고 있다.

2) VHF 장치의 구비 조건

기상 VHF 송신기의 설계에 있어서는 RTCA, ARINC 등의 규격은 물론, 그 중에서 여러 종류의 요구 조건을 고려할 필요가 있다. 특히, 탑재용 기기 특유의 엄격한 환경 조건으로 충분한 성능을 발휘하고, 또 소형 경량, 높은 신뢰도, 양호한 정비 등의 요구 조건이 만족 되어야 한다. VHF 송·수신기는 종전부터 AM(amp-litude modulation) 변조 방식이 사용되고 있으므로, AM 송·수신기로서의 변조 회로부의 효율을 높이고 소비 전력을 극소화하는 설계가 필요하게 되었다. 또, 제어기는 조종사 또는 부조종사가 직접 조작하는 부분이므로, 여기에는 인간 공학적 배려가 필요하다. 이와 같이, VHF 통신기의 설계는 상당히 넓은 범위에 대한 고려가 필요하지만, 다음에 구체적인 사항에 대하여 개략적으로 설명하기도 한다.

(가) 송신 잡음

송신 잡음은 희망 송신파에 부수하여 안테나에 의해 방사된 잡음 에너지이다. 송신기 출력에 있어 송신 출력 신호의 반송파 대 잡음 전력비(C/N)는 어떤 유한한 값을 가지고 있고, 또 송신기의 주파수 선택 특징은 전자관식의 송신기에서도 그다지 예민하지 않기 때문에, 신호와 공존하는 잡음 성분도 희망 송신파의 양쪽 ±수[MHz]에 걸쳐 증폭되고 안테나에 의해 방사된다. 송신기의 경우에는 대전류 동작과 그 광대역성 때문에 방사 잡음이 특히 커서 ±10[MHz] 또는 그 이상의 주파수인 경우도 드물게 나타난다. 이와 같은 불필요한 방사 잡음은 VOR 수신기와 ILS(instrument landing system) 수신기에 영향을 주기 때문에, 항공기에서 처럼 안테나 사이의 절연을 충분히 기대할 수 없는 경우에는 송신기 출력에서 가변 대역을 필터를 삽입하여 제거하는 등의 배려가 필요하다.

(나) 자동 이득 조절(AGC) 회로

항공기의 경우에는 지상 송신 안테나와 상당히 접근된 점에서 수신하는 것과, 또 감도 최대의 원거리 지점에서 수신하는 것이 있기 때문에, 자동 이득 조절

(automatic gain contron, AGC) 동작 범위를 충분히 넓히고 TV의 수신기 입력에 대해서도 브로킹을 고려할 필요가 있다.

(다) 스켈치 회로

스켈치(squelch)는 신호 입력이 없을 때에 임펄스성 잡음에 의해 동작되며, 또 신호를 수신할 때에 스켈치가 동작되어 있을 경우에는 백색 잡음이 가해져도 동작이 멈춰서는 안된다. 일반적으로, 수신 신호의 반송파를 수신하여 스켈치 동작을 하는 반송파 스켈치 방식보다 수신 신호에 의한 수신기 잡음의 변화를 검지하는 잡음 스켈치 방식이 사용되고 있다. 스켈치 응답 속도는 신호가 도래해서부터 수신 출력이 나올때까지의 시간을 300[ms] 이하, 또 도래 신호가 없게 된 시간에서부터 수신기 출력이 없어지게 될 때까지의 시간을 100~500[ms] 정도로 설계해야 한다.

1.4 UHF 통신장치

UHF 통신장치는 225[MHz]에서 400[MHz]의 주파수 범위에서, A_3 전파의 단일통화 방식(송·수신을 교대로 한다.)에 의해 항공기와 지상국 또는 항공기 상호간의 통신에 사용되고 있으며, 현재 각국에서 군용 항공기에 한정되어 사용하고 있다.

1. 원 리

UHF 대역 전파는 가시 거리 내로 한정되어 있어 원거리 통신은 곤란하다. 그러나 공전의 방해가 없어 근거리용으로서 양호한 통신을 할 수 있는 이점이 있다. 일반적으로, 기상 송신기의 송신 출력은 10~30[W]이다. UHF 통신은 위에서 설명한 바와 같이 근거리용이므로, 이것을 장치한 항공기는 항행에 있어서 항로상에 설치되어 있는 다수의 지상국과 순차적으로 주파수를 절환하여 교신하면서 비행하게 된다. 그러므로 주파수 절환은 조종석에서보다 원격 제어에 의해 신속하고 확실하게 해야 하고, 송신기는 전기적 또는 기계적인 자동 동조의 기능을 갖추고 있다. 표 1-4는 대표적인 UHF 통신장치의 주요 성능을 나타낸 것이다. 이 장치는 긴급 통신용 단일파의 고정 수신기인 가드 수신기가 장치되어 있어, 항공기는 사용중인 주파수에 관계없이 항상 가드채널(243[MHz])을 수신할 수 있다. UHF

통신장치의 가드 채널인 243[MHz]는 VHF 통신장치의 채널인 121.5[MHz]의 거의 2배의 주파수 관계로 되어 있다.

표 1-4 대표적인 UHF 통신장치의 주요 성능

항 목	성 능	항 목	성 능
주파수 범위	225.00~399.95[MHz]	선택도	6[dB], 44[kHz] 60[dB], 90[kHz]
주파수 채널 수	3,500		
프리셋 채널 수	20+가드 채널	수신 출력	100[mV]
채널 절환 시간	4초 이하	음성 주파수 특성	1[mV] 입력으로 300~6,000[Hz]에 있어서 1,000[Hz]에 비해 $^{+1}_{-3}$[dB] 이내
송신 출력	30[W]		
주파수 안정도	±2[kHz] 이내		
감 도	입력 3[μV]에 있어서 S+N/N 10[dB] 이상	잡음 레벨	1[mV] 입력에 있어서 −40[dB] 이하
		전원 입력	400[Hz], 115[V] 3 이상

2. 구 성

그림 1-18은 UHF 30[W] 송신기의 계통도를 나타낸 것이고, 그림 1-19는 수신기의 계통도를 나타낸 것이다. 이 장치는 주파수 범위 225~400[MHz]의 A_3 전파용 송신기 및 수신기이다.

송신기는 다단 켈렉터 변조로 수정 발진기를 3체배하여 소정의 주파수를 얻는다. 전력 증폭기는 여진기 출력을 전력 분배기에 의해 결합시키고, 2개의 출력을 다시 조합기에 의해 결합시켜 최종 출력을 얻는다.

수신기는 수정 제어 더블 슈퍼헤테로다인(double superheterodyne) 방식의 수신기로 되어 있다.

고주파 회로의 동조는 트리머(trimmer) 콘덴서에 의한 각 단독 동조로 되어 있다.

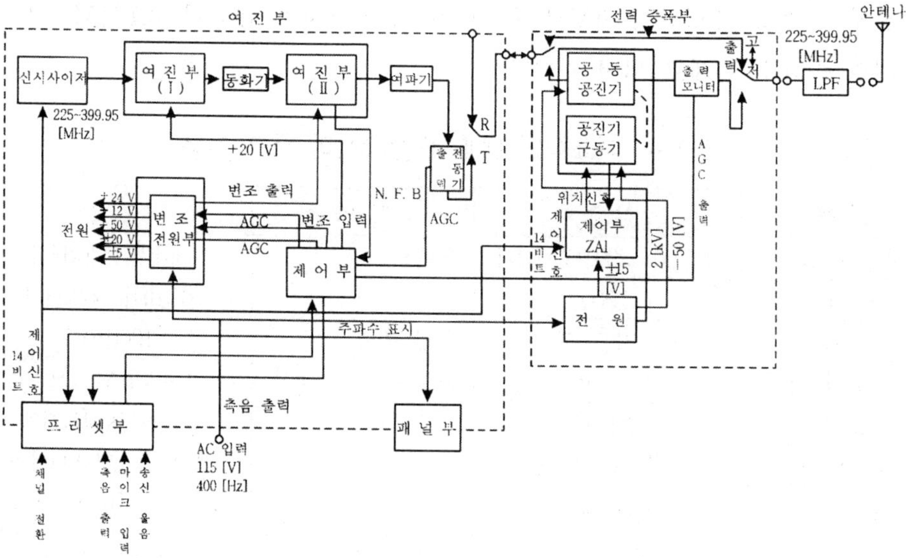

그림 1-18 UHF 30[W] 송신기 계통도

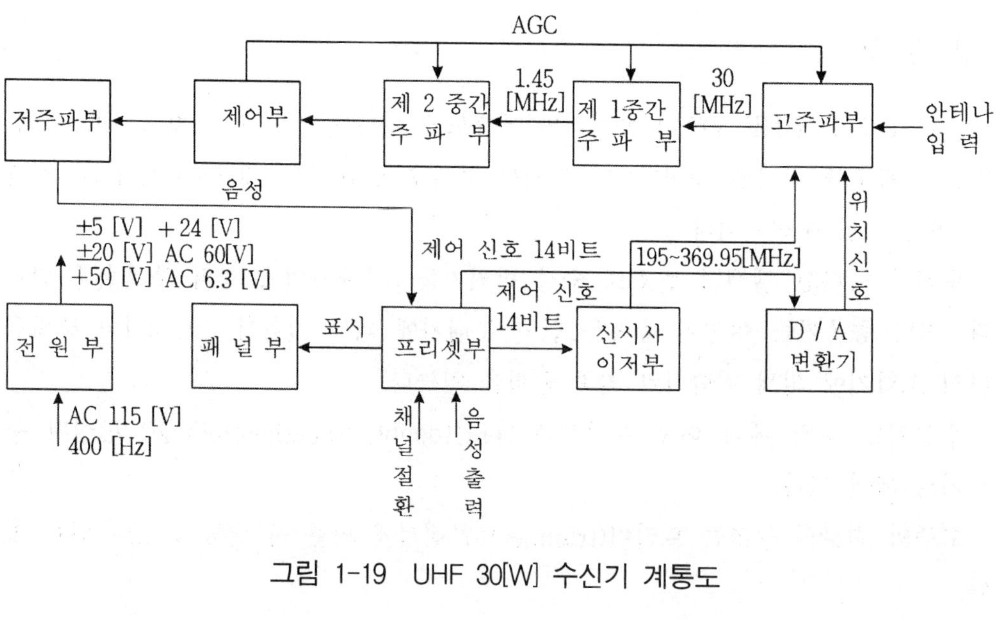

그림 1-19 UHF 30[W] 수신기 계통도

1.5 항공기 안테나

항공기에는 각종의 통신장치, 항법장치 때문에 송·수신용 안테나가 부착되어 있다. B-747기에서는 그 수가 25개나 된다. 역사적으로는 통신용이 처음이며, 초기의 항공기에는 무선 통신용의 안테나가 실려 있는데 불과하였지만, 오늘날에는 항법장치의 종류가 증가하여 항법용 안테나가 대부분이다. 그림 1-20은 대표적인 민간기의 안테나를 나타낸 것이다. 이와 같이 안테나 수가 증가한 것은, 현대 항공기가 정밀도가 높은 항법을 필요로 하는 한편, 전자공학의 진보에 의해 소형, 경량으로써 정밀도 및 신뢰도가 높은 전자 항법장치가 개발되었기 때문이다. 안테나 수가 많은 것 뿐만 아니라, 이용하는 주파수가 장파에서 극초단파까지 대단히 광범위해졌기 때문에 안테나의 형태도 다양하다. 일반적으로, 주파수가 낮을수록 안테나는 크게 된다.

저속기에서는 장파, 중파, 단파용으로 기체 외부에 붙인 와이어 안테나(wire antenna)를 이용하다가 고속기에서는 공기 저항을 줄이기 위해 기체의 외피의 일부를 안테나로 사용하거나, 기체 내부에 내장하는 플러시형(flush type)을 사용한다. 기체 외부에 붙이는 것은 키가 작고 저항이 적은 초단파 이상의 주파수용의 것이 많다.

안테나에는 모든 방향에 균일하게 전파를 송・수신하는 무지향성의 것과 특정 방향으로만 송・수신하는 지향성의 것 등이 있다. 항공기에서도 용도에 따라 이용하는데, 전자의 예로는 방향 탐지기의 루프 안테나가 있다. 또, 예민한 지향성을 가진 안테나를 회전한다든지 왕복 운동을 시킨다든지 하여 넓은 범위를 탐지하는 스캐닝 안테나(scaning antenna)도 있는데, 이는 기상 레이더에 이용되고 있다.

그림 1-20은 B-747의 안테나 위치를 나타낸 것이다.

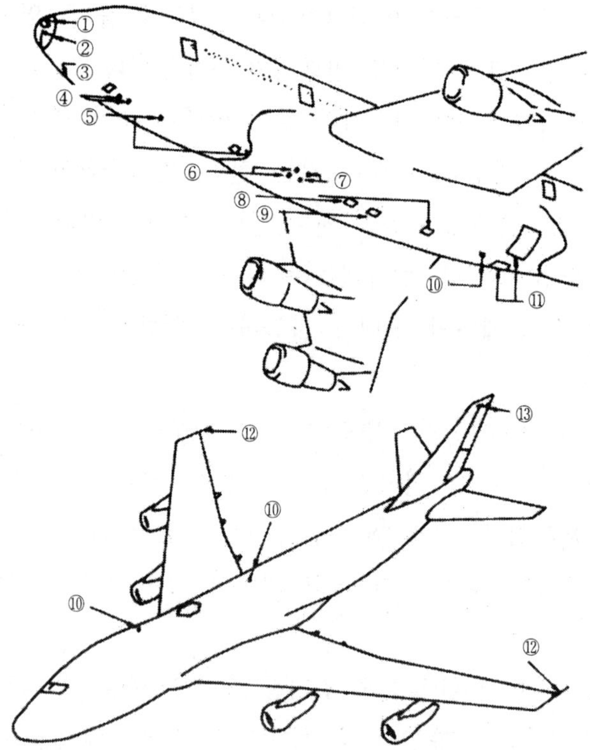

① 기상 레이더 : 송·수신용 접시형 안테나(radome 내)
② 로컬라이저(localizer) : 수신용 다이폴 안테나(radome 내)
③ 글라이드 슬로프(glide slope) : 수신용 슬롯형(slot type)
④ ATC 트랜스폰더 : 송·수신용 블레이드형(blade type)
⑤ 거리 측정 시설 : 송·수신용 블레이드형
⑥ 전파 고도계 : 수신용 나팔형(horn type)
⑦ 전파 고도계 : 수신용 나팔형
⑧ 방향 탐지기 : 수신용 루프 안테나
⑨ 마커 비컨(marker bacon) : 수신용 원통형(cavity type)
⑩ VHF 통신 : 송·수신용 불레이드형
⑪ 방향 탐지기 : 블레이드형
⑫ HF 통신기 : 탐침형(probe type)
⑬ VOR 수신용 다이폴 안테나

그림 1-20 B-747 안테나 위치

1. 와이어 안테나

시속 약 300마일 이하로 운항하는 항공기의 HF와 LF/MF 자동 방향 탐지기(ADF)에 요구되는 센스 안테나(sense antenna)와 7[MHz] 마커 비컨 수신을 위한 안테나에는 일반적으로 와이어 안테나(wire antenna)를 사용한다.

와이어 안테나의 특성은 그들의 위치와 항공기의 크기와 모양, 운용 주파수 등에 따라 크게 변한다. 방사 패턴은 수평, 수직 성분과 방향에 따라 개별적인 크기로 결정된다. 와이어 안테나는 결빙이 발생하는 것을 최소화하기 위하여 비행중 평행이거나 20°의 각을 넘지 않도록 설치해야 한다. 또 진동이 심하므로 기계적 형태가 변형되지 않도록 유의해야 한다.

트레일링 와이어(trailing wire) 안테나는 소형 저속 항공기에 적합하며, 실제로 HF 통신장치가 이용되는 곳에 가끔 쓰인다. 그러나 이러한 형태의 안테나는 오늘날에 거의 사용되지 않는다.

고정된 동조 HF 통신장치는 각 주파수에서 최대 방사를 얻기 위한 동조 소자가 필요하다. 소수의 채널을 사용 할 때에는 간단한 탭회로를 사용하여 안테나의 길이를 변화시켜 주는 효과를 얻을 수 있으며, 송·수신기의 주파수 변환시 계전기 등을 이용하여 탭이 자동 전환될 수 있도록 한다. 그러나 대부분의 안테나의 경우에는 복잡한 동조 회로를 통하여 다양한 주파수 변화에 따라 자동 동조될 수 있도록 하고 있다.

2. 로드 안테나

100[MHz]에서 유효 $\frac{1}{4}$파장 안테나의 길이는 75[cm] 정도이다.

이런 단위는 안테나를 수많은 방법으로 설치할 수 있음을 시사한다. 그림 1-21은 소형 항공이 밑면에 장치된 수직 VHF 안테나의 모양을 나타낸 것이다.

저렴한 로드 안테나(rod antenna)가 경비행기에서 좋은 성능을 발휘하지만, 보다 큰 기계적 압력 때문에 높은 속도에서는 부적당하다. 통신 안테나를 모든 방향에서 거의 같은 질의 송신과 수신을 할 수 있는 전방향 서비스를 위하여 수직 형태로 설계하는 것은 중요한 일이다.

그림 1-21 수직형 통신 안테나

일반적으로, VHF 항법 신호는 수평으로 분극되므로, 항법 안테나들은 이에 따라 설계되어야 한다.

3. 수평 비(Vee) 안테나

이 안테나는 토끼 귀 모양으로 된 텔레비전 안테나와 비슷하다. 비 안테나는 완전하게 단일 방향으로 만들 수 없는 결점이 있다. 그러나 이것은 본래의 요구가 보통 항공기의 세로축을 따라 받아들여지는 것이므로 큰 결점은 아니다. 이러한 형태의 안테나는 저속 항공기에서 적합하다.

그림 1-22 수평 비(Vee) 안테나

그림 1-22는 경비행기의 수직 꼬리 날개에 설치된 수평 비(Vee) 항법 안테나를 나타낸 것이다.

4. 블레이드 안테나

고속 항공기의 안테나는 공기 저항을 최소로 받게 설계하여 안테나를 매설한 유리 섬유 구조의 밀폐된 매질로 구성되어 있다. 소자들은 가능한 한 작아야 하며, 계획된 주파수 범위 내에서 최적 운동을 유지하는데 필요한 물리적 크기에 의해 제한된다.

그림 1-23 2개의 VHF 안테나가 결합된 예

그림 1-23은 하나의 구조로 된 2개의 VHF 안테나의 조합을 나타낸 것이다. 수직축은 통신 목적을 위한 수직 안테나로 되어 있으며, 항법 비 안테나는 꼭대기의 뒤로 벌어진 수평 구조에 포함된다.

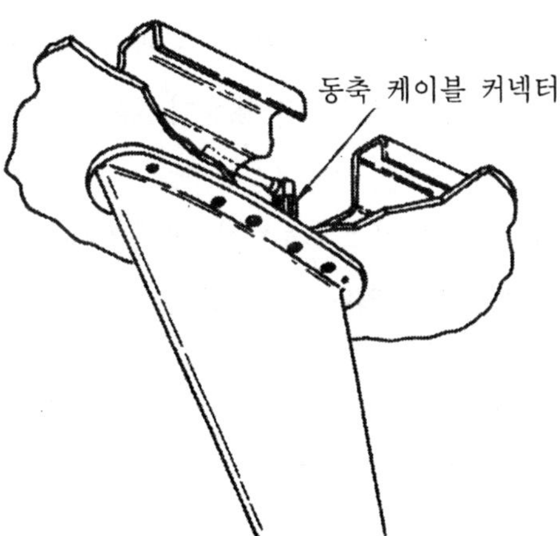

그림 1-24 최신 항공기의 수직 VHF 안테나

그림 1-24는 최신 항공기의 수직 VHF 통신 안테나만의 구조를 나나낸 것이다. 이 형태는 고속의 제트 여객기에 공통적으로 이용된다.

5. 접시형 안테나

포물선의 중심축을 축으로 하여 한 바퀴 회전 시켰을 때에 생기는 곡면을 회전 포물면이라고 하는데, 이와 같은 모양의 반사기를 가진 안테나를 접시형 안테나(parabolic antenna)라고 한다.

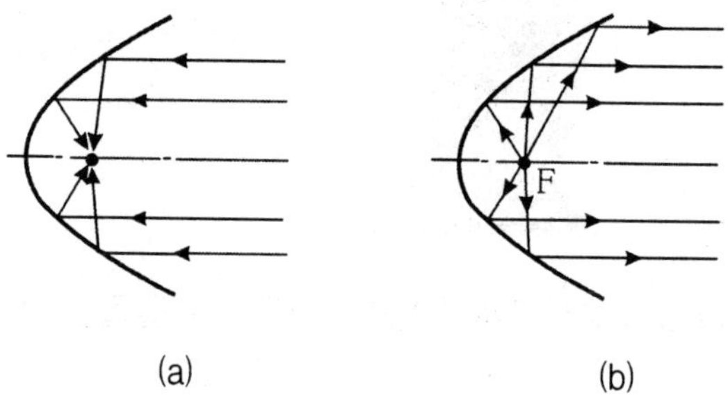

그림 1-25 회전 포물면 반사기의 작용

그림 1-25는 이런 반사기에서의 전자파의 반사 모양을 나타낸 것이다. 즉, 그림 1-25에서 중심축에 평행하게 입사된 전자파는 반사되어 초점에 모이게 되고, 초점의 위치에 놓은 복사기로부터 복사된 전자파 중에서, 접시형 반사기에서 반사된 전자파는 중심축에 평행하게 진행되어, 지향성이 높은 예리한 전자파 빔을 만들 수 있게 된다.

항공기에서 사용되는 레이더는 주로 접시형 반사기를 사용하는데, 대표적인 접시형 안테나로서는 기상 레이더가 있다.

6. 그 밖의 안테나

1) 슬롯 안테나

도파관의 한쪽 끝을 금속판으로 단락시키고 거기에 길이 $\frac{\lambda}{2}$의 슬롯으로 전기장과 직각이 되게 열어 주면, 전자파의 복사기로 쓸 수 있게 된다. 그러나 이 복사기는 다이폴 안테나와 마찬가지로, 슬롯의 길이가 $\frac{\lambda}{2}$가 되지 않을 때에는 공진 주파수가 틀려져 복사 능률이 나빠지기 쉽다. 이 슬롯 안테나는 보통 접시형 안테나의 여진용 또는 항공기용 레이더의 복사기로 사용되는데, 항공기에서는 글라이드 슬로프의 수신용 안테나로 사용된다.

2) 나팔형 안테나

도파관의 한끝에서 전자파를 전송하고 다른 끝을 개방시키면 도파관 속을 전파해 온 전파는 개방단에서 공간으로 복사되어 도파관축 방향으로 전자파 에너지가 집중되어 전파되는 지향성을 가지게 된다. 이와 같은 현상은 직사각형 도파관이나 원형 도파관에서 다 같이 일어나며, 그 단면적을 크게 할수록 지향성은 높아진다. 항공기에서는 전파 고도계에 사용된다. 전자 나팔의 종류는 그림 1-26과 같은 것이 있다.

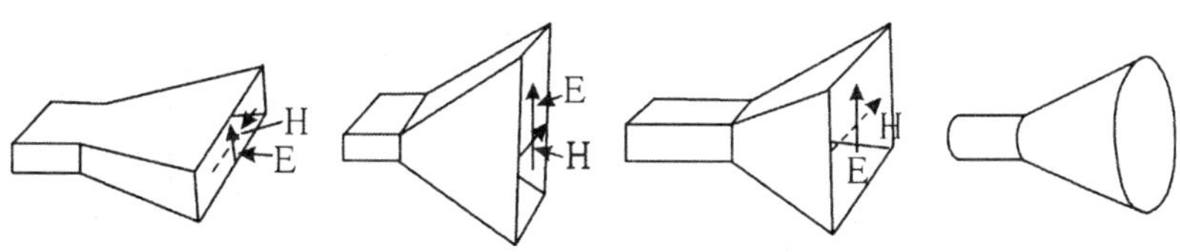

(a) 부채꼴 나팔 (b) 부채꼴 나팔 (c) 각뿔형 나팔 (d) 원뿔형 나팔

그림 1-26 여러 가지 전자 나팔

1.6 기내 인터폰 및 방송장치

1. 운항 승무원 상호간 통화장치(Flight Interphone System)

조종실 내에서 운항 승무원 상호간의 통화 연락을 위해 각종 통신이나 음성 신호를 각 운항 승무원석에 배분한다. 서로 간섭받지 않고 각각의 승무원석에서 자유롭게 선택, 청취할 수 있고 각각의 승무원석의 마이크로폰으로부터 자유로이 송신할 수 있다.

2. 승무원 상호간 통화장치(Service Interphone System)

비행 중에는 조종실과 객실 승무원석 및 갤리(galley) 간의 통화 연락을, 지상에서는 조종실과 정비, 점검상 필요한 기체 외부와의 통화 연락을 하기 위한 장치이다. 다만, B-747에서는 정비용으로만 사용된다. 정비용으로 통화할 경우, 기체 외부에서 핸드 마이크로폰과 헤드세트의 단자를 연결하여 사용한다.

3. 캐빈 인터폰장치(Cabin Interphone System)

이 장치는 B-747에 장치되어 있으며, 조종실과 객실 승무원석 및 배치로 나누어진 객실 승무원 상호간의 통화 연락을 하기 위한 전화장치이다. 이것은 통화의 우선 순위를 부여하는 기능이 있다. 예를 들면, 기장의 지시가 통화에 들어갔을 경우, 그 때까지의 통화는 차단되고, 조종사의 지시가 자동적으로 연결된다. 그림 1-27은 캐빈 인터폰장치의 계통을 나타낸 것이다.

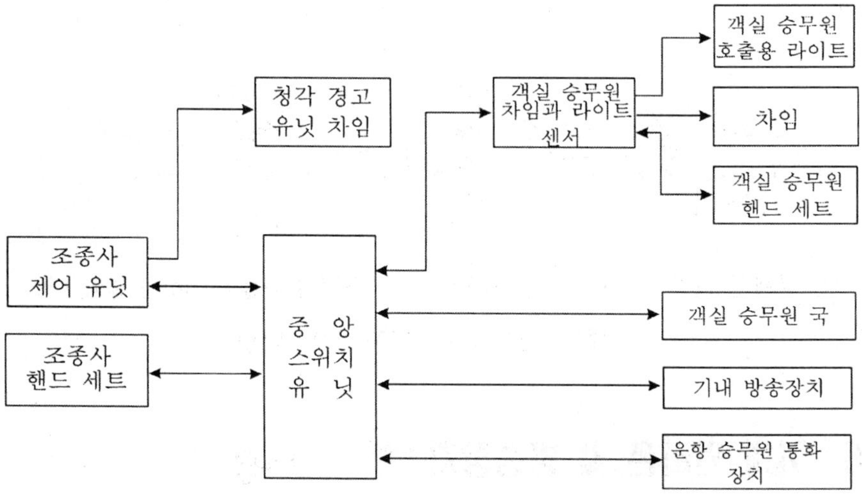

그림 1-27 캐빈 인터폰장치의 계통도

4. 기내 방송장치(Passenger Address System)

조종실 및 객실 승무원석에서 승객에게 필요한 정보를 방송하기 위한 기내 장치이다. 마이크로폰에 들어온 음성은 증폭기에서 확대되어 기내의 많은 스피커에서 동시에 객실에 방송된다. 이 밖에 테이프 재생장치에 의해 음악을 방송하며, 캐빈 인터폰장치와 같이 방송에 우선 순위를 부여하는 기능을 가지고 있다.

5. 오락 프로그램 제공장치(Passenger Entertainment System)

승객에게 영화, 연예 등 오락 프로그램을 제공하는 장치로서, 승객은 각각의 좌석에 앉은 채 영화를 본다든지, 좌석에 있는 채널 선택기로 선택한 프로그램을 이어폰으로 들을 수 있다. 승객이 이어폰을 사용하고 있을 때에 승무원이 기내 방송을 하면 자동적으로 프로그램이 일시 중단되고, 이어폰에서도 기내 방송을 들을 수 있다.

프로그램에 이용되는 장치는 테이프나 영사기가 사용되며, ARINC574에 의거하여 대중화 기술을 채용하기 때문에, 영화 음성 등을 시분할 디지털 처리하여 몇 개의 동축케이블에 의해 각 좌석까지 전송시킨 다음, 각 좌석의 제어기로 최대 12 프로그램을 각 승객이 자유로이 선택하여 청취할 수 있는 다중 전송장치(multiple-x system)와 채널 수에 해당하는 직접 전선을 끄는 하드 와이어드장치(hard wi-red system)가 있다.

1.7 그 밖의 통신장치

1. 마이크로폰

현재 사용하고 있는 마이크로폰의 가장 오래 된 형태는 탄소형이다. 이것은 진동판 뒷면에 입자들이 들어 있는데, 음압이 진동판을 진동시키게 되면 탄소 입자들이 이 진동에 따라 탄소 입자를 통해서 흐르는 전류에 대해 가변 저항 역할을 하게 된다. 이러한 마이크로폰의 형태는 그림 1-29에 간단히 나타낸 바와 같이 가변 저항소자가 된다.

그림 1-28 잡음 제거 탄소 마이크로폰

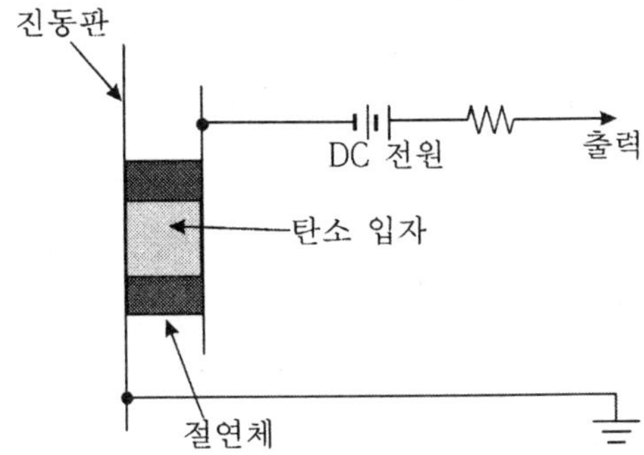

그림 1-29 탄소 마이크로폰의 원리

이것은 낮은 임피던스(탄소 입자는 평균 150[Ω] 정도)를 가지고 2.5[Vrms] 정도의 출력을 가진다. 저항은 진동판이 진동할 때에 음성 레벨에 따라 50~300[Ω]까지 변화한다.

이것은 그림 1-29에서 보는 바와 같이 직렬로 큰 저항을 연결시켜 사용한다. 모든 항공기의 마이크로폰과 이동 통신을 위한 것들은 잡음 제거 원리를 이용한다. 그 특징은 그림 1-30에서 볼 수 있다. 조종실의 주위 잡음은 불규칙한 모양이며, 이것은 모든 방향으로부터 생기는 것이다. 그러나 조종사의 음성은 단일점에서 생긴다. 가까운 점의 소리에 응답하는 진동판을 설계하여 원하지 않는 신호를 제거하는데, 이러한 이유 때문에 항공기의 마이크로폰은 입에 가까이 대어야 한다.

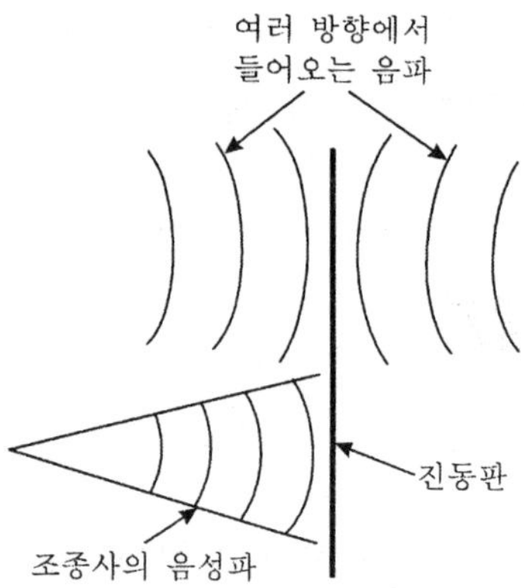

그림 1-30 잡음 제거의 원리

현재 사용되고 있는 마이크로폰의 다른 형태는 다이나믹형인데, 이 형은 자기장 중에 위치한 코일을 가지고 있다. 진동판의 이동에 의한 코일의 이동은 변조 음성에 직접 관계하는 적은 전류를 발생하는데, 이때 발생된 전류가 매우 적으며 IC화된 전압 증폭기를 마이크로폰에 포함시킨다. 증폭기는 마이크로폰을 작동하도록 하는데 사용된 것과 같은 전류에서 동작하도록 한다.

다이나믹 마이크로폰은 탄소 마이크로폰보다 높은 임피던스를 가진다. 이 밖에 압전 소자 마이크로폰 등 여러 가지 형태들이 개발되어 사용되고 있다. 예를 들면, 압전 소자 마이크로폰은 로셸염 결정체로부터 잘라 낸 2개 또는 그 이상의 칩을 사용한다. 압전 소자 마이크로폰은 높은 임피던스를 가지며, 높은 임피던스 회로에 연결하여 사용하는데 적합하다.

종래의 콘덴서의 원리를 응용한 콘덴서 마이크로폰 형태의 일렉트릿(electret)형도 있는데, 전치 증폭기를 필요로 한다.

2. 헤드세트

헤드세트는 일반 트랜지스터 라디오에서 사용되는 것과 같은 형의 작은 것과 귀를 덮는 큰 형태 등의 것이 있는데, 종래의 것은 2,000[Ω]의 임피던스를 가진 것이 대부분이었으나, 근래에는 600[Ω] 임피던스의 것이 표준화 되고 있다. 이 헤드세트는 스피커 회로와 연결하여 사용할 수 있도록 되어 있다. 그림 1-31은 마이크로폰과 헤드세트의 종류를 나타낸 것이다.

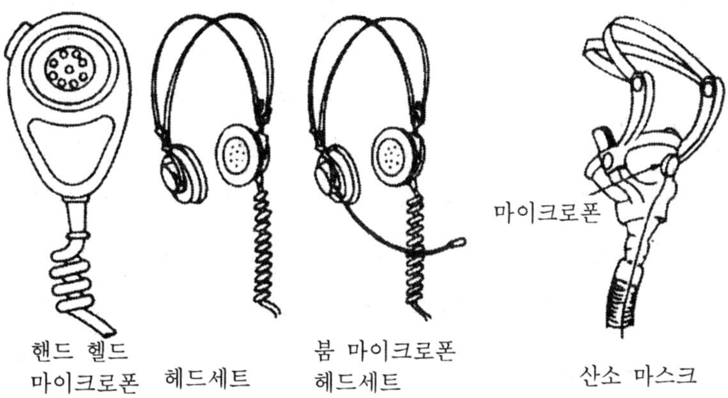

그림 1-31 마이크로폰과 헤드세트의 종류

1.8 미래의 통신 시스템

1. 개 요

현재 항공 교통 관제 업무시 항공기와 지상 관제소간에는 주로 음성에 의한 공지 통신[VHF, HF]에 의존하고 있는데, 이 통신 방식은 통달 거리 및 전파의 질에 많은 문제점이 있을 뿐 아니라, 전세계적인 통신 시스템으로 운영하기 어려운 점이 있어, 이러한 문제점을 해결하기 위해 일부 국가에서는 항공기와의 고품위 통신 및 음성 통신 이용으로 조종사와 관제소간의 업무 분담을 하기 시작했으며, 또 디지털 통신 방식의 이용이 점차 확산되고 있는 추세이다. 또, 세계 여러 곳에서는 대양 지역과 원격지 항행에 따른 주요 통신 수단으로 장거리 통신망인 HF에 의존하고 있으나, HF 통신은 신뢰성이 빈약하여 미래 항행 시스템(FANS :

future air navigation system) 위원회에서 추진 중인 인공위성을 이용한 통신 방식 사용이 확산되면 서서히 통신 사용이 격감될 전망이나, 극지역인 경우 궤도 위성 밖의 지역에 대한 해결책은 현재까지 없다. 그러나 현재 공지 통신으로 대체되고 특수한 상황이나 비상 사태일 때에만 사용될 것이다.

데이터 통신 사용에 따른 한가지 좋은 예가 항공사들이 사용하고 있는 VHF 데이터 링크인데, 항공사들은 VHF 데이터 링크를 통해 운영 개선을 도모하는 운항 중인 항공기에 기상 정보를 전송하고 있다. 세계 여러 곳에서 음성 통신이 데이터 링크 방식으로 전환되고 있는 지역은 북아메리카, 유럽, 오스트레일리아 등이다.

또 항공기 운항 감시 및 식별 부호 등을 제공해 주는 2차 감시 레이터(SSR : secondary surveillance radar)가 항공 교통 업무에 간단한 공지 데이터 통신의 역할을 해 왔으나, 디지털 정보 소통량이 극히 미약함은 물론 전 세계적으로 통신, 항법, 감시 시스템의 신뢰성이 날이 갈수록 떨어지고 있는데, 그 이유는 항공 교통량의 증가와 지상과 항공기 간의 기술적 차이 등으로 항공 교통 관리(ATM : air traffic management)의 효율성을 높이는 길은 오로지 새로운 기술의 도입뿐이다. 미래 항행 시스템 특별 위원회에 의해 확인된 결점 사항은 다음과 같다.

① 공지 통신상의 신뢰성 빈약
② 향상된 감시 기능 및 원활한 항공 소통을 위한 정보 교환 개선의 필요성
③ ATC(air traffic control, 항공 교통 관제)가 항공기에서 향상된 비행 경로, 운항 데이터 및 기상 정보 품질 향상 필요성
④ 탑재 장비들을 항공 교통관리 시스템에 활용해야 할 필요성은 위에서 언급된 결점이나 비효율적인 사항들을 자동화된 항공 교통 업무 시스템에 정보를 제공해 주는 종합적인 공대지 및 지대지 통신을 이용하고, 극복될 수 있는 항공기 탑재 장비와 지상 시스템의 성능 개선은 가능한 한 직항로를 제공하여 공역 사용을 극대화시킬 수 있도록 상호 보완적으로 사용 되어야 한다.

2. 항공 이동 위성 서비스 시스템

항공 이동 위성 서비스 시스템(AMSS : aeronautical mobil satellite system)은 네가지 형태의 서비스를 제공하는데, 항공 교통 관제(ATC), 운항 관리 통신(AOC : aeronautical operational control), 항공 업무 통신(AAC : aeronautical administr

-ative communication), 항공 여객 통신(APC : aeronautical passenger communi -cation) 분야 등에 폭 넓게 이용될 예정이며 또한 현재의 통신 시스템에 대한 결점을 해결함으로써 다음과 같은 사항을 제공 할 것이다.

하나는, 극지역을 제외한 저고도, 고고도, 원격지, 해안 지역 및 대양 지역까지 광범위한 통신 통달 능력 제공이고, 또 다른 하나는, 자동 시스템 개발을 통한 공지간 상호 디지털 데이터 교환 기능, 그 중 자동 항행 감시 시스템(ADS)은 항공기 탑재 장비에 의해 추출된 위치 데이터 링크를 통해 자동 송신함으로써 그림 1-32와 같이 전세계적인 감시 기능의 확보를 가능하게 한다.

항공 이동 위성 서비스의 주요 구성 요소는 그림 1-33과 같이 인공위성(space segment), 지상 지구국(GES : ground earth station), 항공기 지구국(AES : aircraf -t earth station) 등으로 구별된다.

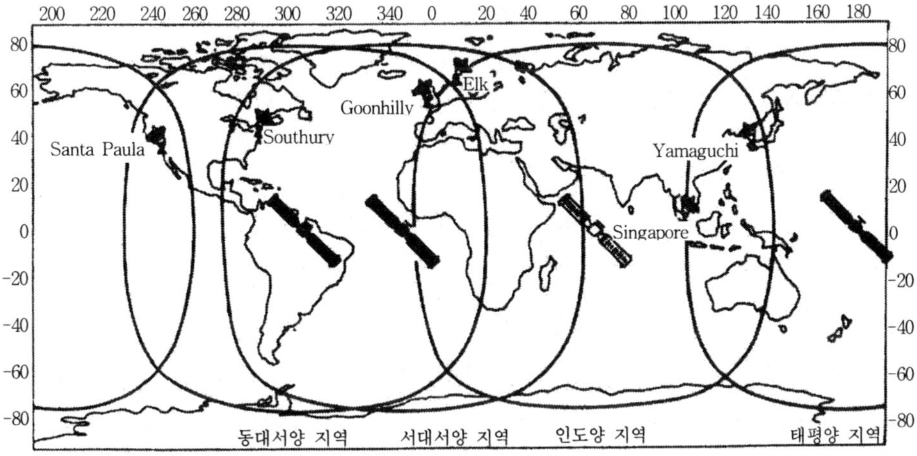

그림 1-32 위성 통신 통달 영역 항공 통신망

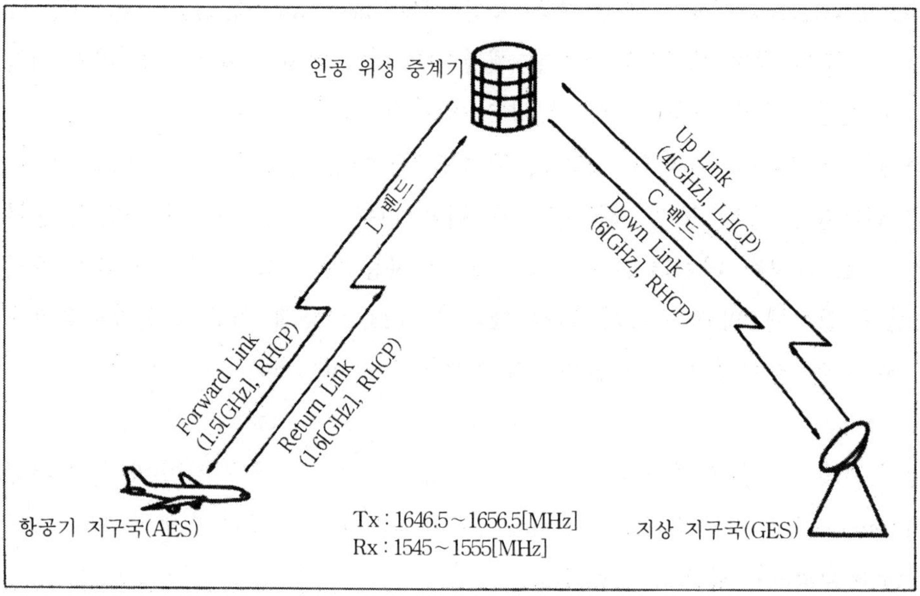

그림 1-33 항공 이동 위성 서비스의 주요 구성도

1) 인공위성

항공 이동 위성 서비스는 정지 궤도 위성으로 적도 상공 36,000[km] 지점에서 운용될 것이며, 지구 표면 30분의 1 이상이 이 고도상에서 볼 수 있으므로 대략 3개 위성이 경도상 일정한 간격으로 배치되어 광역적인 통달 범위를 확보하게 될 것이다. 그러나 약 80° 이상의 위도상에 위치한 극지역에서는 정지 궤도 위성을 활용 할 수 없다. 국제 민간 항공 기구의 항공 이동 위성 서비스 시스템의 표준으로 채택된 INMARSAT-2 F1, 최초 위성이 1990년 10월 31일 성공적으로 쏘아 올려졌는데, 인도양 상공 65.4° 지역에 위치하고 있다. 또, 여러 분야에서 극지역까지의 통달 범위 확보를 위해 비정지 궤도 위성을 쏘아 올릴 계획을 세우고 있으며, 1990년 말에 운영될 예정이었으나 미래 항행 위원회 세부 계획에는 남극 지역까지 인공위성이 이용될 것인지는 포함되어 있지 않은 것 같다.

2) 지상 지구국

접시형 안테나와 전자 장비로 구성된 지상 지구국은 항공기와 인공위성간의 통신 운영에 커다란 기여를 할 것이다. 즉, 사서 네트워크, 공중전화 네트워크,

CIDIN(Common ICAO data interchange network, ICAO 자료 교환망) 등 인공위성과 육상 고정 통신망 간에 상호 호환성을 유지시키며, 서비스 제공자와 항공당국 사이의 협의에 의해 항공 교통 관제 시설과 함께 병설 운용하거나 원격지에 설치 가능하다. 지상 지구국 안테나는 지름이 9~12[m]로 C 밴드(3.5~7.5[GHz]로 운영될 것이다.

3) 항공기 지구국

항공기 지구국은 송·수신기가 기내에 장착되어 있는데, 변조기, 복조기, 신호발생기, 음성 코드장치, 내부 통제 시스템, 증폭기, 안테나 시스템으로 구성되어 있다.

4) 항공 이동 위성 서비스 시스템의 채널 및 대역

인공위성과 항공기 간 무선 연결 방식은 패킷 데이터 전송을 해 규정된 문자인 P.R.T. 세 가지 채널 방식을 사용한다. 그리고 다른 하나의 채널은 음성과 데이터 전송을 위한 회로 방식 선택 채널(ciscuitmode channel)로 C채널을 사용한다.

① P채널은 지상 지구국에서 항공기 지구국으로 패킷 데이터를 시분할 다중 증폭 방식(TDM)으로 데이터와 신호를 전송하는데, 항공기에서는 지상 지구국과 통신이 접속되면 그 후(long-on 메인 컴퓨터와의 접속)에는 계속적인 이 채널을 감시해야만 한다.

② R채널은 항공기 지구국에서 지상 지구국으로 데이터와 신호를 전송하는 다중 액서스 채널 방식인데, 많은 항공기가 무작위(random)로 R채널 방식에 접근(access) 할 수 있도록 "Slotted Aloha"프로토콜을 사용하며, 지상 지국국은 R채널을 지속적으로 감시해야 한다.

③ T채널은 항공기 지구국에서 지상 지구국으로 시분할 다중 액서스 방식을 이용하며, 지상 지구국은 메시지 길이에 따라 항공기 지구국의 송신을 승인하는데, 항공기 지구국은 송신을 승인 받은 후 우선 순위에 따라 메시지를 송신한다.

④ C채널은 전이중 주파수 분할 다중 액서스 채널 방식으로서 은성과 데이터를 전송하며, 지구국이 R 채널을 통하여 요구할 경우에 할당하거나 또는 직접 지상 지구국에 의해 할당된다. P.R.T. 채널은 초당 600~12,500[bit]의 전송 속도

를 가지고 있으며, 2,400[bit] 또는 그 이하의 속도에서는 A-BPS 변조 방식이 사용되고, 2,400[bit] 이상에서 A-QPSK 변조 방식이 사용된다. 또한, C채널은 초당 6,000~21,000[bit]의 전송 속도로 운영될 예정이다.

5) 대 역

항공기와 인공위성 간의 통신에는 1.5~1.6[GHz] 대의 주파수 대역을 사용하는데, 무선 특성상에 적합하기 때문에 이 대역폭을 할당한 것이다.

① 인공위성에서 항공기 지구국 간 : 1,545~1,555[MHz]

② 항공기 지구국에서 인공위성 간 : 1,646.5~1,656.5[MHz]

채널 간격은 인접 채널 간 상호 혼을 줄이기 위해서 충분한 간격이 유지되어야 한다. 송·수신기 사이의 채널 간격은 2.5[kHz]로 유지되어야 하며, 10[MHz]로 활용할 수 있는 채널 수는 대략 400개 정도이나, 스폿 빔(spot beam) 방식이 개발되면 이 채널은 좀 더 효과적으로 사용할 수 있을 것으로 보인다. 따라서, 2010년대 항공 이동 위성 서비스를 위해서는 최소한 14.5~17.5[MHz] 대의 독점 대역폭이 필요한데, 현재는 10[MHz] 대역폭만이 할당되어 있다. 국제민간항공기구(ICAO : international civil aviation)는 ITUWARC-92에 같은 주파수대의 할당 요구를 제출할 예정인데, 모든 체약국들은 이를 적극 지원해야 한다.

3. 항공 통신망

데이터 통신 회로는 그림 1-34와 같이 항공기와 지상 컴퓨터 또는 지상 컴퓨터끼리 연결되어야 하는데, 전세계적으로 국가나 제작 회사에 관계없이 모든 통신 회로망 내의 컴퓨터가 상호 호환성을 가져야만 한다. 이를 위한 전세계적 기준이 국제 표준화 기구(ISO)에 의해 개발되었는데, 이것이 곧 OSI(open system interconnection) 개념으로서, 데이터 통신 시스템 내의 모든 컴퓨터들을 상호 공동 운영하도록 해 주는 개방형 상호 접속 개념이다.

SSR Mode-S 시스템을 이용한 데이터 통신을 개발하고 있는 ICAO2ck 감시 레이더(SSR) 개량 및 충돌 방지 위원회(SICASP)에 의하면, 공지 데이터 통신 시스템에는 국제 표준화 기구의 OSI 모의하면, 공지 데이터 통신 시스템에는 국제 표준화 기구의 OSI 모델을 채택하도록 권고하고 있다. 공지 통신은 위성을 근거로 하는 통신이지만, 같은 통신을 지원하기 위한 지상기지 통신 시스템들도 필요하다. 즉, 항공 이동 위성 서비스 시스템이 통신의 주요 수단이지만, 다른 통신 수단도 개발되고 있는데, 그 모든 통신 시스템을 항공 통신망(ATN : aeronautical telecommunication network)이라 부른다. 2차 레이더 및 충돌 방지 시스템 위원회가 항공 통신망에 관한 표준 및 권고 관례(SARPs)를 개발 중에 있는데, 공지 통신은 SSR Mode-S, AMSS, VHF, 데이터 링크 등으로 구성되고, 지대지 통신망은 CIDIN과 같은 표준 기준의 채택으로 상호 연결된다.

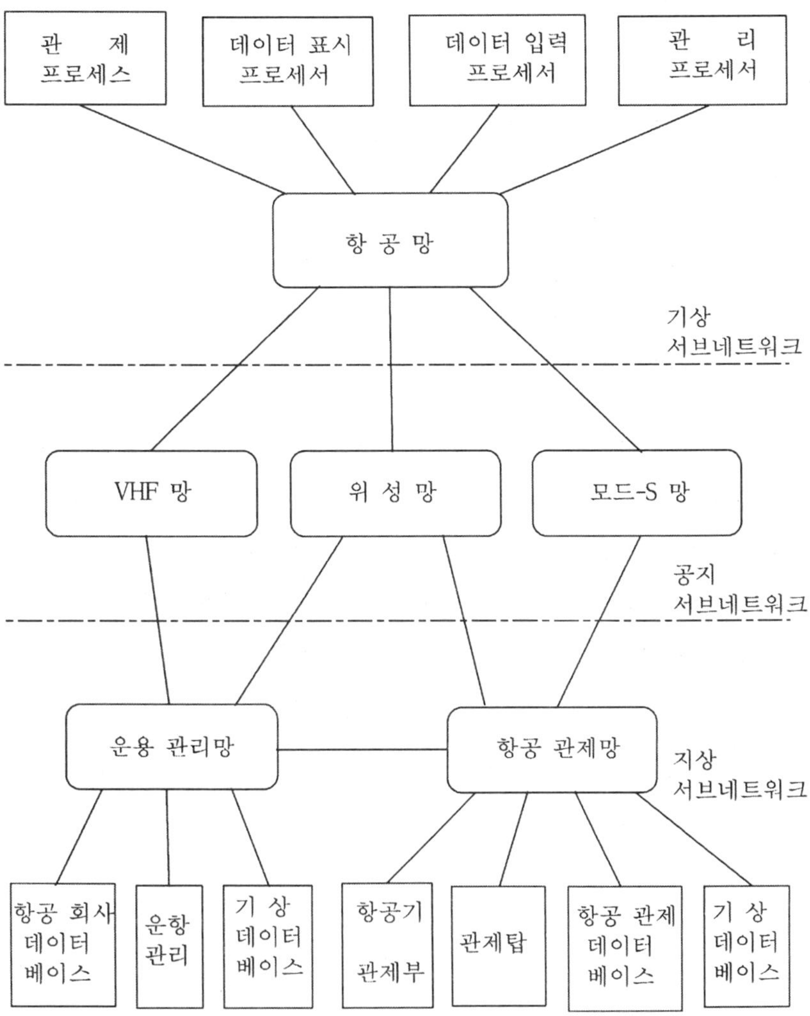

그림 1-34 항공 통신망의 기상, 공지, 지상 회로망의 관계

항공 통신망의 표준 및 권고 관례는 국제 표준화 기구나, 그동안 시도했거나 시험했던 표준화 방식들에 근거를 두고 마련되고 있으며, 2차 감시 레이더 개량 및 충돌 방지 위원회에 의해 1992년 표준 및 권고 관례 작업이 완료될 예정이다. 따라서, 표준 및 권고 관례가 완료되면 항공 통신망 회로망 내에 항공 이동 위성 서비스 시스템, Mode-S, VHF, 데이터 링크 등의 공지 데이터 링크와 CIDIN이나 항공사 통신망과 같은 지대지 데이터 링크가 상호 연결되어 이용될 것이며, 데이터 통신 시스템이 폭 넓은 이용을 통하여 증가하는 항공 교통 수요에 적극적으로 대처함은 물론 효율적인 항공 교통 관리(ATM)를 구축하여 원활한 정보 흐름 체계를 유지할 것이다.

① 공지 및 지대지 통신 네트워크상 상호 호환성 유지
② 단말 내 단말간 신뢰성 있는 통신 제공
③ 안전 통신과 규정에 의한 운항 통신의 선순위 확보
④ 공지 데이터 링크에 의한 항공 교통 관제 업무 지원
⑤ 가능한 한 기존의 국제적 데이터 통신 방식의 사용
⑥ 최대한의 확장성 및 호환성 보장

항공 이동 위성 서비스는 패킷 전송 방식의 조종사와 관제소 간 데이터 링크 통신을 실현함으로써 대양 지역이나 원격지 등에 사용될 전망이며, 공역 활동을 극대화 시키고 항공 교통 관제 업무 능력을 향상시킴은 물론 항공 통신망의 도입과 상호 호환성 및 표준화의 추구는 데이터 통신의 신뢰성을 높이고, 향상된 서비스 제공 및 안전 통신과 정규 통신의 선순위도 확보될 것이다.

연습문제

1. 항공기에 사용되는 통신장치(HF, VHF)에 대한 설명으로 맞는 것은?

   ① VHF는 단거리용이며, HF는 원거리용이다.
   ② VHF는 원거리에 사용되며, HF는 단거리에 사용된다.
   ③ 두 장치 모두 원거리에 사용된다.
   ④ 두 장치 모두 거리에 관계없이 사용할 수 있다.

2. 저고도용 FM방식이 이용되는 전파고도계의 거리 측정 범위는?

   ① 0~2500[feet] ② 0~5000[feet]
   ③ 0~30000[feet] ④ 0~50000[feet]

3. 전파고도계로 측정 가능한 고도는?

   ① 진고도 ② 절대고도
   ③ 기압고도 ④ 계기고도

4. 기상 레이더의 안테나 주파수 band는?

   ① X band ② D band
   ③ C band ④ T band

5. 장거리 교신용으로 많이 사용되는 통신 계통은?

   ① VHF 계통 ② HF 계통
   ③ SELCAL 계통 ④ VOR 계통

6. 항공기 통신 system 중 단거리 통신에 사용되며 전리층 변화에 대한 잡음이 없는 system은?

   ① HF 시스템
   ② VHF 시스템
   ③ UHF 시스템
   ④ SELCAL 시스템

7. HF system에서 antenna coupler의 목적은?

① 번개 방지를 목적으로 한다.
② HF의 큰 출력을 얻기 위한 목적이다.
③ 주파수의 적정한 matching을 위한 목적이다.
④ 전원의 감소를 위한 목적이다.

8. ADF의 설명으로 바른 것은?

① 초단파를 사용한다.
② 통과 거리 내에서 수신 가능하다.
③ 안테나는 루프안테나만을 사용한다.
④ 사용 전파는 중파이다.

9. SELCAL system이란?

① 항공기 추락시 혹은 기타 중대사고시 원인 규명
② 지상에서 항공기 호출시 사용
③ 지상국 방위지시
④ 항공기에서 지상을 호출시 사용

10. marker beacon에서 middle marker의 주파수는?

① 1,300[Hz] ② 400[Hz]
③ 3,000[Hz] ④ 4,000[Hz]

11. 조종실 내의 승무원 상호 혹은 지상조업 요원과 조종실 내 운항승무원 간에 통화하기 위한 장비는?

① flight interphone ② VHF
③ HF ④ cabin interphone

12. passenger address system에 해당하지 않는 것은?

① 조종실에서 방송하는 안내방송
② 객실 승무원이 방송하는 안내방송
③ pre-record된 안내방송

④ boarding music & video audio

13. 기내방송(passenger address)에 속하지 않는 것은?

① 기내음악(boarding music)

② 재생장치에 의한 음성방송(auto-announcement)

③ 좌석음악(seat music)

④ 운항 승무원(flight crew)의 기내방송

14. SELCAL system에 대한 설명이 틀린 것은?

① 지상에서 항공기를 호출하기 위한 장치이다.

② HF, VHF, system으로 송·수신된다.

③ SELCAL code는 4개의 code로 만들어 진다.

④ 항공기 편명에 따라 SELCAL code가 바뀐다.

제2장

항법장치

2.1 항법장치의 개요

항공기가 목적지까지 정확하게 비행하기 위해서는 항상 자기의 현재 위치를 측정하여 목적지까지의 거리나 방향을 알아야 한다. 이러한 측정을 행하여 측정 결과에 따라 진행 방향을 정확하게 유지하여 비행하는 방법을 항법(navigation)이라 한다. 항법은 항공기의 발달과 더불어 초기에는 조종사가 해안선이나 철도 노선 등을 보면서 비행하는 지문 항법과, 이미 알고 있는 지점에서의 방위와 거리를 계산하여 이것에 풍향, 풍속을 고려하여 정확한 진로로 기수를 얼마만큼 바꾸면 좋은지, 어느 정도 비행하면 목적지에 도달하는가를 추측하여 비행하는 추측 항법(dead reckonizing navigation) 등으로 발달하였다.

계기 비행을 포함한 전자 항법장치는 시각과 청각으로 나타내는 각종 장치들을 통하여 방위, 거리 등을 측정하고, 비행기의 위치를 알아내어 목적지까지의 비행 경로를 구하기 위하여, 또는 진입, 선회 등의 경우 비행기의 정확한 자세를 알아서 올바로 비행하기 위하여 사용되는 원조 시설이다.

무선 항법이란, 전파의 직진성 및 전파의 전파 속도가 일정한 것을 이용한 항법장치를 말한다. 전파는 전파될 때 직진하는 성질이 있기 때문에, 전파의 발사점 방향을 알기 위해서는 그 전파의 도래 방향을 알면 되고, 또 전파의 전파 속도는 일정하기 때문에 두 점간의 전파 시간을 알 수 있으면 그 거리를 알아 낼 수 있다.

근래에 전자 응용 기술이 진보 및 발달에 따라 이들 항법 기기도 매우 정밀도가 높고 능력이 우수한 것들이 나오고 있다. 한편, 방위를 결정하는 자이로(gyro)

계기, 플라이트 디렉터(flight director), 자동 조종장치 등에도 전자 기술이 전면적으로 도입되고 있다.

최근 항공기의 고속화, 대형화로 인하여 종래와 같이 방위나 거리를 측정한 후 예정 항로를 계산하거나, 비행 자세를 알아내어 여기에 적절한 수정을 가해서 항해하던 형식으로 만족스럽지 못하기 때문에 최근에 와서는 관성 항법장치는 예정 항로를 정해 두고 조종사는 그들 장치로부터의 지시에 의해 비행하면 되도록 되어 있다.

2.2 항법장치의 종류

전자 항법 계통은 기종에 따라 다르나, 소형기에서 대형기로 점차 대형화 됨에 따라 기기도 많아지고 계통도 다양화 된다. 항공기에 장착되어 있는 항법장치로는 자동 방향 탐지기(ADF : automatic direction finder), 전방향 표지 시설(VOR), 전술 항행장치(TACAN), 거리 측정 시설(DME), 쌍곡선 항법장치(LORAN), 전파 고도계(radio altimeter), 기상 레이더(weather rader) 및 도플러 레이더(doppler rader) 등이 있으며, 최근 항공기에는 관성 항법장치(INS : inertial navigation system)가 되어 있다. 여기서는 종래의 항공기에 정착되어 있는 계통에 대해서 간단히 알아보기로 하자.

1. 자동 방향 탐지기

이 시스템은 190~1,750[kHz] 대의 전파를 사용하여 무선국으로부터의 전파 도래 방향을 알아 항공기의 방위를 시각 또는 청각장치를 통해서 알아내는 것이다. 방향 탐지기는 일반적으로 지상에는 무지향 표지 시설이 있고, 항공기에는 안테나, 수신기, 방위 지시기 및 전원장치로 구성되는 수신장치가 있다.

1) 무지향 표지 시설

무지향 표지 시설(NDB : nondirectional beacon)은 호밍 비컨(homing beacon)이라고도 한다. 장파대 또는 중파대의 A_2 전파(200~415[kHz]의 전파에 1,020[Hz]를 변조)를 사용해서 무지향으로 전파를 발사함으로써 항공기에서 방향 탐지기를 가능하게 하는 것이다. 이것은 현재 가장 많이 쓰이고 있는 무선 항행 원조 방식의 하나로서, 항공기에서는 ADF를 사용하여 NDB 국의 방위를 알 수 있다.

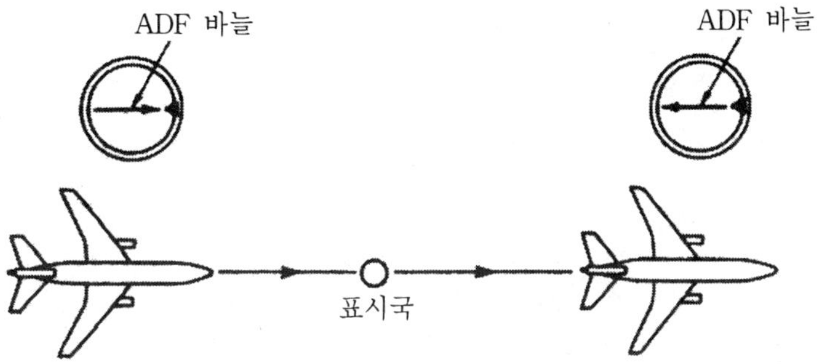

그림 2-1 호밍

그림 2-1은 비컨국을 향해 호밍할 때 기수와 지시기 지침의 관계를 나타낸 것이다.

국의 식별은 발사 전파 중에 국부호를 실려 보내며, 호밍 비칸의 유효 거리는 항공기의 고도에 따라 다르나, 주간에는 80~320[km]이고, 야간에는 공간파의 영향이 증가하여 ADF 오차가 커지므로 유효 거리는 주간보다 짧아진다.

2) 루프 안테나

(가) 구성 및 지향성

루프 안테나(loop antenna)는 지름 1[m] 내외의 정사각형 원형, 다각형 등의 형태에 코일을 몇 번 감은 것으로 이 코일 내를 관통하는 자속이 변화할 때 유기되는 기전력을 이용한 것이다. 그림 2-2는 원형 루프 안테나를 나타낸 것이다.

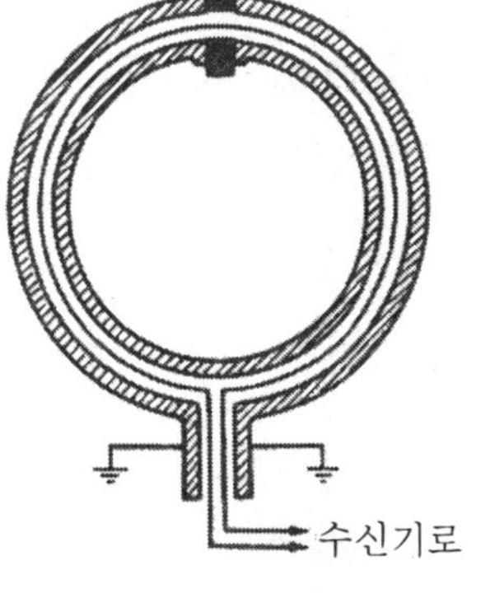

그림 2-2 루프 안테나

루프 안테나의 면을 대지에 대하여 수직으로 세웠을 때의 지향 특성은 그림 2-3과 같이 8자형이 된다. 이 특성을 특히 루프 안테나의 8자형 특성이라 한다.

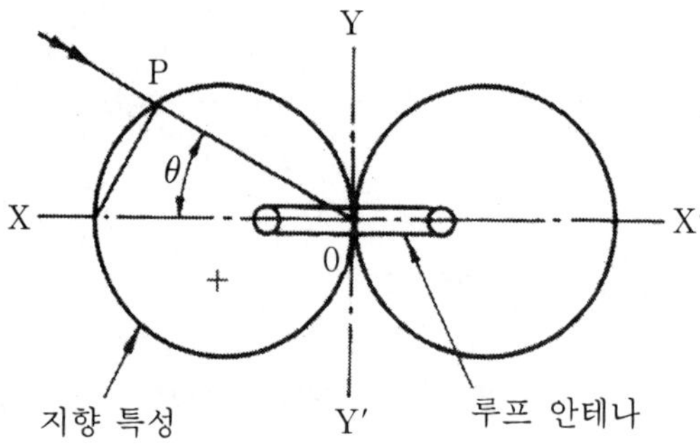

그림 2-3 루프 안테나의 지향성

(나) 고니오미터

이것은 안테나 소자를 회전시키지 않고서도 루프 안테나를 회전시키는 것과 같은 효과를 얻는 장치이다. 고니오미터(goniometer)는 그림 2-4와 같이 서로 직교하는 2조의 고정 코일의 중앙에 고정 코일의 축을 중심으로 회전할 수 있는 가동 코일을 배치한 것이다.

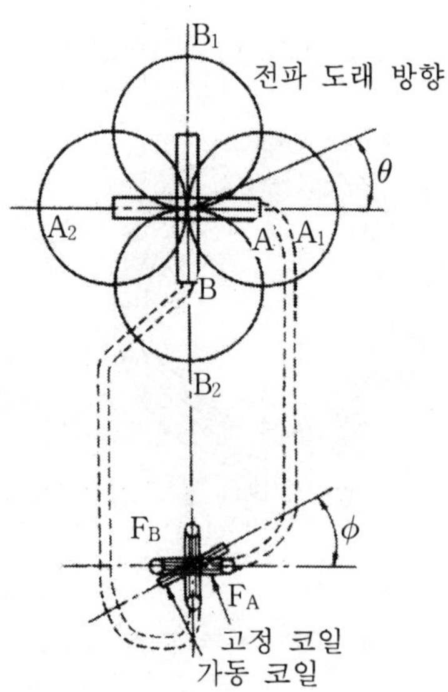

그림 2-4 벨리니토시 안테나와 고니오미터의 관계도

그림 2-4는 유도성 고니오미터에 대한 것이다. VHF대의 높은 주파수에서는 코일의 분포 용량을 제고하기 위하여 용량성 고니오미터를 사용한다. 일반적으로, 고니오미터는 동기 전동기로 등속 회전하므로, 전원 주파수가 50[Hz]일 때에는 1,500[rpm], 60[Hz]일 때에는 1,800[rpm]이다. 따라서, 안테나에서 수신된 신호는 25[Hz] 또는 30[Hz]의 공간 변조를 받는다.

(다) 단일 방향 결정 방법

그림 2-5와 같이 8자형 특성을 이용하여 방향 측정을 하는 경우, 루프 안테나를 1회전 하는 사이에 최소 감도점이 두 군데 생긴다. 이 가운데 하나는 실제 전파의 수신 방향을 지시해 주지만, 다른 하나는 그와 반대 방향이므로 어느 것이 실제의 수신 방향인가를 결정해야 하는데, 이를 단일 방향 결정이라 한다.

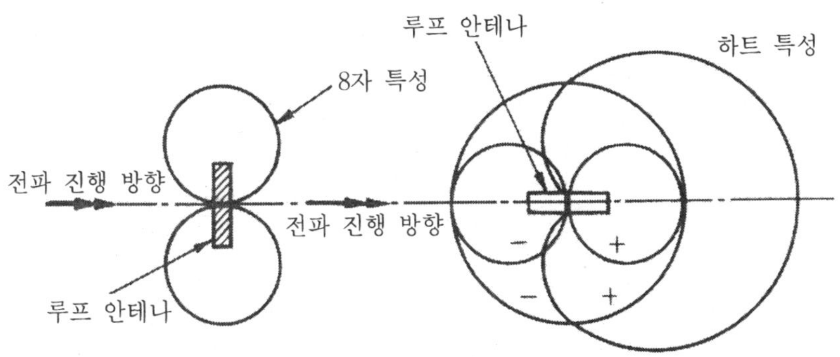

그림 2-5 단일 방향 결정법

단일 방향 결정은 그림 2-5와 같이 8자형 특성의 루프 안테나 출력에 센스 안테나(무지향성 특성)의 출력을 가해서 얻는다. 이 경우, 루프 안테나 출력과 센스 안테나 출력과의 위상차는 90°이므로, 이것을 적당한 방법으로 동상이 되도록 하고, 또 기전력의 크기도 같게 하여 가하면 그림 2-5와 같이 하트 모양의 지향 특성을 얻는다. 이와 같이 하면 최대 감도점, 최소 감도점이 각각 하나로 되기 때문에 전파 수신 방위를 결정할 수 있다.

3) 수신기

방향 탐지기에서 사용하는 수신기의 방식은 일반적으로 사용되고 있는 통신용과 동일하다. 이동국(기상)의 방향 탐지기는 200~1,800[kHz]의 주파수 범위를 사용하고 있으나, 지상의 공항용 방향 탐지기는 VHF대에서는 100~150[MHz], UHF대에서는 200~400[MHz]의 주파수 범위를 사용하고, 방식은 2중 또는 3중 슈퍼헤테로다인 방식이며, 원격제어에 의한 채널 전환 및 주파수 합성 방식에 의한 자동 조절 방식을 많이 사용하고 있다. 안테나에서 수신한 신호를 증폭, 검파하여 방위에 따라 변하는 사인파를 방위 지시계에 보낸다.

방위 신호는 25[Hz] 또는 30[Hz]이기 때문에 AVC 시상수, 주파수 특성, 정합 회로 등이 다소 다르다. 그림 2-6은 수신기의 계통도를 나타낸 것이다.

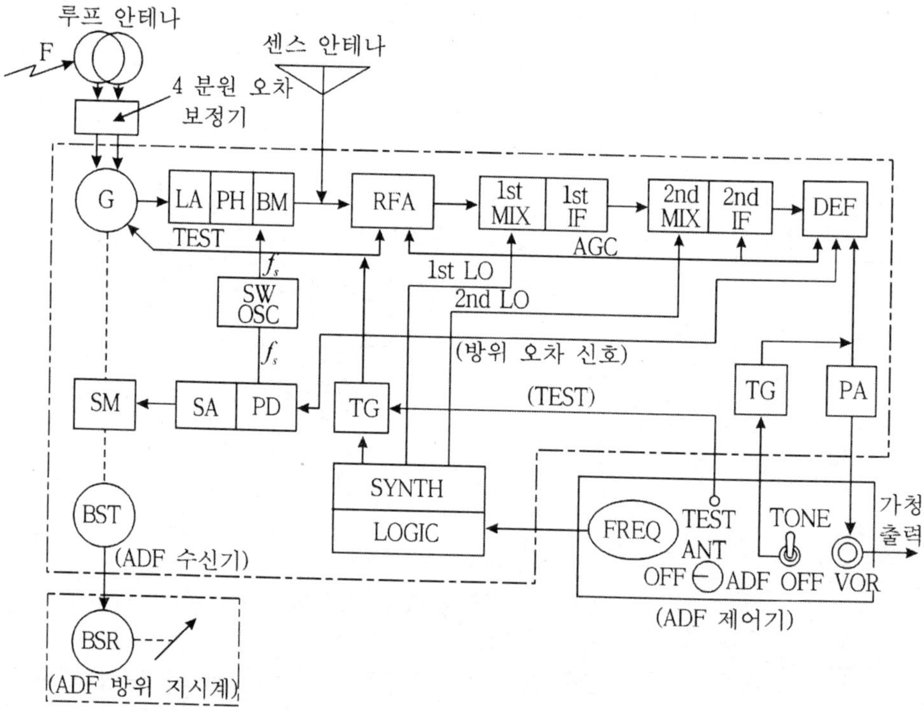

그림 2-6 ADF 계통도

4) 방위 지시기

안테나 내부의 2상 교류 발전기에 의한 $\sin\theta$, $\cos\theta$의 신호는 고정자 권선의 1번, 2번에 각각 공급된다.

방위 신호를 공급받는 회전자 권선은 방위 신호에 의한 자기장이 고정자 권선 1번, 2번에 의한 자기장의 방향과 일치할 때에 회전자가 정지한다. 즉, 방위 신호의 위상은 회전자의 방향을 결정하므로, 목표물의 방위를 지시하는 바늘은 회전자 권선의 축에 직결되어 있다. 따라서, 교정된 다이얼 위에 목표물의 방위를 자동적으로 지시한다.

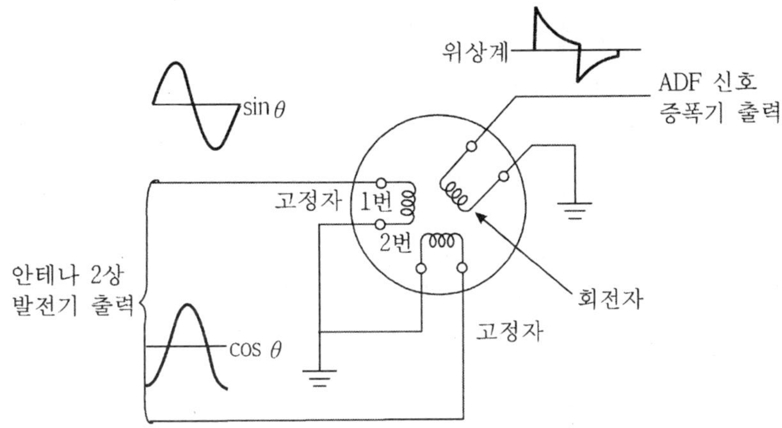

그림 2-7 방위 지시기의 위상계 회로

2. 전방향 표지 시설

전방향 표지 시설(VOR : VHF omni-directional radio rang beacon)로부터 발사되는 자북을 나타내는 전파와 자북으로부터 시계 방향으로 회전하는 지향성이 있는 전파 2개를 수신하고, 자북을 지시하는 전파를 받는 순간부터 지향성의 전파를 수신하는 순간까지의 시간차를 측정하여 발신국의 위치를 알 수 있다. 실제 항공기에서는 자기 방위 지시기(RMI : radio magnetic indicator) 또는 수평 위치 지시기(HSI : horizontal situation indicator)에 표지국의 방위와 그 국에 가까워지는지, 멀어지는지 또는 코스의 이탈을 총괄적으로 나타내게 되어 있다.

1) 지상장치의 개요

인간은 비행을 시작한 이후 좀 더 완전하고 정밀한 전파 항행장치를 연구, 발전시키기 위하여 노력해 왔다. 특히, 조종사에게는 일정한 지점에 대한 자기의 위치, 즉 거리와 방위가 무엇보다 중요한 정보이다. 이런 점에서 최근 민간 항공용으로 널리 사용되고 있는 항행 원조 시설에는 조종사에게 방위의 정보를 주는 전방향 표지 시설이 있다. 전방향 표지 시설은 유효 거리 내에 있는 모든 항공기에 VOR

지상국에 대한 자기 방위를 연속적으로 지시해 주기 때문에 항공로의 주요 지점에 팩 지상국을 설치하여 정확한 항로를 완성할 수 있게 한다. 이 중에서 주로 공항 또는 공항 부근에 설치하여 항공기의 진입 및 강하 유도에 사용하는 것을 공항 전방향 표지 시설(TVOR : terminal VOR)이라 한다. VHF를 사용하면 공전의 영향을 적게 받고 항로를 정확하게 지시하도록 할 수 있으나, 유효거리는 가시 거리에 한하므로 항공기의 고도에 따라 160~320[km] 범위이다. VOR의 착상은 1906년경부터이며, 현재의 것은 1939년 미국 RCA사에 의해 개발한 방식으로, 1949년에는 국제 민간 항공 기구(ICAO)의 단거리 항행 보안 시설의 국제 표준 방식으로 채택되었다. 사용 주파수 범위는 108.00~117.95[MHz]이고, 각 채널 간격은 0.1[MHz]이므로 사용 가능 채널수는 100개이나, 108.1~111.9 [MHz] 사이의 홀수 채널은 로컬라이저 채널로 널리 사용된다.

2) 지상장치의 동작원리

전방향 표지 시설 지상국은 수신 방위에 따라 위상이 변하는 30[Hz] 신호인 가변 위상 신호(variable phase signal)와 방위와 관계없이 위상이 일정한 기준 위상 신호(reference phase signal)를 포함한 전파를 발사한다.

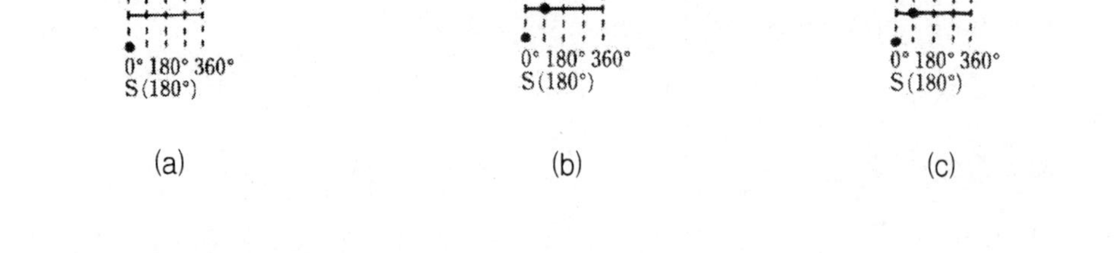

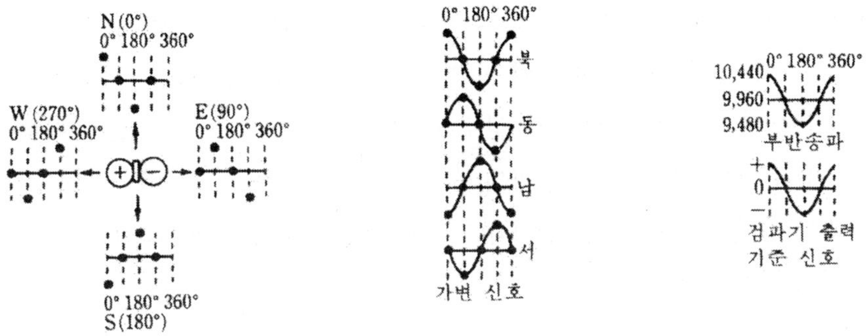

(d) (e) (f)

그림 2-8 VOR의 동작 원리도

전자는 1개의 8자형 전파면을 표시하는 지향성 안테나인 다이폴을 1,800[rpm]으로 회전시켜 수신점에서는 공간 변조에 의한 30[Hz]의 진폭 변조된 가변 신호를 얻을 수 있고, 후자는 30[Hz]의 주파수 변조를 받은 중심 주파수 9,960[Hz]의 부반송파(subcarrier)로 무선 반송파(RF : carrier)를 다시 진폭 변조시켜 이를 무지향성 안테나에 급전시킴으로써 얻을 수 있다.

다이폴 안테나의 복사 모양은 180°의 위상차를 가진 8자형이므로, 다이폴이 그림 (a)와 같은 위치에 있을 때 자북 N을 기준으로 한 90° 간격의 네 방향에서의 전파 강도는 그림 (a)의 검은 점과 같다. 즉, 복사 전파의 상대적 강도는 이 위치일 때, 즉 0°(북)에서는 최대, 180°(남)에서는 최소, 90°와 270°(동과 서)에서는 평균값이다.

전파 강도를 나타내는 검은 점들을 시간과 신호 세기와의 관계를 나타내는 그래프 위에 그려 놓았다. 그래프 위의 수직선들은 $\frac{1}{4}$주기(90°)의 간격으로 시간축에 수직으로 나타내었다. 다이폴 안테나의 각 위치에 대한 전파의 세기도 같은 방법으로 생각하면 그림 2-8 (b), (c), (d)의 검은 점과 같다.

다이폴은 80[rps]의 속도로 회전하기 때문에 수신점에서 전파의 세기는 30[Hz] 비율로 변하므로, VOR의 무선 반송파는 30[Hz]의 공간 진폭 변조를 받는다. 따라서, VOR 지상국으로부터 90° 위에 있는 30[Hz]의 신호는 0°의 위치에 있는 신호보다 90°의 위상차를 가진다. 이와 같이, 신호의 위상차는 지상국의 자북을 기준으로 방위에 따라 계속 0°(북)의 신호보다 뒤진다.

따라서, 기준 신호와 가변 신호의 위산이 자북에 있을 때 동상이 되도록 조정한다. 부반송파의 주파수는 다이폴의 회전과 동기되어 있다. 즉, 부반송파 주파수가 10,440[Hz]일 때 다이폴 안테나의 정로브(lobe)는 자북을 가리키고, 다이폴이 시계 방향으로 180° 회전할 때 부반송파의 주파수는 9,960[Hz]가 된다. 이와 같이, 부반송파는 30[Hz]의 비율로 9,480[Hz]와 10,440[Hz] 사이를 변화한다.(이를 주파수 변조라 한다)

따라서, 이를 FM 검파한 출력은 주파수가 10,440[Hz]일 때 양 전압이 되고, 9,480[Hz]일 때 음 전압이 된다. 이 전압의 변화가 곧 기준 위상 신호이며, 그 변화율은 가변 신호의 경우와 같이 30[Hz]이다. 이에 대한 설명도는 그림 2-8 (f)와 같고, 그림 (e)와 그림 (f)간의 위상 관계로부터 지상국에 대한 항공기의 방위를 측정할 수 있다.

기상의 수신기에서는 무지향성 안테나에서 발사하는 9,960[Hz]로 진폭 변조된 전파와 회전하는 지향성 안테나에 의하여 공간 변조된 전파가 동시에 수신되므로 이것들을 증폭, 검파한 출력은 9,960[Hz](중심 주파수임)와 30[Hz]의 혼합된 전압이다. 이 출력은 필터에 의해서 9,960[Hz]와 30[Hz]를 분리시킨다. 9,960[Hz]는 주파수 변조되었으므로, 이것을 다시 주파수 변별 회로에 넣어 30[Hz]의 전압을 얻는다. 이 전압이 곧 기준 위상 전압이며, 이것을 가변 신호의 30[Hz]와 함께 위상계에 가하면 두 신호의 위상차가 나타난다. 이것이 곧 지상국에 대한 항공기의 방위이다.

3) 지상 설비

VOR 지상 설비 계통도는 그림 2-9와 같다. 송신기 출력은 일반적으로 200[W]이나, 공항 전방향 표지 시설 송신국(TVOR)은 50[W]이다. 송신기 출력은 톤 휠(tone wheel)에 의한 부반송파와 음성 및 표지 부호로 변조된 다음 전력 분할기에 의하여 분할된 한 출력은 직접 고주파 브리지(bridge)에 전송되고, 다른 한 출력은 변조 제거된 후 고니오미터에 의하여 측파대가 된다. 반송파의 측파대의 전력비가 가변 위상 신호의 진폭 변조도를 결정한다.

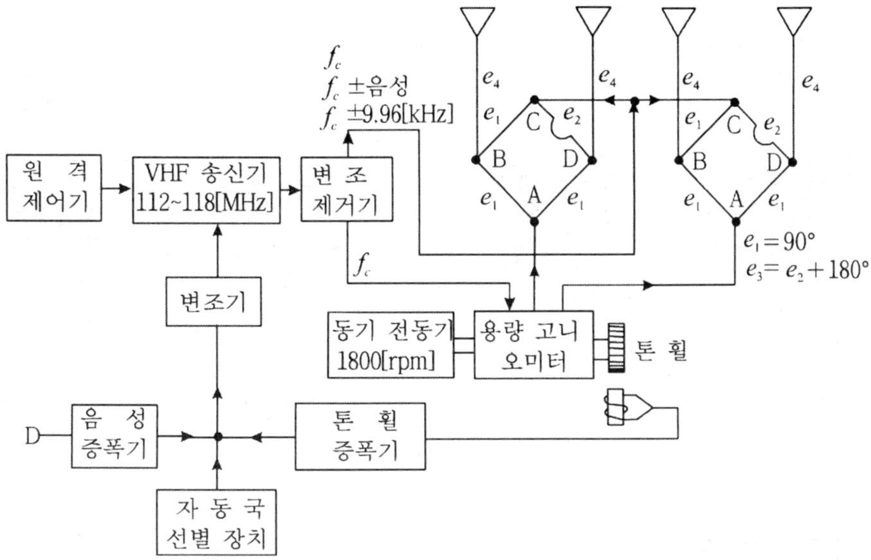

그림 2-9 VOR 지상 설비 계통도

(가) 안테나

VOR의 안테나는 수평 편파 무지향성의 반송파와 회전 8자형 전파면을 발생시키기 위해 슬롯(slot) 안테나 또는 다이폴을 가진 동형 반사기 등을 사용하고 있으나, 이는 정사각형의 네 모퉁이(NE, SE, SW, NW)에 알포드(alford)안테나를 배치하고, 안테나의 위상은 NE와 NW를 정, SE와 SW를 부가 되게 하며, 안테나 NW와 SE에 sin Pt, NE와 SW에 cos Pt에 비례하는 전류(측파대)를 급전하면, Pt의 값에 따라 그림 2-10과 같은 8자형 전파면이 생긴다. 그러나 기준 위상 신호 및 반송파를 방사하기 위해서는 4개의 알포드 안테나에 같은 진폭, 같은 위상으로 급전한다.

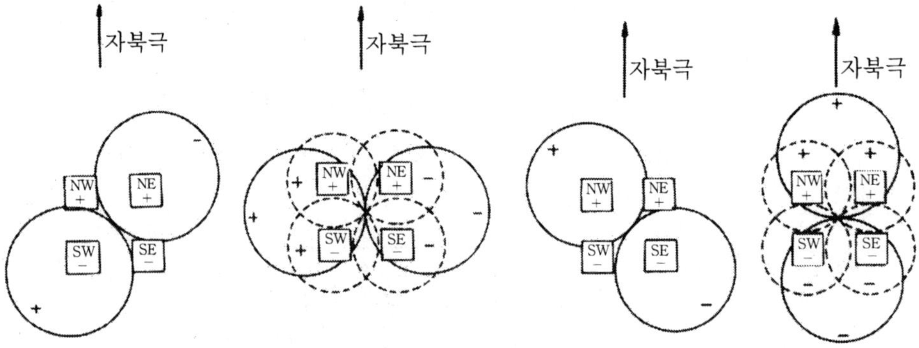

(a) Pt=0° (b) Pt=45° (c) Pt=90° (d) Pt=135°

그림 2-10 측파대의 지향성

(나) 고주파 브리지

안테나를 3개의 독립된 고주파 발생기로 여진하기 위해서는 회로를 격리하는 방법 및 위상 관계를 적당히 유지하는 방법이 필요하다. 이를 위하여 동축 케이블로 된 2개의 고주파 브리지를 사용한다.

그림 2-11에서 AB, AD, BC는 같은 길이 l, CD는 1+180°(무선 주파수에 대하여)의 길이이다. C점을 통하여 들어간 반송파는 브리지의 B점과 D점에 의하여 안테나에 같은 양의 에너지를 급전하나, A점에서는 반송파가 제거된다. 왜냐하면 C점, B점, D점에서 본 임피던스는 각각 같고, CBA와 CDA의 길이는 180° 다르므로, B점과 D점에서 A점으로 들어온 반송파는 같은 진폭으로 역위상이 되어 상쇄되므로, A점에서 반송파가 유출되지 못한다. 이와 같은 관계는 측파대의 경우에도 성립하므로, C점에서는 측파대가 유출되지 못한다. 따라서, 반송파의 측파대는 상호 간섭 없이 격리됨과 동시에 공통의 4개의 안테나에서 중첩한다. 각 안테나의 위상은 그림 2-11과 같이 정해져 있으므로, 반송파의 경우를 예로 들면, CB와 CD는 180° 다르므로 B점과 D점에서 역위상이 되어 모든 안테나의 반송파는 동위상이 됨과 동시에, 이 4개의 안테나가 하나의 무지향성 전파를 발사한다. 또, 측파대의 경우에는 B점과 D점에서 동위상이므로, 안테나의 위상에 의하여 그림 2-11과 같은 8자형 전파면을 얻는다.

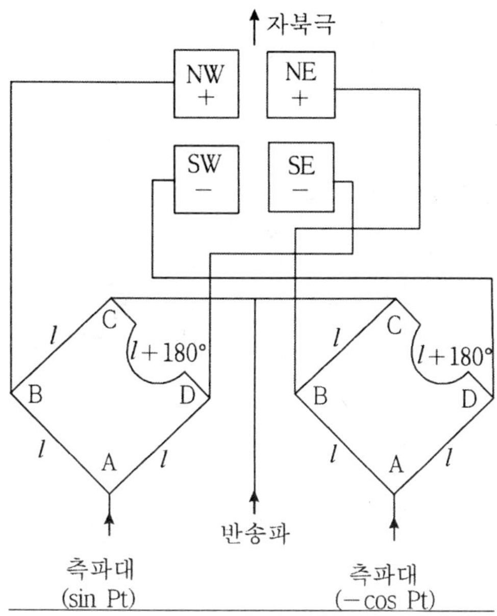

그림 2-11 고주파 브리지의 원리도

(다) 고니오미터

루프 안테나나 애드콕 안테나(adcock antenna)는 어느 것이나 이것을 회전시키는 것은 매우 곤란하므로, 실제로는 안테나를 고정하여 놓고 이것을 회전시킨 것과 같은 효과를 가지는 장치를 사용하는데, 이 장치를 고니오미터라 한다.

고니오미터는 그림 2-12 (a)와 같이 직교하는 2조의 고정 코일 F_A, F_B의 내부에 이것과 결합된 회전 코일을 설치한 것이고, 이 고정 코일에 직교된 루프 안테나 또는 애드콕 안테나를 고정시킨 채로 접속한다.

그림 2-12 (b)와 같이 안테나 a와 θ인 각도에서 전파가 도래하면 안테나 a에는 $kE\cos\theta$, b에는 $kE\sin\theta$의 기전력이 생기고, 고정 코일에는 이것들의 기전력에 비례한 전류가 흐른다. 그리고 회전 코일 S와 고전 코일 F_A와의 각도를 ϕ라 하면, F_A와 F_B에 흐르는 전류에 의하여 회전 코일 S에 유기되는 기전력의 합성값 V는 다음과 같다.

$$V = A(\cos\theta \cdot \cos\phi - \sin\theta \cdot \sin\phi)$$
$$= A\cos(\theta + \phi)$$

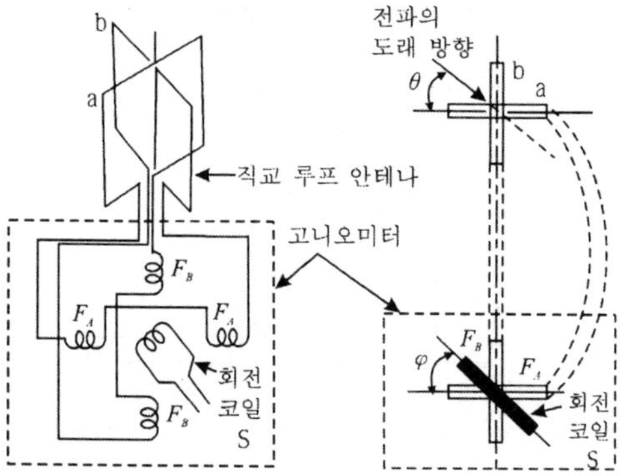

그림 2-12 고니오미터의 원리

단, A는 안테나의 구조, 전자파의 주파수, 전기장의 세기, 고정 코일의 임피던스, 고정 코일과 회전 코일 사이의 상호 인덕턴스 등으로 결정되는 값이다.

식에서 $\cos(\theta+\phi)$는 ϕ의 변화에 따라 8자형 지향성을 나타내며, $\phi+\theta=\pm\frac{\pi}{2}$에서 0이 되므로 꼭 루프 안테나를 회전시킨 것과 같은 효과를 나타내고, ϕ의 읽기로서 전파의 도래 방향을 알 수가 있다.

(라) 톤 휠

톤 휠(tone wheel)은 부반송파의 발생장치이다. 자기장 중에서 그림 2-13과 같은 톱니판이 회전하면 자속 변화가 생기므로, 자석에 감은 코일에 기전력이 유기된다. 톱니는 332개이고, 1초 동안에 30회의 속도로 회전하기 때문에 중심 주파수 9,960[Hz]가 되도록 설계하였다. 이것은 30[Hz]의 신호로 9,960[Hz]를 변조 지수 16의 주파수 변조를 한 것과 같은데, 이 신호를 기준 위상 신호라 한다.

톤 휠은 고니오미터와 동축으로 회전하므로, 반송파의 주파수가 최대일 때 측파대의 8자형 전기장은 정의 최대값이 자북을 통과하도록 톤 휠과 고니오미터와의 관계를 조정하였다. 즉, 자북에서 양의 위상 신호는 동일 위상으로 나타난다.

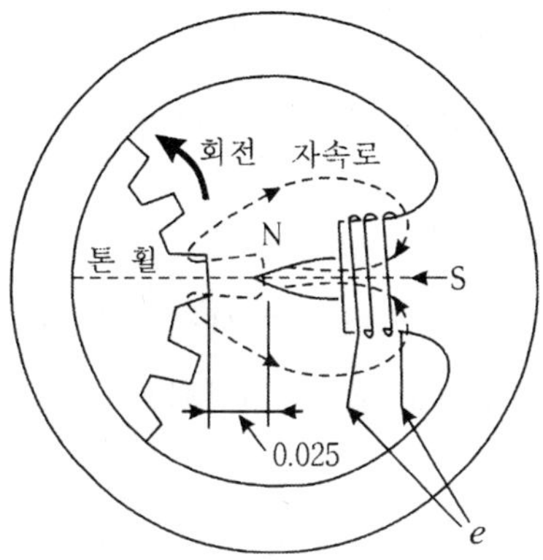

그림 2-13 톤 휠의 계략도

(마) 변조 제거기

변조 제거기(modulation eliminator)는 그림 2-14와 같이 4개의 동축선으로 되어 있는데, 고주파 브리지처럼 3개는 같은 길이이고, 다른 1개는 다른 것보다 전기각이 180° 더 크다. 변조된 반송파를 A점에 가하면, $Z_1 \neq Z_2$일 때 임피던스는 불균형 상태이므로 출력이 나타난다. 이때, 입력 전압 e_3을 e_2와 e_1의 합으로 생각하고, e_2는 변조 골짜기까지의 전압, e_1은 이 골짜기를 넘는 전압값이다.

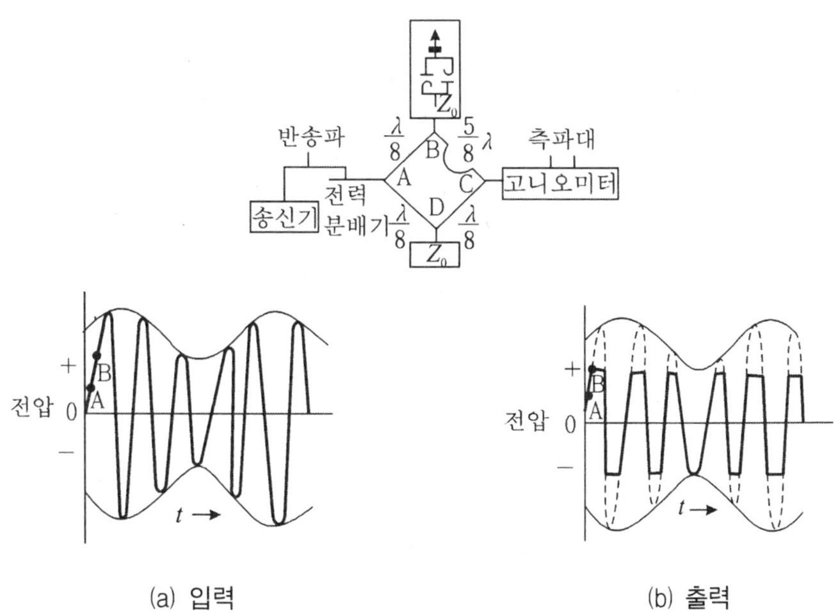

(a) 입력 (b) 출력

그림 2-14 변조 제거장치의 개략도 및 입력, 출력 파형

Z_2는 입력 전압에 따라 변하여 e_1에서는 $Z_1 \neq Z_2$, e_2에서는 $Z_1 = Z_2$가 되면, C 점에는 무조건 반송파가 나타난다. 이 무변조파가 고니오미터의 입력파이다.

4) 기상장치의 동작 원리

VOR 항법 계통은 지상의 송신국에서 발사하는 VOR뿐만 아니라, 로컬라이저의 무선 신호에 의해서 얻어지는 코스를 유지하기 위해 사용하는 항법 원조 시설로도 사용된다.

VOR국은 그림 2-8과 같이 전방위에 대하여 일정 위상을 가진 기준 30[Hz] 신호와 수신점에 대응하는 위상을 가진 가변 위상 신호를 동시에 발사하고 있다. 항공기의 수신기는 이 전파를 수신, 증폭하여 앞의 두 신호를 검출한다. 가변 위상 신호와 기준 위상 신호를 자북방향에서는 정확히 동위상이기 때문에 일치하지만, 가변 위상 신호가 기준 위상 신호로부터 90° 떨어져 있으면 VOR국과 동쪽에 위치한다. 현재 항법용으로 이용되고 있는 일반 VOR국은 항공로에 연해서 설치된 VOR국과 공항에 설치된 TVOR국이 있다. 로컬라이저 송신기는 글라이드 슬로프 송신기와 마커 비컨 송신기 등이 한조로 동작하여 ILS 시스템을 구성하는데, 활주로 끝에 위치하며, 2개의 로브(lobe)를 발사하고 있다. 이들 로브는 150[Hz](청구간)와 90[Hz](황 구간)로 변조되어 서로 교차되어 있고, 그림 2-15 두 로브의 등감도선은 활주로 중심선의 연장선에 있도록 설치된다.

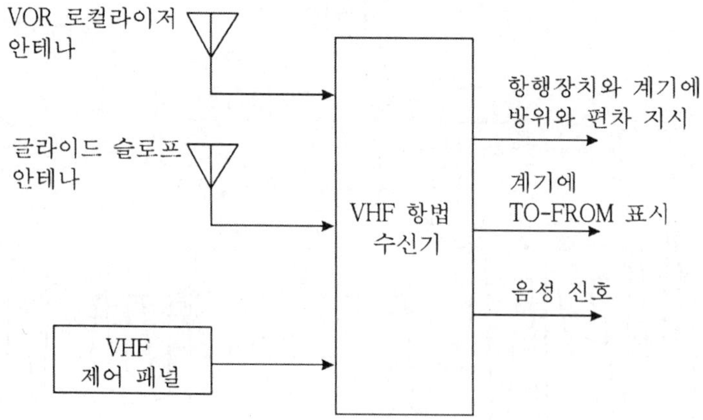

그림 2-15 VHF 항법장치의 계통도

VOR 동작에서는 다음과 같은 지시를 하는데 쓰인다.

① VOR국에 대한 항공기의 방위 결정

② 선택된 방사형(radial) 코스에 대한 좌우의 편위 지시

③ 항공기가 VOR국에 대하여 TO 또는 FROM의 어느 쪽을 비행하고 있는지를 지시 또, 로컬라이저에 대한 동작에서 빔 방향에서 좌우의 편위량을 지시한다.

이들 계통은 자동 조종장치에 연결되어 자동적으로 항공기를 VOR 방사형에 따라 비행하거나 ILS에 따라 자동 착륙시키는 데 사용한다. 주파수 범위는 108.0[MHz]에서 117.95[MHz]이고, 108.1~111.95[MHz]의 소수점 아래의 기수 채널은 로컬라이저 주파수, 108.0~111.8[NHz]의 소수점 아래의 우수채널은 TVOR 주파수, 112.0~117.9[MHz]의 모든 주파수는 VOR 주파수이다.

여기에 사용되는 안테나는 VOR와 로컬라이저 공동으로 1개를 사용하고, 수신 안테나에서 수신된 신호는 증폭 변환되어 음성 신호로 된다. 이 음성 신호는 식별 신호와 계시 신호로 나누어지는데, 식별 신호는 음성으로 기내 인터폰 회로에 보내어진다.

5) VOR 수신기

수신기는 VOR 단독으로만 사용하는 것이 아니라 그림 2-16과 같이 VOR/LOC가 같은 주파수이므로 하나의 안테나를 사용하여 VOR와 LOC용으로 겸용 수신기를 사용하며, 주로 더블 슈퍼헤테로다인 방식을 사용한다.

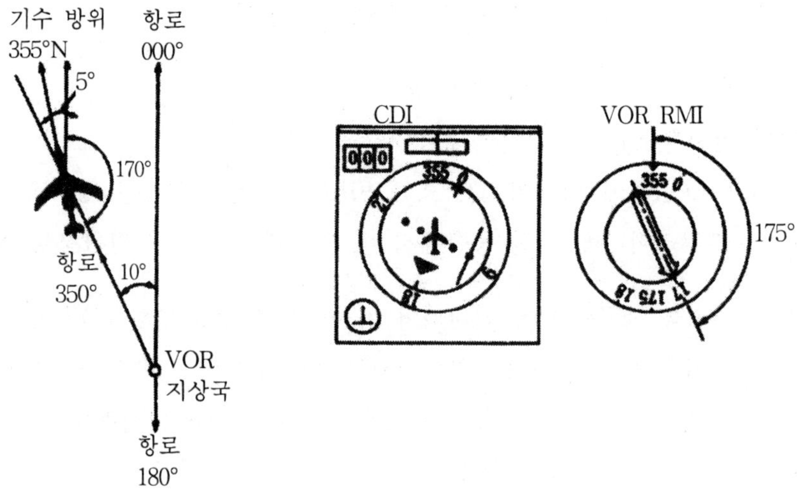

한 예로, 기체의 기수 방향이 355°로 VOR 지상국의 350°코스 위에 위치하고 000°의 코스를 선택하고 있는 경우이다.

그림 2-16 VOR의 CDI 및 RMI의 지시 예

수신된 신호는 그림 2-17과 같이 AM 검파하에 30[Hz]의 가변 위상 신호, 음성 신호(1,020[Hz]의 모스 식별 부호 톤(tone)), 그리고 FM 검파한 30[Hz] 고정 위상 비교 신호로 나누어진다.

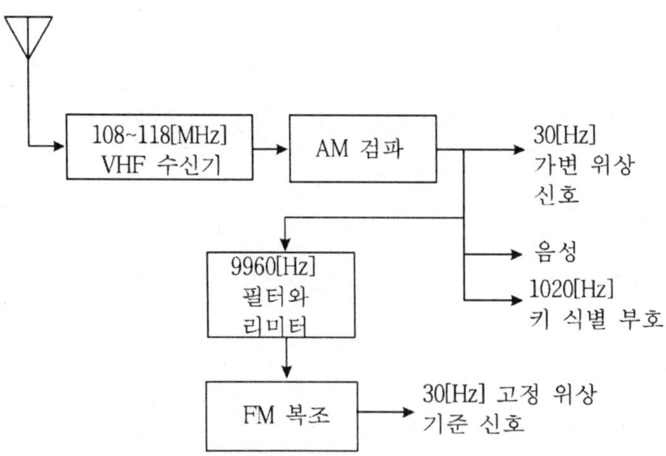

그림 2-17 VOR 신호 수신 계통도

6) 코스 지시기

코스 지시기는 VOR/LOC 및 글라이드 슬로프의 편위 바늘에 항법 정보를 가하여 비행 상태 및 경보를 조종사에게 알리는 장치이다. VOR 동작에서는 VOR국으로부터 항공기를 향한 방위와 항공기로부터 VOR국 쪽을 향한 방위에는 180°의 차이가 있지만, VOR 바늘에는 편위의 차이가 없다. 이것을 구분하기 위해 VOR국으로부터의 방위를 FROM, 항공기 쪽에서 VOR국의 방위를 TO로 표시한다. 이 TO-FROM의 표지도 코스 지시기에서 표시된다.

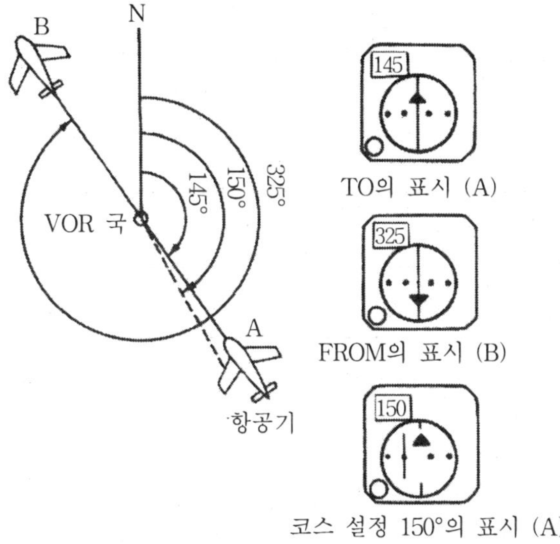

그림 2-18 VOR 코스의 지시의 예

그림 2-18에서 A점에 있는 항공기가 145°의 코스를 취하고 있다면, 계기에서는 화살표 표시가 위쪽을 향하고 FORM 표시를 나타낸다. 또, A점에서 항공기가 325°위치로 이동하면 바늘 방향은 아래쪽을 향하게 되고 TO를 표시한다.

설정 코스 145°를 유지하여 A점으로부터 B점으로 VOR국 상공을 통과하면 VOR/LOC 수신기의 TO-FROM 표시는 자동적으로 FROM에서 TO로 변한다. VOR 지상국과 DME국 또는 TACAN(tactical air navigation system) : 전술 항행장치)국과 병설하여 VOR/DME 또는 VOR/TACAN으로 이용되는 경우가 많다. 이 때문에, VOR 지시기에는 거리 카운터가 함께 들어 있어 거리까지 지시하도록 만들어져 있다.

3. 전술 항행장치

TACAN 지상국의 채널을 항공기에서 선택하면 지상국에 대한 방위와 거리가 동시에 기상 지시기에 표시된다.

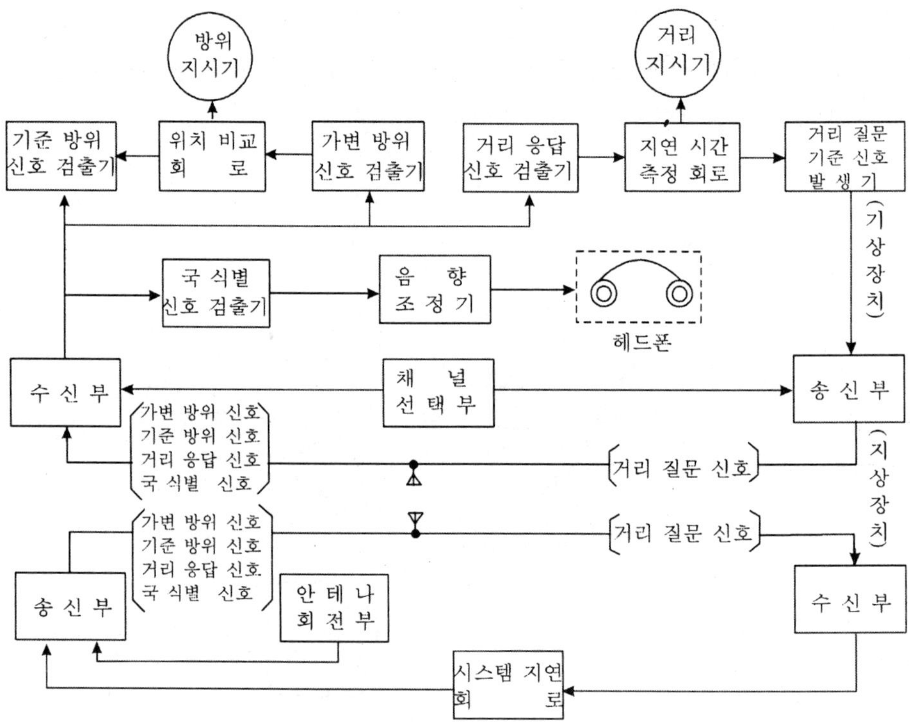

그림 2-19 TACAN 시스템의 계통도

Tacan의 거리 측정 부분은 DME 표준 방식과 같기 때문에 DME와 중복되는 거리 측정 부분은 설명에서 제외하기로 한다. TACAN 시스템에 사용되는 주파수는 DME 시스템과 동일하여 채널 수도 252개로서 모두 같다. 지상국과 지상국의 송신 및 수신 주파수의 차이도 DME와 같이 63[MHz]이다. 그림 2-19는 TACAN 시스템의 계통도를 나타낸다.

1) 거리 측정

거리 측정은 스퀴트 펄스(squitter pulse) 수와 응답 펄수 수를 합한 총수가 항상 약 2,700[pps]로서, 일정한 것을 제외하고는 DME와 똑같다. 송신 펄스를 약 2,700[pps]로 일정하게 유지하는 목적은 다음에 설명하는 방위 정보의 전달 때문이다.

2) 방위 측정

방위 측정은 VOR와 같이 항상 지상국에서 송신되는 전파에 진폭 변조된 방위 정보를 가하여 기상 장비에서 이것을 수신하는 것이다. 지상 장비의 안테나 구성은 그림 2-20과 같이 무지향성 수직 안테나의 주위에 15[rps]로 회전하는 한 조의 반사기와 9조의 도파기가 있고, 회전축에는 방위 기준 신호의 발사시기를 규정하는 신호판이 설치되어 있다.

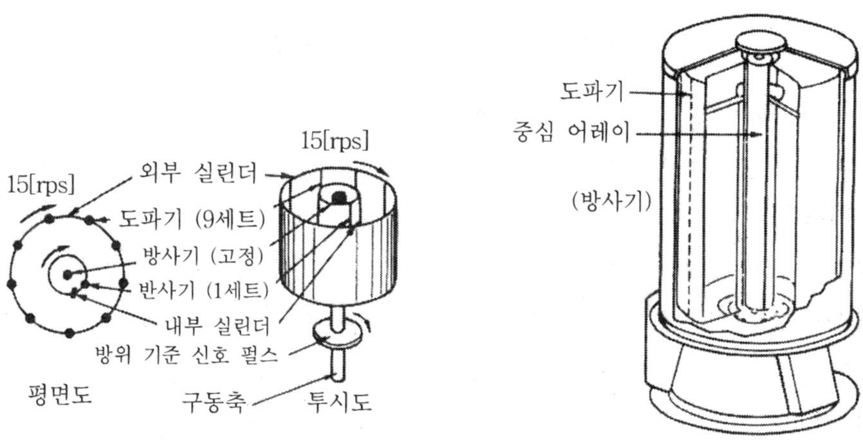

(a) 구성 (b) 구조

그림 2-20 TACAN 안테나의 구조

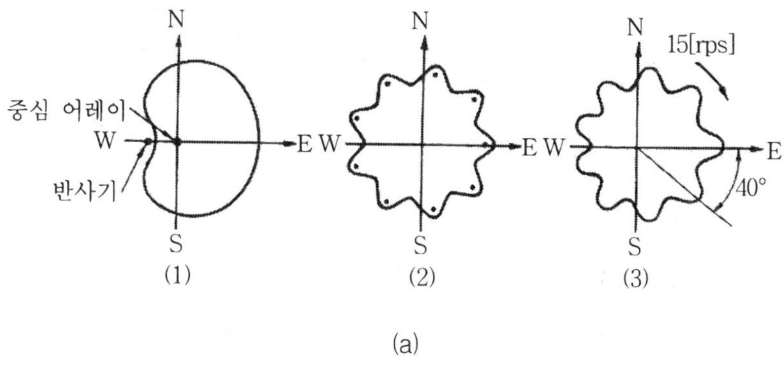

(a)

(1) 안쪽 실린더의 반사기 1개만에 의한 패턴
(2) 바깥쪽 실린더의 도파기 9개만에 의한 패턴
(3) 합성 패턴

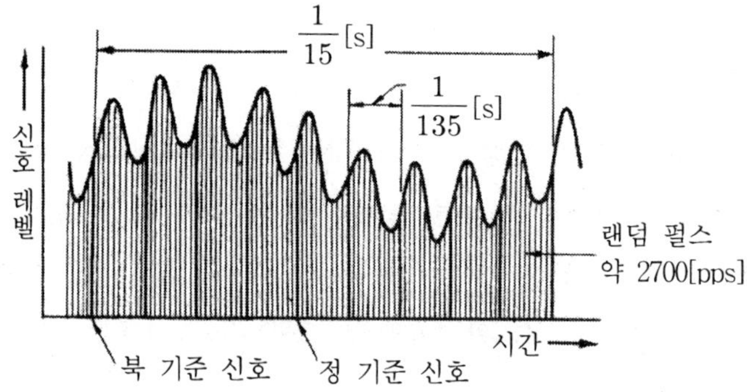

(b)

그림 2-21 안테나 지향 특성

이 한조의 반사기는 안테나의 지향 특성에 카디오이드형을 만든다. 그리고 9개의 도파기는 9개의 작은 로브를 형성하여 그림 2-21 (a)와 같은 지향 특성을 만들며 로브의 최대값 사이의 간격은 40°이다.

그림 2-21 (b)와 같이 진폭 성분은 15[Hz] 및 135[Hz]의 합성 파형이다.

방위 기준 신호의 북 기준 신호는 지향 특성의 최대 방향이 동쪽을 향했을 때, 또 보조 기준신호는 작은 로브에 최대 방향이 같은 동쪽을 향했을 때 발사된다. 따라서, 북 기준 신호는 안테나가 1회전(15[Hz]), 보조 기준신호는 같은 방법으로 8회(1359[Hz]) 발사된다. 이 기준 신호의 진폭 성분 파형에 따라 위상 관계는 진북 방향에 대한 항공기와의 각도에 따라 변화하며, 항공기 쪽에서는 기준 신호에 의해 발생된 15[Hz] 및 135[Hz]의 교류 신호와 진폭 성분 신호와의 위상차를 측정하여 항공기에 대한 지상국의 방위각을 진북을 기준으로 해서 자동적으로 지시된다. 북 기준 신호와 15[Hz] 진폭 성분 신호로는 대략의 방위를 그리고 보조 기준 신호와 135[Hz] 진폭 성분 신호로는 정밀한 방위 측정을 할 수가 있다.

3) TACAN 시스템의 특징

① 방위 및 거리 정보에 대한 항법장치의 일원화가 가능하다.

② 클리어 채널(clear channel) 방식이다.

③ 잡음의 지터(jitter)을 이용하면 다수의 신호를 식별할 수 있으므로, 많은 항공기가 동시에 하나의 지상국을 이용할 수 있다.

④ 방위 및 거리 정확도가 우수하다.

⑤ 지상장치는 일정한 동작 허용 주기(duty cycle)로 동작되므로 안전하다.

⑥ 신호는 모두 한 조의 펄스로 구성되어 있으므로, 동작에 착오가 적다.

⑦ 지상장치는 VOR 지상장치와 함께 정비하여 VOR/TAC 시스템을 구성할 수 있으며, TACAN에 거리 계통은 DME 시스템의 역할을 한다.

4) TACAN 지상국의 동작

기상장치가 발사한 질문 펄스를 수신하여 제어 송·수신 전환기에서 선택된 다음 사용 채널의 주파수만을 선별하여 수신부로 보낸다. 수신부에서는 이 질문 펄스를 해독하여 부호 지시부에 응답 펄스로 보내고, 또 송신 계통의 일정한 동작 주기에 필요한 불규칙 펄스를 발생시켜 응답펄스와 함께 출력에 가한다. 부호 지시부는 기준 방위 신호 및 국 식별 신호를 발생하여 수신기에서 온 응답 펄스와 조합한 다음 이들의 정보 요소에 우선 순위를 정하고, 다음 정해진 지연 시간(50[μs])을 주어 송신 펄스를 부호화하여 송신계통에 보낸다. 송신부에서는 증폭 변조하여 고주파 신호로 바꿔서 안테나에서 발사한다. 안테나는 앞에서 설명한 지향 특성으로 기준 방위 신호의 방위 정보를 송신한다. 그림 2-22는 TACAN 지상장치의 계통도를 나타낸 것이다.

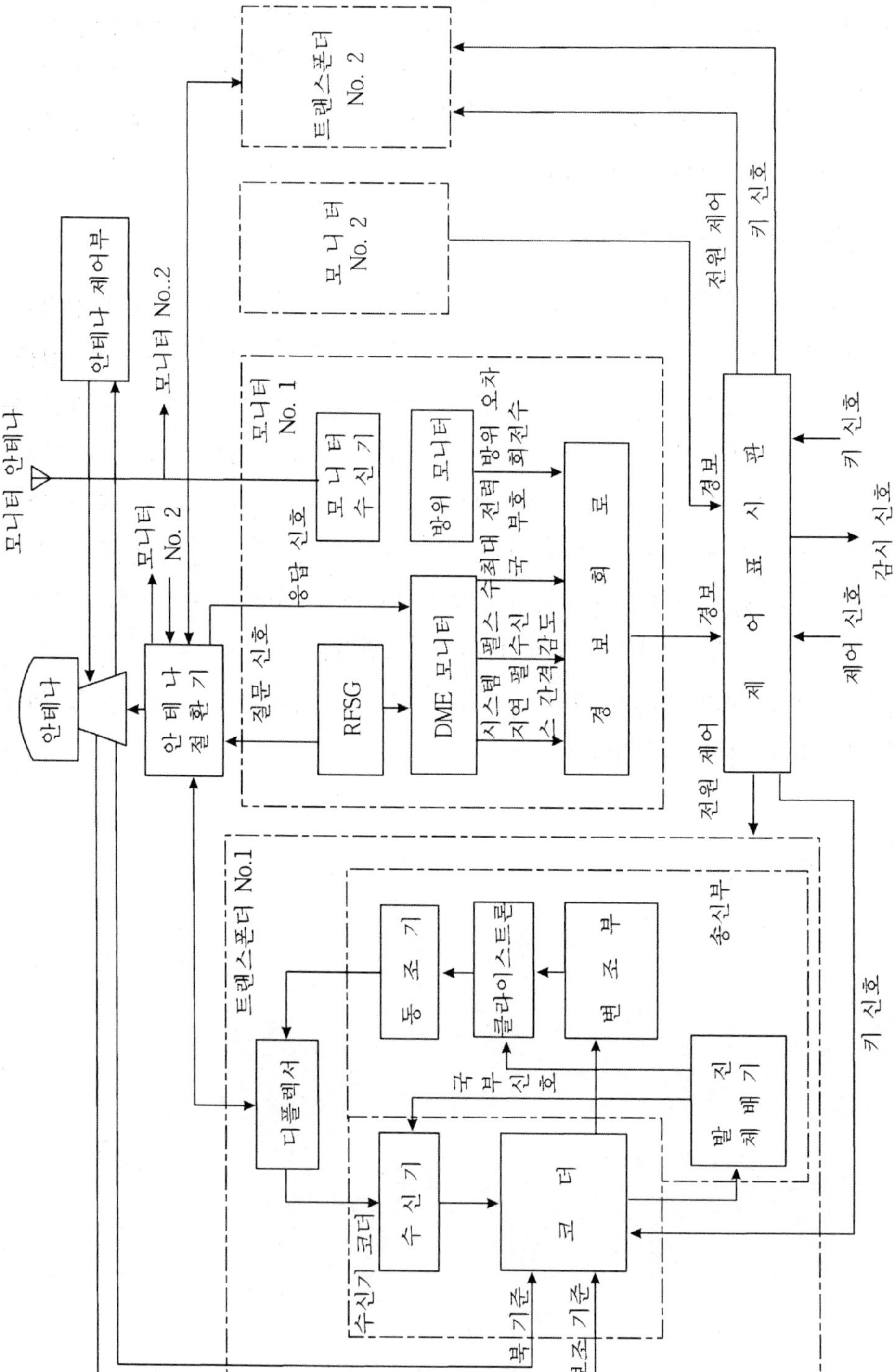

그림 2-22 TACAN 지상장치의 계통도

5) TACAN 기상장치

TACAN 항법 시스템은 항공기로부터 지상국까지의 거리와 방위를 측정하여 기상의 지시 계시에 표시하는 항행 원조장치이다. 이것은 공대공 모드를 갖추면 TACAN 기상장치에 의해 항공기 상호간의 직접 거리가 지시된다. 사용 주파수는 962~1,213[MHz]의 UHF대이고, 기상 제어기에 의해 채널을 선택할 수 있다.

6) 송 · 수신장치

현재 기상장치의 대표적 기종인 AN/ARN-21, AN/ARN-52등이 전술용으로 사용되고 있다. 그림 2-23은 그 계통도를 나타낸 것이다. 최신 TACAN 기상장치는 반도체화되어 종래의 기종보다 성능이 매우 우수하며, 그 구성은 디지털 신시사이저 광대역 증폭기, YIG 필터 등으로 되어 있다.

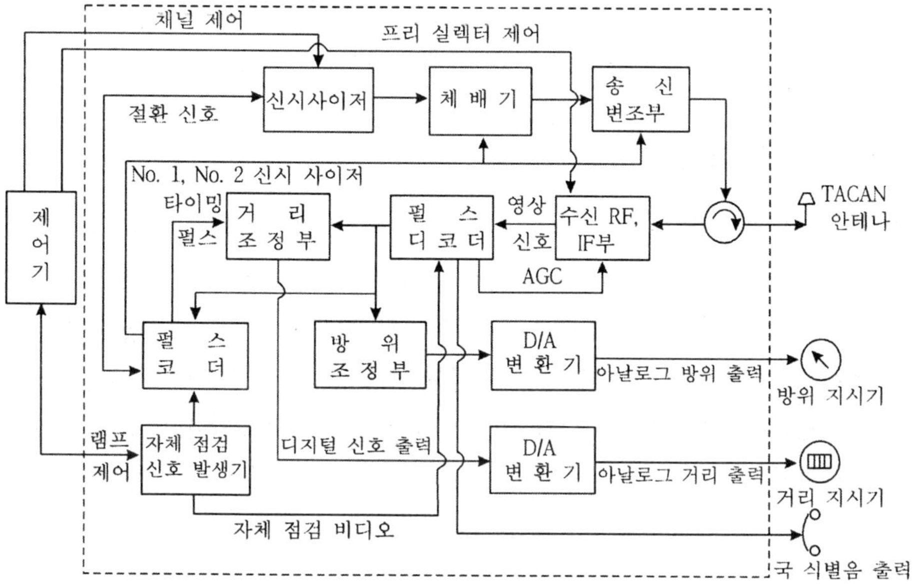

그림 2-23 TACAN 지상장치의 계통도

4. 거리 측정 시설

거리 측정 시설(DME : distance measuring equipment)은 그림 2-24와 같이 항공기의 DME 기상국에 거리 정보를 제공하는 것으로, VOR와 더불어 병설된 VOR/DME, VOR/TAC 등 시설은 단거리 항법 원조 시설의 국제 표준으로 규정되어 있다. DME는 TACAN의 거리 계통만을 독립시킨 비교적 새로운 항법 시설이다.

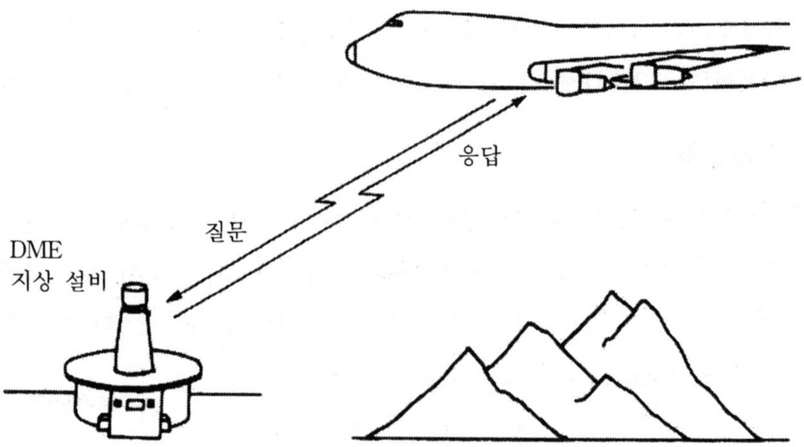

그림 2-24 거리 측정

1) 거리 측정의 개요

DME는 그림 2-25와 같이 기상장치(질문기)와 지상장치(응답기)로 구성된 2차 레이더의 한 형식이다. 그림 2-26과 같이 거리 측정은 펄스 신호가 두 점 사이를 왕복하는 시간을 측정하는 것이다. 기상장치에서 발사된 1,025~1,150[MHz] 대의 전파에 의해서 질문 펄스는 지상장치에 의해 수신되고, 지상장치는 이 스신 질문 펄스를 디코딩하여 질문파와 63[MHz] 떨어진 962~1,213[MHz]의 주파수로 응답 펄스를 발사한다.

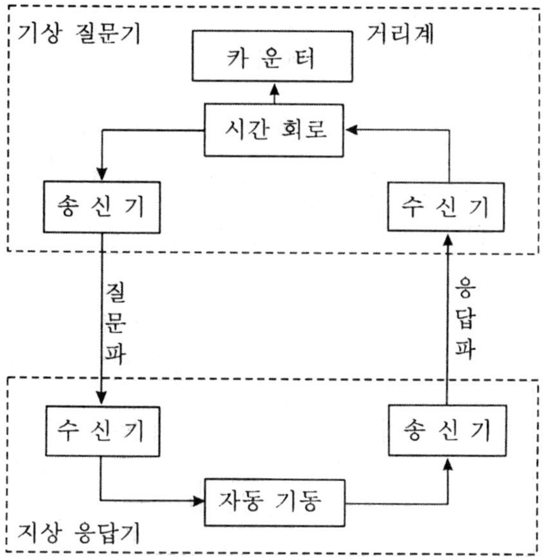

그림 2-25 DME 계통도

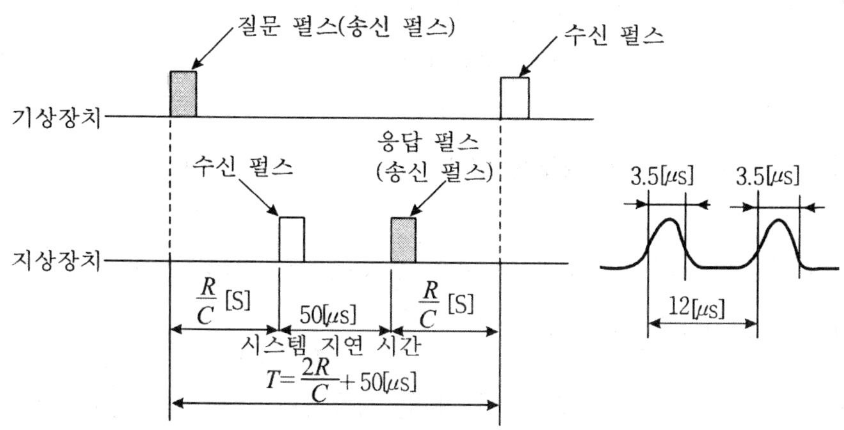

그림 2-26 질문 및 응답 펄스의 송·수신 시간 관계

기상장치는 질문 펄스를 발사한 후 응답 펄스가 수신될 때까지의 시간 T를 측정해서 거리 R를 구하여 지시 기기에 나타낸다.

$$R = \frac{(T[\mu s] - 50[\mu s])}{12,369[\mu s]}$$

지상국은 기상장치로부터 질문이 없을 때에도 약 1~1,000[pps]로 불규칙하게 송신하고 있다. 질문의 증가와 함께 송신 펄스 수도 증가하여 최대 약 2,700[pps]의 펄스파를 송신한다. 이 응답 펄스를 가한 총수가 평균으로 최소 700[pps] 이하가 되면 지상국의 수신기 자신이 부족한 펄스를 발진하여 보충한다. 이 보충 펄스를 랜덤 잡음(random noise)이라 한다. DME 시스템의 사용 주파수대는 표 2-1과 같이 X채널 126, Y채널 126, 합 252채널(1[MHz] 간격)이다.

표 2-1 주파수 및 채널

주파수	채널 번호	송신[MHz]	수신[MHz]
저주파대	1X~63CX 64Y~126Y	962~1,024 1,025~1,087	1,025~1,087 1,088~1,150
고주파대	64X~126X 1Y~63Y	1,151~1,213 1,088~1,150	1,088~1,150 1,025~1,087

DME를 사용함으로써 얻어지는 이점은 다음과 같다.

① 진로에 대해서 연속적으로 위치 결정이 된다.

② 위치 결정이 ADF, VOR보다 정확하다.

③ 항공기의 대지 속도가 정확, 신속하게 산출된다.

④ 정확한 항공기 위치의 정보를 얻을 수 있어 레이더에 의한 유도를 받을 필요가 없다.

⑤ 진입시에 관제 거리를 짧게 할 수 있어 많은 체공 선회를 할 필요가 없다.

2) 거리 측정 시설의 지상장치

ICAO 표준의 DME는 미해군에서 개발, 사용하던 전술 항행장치(TACAN)의 방위와 거리 측정에서 거리 측정장치만을 표준으로 정한 것으로, TACAN과 동작이 비슷하다. TACAN은 조종사가 비행중 항공기의 위치를 연속적으로 또는 1차적으로 알 수 있는 극좌표 항법장치(coordinate navigation system : ρ-θ navigati-on system)로 개발되었다.

TACAN에서의 방위 측정은 1,000[MHz]의 주파수를 사용하지만 VOR은 108.00~117.95[MHz]의 주파수를 사용하는 점이 크게 다르며, 또 TACAN은 펄스를 이용하므로 VOR보다 정확한 방위 정보를 얻을 수 있다. 민간기의 경우에는 VOR가 장비되어 있기 때문에 측정장치만을 이용하여 DME로써 TACAN의 거리 기능만을 택하게 되었으나, 현재 TACAN 시설은 군용뿐만 아니라 민간용으로도 쓰이고 있다.

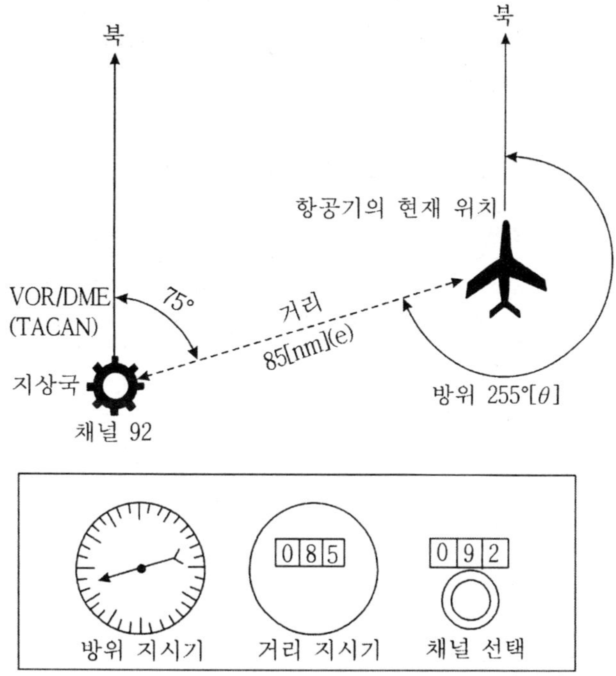

그림 2-27 VOR / DME 및 TACAN에 의한 극좌표 항법

군용 항공기와 민간 항공기 공동으로 사용하기 위하여 VOR국에 TACAN의 지상 시설을 병설한 것은 VORTAC국이라 하며, VOR와 TACAN에 이중 방위 정보 서비스를 하고 있다.

하나의 DME 지상 시설은 100대의 항공기에 대하여 동시에 거리 정보를 제공하는 능력을 가지고 있다. DME 조작은 DME 컨트롤 패널에 의하여 조작된다. 안테나는 동체 하부에 L밴드 안테나로 트랜스폰더용과 같은 것을 사용한다. 그림 2-27은 VOR/DME 및 TACAN에 의한 극좌표 항법에 대한 원리를 나타낸 것이다.

3) 거리 측정 시설의 기상장치

DME는 지상국 설치점으로부터 항공기까지의 직선 공간 거리를 항공기 내의 지시기에 표시하는 동시에, 이 정보를 컴퓨터에 입력시키는 단거리 항법 원조장치이다.

DME는 VOR 항법장치와 함께 쓰이는 VOR/DME 방식으로도 사용함으로써 거리 정보와 방위 정보를 동시에 얻을 수 있다. DME 주파수 할당은 VOR 주파수와의 조합으로 이루어지도록 규정되어 있다. 표 2-2는 채널당 할당 주파수를 X모드와 Y 모드로 표시한 것이다.

표 2-2 DME의 채널 할당 및 주파수

채널	기상장치			지상장치		
	송신 주파수 [MHz]	수신 수파수 [MHz]	송신 펄스 [μs]	송신 주파수 [MHz]	수신 수파수 [MHz]	송신 펄스 [μs]
1X ≀ 36X 34X ≀ 126X	1,025 ≀ 1,087 1,088 ≀ 1,150	962 ≀ 1,024 1,151 ≀ 1,213	3.5폭 36간격	962 ≀ 1,024 1,151 ≀ 1,213	1,025 ≀ 1,087 1,088 ≀ 1,150	3.5폭 36간격

(가) 송·수신장치

DME 기상장치는 모두 디지털 회로와 고주파 회로로 구성되어 있고, 서보기구나 다른 기계적인 동작 부분은 필요하지 않다.

(나) 거리 측정

DME의 거리 측정은 항공기(질문기)로부터 질문 펄스가 발사되어 지상국(응답기)의 응답 펄스를 수신할 때까지의 지연 시간을 측정하여 거리로 환산하는 방법이다. 이 측정을 하기 위해 디지털 서보에 의해서 DME 기상장치에서 거리 측정을 하고, 그 결과를 지시 계기에 표시한다. 그림 2-28은 DME 거리 측정 계통도를 나타낸 것이다.

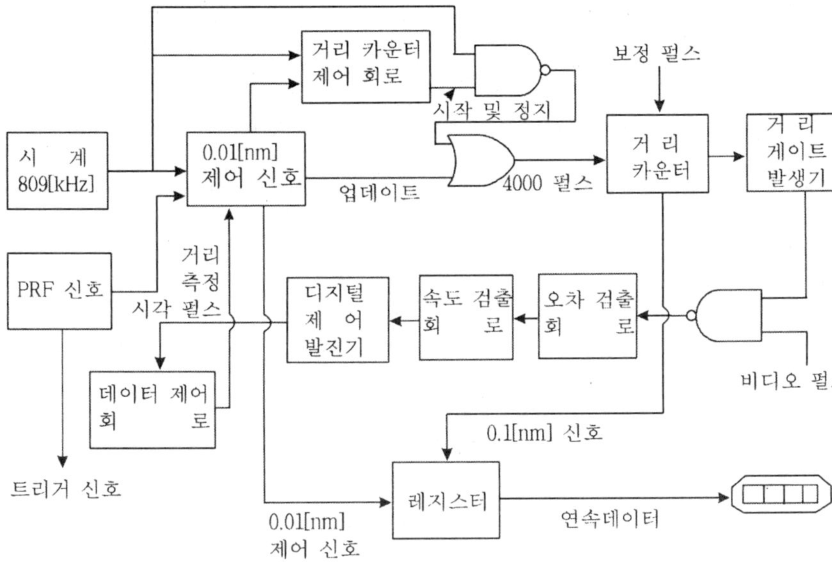

그림 2-28 DME 거리 측정 계통도

5. 쌍곡선 항법장치

미리 위치를 알고 있는 두 송신국으로부터 전파를 수신하고, 그 도달 시간의 차 또는 위상차를 측정하여 위치를 결정하는 방식을 쌍곡선 항법(hyperbolic navigation)이라 한다.

그림 2-29에서 A, B 두 점에서의 거리의 차가 d_1이 되는 점 P, P′의 궤적은 그 점의 d_1, d_1'인 2개의 쌍곡선이 된다. 같은 방법으로 A, B 에서의 거리의 차를 바꾸면 그 점과 같은 쌍곡선 군을 얻을 수 있다.

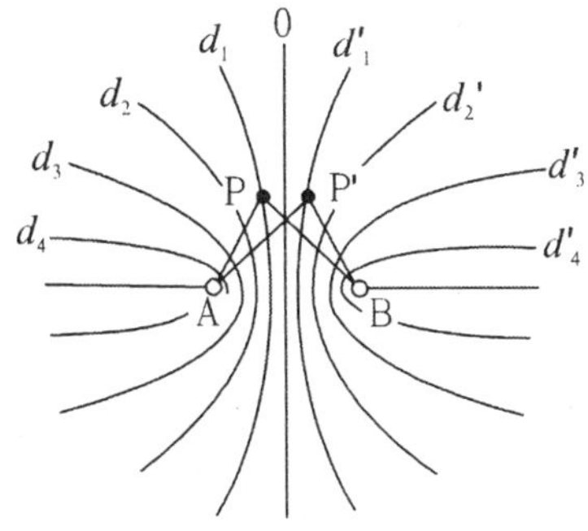

그림 2-29 쌍곡선 항법의 원리

따라서 A, B의 두 점에서 동시에 방사되는 전파를 수신하여, 그 도착 시간의 차에서 A, B의 두 점에서의 거리차 d_1을 구하면 자기의 위치는 d_1 또는 $d_1{}'$의 곡선상에 있는 것을 알게 된다. 또, 그림 2-30처럼 한 조의 두 점 C, D에서의 거리의 차 l_1을 구하면 2개의 쌍곡선 d_1, l_1의 교차점 P가 그 위치가 된다.

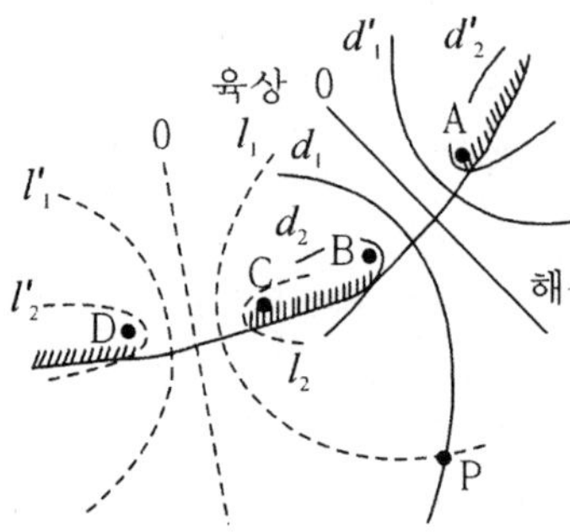

그림 2-30 쌍곡선 항법에 의한 위치 결정

1) 로 런

로런(LORAN : long range navigation)은 송신국으로부터 원 거리에 있는 선박 또는 항공기에 항행 위치를 제공하는 무선 항법 원조 시설이다. 이것은 제2차 세계 대전 초기에 미국과 영국이 협력하여 개발한 것으로, 군용 항공기의 항행 원조를 주목적으로 하였으나, 전쟁 말기에 선박에 이용되었으며, 전쟁 이후에는 민간 항공기에도 이용되기 시작하였다.

로런은 쌍곡선 항행 원조 방식의 대표적인 것으로 몇 가지 방식이 있으나, 현재 실용화되고 있는 것으로는 로런 A와 C이다. 로런 방식은 "두 정점으로부터의 거리차가 일정한 점의 궤적은 그 두 정점을 초점으로 한다."는 쌍곡선의 원리를 이용한 것이다.

지금 A, B 두 지점의 송신기에서 동시에 전파를 발사하고, 이 두 전파의 도달 시간차가 일정한 궤적을 구하면, 이 두 국을 초점으로 하는 쌍곡선이 된다. 여기서, 이 쌍곡선을 위치선 또는 시간차곡선이라 한다. 로런 주파수대는 중대파(1750 ~1950[kHz])의 펄스를 사용하며, 유효 범위는 주·야간에 따라 다르나, 약 1450 ~2250[km]로서 위치 측정의 정확도가 높다.

로런 방식은 두 송신국을 한 조로 하여 그 중 한 국을 주국(master station),

다른 한 국을 종국(slave station)이라 하는데, 동일 주파수의 주기 펄스를 송신한다. 종국의 전파 발사는 주국에 의해 제어되며, 국의 식별은 주파수와 펄스의 번복 주기별로 식별한다.

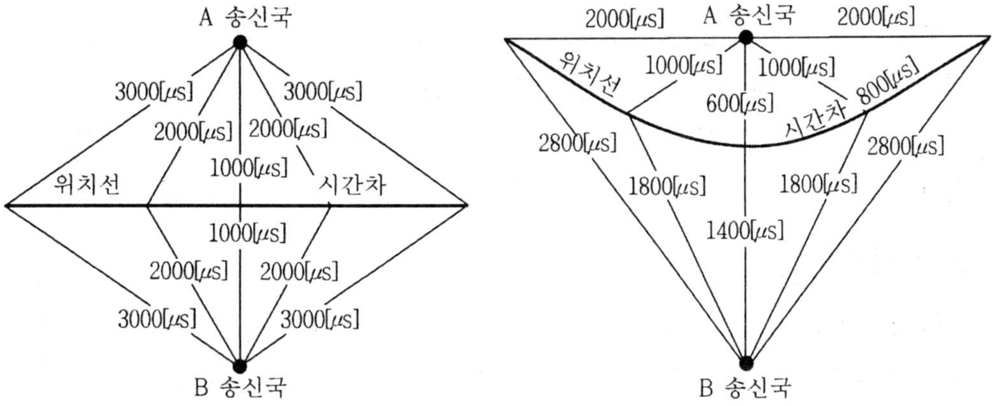

(a) 직선 위치선 (b) 쌍곡선 위치선

그림 2-31 직선 위치선 및 쌍곡선 위치선

다음은 위치선에 대하여 알아보기로 한다.

그림 2-31 (a)와 같이 한 조의 송신국 A, B 사이의 거리가 600[km]이면 이 두 지점을 전파하는 시간은 2000[μs]이다. A, B를 연결한 선을 기선이라 한다.

이 두 지점에서 동시에 전파를 발사하면 A, B간의 수직이등분선(중심선) 위에서는 동시에 전파가 도달되므로 시간차는 0이다. 다음은 A국의 가까운 쪽에서 수신하면 두 전파의 도달 시간차가 생기므로, 이 차의 일정한 궤적을 구하면 그림 2-31 (b)와 같은 쌍곡선의 위치선이 된다.

따라서 시간차를 변화시키면 이와 같은 쌍곡선은 A국에 가까운 것과 B국에 가까운 것이 각각 하나씩 존재하므로, 중심선에 대하여 항상 대칭으로 2개의 쌍곡선이 생겨 측정할 때에 불확실하게 된다. 이런 점을 없애기 위해 실제로는 A, B 양쪽에서 동시에 전파를 발사하지 않고, B국으로부터의 전파를 A국보다 T+α만큼 지연시켜 발사한다.

여기서 T는 A, B간을 전파하는 시간이며, α는 측정의 편위상 정해 놓은 값이다. 먼저 전파를 발사하는 A국이 주국, 지연시켜 발사하는 B국이 종국이다.

항공기가 자기의 위치를 결정하기 위해서는 한 조의 로런 송신국으로부터 발사하는 전파를 수신하고, 그 도착 시간차를 측정하여 그 시간차에 상당하는 위치선을 결정하고, 같은 방법으로 다른 한조의 로런국으로부터 위치선을 얻어 이 두 위치선의 교차점을 구하면 된다.

로런 송신국은 두 조의 위치선에 의해 위치를 결정할 수 있도록 배치되어 있지만, 실제로는 두 조의 로런 송신국의 주국을 한 곳에 설치하는 경우가 많다. 한 조의 로런국으로부터 전파 도달 시간차를 변수로 하여 하나이 쌍곡선군(위치선군)을 만들어 지도상에 기입한 것을 로런 수신기와 로런 차트를 이용하여 위치를 결정한다.

2) 오메가 항법

10[kHz]~14[kHz]의 초장파(VLF)를 사용한 쌍곡선 항법이다. 2개의 송신국으로부터 발사되는 전파의 위상차를 측정해서 위치를 결정하는 것이다.

오메가 항법(omega navigation)의 특징은 초장파를 사용하고 있으므로, 약 10,000[km]에 1국씩 설치하면 지구상에 불과 8개의 송신국을 설치한 것과 같으므로, 항공기는 지구상 여하한 지점에 있어서도 위치 결정을 할 수 있다.

또, 초장파는 해면 밑 약 15[m]까지 전파하므로 잠수함은 잠수한 채로 위치를 알 수 있는 것으로 알려져 있다. 현재 오메가 항법 송신국의 배치는 North Dakota(미), Hawaii(미), Brapland(노르웨이), Monrovia(라이베리아), 마도(일), La Reunion(불, 인도양), Golfo Nuevo(아르헨티나), Trinided and Tobago(남미)의 8개국이 현재 운용 중에 있다.

6. 전파 고도계

항공기에서 지표로 향해 전파를 발사하여, 그 반사파가 되돌아 올때까지의 속도를 측정하는 장치이다.

그림 2-32와 같이 기압 고도계와는 달리 지형과 항공기 간의 수직거리, 이를테면 절대 고도를 지시하는 것으로서 절대 고도계라고도 하며, 높은 고도용의 펄스형과 낮은 고도용의 FM형 등이 있다.

그림 2-32 전파 고도계의 절대 고도 측정

1) 펄스식 전파 고도계

기상에서 아래쪽으로 발사한 펄스가 지표면에서 반사되어 다시 기상 수신기에 도달하는 시간에 의해 항공기와 지표면 간의 거리(고도)를 구하는 방식으로, A 스코프와 비슷한 동작 원리이다.

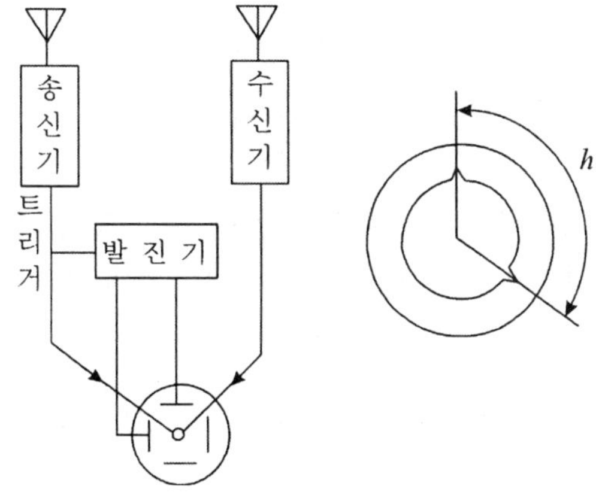

그림 2-33 펄스식의 원리

① 원형으로 스위프하는 CRT상의 송·수신 펄스에 각각 동기된 2개의 마크를 표시하고, 이 마크 간의 각도에 의해 고도를 읽어 내는 방식이다. 원형 스위프

속도를 펄스 반복 속도와 같도록 고도를 전파가 왕복하는데 소요되는 시간으로 잡아 둔 측정 고도 범위의 절혼 스위치가 있다.

② 송신 펄스로 시작하여 수신 펄스를 정지하는 계수기에 의해 표시를 얻는 방식으로서, 그림 2-33과 같이 클록(clock)펄스의 주기는 피트(ft)값으로 직접 읽을 수 있도록 표시되어 있다.

2) FM식 전파 고도계

FM식 전파 고도계는 0~750[m]까지의 낮은 고도를 측정하는 데에 이용되며, 주로 활주로에 접근, 착륙시에 이용된다.

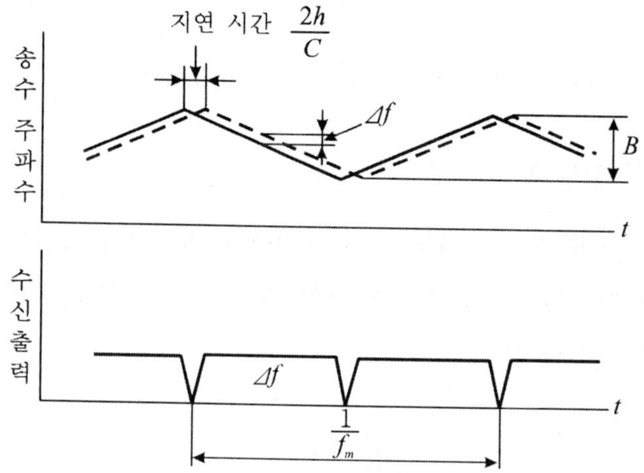

그림 2-34 FM식의 파형

기상 송신기에 의해 삼각형으로 주파수 변조된 4300[MHz]의 전파를 발사하고, 그 반사파를 송신파의 일부와 비트시켜(국부 발진기로 동작) 수신한다. 그림 2-34는 FM식의 파형을 나타낸 것이다. 송신 FM 주기를 f_m[Hz], 송신 FM 편이폭을 B[Hz], 비트 주파수를 Δf[Hz]라 하면 다음과 같이 된다.

$$\Delta f = \frac{\Delta f_m B}{C} h$$

여기서, C는 전파 속도, h는 고도이다.

위의 식으로부터 알 수 있는 바와 같이 f_m, B의 변동은 작으나, Δf의 측정 정도에 영향을 끼치므로 이 수치가 되도록 변동하지 않을 필요가 있다(예 : f_m= 120[Hz], B=40[MHz]라 하면, 1[ft]당 Δf는 19[Hz]가 된다).

고도 측정 회로는,

① Δf는 카운터로 측정하여 Δf에 비례하는 직류 전류를 표시하게 된다.

② VFO(가변 발전기) 출력과 Δf를 비교하여 그 주파수 차이가 0이 되도록 서보 컨트롤하며, 이에 따른 VFO의 제어 정보로부터 고도 정보를 얻는다.

3) 전파 고도계의 오차

전파 고도계는 항공기와 지표면 간의 전파가 왕복하는 시간으로부터 고도를 산출하고 있다. 지표면에서의 전파 방사는 난반사이므로, 전파 고도계에 쓰이는 빔 폭은 항공기 자세 변화에 따라 경면 반사되며, 이에 따라 빔 폭은 지표면의 상태가 균일하지 않으므로, 안테나에 수신되는 신호는 항상 난반사가 되어 전파 고도계의 고도 측정 오차는 보통 1~2[%]가 생기게 된다.

7. 기상 레이더

1) 개 요

항공기의 항로에 악천후의 영역, 특히 번개 구름 부근에서와 같이 현저한 기류의 변화가 있으며 기체에 동요나 진동을 주고, 승객에 불쾌감과 불안감을 느끼게 할 뿐 아니라, 심한 경우에는 기체 자체까지도 파손될 수가 있다.

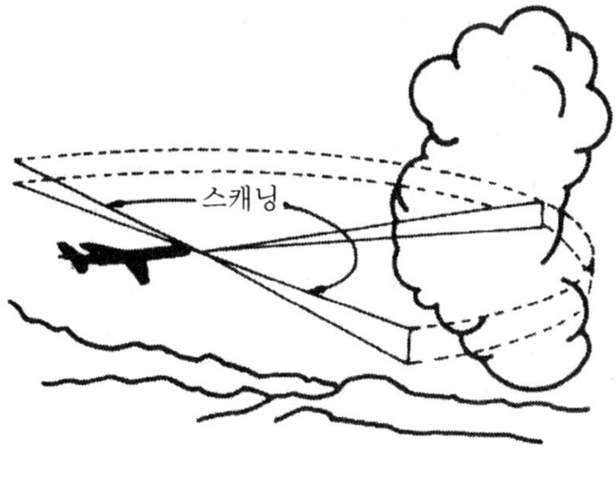

그림 2-35 기상 레이더의 주사

그림 2-35와 같이 이것을 피하기 위하여 사전에 악천후 영역을 탐지해 비교적 기류의 변화가 적은 곳을 찾아 비행함으로써 안전 운행에 기여함과 동시에, 항로에서 멀리 떨어진 전방의 악천후 영역을 미리 알아냄으로써 신속하게 항로를 변경하여 비행시간의 단축과 연료의 절약이 가능하도록 하면 경제 운항에 기여하는 바가 크다.

기상 레이더(weather radar)는 항로 및 주변의 기상 정보를 야간이나 시계가 나쁜 상태에서도 충분히 조종사가 알 수 있는 유력한 수단이고, 또 다른 항법기와 비교하여 현재 직립적으로 관련된 정보를 주므로, 현재 많은 여객기에 설치, 사용되고 있다. 또, 기상 레이더는 지형의 상태, 예를 들면 해안선, 하천, 산 등을 지도와 비슷한 상태로 나타내주므로, 항공기의 현재 위치를 아는데 이용된다.

2) 사용 주파수

현재 기상 레이더에 사용되고 있는 주파수는 X밴드(파장 3.2[cm])와 C밴드(파장 5.6[cm])의 두 종류가 있다. 높은 주파수에서는 대기나 비 등의 감쇠에 의해 탐지 거리가 제한되고, 낮은 주파수에서는 필요한 분해능을 얻기 위하여 안테나의 개구 면적을 크게 해야 하므로, 항공기 탑재용으로 부적당한 것이 많다. X밴드와 C밴드의 기상 레이더에서는 각각의 특징이 있으므로, 그 차이를 알아보기로 한다.

(가) 탐지 거리

폭우나 번개 구름과 같이 비행에 장애가 되는 악천후 영역은 강우량의 지역적 경도가 큰 영향이 있으므로, 악천후 영역의 앞쪽에 있는 강우 영역을 통하여 그 방향에 있는 폭우, 구름 등을 관측하는 것이 가장 일반적이다. 이 경우에는 강우에 의한 감쇠가 적은 5.6[cm] 파대가 유리하다.

기상 분포 상황은 상당히 복잡하여 간단히 유효 거리를 산출할 수는 없지만, 감쇠 경향이 있는 경우와 없는 경우에 대하여 일반적으로 사용하고 있는 것 중에서 주파수 5400[MHz], 송신 출력 75[kW], 펄스폭 2[μs]의 C밴드 레이더와 주파수 9375[MHz], 송신피크 출력 40[kW], 펄스폭 5[μs]의 X밴드에 있어서 안테나 개구 면적이 56[cm]인 경우에 대하여 비교, 계산한 것을 그림 2-36에 나타내었다.

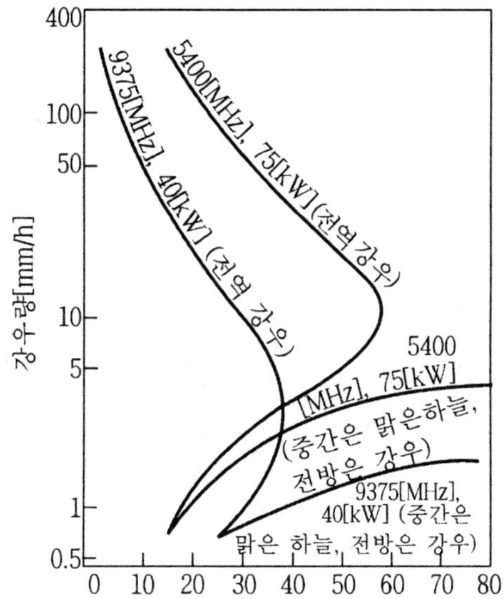

그림 2-36 기상 레이더의 강우 검지 능력

폭우시의 원거리 탐지 능력은 파장 5.6[cm](5400[MHz])의 C밴드 레이더가 일반적인 것으로 알려져 있지만, 앞쪽에 강우 영역이 없는 경우나 비가 적은 영역에 도착할 때까지 관측을 필요로 하는 경우에는 3.2[cm] X밴드 레이더가 일반적으로 쓰인다.

강우에 의한 감쇠[dB]는 전파가 통과하는 공간에서 단위 시간당 강우량[mm/h] 및 거리에 비례하고, 파장에 따라 비례 상수가 다르다. 파장 5.6[cm]에서는 0.0003[dB/km/mm/h]이고, 3.2[cm] 파대에서는 0.002[dB/km/mm/h]이다. 3.2[cm] 파대의 것은 앞쪽이 강우 영역의 감쇠에 의하여 배후 강우 영역에 대한 판단을 잘못할 염려도 있다.

(나) 방위 분해능

기체 길이상의 제한으로부터 안테나 개구경은 주파수에 불구하고 일정 크기 이상 크게 할 수는 없다.

개구경이 같은 경우, 빔 폭은 주파수에 역비례하기 때문에 5.6[cm] 파대에 비해서 3.2[cm] 파대를 사용하는 것이 빔 폭이 좁고 방위 분해능이 높아지며, 비나 두터운 구름의 틈을 확인하기 쉽다.

(다) 장 비

기상 레이더는 항공기가 진행하는 전방의 기상, 지형 등의 상태를 알려주는 것이기 때문에, 안테나는 기수의 레이돔(radome) 내에 설치하며, 지시기와 제어기는 화상의 관측과 제어를 쉽게 하기 위하여 조종석에서 시계가 좋은 위치에 설치한다.

그리고 송·수신기는 전자 기기가 설치되는 위치에 장착하는 것이 통례이다. 또, 대형 항공기에서는 기상 레이더는 이중으로 구비하는 경우도 있는데, 이 경우의 구성은 기상 레이더 규격 ARINC 564에 의하여 다음과 같이 규정한다.

① 송·수신기 ········ 2대
② 지시기 ········ 2대
③ 제어기 ········ 1대
④ 안테나 ········ 1대
⑤ 도파관 전환기 ········ 1대

그림 2-37은 기상 레이더 안테나의 구조를 나타낸 것이다.

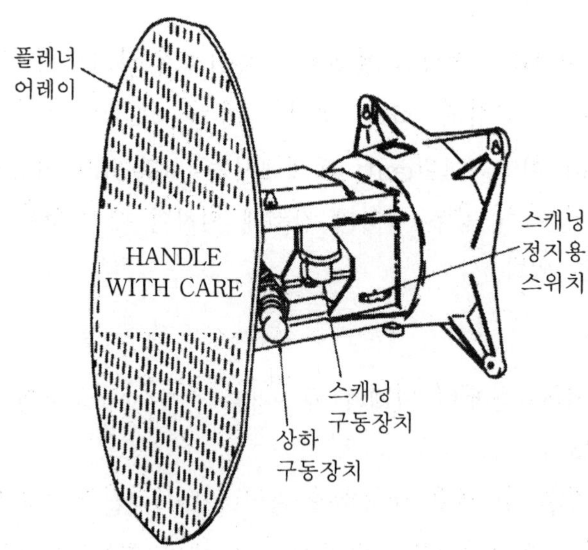

그림 2-37 기상 레이더의 안테나

(라) 성 능

5.6[cm] 파대(C밴드)의 레이더와 3.2[cm] 파대(X밴드)의 레이더의 대표적인 성능을 표 2-3에, 기상 레이더의 계통도를 그림 2-38에 각각 나타내었다.

표 2-3 기상 레이더의 주요 성능 예

주요 성능	RDR-1E	AVQ-30X
제조자 명	BENDIX	RCA
송신 주파수[MHz]	9,375(X밴드)	9,345(X밴드)
송신 피크 출력[kW]	60	60
송신 펄스폭[μs]	2.5	6.0
	400	200
안테나 반사판 지름[cm]	56	76
안테나 빔 폭[도]	3.8	2.9
안테나 회전 속도[rpm]	15	15
총 중량[kg]	36.2	53

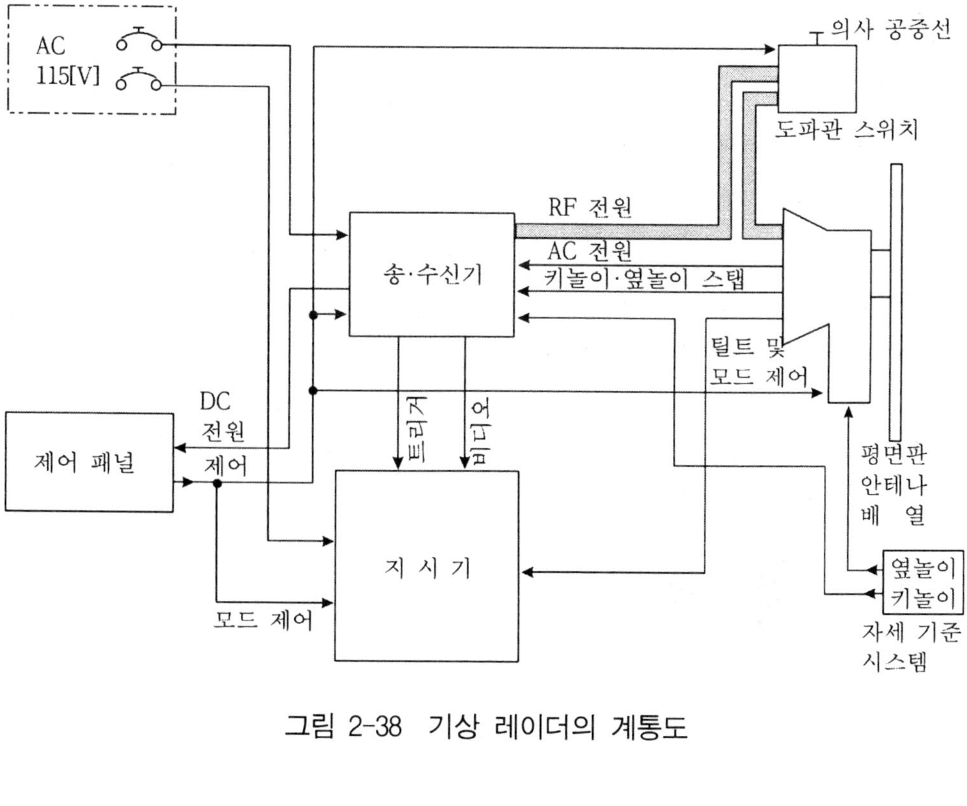

그림 2-38 기상 레이더의 계통도

포물선 곡선면의 원형 반사기를 가지는 안테나 빔 폭은 X밴드에서 약 3°, C밴드에서 약 7°이다.

안테나는 기수 방향 앞쪽 90~120°의 섹터 주사 또는 360° 연속 회전을 하고 어떠한 경우이더라도 목표의 지시 범위는 기수 방향에 대하여 좌우 45~120° 정도이다.

펄스 반복 주파수는 항공기 내의 교류 전원 주파수(400[Hz])에 동기 시키는 것이 많다. 지시기의 표시 거리는 3단 또는 4단으로 절환 가능하며, 최대 280~500[km]이다.

레이더 안테나는 기체 기준면에 대하여 +10°~−15° 경사지게 설치되어 있고, 전방의 산악 등의 장애물과의 상대 위치를 산정하기도 하며, 지형을 가장 잘 표시하는 가음기로 설치할 수 있다.

대개의 경우, 항공기 기체의 빗놀이(rolling), 키놀이(pitching) 등 자세 변화에 대하여 기체에 설치된 수직 자이로로부터 신호로 보정을 하지 않고, 공간적으로 레이더 안테나의 빔 방향을 안정화하는 회로를 갖추고 있다.

송신 출력은 순시 최대값으로 X밴드 레이더에서 40~60[kW], C밴드 레이더에서 75[kW] 정도이고, 레이더 장치의 동작은 고정국용 PPI 레이더와 특별히 다른 점은 없지만, 기상 레이더로 사용하기 위하여 ISO 콘투어(ISO-contour) 회로를 가지고 있다.

이 회로는 항공기에서 기류 변화가 큰 위험한 영역(비구름, 폭풍우권 등)을 확실히 구별하기 위한 것이다.

일반적으로 비구름, 폭풍우권을 탐지할 때 반사 신호의 세기는 송신 출력을 반사하는 물방울의 농도에 좌우되지만, 어느 정도 이상의 세기를 가진 임의의 반사 신호에서는 PPI 지시기상에서 거의 균일한 농도로 표시되는데, 이 농도로부터 에코상의 강약을 파악하기는 어렵다.

그림 2-39 기상 에코

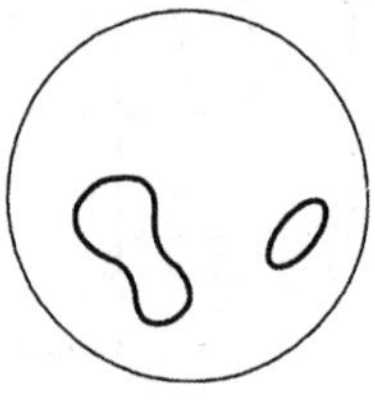

그림 2-40 기상 에코(ISO-contour ON)

ISO 콘투어 회로는 비디오 증폭단에 있어서 어느 레벨 이상의 에코 신호를 위상 반전시켜 증폭하는데, 여기에 원래의 비디오 신호를 가산하면 심한 에코의 부분이 거꾸로 되어 진폭이 낮아지므로 PPI면 위에 어둡게 표시된다.

그림 2-39 및 그림 2-40은 기상 에코에 대하여 ISO 콘투어를 사용하지 않을 때의 모양을 비교하여 나타낸 것이다.

그 밖에 기상 레이더로서 특히 중요한 것은 중량이 가볍고 전원용량이 적어야 하는 점이다. 최근에는 전자 회로 부분의 반도체화로 트랜지스터와 직접 회로의 혼용형이 일반적으로 사용되고 있다.

또 레이더의 정보는 지시기에 표시되는데, 대부분 조종사가 관측하는 것이 보통이지만, 지시기를 장착하는 조종석이 주간에는 상당히 밝기 때문에, 보통의 브라운관을 사용한 지시기에는 차광을 하기 위하여 후드(hood)써서 관측해야 한다. 최근에는 주간에도 후드 없이 관측할 수 있는 축적관을 사용한 고휘도 지시기가 사용되고 있다.

8. 도플러 레이더

이동체의 속도에 비례하여 수신 주파수가 변화한다는 도플러 원리를 이용한 것이며, 지상 원조 시설을 필요로 하지 않고 직접적으로 행할 수 있는 기상 항법장치이다.

도플러 레이더(doppler radar)를 탑재한 항공로부터 전파를 발사하면 지표에 부딪쳐 반사하며 되돌아오지만, 이 송·수신 전파의 주파주차는 항공기의 속도에 비례하여 변화하므로, 이 차이를 측정하며 기상의 컴퓨터에 입력되며 대지 속도가 연속적으로 얻어지고, 비행 거리는 대지 속도를 적분함으로써 구해진다.

측풍이 없는 이상적인 비행에서 좌·우측 도플러 빔에 의해서 검지한 대지 속도는 차이가 없어 0에 가까운 값으로 되지만, 측풍을 받은 항공기가 좌로 흘렀을 경우, 좌측 빔에 의해 검지된 대지 속도는 우측 빔에 주파수 차이보다 높게 되므로, 이 주파수 차이를 검출하여 기수 방위 속도의 직각 방향 성분을 계산하게 되며, 지시기에 현재의 편류각(drift angle)을 나타낸다.

1) 도플러 레이더의 측정 원리

(가) 대지 속도의 측정

비행기의 속도 벡터 V와 수평면을 이루는 각 α를 알면, 대지 속도 V_G는 다음 식과 같다.

$$V_G = |V|\cos\alpha$$

비행기 축과 양각, 그리고 α는 항상 일치하지 않으므로, 대지 속도를 얻는 데에는 그림 2-41과 같이 항상 수평을 유지하고 있는 안테나에서 전후 방향에 동일 각도 γ로 발사되는 빔을 사용한다.

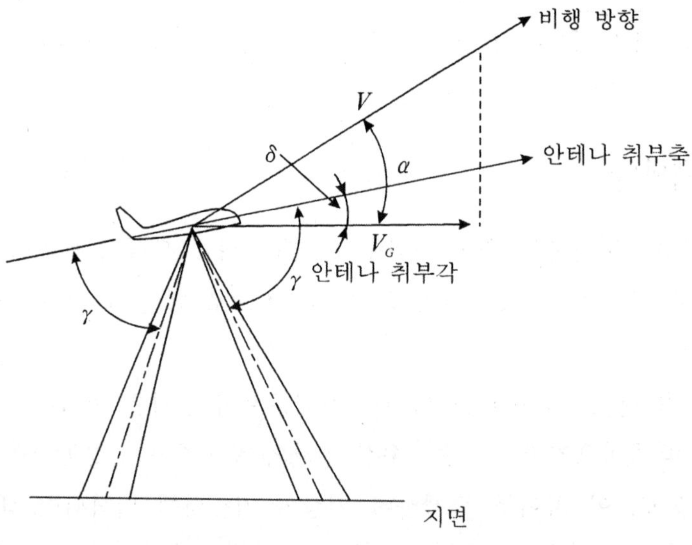

그림 2-41 대지 속도의 측정

전방 빔과 후방 빔의 도플러 주파수를 각각 f_{D1}, f_{D2}라 하면 다음 식과 같다.

$$f_{D1} = \frac{2|V|}{\lambda}\cos(\gamma+\alpha)$$

$$f_{D2} = \frac{2|V|}{\lambda}\cos(\gamma-\alpha)$$

$$f_{D1} - f_{D2} = \frac{2|V|}{\lambda}2\cos\gamma, \quad \cos\alpha = K|V|\cos\alpha = KV_G$$

식에서와 같이 전방 빔과 후방 빔의 도플러 주파수의 차를 구함으로써 대지 속도를 구할 수 있다. 여기서 문제되는 것은 안테나를 항상 수평을 유지시켜야 하는 것인데, 이 방법으로는 가동 안테나를 써서 수은 스위치에 의하여 수평을 유지시키는 방법과, 기체에 고정된 고정 안테나에 의하여 전후 빔의 도플러 주파수차로부터 V의 수직 성분을 구하여 V_G의 계산 과정에서 수정하는 두 가지 방법이 있다.

전자는 기계적인 복잡성으로 인한 고장 요인이 많고, 후자는 계산 회로가 전기적으로 복잡해지는 면이 있어 장단점이 있다.

(나) 편류각의 측정

편류각을 구하기 위해서는 그림 2-42와 같이 좌·우 대칭의 두 빔을 발사해야 한다.

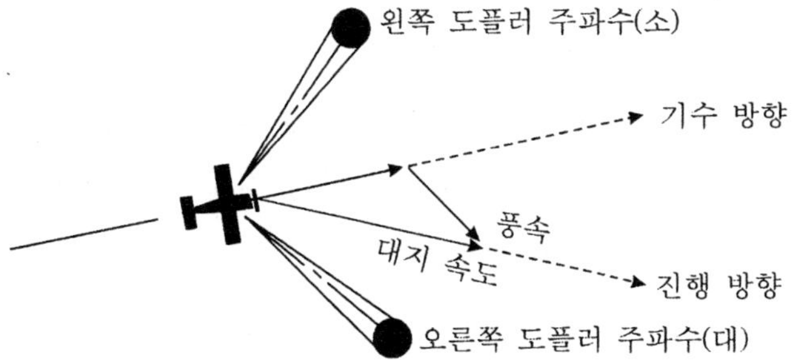

그림 2-42 편류각의 측정

무풍 상태에서는 비행기가 기수 방향으로 직진하게 되어 좌우 방향의 도플러 주파수 f_D는 일정하지만, 측풍으로 인하여 편류각이 나타나면 빔이 기축에 고정되어 있기 때문에 그림 2-42와 같이 양쪽 빔의 도플러 주파수에 차이가 생긴다.

여기서 이 주파수차에 의해 서보 기구가 작동하게 되고, 그 결과 수직축 주위로 회전시켜 좌우의 f_D가 같게 되는 점을 구하면 좌우 빔의 중심선이 대지 속도 방향에 일치하게 된다. 이것은 대부분 안테나가 회전 가능한 위글리 안테나(wiggley antenna)에 의한 방법을 사용하지만, 고정 안테나를 사용하여 좌우의 주파수차로부터 계산기에 의해 편류각을 구하는 방법도 있다.

2) 도플러 레이더의 구성

도플러 레이더는 그림 2-43에 나타낸 것과 같이 송신기, 수신기 주파수 추적기, 지시기로 구성되며, 사용 주파수는 8.8~13.5[GHz]의 마이크로파를 사용한다.

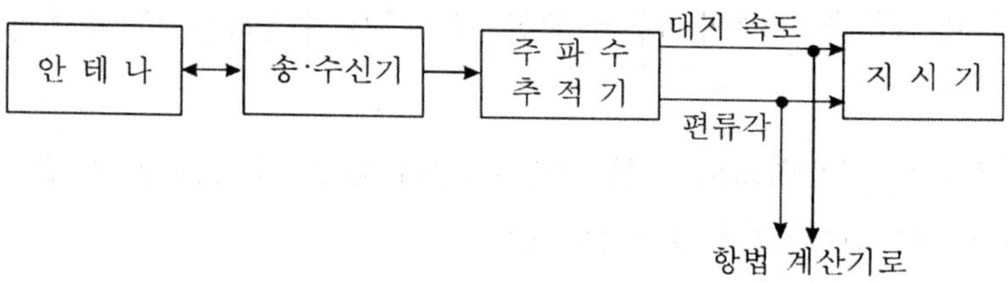

그림 2-43 도플러 레이더의 계통도

3) 도플러 레이더 안테나

어레이 안테나(array antenna)에 의한 부채꼴 빔과 렌즈 또는 반사기에 의한 좁은 빔이 있다. 반사 신호의 선택 특성을 높게 하여 해상 오차를 감소시키는데에는 좁은 빔이 요구되나, 안테나계가 커지므로 진동 등의 영향을 받기 쉽다. 빔의 배치는 여러 가지 오차를 줄이고, 필요에 따라서는 수직 속도 성분을 검출하기 위하여 그림 2-44와 같은 세 가지의 복사 방식을 쓴다.

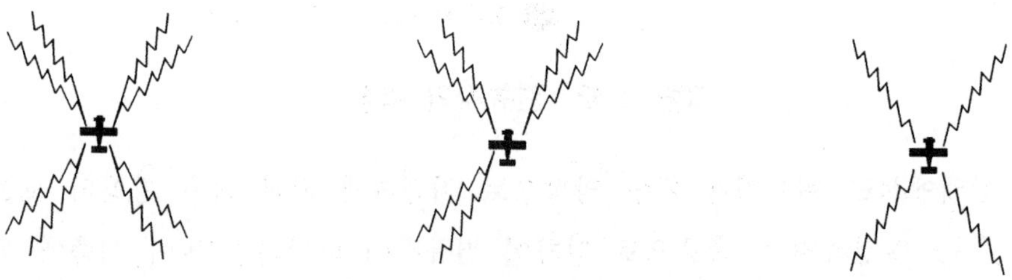

(a) X 배치 (b) λ 배치 (c) 부채꼴 배치

그림 2-44 각종 빔 배치

9. 관성 항법장치

물체가 이동할 때에는 항상 가속도가 가해지고 있지만, 이 가속도를 적분하면 속도가 구해지며, 또 한번 적분하면 이동한 거리가 나온다는 가속도(관성)를 이용한 항법이다.

항공기의 방향에 대하여 항상 평형 상태를 유지하는 자이로(gyro)를 사용한 수평 플랫폼(platform)을 설정한다. 여기에 고감도의 가속계를 두어 가속도를 검출해서 내장한 컴퓨터로 앞에서 상술한 계산을 자동 및 연속적으로 행하여 속도, 위치, 진행 방향 등을 구하여 비행하는 것이다. 또, 자동 조종장치에 결합하여 그림 2-45와 같이 미리 목적지까지의 비행 계획을 컴퓨터에 입력시켜 두면 지상의 항법 원조 없이 자동적으로 원하는 비행 코스에 따라 목적지로 향해 비행된다.

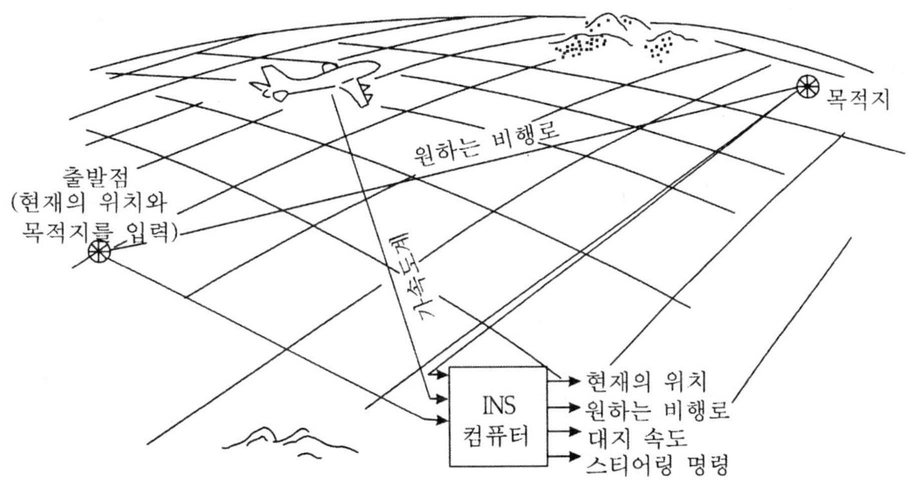

그림 2-45 관성 항법장치의 동작 원리

1) 관성 항법장치의 기본 원리

관성 항법장치의 기본 원리를 이해하기 위해 먼저 변위 측정장치에 대하여 알아보기로 한다.

(가) 가속도계

관성 항법장치의 기본적인 센서는 가속도계이다. 이것은 항공기의 가속도를 계측하는 것으로 그 구성 요소는 그림 2-46과 같다. 그림에 나타나 있는 바와 같이, 수평 회전축에 의해 자유로이 움직일 수 있는 수직 중량 추의 회전량을 출력 신호로 변환시키는 전기적 픽업이 있어, 여기에서 수직 중량 추의 운동 상태를 전기적 신호를 변환시킨다.

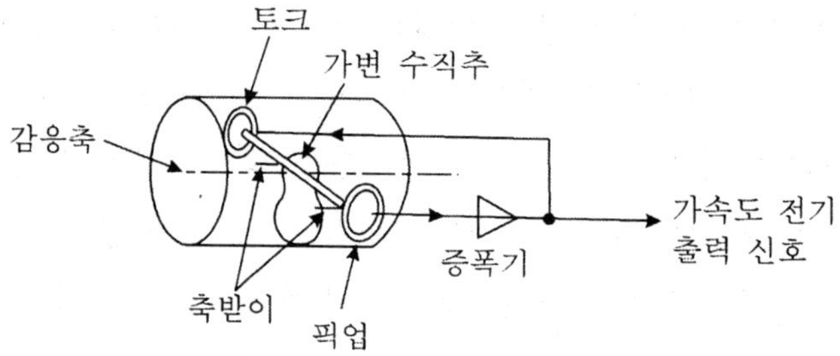

그림 2-46 토크 평형 가속도계

그림에서 감응축 방향의 오른쪽으로 가속을 받으면 진자는 왼쪽으로 움직이고, 이 때 픽업에서는 신호가 발생한다.

이 신호는 증폭기에서 증폭되고 토크 코일에 공급되어 진자를 구속하는 힘을 발생시킨다. 여기서, 토크 코일에 공급되는 전류는 측정하고자 하는 가속도에 비례하는 값인데, 이 값으로 탑재용 컴퓨터에서 가속도를 계산한다.

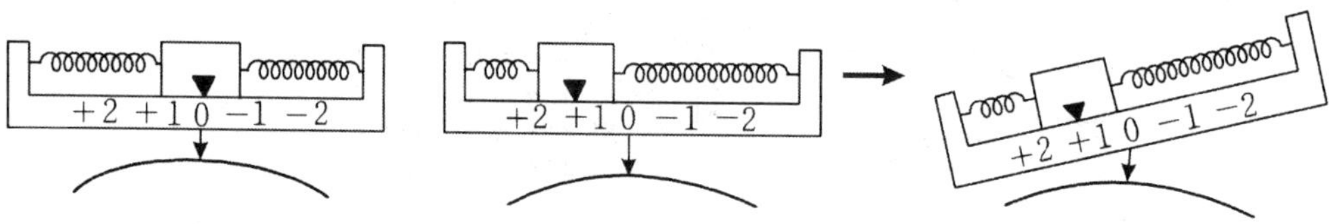

(a) 0 위치에서의 가속도계　(b) 실제 가속도가 가해진 경우　(c) 중력에 의한 부유 가속도

그림 2-47 지구 중력에 의한 부유 가속도

이 가속도계에서는 운동에 의한 가속도와 지구 중력에 의한 가속도를 구분하지 못한다. 그림 2-47 (c)와 같이 가속도계가 수평을 유지하지 못할 때에는 항공기의 운동에 의한 본래의 가속도 성분뿐 아니라, 중력의 가속도 성분까지 합쳐지기 때문이지만, 가속도계는 수평을 유지해야 한다.

이제, 매우 간단한 관성 항법장치의 구성을 알아보기 위해 가속도계가 어떻게 이용되는지를 알아보자.

가속도계가 항공기에 대하여 수평이 유지되도록 장치되었다면, 가속도계가 붙어 있는 축에 따라 항공기의 실제 속도가 측정된다. 여기에 또 하나의 가속도계를 서로 직교되도록 장치하면 항공기의 수평면에서 전 가속도를 알 수가 있다.

(나) 적분기

적분기는 측정된 가속도를 항공기의 위치 정보를 변환하기 위해서 가속도 정보를 처리하여 속도 정보를 얻어내고, 또 속도 정보로부터 비행 거리를 얻어내는 장치이다.

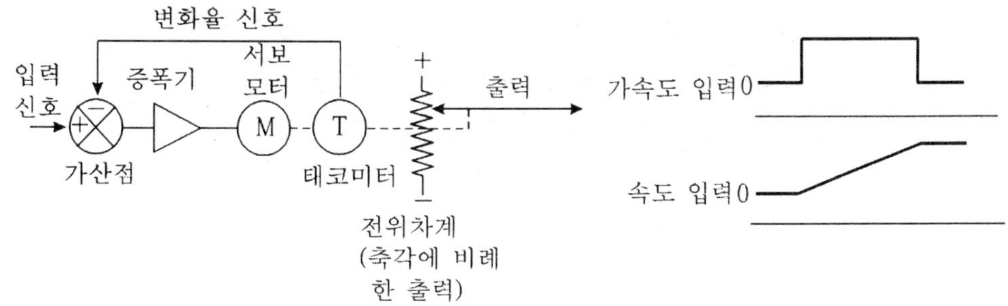

그림 2-48 적분기의 원리도

그림 2-48은 적분기의 원리를 나타낸 것이다. 여기서, 입력 신호(가속도 또는 속도)를 받아 입력 신호에 비례하는 출력이 얻어지는데, 이 출력은 가속도계 회전축의 회전각에 비례하는 적분기의 출력이 된다. 이것은 입력 신호의 수학적 적분량(입력×시간)이다.

(다) 전체 비행 거리 관성

항법장치를 간단한 수평면에 가속도의 하나를 진북 방향으로 위치시키고, 또 하나의 동쪽을 향하도록 하여 여기에 각각 적분기를 통하여 남북 및 동서 방향으로 유지시키고, 양 방향의 가속도계를 지구 표면에 대해 수평으로 유지 시켜야 한다.

가속도계가 수평면으로부터 가울어지게 되면 지구 중력 성분이 나타나서 항법 오차가 생긴다. 이 오차를 없애기 위해서는 또 다른 요소가 필요하게 되는데, 이것이 자이로스코프의 짐벌 기구와 가속도계를 수평으로 유지하기 위한 스테이블 엘리먼트(stable element)이다.

(라) 플랫폼과 짐벌 기구

그림 2-49는 관성 항법장치에 사용되고 있는 플랫폼(platform)과 짐벌(gimbal)의 구조를 나타낸 것이다.

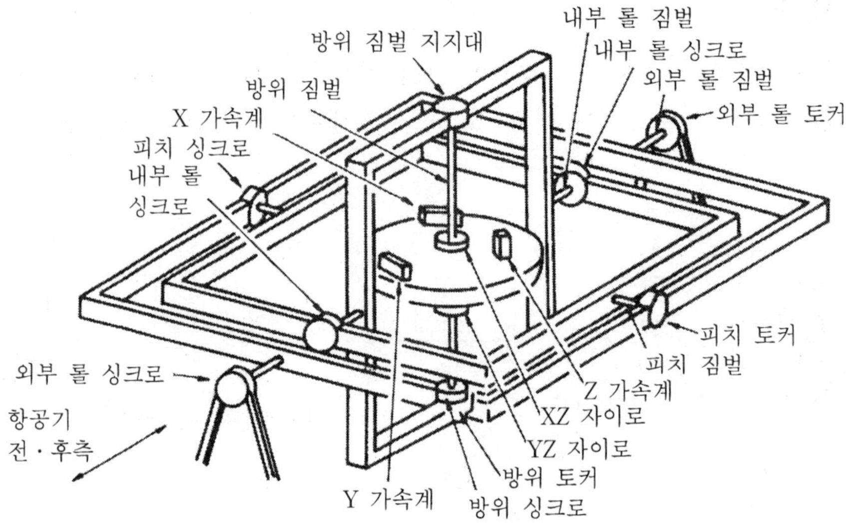

그림 2-49 관성 항법장치의 플랫폼과 짐벌기구

X, Y, Z의 가속계와 XZ, YZ의 자이로는 플랫폼상에 있다. X와 Y의 가속계는 수평 성분의 가속도를 검출하며, 서로 90°로 직교하게 설치되어 있다. Z 가속계는 수직 성분의 가속도를 검출한다. XZ와 YZ 자이로는 옆놀이(rolling)와 키놀이(pitching)의 변화분, 방위 변화분을 검출한다.

플랫폼은 내부 롤 짐벌에 의하여 지지되어 있으며, 피치 짐벌에 의해서 움직인다. 피치 짐벌은 외부 롤 짐벌에 의하여 지지되고 있으며, 항공기 구조에 의해서 지지되고 움직인다. 외부 롤 짐벌과 항공기 구조 사이에는 외부 롤 토커(outer roll torquer)와 외부 롤 싱크로(outer roll synchro)가 있다.

외부 롤 토커는 항공기 구조와 함께 하는 외부 롤 짐벌을 구동 시킨다. 이 외부 롤 싱크로가 외부 롤 짐벌과 항공기 구조(항공기의 롤 위치 : airplance roll position) 사이의 편차된 각을 검출한다. 이 편차된 각이 관성 항법장치로부터 출력이다. 지금까지의 동작 원리는 지구가 움직이지 않고 있는 상황에서 생각한 것이지만, 실제로는 지구가 움직이고 있는 지구 표면에서 항공기의 변위를 측정하는 관성 항법장치이므로, 여기에 몇 가지 더 부가하여 생각할 것이 있다.

(마) 지구 자전에 의한 영향

그림 2-50은 지구 적도 상공을 비행하는 항공기의 플랫폼을 나타낸 것이다. 그림에서와 같이 플랫폼은 관성 공간에 대하여 일정한 관계를 유지하고 있다. 즉,

적도 상공에 위치한 플랫폼은 지구 자전에 의해 지구 표면을 따라 회전하는 것으로 보이게 된다.

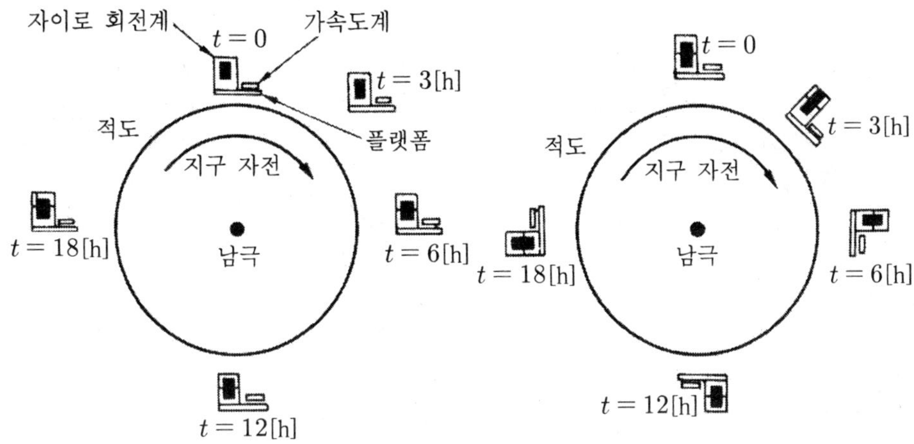

(a) 자이로에 토크를 가하지 않은 경우

(b) 지구 자전에 의한 외력을 받아 자이로에 토크를 가한 경우

그림 2-50 지구 자전 보정에 대응하는 자이로 자세

이 때, 플랫폼은 지구 표면에 대하여 수평을 이루지 못하게 되어 항공기가 비행하기 전에 정확히 조정된 스테이블 엘리먼트의 자세가 변화하는 결과가 나타나게 된다. 또, 항공기가 그림 2-51 (a)와 같이 적도에서 북극으로 직선 비행할 때에는 항공기에 대하여 키놀이 비행하는 것으로 보인다.

북극에서 플랫폼의 지구 표면에 대한 자세는 수평이 아닌 90° 기운 상태가 된다. 이와 같은 문제를 해결하기 위해 자이로스코프가 가진 하나의 특성이 섭동성을 이용하는데, 이것은 회전하고 있는 자이로스코프의 회전축에 어떤 힘을 가하면 회전체는 가해진 힘의 방향에 대해 90°의 각을 가진 방향으로 움직여 간다는 성질이다. 이 성질을 이용하면, 항공기가 지구 위를 비행하거나 지구 회전에 대응하여 토크라고 불리는, 전기 자기 소자를 써서 얻어진 연속적인 회전력을 발생시켜 축 방향에 가해 주면 스테이블 엘리먼트를 지구 표면에 대해 수평으로 유지하여 진북 방향으로 유지하도록 할 수가 있다. 자이로스코프에 대한 최적 토크 신호의 세기는 항법용 탑재 컴퓨터에서 계산해 낸다.

지구 자전에 대한 보정은 항공기의 위치에 의존하는 것으로, 항공기의 위치가 위도, 경도의 삼각 관계에 의해 고도의 정밀한 위치 센서로부터 얻어지며, 그림 2-51 (b)와 같이 스테이블 엘리먼트를 진북으로 유지하기 위해 수직축 주위를 회전시키는 보정 토크도 가해지고 있다.

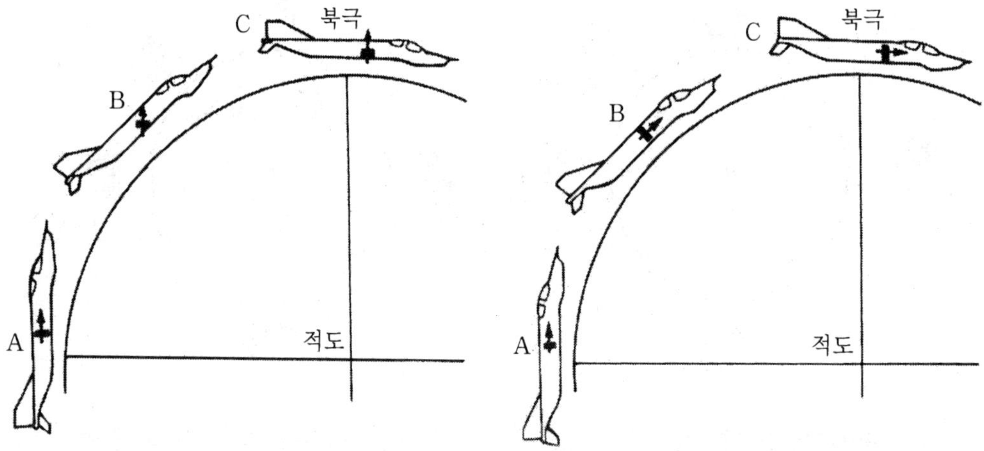

(a) 관성 공간에 대하여 플랫폼을 안정화시킨 경우 (b) 항공기의 운동 및 기구 자전에 기초를 둔 플랫폼의 자이로에 토크를 가한 경우

그림 2-51 항공기의 이동 및 지구 자전 보정에 대응하는 자이로 자세

(바) 슐러의 진자

항공기가 지구 표면 상공을 비행할 때 스테이블 엘리먼트를 지구 중력 벡터에 대해서 수평을 유지하는데 필요한 토크를 비이클 레이트 토킹(vehicle rate torquing)이라 한다. 이 토크는 슐러의 동조(schuler tuned)라고 부르는 계산 루프에 연결하는 것으로, 그 원리는 그림 2-52와 같다.

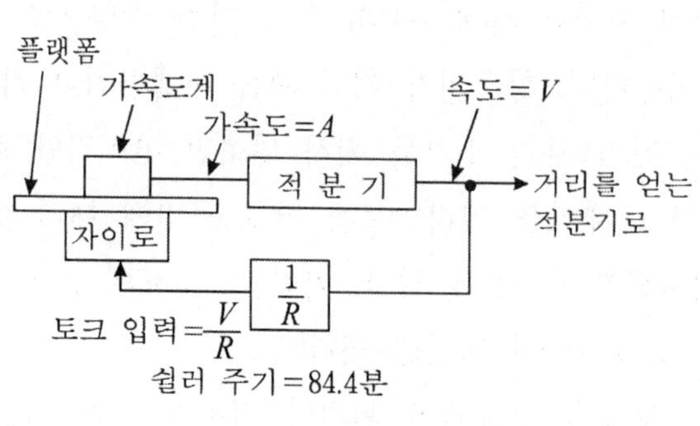

(a) 슐러 계산 루프

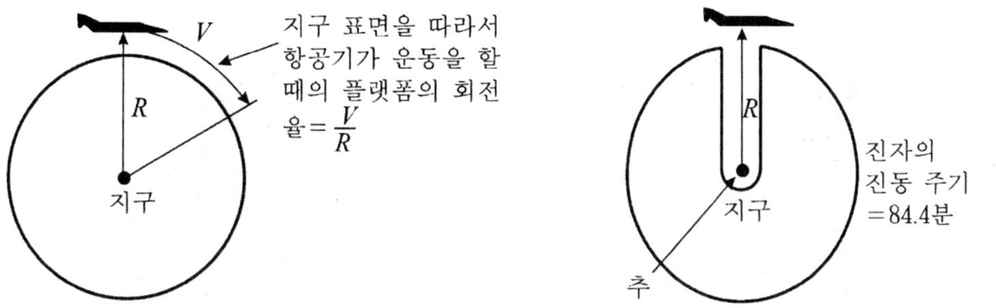

(b) 슐러 동조된 시스템 (c) 슐러 진자

그림 2-52 슐러 계산 루프 및 슐러 동조 원리

플랫폼을 지구 표면에 대하여 수평으로 유지하기 위한 토크는 그림 2-52 (a)와 같이 항공기의 속도를 지구의 반지름의 역수를 곱하여 얻고 있다. 이 값에 비례하는 신호가 자이로스코프의 토크로 가해져서 플랫폼의 적절한 토킹 레이트를 얻는다.

플랫폼의 동작은 지구 반지름과 같은 길이(약 673[km])의 진자의 동작과 비슷하여 진자의 무게 중심에 위치한 지점을 중심으로 움직이는 모양이 되어 플랫폼의 위치는 실제 수직 방향을 유지하게 된다. 그러나 실제 관성 항법장치에서는 지상에서 교정된(ALIGN)단독 시스템이므로, 최초로 교정된 값에서 다소 기우는 경우가 남아 있게 되므로, 중력 성분이 관성 속도에 오차를 발생하게 되어 이 사이에서 항공기의 위치에 오차를 일으키는 원인이 된다.

지금까지의 측정 방법 이외에 또 다른 요소가 포함된다. 그것은 코리올리(Corioli)의 힘 및 지구의 편평(기울어진 평면)의 영향이다. 코리올리 힘은 회전대에 의해 받는 편향력인데, 이것을 이해하기 위해서는 그림 2-53 (a)와 같이 커다란 원판이 회전하고 있을 때 그 중심에서 원주 밖의 한 점을 향해서 가고자 하는 자신을 생각하면 알 수 있다. 그림에서 목표를 향하여 직선으로 움직인다면 목표 지점에 왔을 때 이미 목표물을 지나쳐 버린 결과가 된다. 그러나 그림 (b)와 같이 회전 속도를 감안하여 목표에 접근하면 실제 진행 코스는 포물선 경로가 되어 목표에 일치할 수가 있다.

(a) 코리올리 힘을 무시하여 행한 경우의 결과

(b) 코리올리 힘을 고려하여 행한 경우의 결과

그림 2-53 코리올리의 힘의 영향

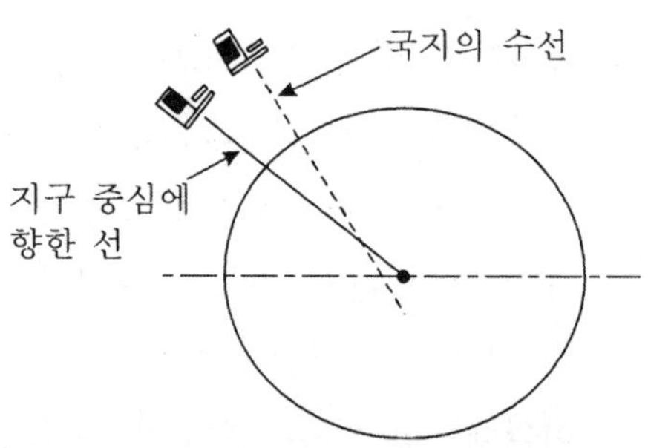

그림 2-54 지구의 편평에의 영향

이 원리가 곧 항공기 또는 미사일이 북반부에서 오른쪽으로, 남반부에서는 왼쪽으로 편향되는 이유이다. 이러한 코리올리의 힘의 영향을 상쇄시키기 위해서 절대값은 같고 부호가 반대인 코리올리의 힘 보정 신호를 만들어 가속 신호와 함께 가하는 방법을 취한다. 그러나 그림 2-54와 같이 지구의 편평부에서는 진자의 무게 부분이 지구 중심을 통하는 직선과 일치되지 않는다. 이와 같은 원인 때문에 플랫폼의 불평형으로 부유 가속도가 생긴다. 따라서, 이 가속도에 대하여 항법 계산기를 써서 정확한 보정을 할 필요가 있다.

관성 항법장치의 스테이블 엘리먼트에 서로 직각으로 위치한 가속도계는 지금까지의 여러 감음축에 따라 가속도를 측정하고, 이 측정값은 항공기의 가속도가 모두 포함된 가속도를 나타낸 것이다. 여기에서 불필요 성분은 제거하고 나머지를 항법용 컴퓨터의 적분기에서 적분하면 직선 속도를 얻는다.

이것은 플랫폼을 수평으로 진북 방향을 유지하는 자이로 트래킹 전류로 사용된다. 이 직선 속도를 항법 컴퓨터에서 2차 적분을 하면 출발점으로부터의 거리가 얻어져 현재의 위치도 결정된다. 그 밖의 항공기의 자세에 대해서도 짐벌의 픽업 추력에 의해 연속적으로 감지된다.

2.3 최신 항법장치

1. 위성 항법장치

위성 항법장치는 전세계적 서비스 제공을 목적으로 한다. 위성 항법 시스템에 의해 적절한 장비를 갖춘 항공기, 선박 등의 이용자는 기후, 시간에 관계없이 서비스를 받고 있다. 인공위성에는 지구로부터의 전파를 수신하여 다시 전파를 발사하는 송·수신기를 장착하기 때문에 거리 또는 거리 변화율이 측정되며, 이것을 이용하여 위치 결정이 가능하다. 위성 항법 시스템의 서비스는 항법용 위치 정보 제공, 통신 서비스 제공, 수색 감시 서비스 제공 등이다.

1) GPS

GPS(global positioning system)는 현재 미국방성에서 개발한 세계적 위성 항법 시스템이다. GPS는 우주 부분, 제어 부분 및 이용자 부분으로 나누어 구성되는데, 우주 부분은 적도의 궤도 경사각 63°, 궤도 반지름 26,500[km]의 원형 궤도에서 궤도면 120°의 30개의 궤도에 각 8개씩 총 24개의 위성으로 구성된다. 그림 2-55와 같이 위성에는 고안정 방진기 2개의 주파수 합성기, 변조기, 전력 증폭기, 송신 안테나, 메모리 및 프로세서가 탑재된다. GPS는 위성으로부터 송신은 전리층에서 전파 전파상의 오차를 실시간으로 보정하기 때문에 1575.42[MHz]와 1227.6[MHz]의 2개의 주파수를 사용하고, 변조 방식은 대역 확산 변조 방식으로 직접 확산 방식을 사용하고 있다. 이용자측에서의 수신은 위성과 같이 약속된 의사 잡음 코드(PN cord)에 의해 수신된다.

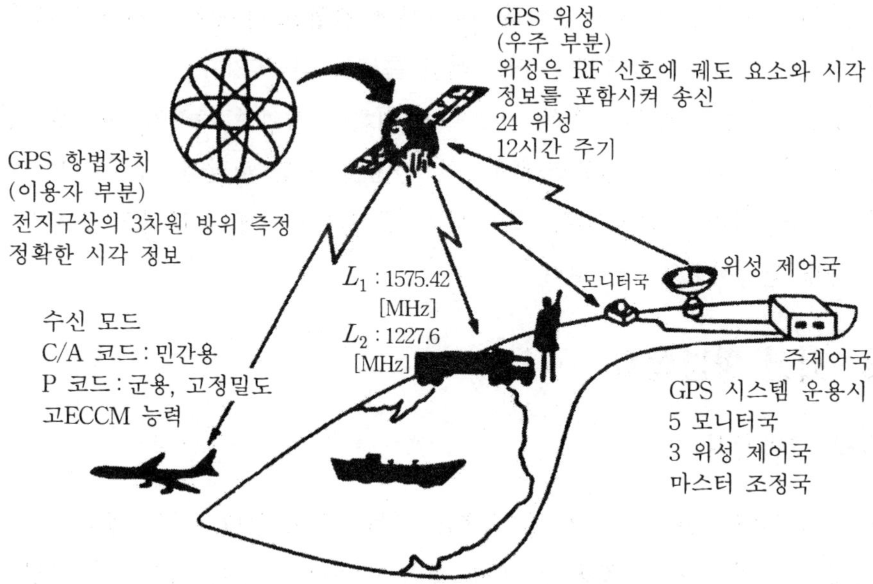

그림 2-55 GPS의 구성

GPS를 이용한 3차원의 위치(위도, 경도, 고도)를 결정하기 위해서는 4개의 위성과의 거리를 측정하는 것이 필요하고, 고도를 알고 있는 경우에 2차원 위치(위치, 경도)를 결정하기 위해서는 3대의 위성 간 거리를 측정하는 것이 필요하다.

GPS의 특징으로는 다음과 같다.

① 전 세계적 연속 위치 결정이 가능하다.

② 대여 확산 통신 방식의 채택으로 혼신의 영향을 끼칠 수 있다.

③ 이용 코드의 선택, 동시 병행 수신이 가능하여 용도의 적합한 정밀도의 자료율(data)이 얻어진다.

④ C/A 코드의 경우 100[m], P코드의 경우 10[m] 이내의 오차로 3차원 위치가 얻어진다.

GPS와 유사한 위성 항법 시스템으로 구소련에서 개발한 GLONNES가 있는데, GPS와 함께 위성 항법 시스템으로 서비스 교환에 관한 연구가 진행에 있다.

2) INMARSAT

그림 2-56과 같이 INMARSAT 위성을 이용한 항공 위성 통신 시스템은 우주부분(space segment), 항공기 지구국(AES : aircraft earth station), 지상 지구국

(GES : ground earth station) 및 통신망 관리 지구국(NCS : network coordination system)으로 구성한다. 이러한 구성은 그림 2-56과 같으며, 여기서는 우주 부분과 항공기 지구국에 관하여 설명하기도 한다.

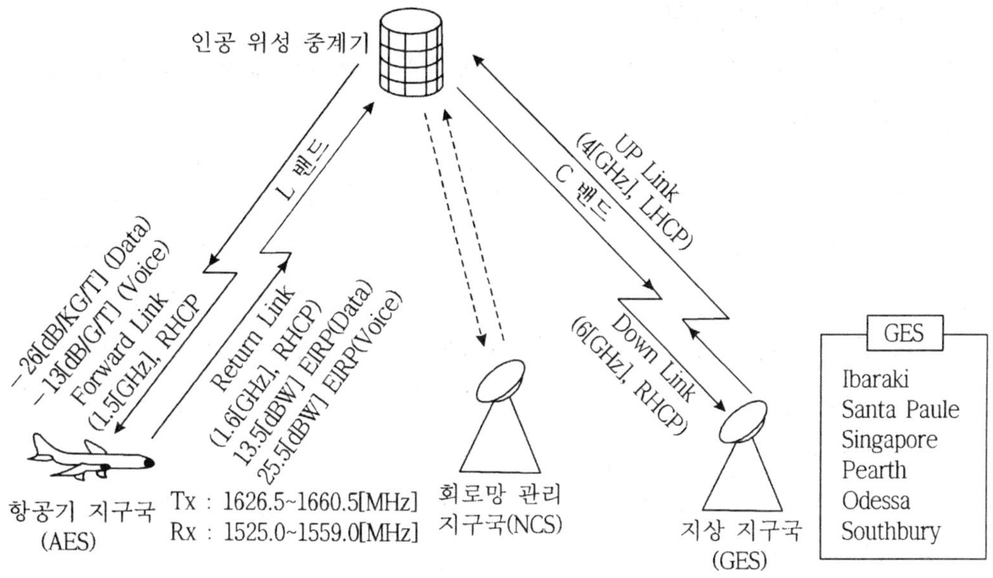

그림 2-56 INMARSAT 위성 이용 항공 위성 시스템의 구성도

(가) 우주부분

초기에는 제1세대 위성을 이용한 항공 위성 통신 서비스를 제공하는 것을 계획하였다.

표 2-4 INMARSAT의 운용 현황

사용 구분		위성	궤도 위치
대서양	현용	MARECS B2	서경 26°
	예정	INTELSAT V호(MCS-B)	서경 18.5°
태평양	현용	INTELSAT V호(MCS-D)	동경 180°
	예정	MARECS A	동경 178°
인도양	현용	INTELSAT V호(MCS-A)	동경 63°
	예정	MARECS F2	동경 72.5°

현재 위성의 운용 상황은 표 2-4와 같다. INMARSAT은 채널 수의 증가로 위성 배치를 4개 장소에 두는 등, 제2세대 위성의 조달을 추진하고 있어 금세기 전에는 대서양에서 순차적으로 서비스를 개시할 예정이다.

(나) 항공기 지구국의 개요

항공기 지구국은 ARINC 741에 의한 항공기에 탑재하는 운용 형태이며, 4종류로 분류하고 있다.

① class 1은 공칭 0[dB_1]의 저이득 안테나만 사용한 저속 자료를 전송하는 통신 기능을 가진다. class 1에서 기대되는 통신 서비스는 운항 관리 통신, 항공 업무 통신이나, 앞으로는 항공 업무시스템으로서 항공 교통 관제(ATC)에 공헌하게 된다. 그림 2-56은 항공기 지구국 class 1의 계통도를 나타낸 것이다.

② class 2는 공칭 12[dB_1]의 고이득 안테나를 사용한 음성 통신만을 목적으로 한 시스템이다.

③ class 3은 class 2 시스템과 형태는 같지만 음성 통신뿐만 아니라 자료 전송도 실시하게 된다.

④ class 4의 시스템 형태는 class 1과 class 3의 시스템 형태를 합성한 탑재 안테나 구성과 통신 기능도 가지게 되며, 항공 회사가 목표로 하는 시스템의 형태이다.

(다) 채널의 종류

항공 위성 통신 시스템에 사용되는 채널은 사용목적에 따라 다음의 네 가지로 나누어진다.

① P채널 : 신호 및 사용자 자료는 FORWARD 방향(지상측 → 위성 중계 → 항공기측으로)으로 항상 송신한다.

② R채널 : 신호 및 사용자 자료는 RETURN 방향(항공기 → 위성 중계 → 지상으로)에 사용하는 불규칙 접근 채널이다.

③ T채널 : RETURN 방향에 사용하며, 예약 채널이다. 해당 채널을 수신한 항공기 지구국은 항공기 지구국이 필요로 하는 시간대를 전송하는 우선순위에 따라 사용자 자료를 접속한다.

④ C채널 : 음성 또는 자료 전송을 위하여 FORWARD 및 RETURN 방향에 사

용되는 회로 모드 채널이다.

(라) 사용 주파수

항공 위성 통신 시스템의 항공기 지구국의 송신 주파수는 1626.5~1660.5[MHz]이며, 수신 주파수는 1530.0~1559.0[MHz]이다.

3) 복합장치

위성 항법장치인 GPS와 INTELSAT은 기존의 항법장치인 INS, LORAN 및 그 밖의 항법 시스템과 복합하여 보다 높은 정밀도를 유지하기 위해 연구가 진행되고 있으며, 현재 GPS/INS와 GPS/MLS 시스템에서는 기존의 시스템에 비해 그 정밀도가 크게 향상되고 있다.

2.4 인공위성을 이용한 미래 항행 시스템

1. 개 요

미래항공시스템(FANS : future air navigation system)은 현재 항공 보안 시설의 단점을 개선하기 위한 방안으로, 인공위성을 이용하여 항공기와 데이터 및 음성 통신, 정밀 항법, 운항하는 항공기의 자동 항행 감시(surveillance)를 실현할 수 있는 신개념을 도입한 기술 혁신 시스템이다.

국제민간항공기구(ICAO)는 미래 항공시스템연구특별위원회(special committee on future air navigation system)를 1983년에 설립하여 기술 개발 및 실용화 시험을 담당하고 있다.

미래항공시스템은 인공위성을 이용하여 지상 관제 기관과 어떤 위치에 있는 항공기와도 데이터 및 음성 교신이 가능한 통신 방식과, 항공기가 인공 위성으로부터 전파를 받아 컴퓨터에 의해 계산한 결과로 항로를 따라 정확하게 비행할 수 있는 항행 방식, 그리고 항공기가 어떤 위치에 있든지 탐지가 가능한 감시 방식 등이 실현되게 됨에 따라 항공기 식별 능력의 재고, 항공기 충돌 방지, 항공기 간 자동 분리 기능들을 확보할 수 있어 공역 활용의 극대화를 실현할 수 있고, 지점 간 비행 방식 도입으로 경제성 재고 및 안정성 등이 획기적으로 개선되도록 하였다.

2. 항행 시스템의 분류

미래의 통신 시스템은 앞에서 설명하였으며, 그림 2-57과 같이 인공위성을 이용하여 전세계의 어느 곳이라도 교신 가능한 데이터 및 음성 통신 능력을 확보하고, 음성 통신에만 이용하는 VHF 대역을 데이터 통신용으로 이용할 수 있으며, 다음과 같은 시스템이 있다.

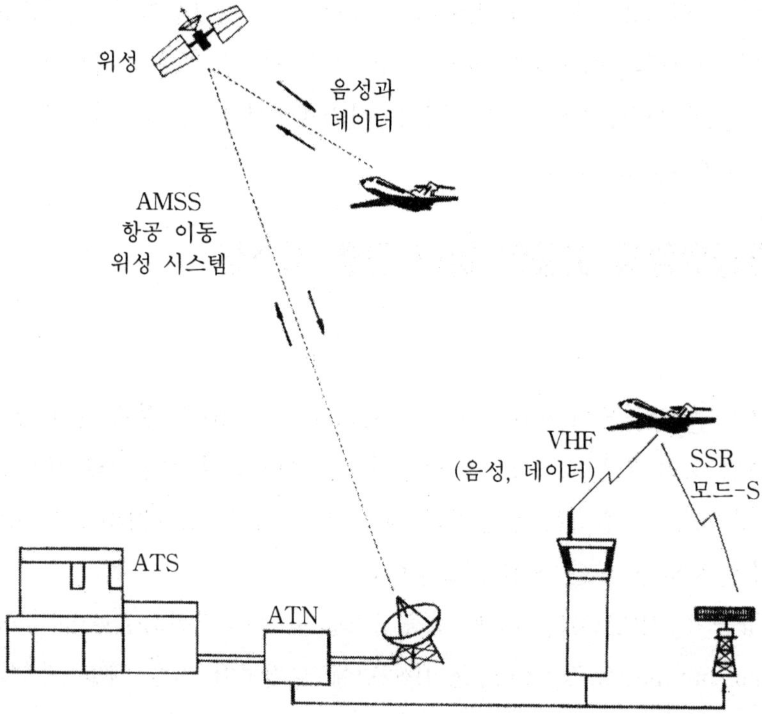

그림 2-57 인공 위성 통신 시스템

① VHF 데이터 링크(VHF data link) : 현재의 초단파 주파수(VHF)대는 음성 통신 방식으로 이용되어 왔으나 음성 전달에서 올 수 있는 오류를 해소할 목적으로 디지털 데이터 통신 방식으로 전환함으로써 각종 정보를 신속 정확하게 제공하여 항공기 안전 운항 효과를 가져온다.

② 항공 이동 위성 통신 시스템 : 인공위성을 이용한 데이터 통신 방식으로, 지상국과 항공기간 현용 가시 거리권 내에서만 사용 가능한 통신 체제를 신호 불감 지역 및 레이더 감시장치가 통제할 수 없는 대양 지역까지 통신이 가능 하

도록 설계된 인공위성 서비스 시스템이다.

③ 2차 감시 레이더 모드-S(SSR Mode-S) : 기존 2차 감시 레이더의 운용상 단점을 개선, 항공기에 고유 부호를 할당하여 지상국에서 항공기와 지상국간 일대일의 데이터 송·수신이 가능 하도록 고안된 시스템이다.

④ 항공 교통 서비스(ATS : air traffic service)

1) 항법 시설

항법 시설(navigation)은 그림 2-58과 같이 인공위성으로부터 항행 정보를 취득하고, 계기 착륙장치(ILS)를 최신 착륙장치의 마이크로웨이브 착륙장치(MLS)로 대체하게 되며, 다음과 같은 시스템이 있다.

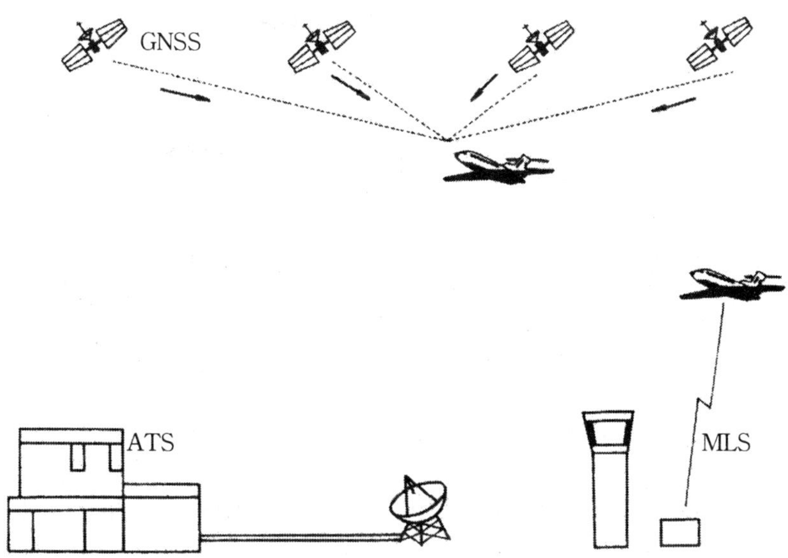

그림 2-58 인공 위성 항법 시스템

① 위성 항법장치(GNSS : global navigation satellite system) : 미국의 위성 항법 시스템인 GPS와 구소련의 인공위성 항법 시스템인 GLONASS로 부터 항행에 필요한 정보를 받아 예정된 항로를 정확하게 비행할 수 있으며, 지금까지의 항법 시스템에서 볼 수 있었던 전파 장애, 불감 지역 등의 문제 등도 해결할 수 있는 항공 시스템이다.

② 마이크로웨이브 착륙장치(MIS : microwave landing system)

③ 항공 교통 서비스(ATS)

2) 감시 시설

감시 시설(surveillance)은 그림 2-59와 같이 인공위성을 이용하여 항공기 이동 상황을 감시하고, 일정 지점 통과시 자동 보고 체계를 유지할 수 있다.

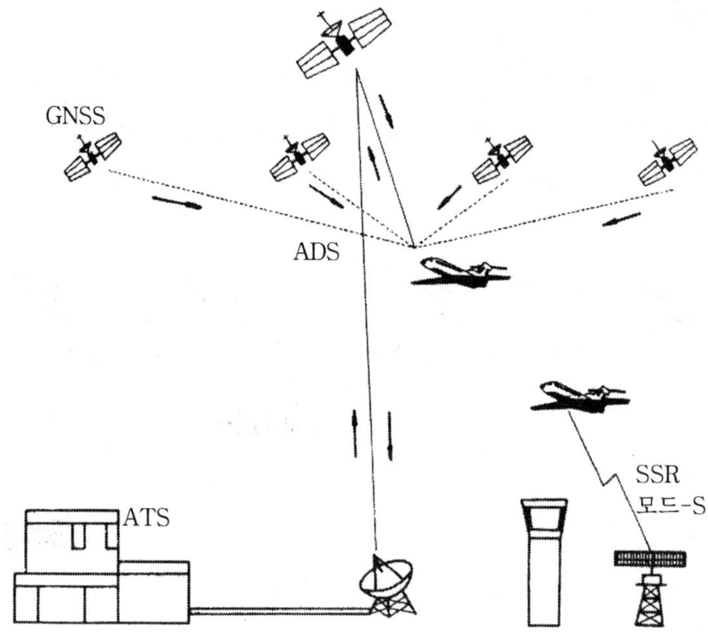

그림 2-59 인공 위성 감시 시스템

또, 2차 감시 레이더 모드-S(SSR Mode-S)를 도입하며, 시스템은 다음과 같다.

① 위성 항법장치

② 항공 교통 서비스

③ 2차 감시 레이더 모드-S

④ 자동 항행 감시 시스템(ADS : automatic dependent service system) : 인공위성 항법 시스템에서 추출된 항공기 위치 정보 및 현용 항공기들이 대양 횡단시 사용하고 있는 관성 항법(INS)장치를 이용한 위치 정보를 항공기 내에 장착된 항공기용 위성 통신 시스템을 이용, 인공위성을 경유하여 지상국에 송신함으로써 항공기 고도 및 3차원적인 항공기 위치를 관제사가 식별 가능함은 물론, 데이터 링크를 경유하여 추가 정보(기상, 운항 정보)의 송·수신이 가능

하도록 개발된 시스템이다.

앞으로 자동 항행 감시 시스템이 실현화될 경우, 현재 레이더로 통제가 불가능한 지역까지 항공 교통 관제 업무가 가능하게 됨으로써, 항공기 운항에 따르는 운영비 절감 및 공역 이용을 극대화 등의 효과를 가져 올 것이다.

연습문제

1. 항법의 4요소는 무엇인가?

① 위치, 거리, 속도, 자세
② 위치, 방향, 거리, 도착예정시간
③ 속도, 유도, 거리, 방향
④ 속도, 고도, 자세, 유도

2. 인공위성을 이용한 항법 전자 계통은 무엇인가?

① inertial navigation system
② omega navigation system
③ LORAN navigation system
④ global positioning system

3. 항공기가 항법사 없이도 장거리 운항을 할 수 있다. 이때 꼭 있어야 할 장비는?

① 관성 항법장치(INS)
② 쌍곡선 항법장치(LOLAN)
③ 항공교통응답장치(ATC)
④ 거리측정장치(DME)

4. 전방향표지시설(VOR)국에서 항공기를 볼 때의 방위를 무엇이라 하는가?

① 자방위 ② 상대방위
③ 절대방위 ④ 진방위

5. 지상 무선국을 중심으로 하여 360[°] 전방향에 대해 비행 방향을 지시할 수 있는 기능을 갖춘 항법장치는?

① 전방향표지시설(VOR) ② 마커비컨(marker beacon)
③ 전파고도계(LRRA) ④ 위성항법장치(GPS)

6. INS의 원리가 아닌 것은?

① 뉴튼의 법칙을 이용한 것이다.

② 가속도는 속도의 시간에 대한 변화율(m/s^2)

③ 속도는 거리의 시간에 대한 변화율(m/s^2)

④ 가속도는 가해진 힘에 반비례하고 가감속에 비례한다.

7. 쌍곡선 항법장치라 하며 장거리 항법에 사용하는 것은?

① DME ② LORAN

③ INS ④ GPS

8. 가속도를 적분하여 속도를 구하고 속도를 적분하여 거리를 구하는 항법장치는?

① DME ② INS

③ DOPPLER ④ FANS

9. 거리측정장치(DME)의 설명 중 틀린 것은?

① DME는 지상국과의 거리를 측정하는 장치이다.

② 수신된 전파의 도래시간을 측정하여 현재의 위치를 알아낸다.

③ 응답주파수는 960~1215[MHz]이다.

④ 항공기에서 발사된 질문 펄스와 지상국 응답 펄스간의 도래시간을 계산하여 거리를 측정한다.

10. VOR에 대한 설명 중 틀린 것은?

① VOR국을 중심으로 항공기에 자방위를 부여하며 기수방위와는 관계없다.

② FROM 지시는 VOR국을 중심으로 자북방향에서 오른쪽으로 돌며 항공기 방향의 각도를 나타낸다.

③ TO 지시는 항공기를 중심으로 자북방향에서 오른쪽으로 돌며 VOR국 방향의 각도를 나타낸다.

④ 주파수는 초단파를 사용하며 도달거리는 간접파를 이용하므로 고도를 높이면 원거리까지 도달한다.

11. ADF와 VOR을 지시할 수 있는 지시계는?

① HIS ② ADI
③ RMI ④ ALTIMETER

12. LRRA(low lange radio altimeter)의 고도 계산은?

① 송신된 PULSE가 지면에 반사되어 수신될 때까지의 시간차를 이용
② 송신된 PULSE가 지면에 반사되어 수신될 때까지의 위상차를 이용
③ 송신된 주파수가 지면에 반사되어 수신될 때에 송신되는 주파수와의 주파수 차이를 이용
④ 송신된 주파수의 DOPPLER 효과를 이용하여 수신된 주파수를 이용

13. ground의 항법보조시설의 도움 없이 독립적으로 작동되는 항법장치가 아닌 것은?

① INS
② LRRA
③ GPWS(ground proximity warning system)
④ DME

14. 자동 방향 탐지기(ADF)의 설명중 맞는 것은?

① 루프(loop) 안테나만 사용한다.
② 센스(sense) 안테나만 사용한다.
③ 중파를 사용한다.
④ 통신거리 내에서만 통신이 가능하다.

제3장

자동 조종장치

3.1 자동 조종장치의 개요

자동 조종장치의 첫째 목적은 안정(stability)이다. 수평 상승 및 하강의 경우에는 자세를 유지하고 주날개를 수평으로 유지시킨다.

여기에는 수직 자이로(VG : vertical gyro)가 사용되는데, 수평 비행을 할 때에 일정한 고도를 유지하기 위하여 기압 고도계를 사용하고 있다. 또, 비행 방향을 유지시키기 위해 방위 자이로(DG : directional gyro)를 사용하고 있는데, 여기에 컴퍼스 시스템으로부터 신호를 보내어 자침 방위를 유지하고 있다.

승객의 이동, 연료의 소비 등에 의해 발생하는 중심 위치의 이동에 대해서도 자동 트림의 기능이 필요하다. 이와 같이, 조종사 대신 수평 직선 비행을 주목적으로 하고 있는 자동 조종장치에는 당초부터 자세 및 방위의 유지와 일정 고도의 유지를 위해 자동 트림 등의 안정 작용이 필요하다.

수평 상승 및 하강의 자세 유지를 수직 속도 유지(vertical speed hold)라고 하고, 기수 방위 유지(heading hold)를 일정 고도 유지(altitude hold)라 한다. 자동 조종장치는 엔진의 추력을 적절히 조절해 주어야 한다.

자동 조종장치의 둘째 목적은 상승 및 선회 등의 제어 기능이다. 자동 조종장치를 작동시키기 위해서는 조종 상자를 조작하여 마음대로 조작할 수가 있다. 최근에는 CWS(control wheel steering)라고 하는 조종 상자가 있는데, 이것은 B-737, L-1011, DC-10기에 쓰이고 있다.

조종 상자를 써서 조종하는 것은 가장 기본적인 기능이다. VOR, ILS 등의 무선 항법장치에 의한 유도가 자동적으로 이루어지는데 반하여, 수동(manual

/CWS) 조작은 언제든지 자동 조작에 대하여 우선한다.

즉, 자동적인 기능이 고장을 일으켰거나 조작 순서가 틀린 경우에는 자동적으로 수동 조작 상태로 복귀된다.

자동 조종장치의 셋째 역할은 무선 항법장치들과의 결합으로 유도되는 것이다. 단거리 항공로를 비행할 때에 자동 조종장치에 결합되는 것은 VOR와 로컬라이저인데, 이 두 전파는 VHF 대역이지만 전파의 성질은 다르다. 계기 진입에는 ILS가 사용되고, 대개의 경우에는 글라이드 슬로프에 앞서 로컬라이저 진입을 수행할 필요가 있다.

엔루트(en-route)의 항법, 특히 장거리 해상 비행에서는 도플러 관성 항법(INS) 등이 자동 비행장치와 결합하여 사용된다.

안정, 조종, 유도의 세 역할을 하는 제트기에서는 안정성의 부족을 조종사 대신 자동적으로 행하고 있는데, 이것을 안정 증대(stability augmentation)라 한다.

제트기에서는 고속도일 때 발생하는 터크 언더(tuck under : 공력 특성)의 현상을 자동적으로 보정하거나, 또 주 날개의 큰 후퇴각 때문에 세로 방향(longitudinal)과 가로 방향(lateral)의 안정성이 부족되어 더치 롤(dutch roll)이 일어나기 쉬우므로, 이를 억제하는 요 댐퍼(yaw damper)가 필요하다. 터크 언더는 날개의 풍압 중심이 속도의 증가에 따라 차차 후퇴함으로써 생기는 기수 하향(nise down) 현상으로, 이것을 보정하기 위해 수평 안정판을 움직여 마하 트림을 자동적으로 움직인다.

더치 롤은 후퇴각이 큰 기체가 돌풍을 만나면 옆으로 기울어져서 상판각과 꼬리날개와의 터크 언더 평형이 부족되는 결과가 생겨 빗놀이와 옆놀이가 합성된 불안정한 운동인데, 이것을 피하기 위하여 방향키를 사용하고 있으며, 이것을 요댐퍼라 한다.

이 움직임은 자동적으로 이루어지지만, 조종사가 항상 사용하고 있는 방향키 계통과는 도중에서 별개로 가해지므로 페달에는 전달되지 않는다. 마하 트림과 요 댐퍼의 두 움직임이 제트기에 필요한 언정 증대이다. 기종에 따라서는 마하트림을 조종장치의 일부로 하여 자동 비행장치와 따로 취급하는 경우도 있다.

3.2 자동 조종장치의 원리

1. 조종장치

자동 조종장치는 총합 지시장치와 함께 조종장치의 중요한 일부로 되어 있으므로, 그림 3-1을 참고하여 이에 대하여 알아보기로 한다.

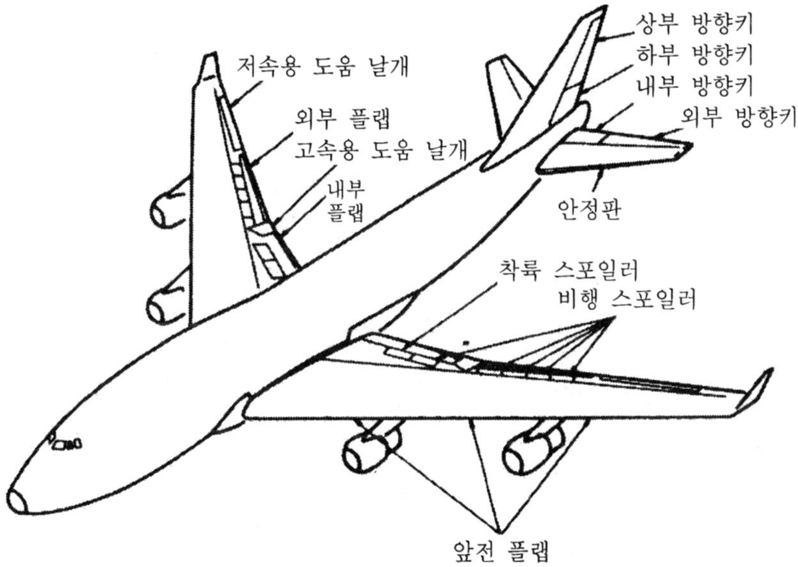

그림 3-1 비행 조종계

대형 제트 수송기의 조종장치는 거의 유압에 의한 동력 조종이며, 유압 계통에 고장이 생기면 인력으로 전환된다.

최근 넓은 동체의 에어버스에서는 유압 계통을 3중, 4중으로 하여 신뢰도를 높이고 있다.

유압에 의한 동력 조종에서는 조종키면에서 움직이는 공기력이 조종장치의 핸들 및 방향키의 페달에 전달되어 조종사가 느끼지 못하므로, 스프링 등을 사용하여 인공적으로 조종 감각을 가지도록 되어 있는데, 이것을 바퀴 기구(wheel mechanism)라 한다.

조종장치에는 승강키, 도움 날개 및 방향키 등이 기본적인 것, 그 밖에 플랩(flap). 스포일러(spoiler) 등이 있다. 앞에 것을 1차적 제어(primary control)라 하고, 뒤에 것을 2차적 제어(secondary control)라 한다.

제트기에서는 수평 안정판을 움직여 세로 방향의 트림을 취하고 있다. 이것은 수평 안정판과 승강키를 유선형으로 하여 고속도의 공기 흐름에 의한 진동 발생을 방지하기 위한 것이다. 조종사가 이것을 움직이려고 할 때, 자동 조정 중에는 전동 또는 유압 모터를 사용한다.

사람이 조종하는 경우, 프로펠러 항공기와 같이 조타면의 조종탭을 움직이고 있으나, 유압에 의한 동력 제어로는 이 탭을 키면에 유선형이 되도록 고정하여 키면을 직접 동력으로 움직이고 있다. 탭이 없이 완전히 동력 제어되는 것도 있다.

제트기에서는 저속에서 고속으로의 속도 변화가 넓기 때문에, 보조 날개의 방향키를 저속과 고속의 두 단으로 구분하고 있다.

도움 날개에서는 이것을 둘로 분할하여 바깥쪽(outer)과 안쪽(inner)으로 하여, 바깥쪽은 고속일 때에는 움직이지 않도록 고정하고 안쪽만을 움직인다. 이것은 과도한 조작에 의하여 주날개에 무리한 힘이 가해지지 않도록 하기 위한 것이다.

저속일 때에는 바깥쪽과 안쪽이 동시에 사용되나, 키의 효과가 부족할 때에는 필요에 따라 한쪽의 스포일러를 사용한다. 이것을 비행 스포일러(flight spoiler)라 한다.

방향키의 경우 키각(travel)을 고속과 저속으로 구분하여 고속일 때에는 조금씩밖에 움직이지 않도록 하고 있다. 이는 동체 뒷 부분의 강도 때문에 방향키에 가해지는 공기력에 의한 과도한 흔들림을 방지하기 위한 것이다.

저속과 고속의 절환은 플랩의 각도와 관련되어 있으나, 370[mile/h] 전후이다. 자동 조종을 조작하는 키면은 승강키, 도움날개, 방향키 및 수평 안정판 등이다. 초기의 제트기에서는 방향키도 조작하였으나, 최근에 사용하고 있는 방향키는 요 댐퍼의 기능을 가진 것이 많다.

따라서, 자동 조종장치에서는 승강키와 도움 날개와의 두 채널 피치와 롤만으로 되어 있어, 방향키는 요 댐퍼로서 독립되어 있다.

수평 안정판에는 자동 조종에 의해 자동적으로 세로 방향의 트림이 가해지나, 그 이외의 고속도의 경우에는 마하 트림이 자동적으로 가해지고 있다. 키면을 움직이는 방식에는 전동식과 유압식의 두 가지가 있다.

전동에 의한 것은 조종 케이블 도중에 서보모터를 배치하거나 또는 모터의 회전을 변화시켜 요 댐퍼 등의 링 구조와 결합시킨 것도 있다.

유압에 의한 것은 작동기(actuator)에 유압을 보내어 직접 키면을 움직이는데,

이것은 자동 조종계로부터의 신호로 동작 중의 밸브를 열고 닫음으로써 이루어진다. 이와 같은 유압장치 동력 패키지(power package)를 PCP(power control package)라 한다.

전동 서보모터는 회전 운동에 관성이 있기 때문에 기동 정지 등의 응답이 유압보다 떨어진다. 따라서, 유압에 의한 것이 많아졌다.

자동 조종과 항공기의 조합을 생각할 때, 이 응답 특성은 기체가 요구하는 운동성과 잘 부합되어야 할 필요가 있어 동적 안정성을 취하고 있다. 이것은 대단히 중요한 것이다. 자동 조종을 하고 있다가 긴급히 수동 조종을 해야 할 경우인데, 이 조작을 오버 파워(over power)라 한다.

2. 자동 조종의 기초

자동 조종의 기본적인 역할은 앞에서 설명한 안정(stability), 조종(control), 유도(guidance)의 세 가지이다.

이 목적을 수행하기 위하여 최근 제트 수송기에서는 조종 계통에 자동 조종과 비행 지시기를 관련시켜 이것을 자동 비행 조종장치(AFCS : automatic flight control system) 또는 간단히 자동 비행(auto flight)이라 한다. 이것은 다음 세 가지 시스템으로 구성된다.

① 자동 조종장치/비행 지시기(AP/FD)
② 요 댐퍼
③ 속도 명령/자동 스로틀(SC/AT)

1) 자동 조종장치와 비행 지시기

항공기의 운동에 따라 자동 조종의 움직임을 생각할 때, 이것은 키놀이, 빗놀이 및 옆놀이의 세 축으로 나뉜다.

항공기의 조종과 같이 세 축은 서로 연관되어 움직인다.

자세에 대한 신호는 수직 자이로(VG)로부터 가해지고, 방위에 대해서는 컴퍼스 시스템으로부터 보내진다. 이들 신호는 항상 기준이 된다.

예를 들면, 날개 레벨로부터의 변위량(displacement)은 동요의 처음 움직임을 추적하여 제동(damping)을 거는데 필요한 변위의 빠르기를 레이트 자이로 또는 가속도계로부터 얻고 있다. 방향키의 요댐퍼 움직임은 이 레이트 신호에 의한 안정 작용이다. 이와 같이, 수직 자이로의 신호를 자세 기준(attitude reference), 컴퍼스 시스템의 신호를 방위 기준(heading reference)이라 한다.

자동 조종(auto pilot, AP)에는 비행 고도, 속도 등의 대기 자료(air data)가 필요하다. 제트기가 도입된 후부터는 대기 자료 컴퓨터에 의하여 고도 상승률 등의 수직 속도, 진대기 속도(TAS : true air speed) 등을 산출하고 있다.

대기 자료 컴퓨터는 피토-정압(pitot-static)계통과 외기에 노출되고 있는 온도 감지부의 수감부로부터 자료를 얻어 내고 있다.

자세, 방위 등의 기준 신호, 대기 자료 등은 항상 컴퓨터에 입력시켜 필요한 조타량을 산출해서 키의 서보 시스템을 구동 시킨다.

컴퓨터의 입력은 이 밖에도 유도에 필요한 무선 항법장치들과도 결합되어 있다. VOR, ILS가 주가 되지만, 도플러, 관성 항법, 지역 항법(area navigation), 전파 고도계 등도 포함된다. 컴퓨터에 입력 자료를 보내주는 수감부를 일반적으로 센서(sensor)라 한다.

비행 지시기(flight director, FD)는 자동 조종장치와 같은 센서로부터 신호를 받아 자세 비행 계기 ADI(attitude direction indicator)에 나타난다. 이것은 인력 또는 자동 조종으로 조작할 때에 조종사에 대한 명령이며, 유도 등에서는 자동 조종의 명령인 동시에 조종사에게는 자동 조종의 역사보다 짧아 감시하는 모니터 역할을 한다. 비행 지시기는 자동 조종의 역사보다 짧아 컴퓨터에 요구되는 조건이 같지 않았다.

최근 넓은 동체의 제트기에서는 동일한 것으로 서로 호환성을 가지도록 하고 있다. 제트기의 선회 조작은 주로 도움 날개를 사용하며, 방향키는 정상 선회에 필요한 만큼 조금씩 밖에는 사용되지 않는다. 옆놀이 컴퓨터(roll computer)와 빗놀이 댐퍼 컴퓨터 등이 이 조작을 하고 있다. 또, 선회 중에는 일반적으로 비행 고도가 저하되기 때문에 이것을 보상하기 위하여 옆놀이 컴퓨터로부터 빗놀이 컴퓨터에 아주 작은 값이나마 상향키의 명령을 주고 있다.

이와 같이, 자동 조종 컴퓨터는 서로 신호를 받고 있으므로, 조종사가 직접 조종하는 것과 똑같이 동작된다.

조종사는 자동 조종장치를 사용하여 선회하거나 ILS의 전파에 의하여 유도될 때, 비행 지시기의 지시를 모니터 하면서 제어기로써 여러 가지 조작을 하여 명령을 하게 된다.

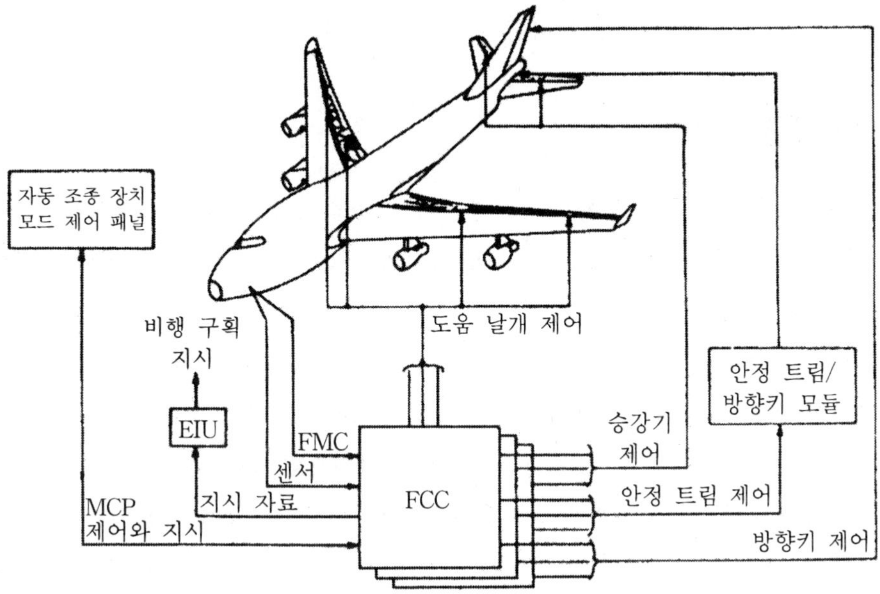

그림 3-2 자동 조종장치의 구성

그림 3-2는 자동 조종장치의 구성을 나타낸 것이다.

2) 요 댐퍼(Yawing Damper)

요 댐퍼는 빗놀이의 처음 움직임을 포착하기 위해서 레이트 자이로를 사용한다. 요 댐퍼로 움직이는 방향키의 각도는 4~5°정도인데, 이 움직임은 페달에 전달되지 않기 때문에 조종사는 느끼지 못한다. 이와 같이, 방향키는 대부분 요 댐퍼에 의해 움직인다.

3) 속도 명령과 자동 스로틀(Throttle)

제트기가 착륙할 때에 중요한 것은 진입 속도를 정확하게 하고 하강률을 200 [m/min]으로 유지하는 것이다. 제트 엔진의 가속 또는 감속을 할 때에는 수 초의 지연에 대해서도 과대한 하강을 나타내기 때문에 착륙 조작에 큰 어려움이 따른다. 이 때문에 진입 각도를 일정하게, 그리고 진입 속도를 정확하게 유지해야 한다.

① 자동 스로틀(auto throttle, AT)은 조종사 대신 자동적으로 엔진의 스로틀을

조작하는 것이다.

② 속도 명령(speed command, SC)은 진입 속도의 변화를 추적하여 자동 스로틀을 명령하는 동시에, 자세 비행 계기에 보내져 모니터할 수 있도록 한다.

3. 자동 조종의 기능

자동 조종의 기능 중 중요한 것은 항공기의 안정성과 조종성이 우수해야 한다는 점이다. 항공기의 안정성에는 종축 안정성과 횡축 안정성, 그리고 기수 방향에 대한 안정성으로 나눌 수 있다.

기체가 수평 비행 중 돌풍 등에 의해 자세나 운동 방향이 변화 하였을 때, 조종사의 아무런 조타 없이도 자연스럽게 원래의 상태로 균형을 이루는 성질을 안정성이라고 한다. 이 안정성은 정적 안정과 동적 안정으로 나누어진다.

외력에 의해 기체의 평형이 무너졌을 때, 원래의 균형 상태로 되돌리는 성질을 가진 경우에 '정적 안정이 양(+)' 이라고 하며, 변위가 점점 커져 균형 상태에서 빠지는 경우를 '정적 안정이 음(−)'이라고 한다. 자세가 평형 위치로 되돌리기까지의 과정에서 변위가 시간이 지남에 따라서 감쇠하는 성질을 가진 경우를 '동적 안정이 음(−)'이라고 한다(그림 3-3 참조).

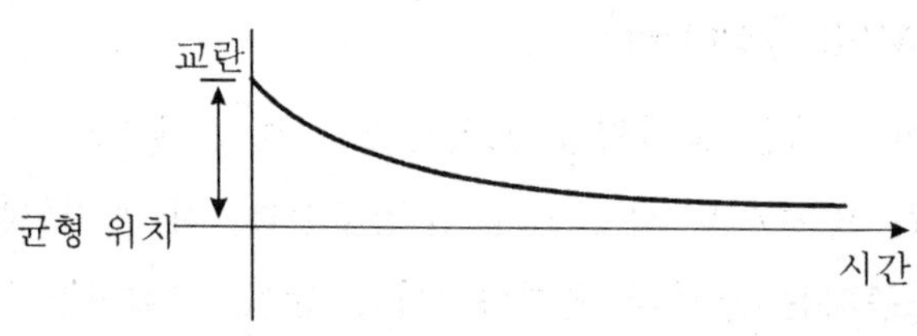

(a) 정적 안정 : 양, 동적 안정 : 양

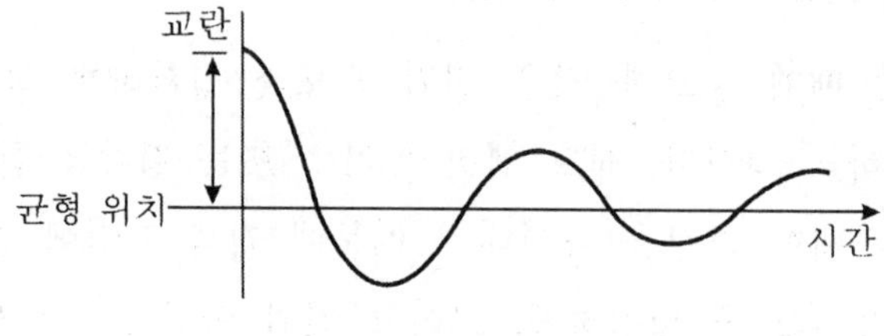

(b) 정적 안정 : 양, 동적 안정 : 양

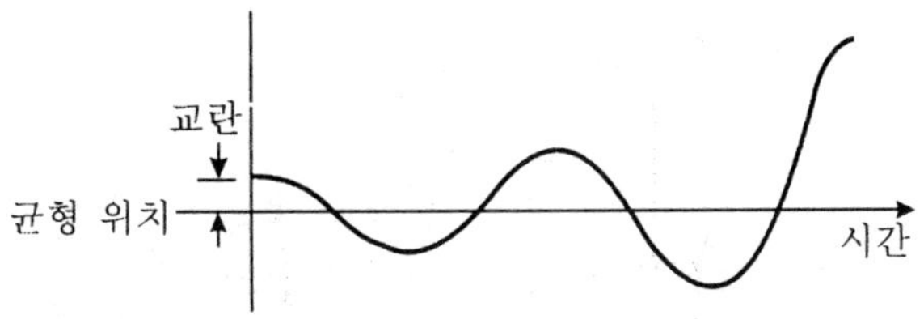

(c) 정적 안정 : 양, 동적 안정 : 음

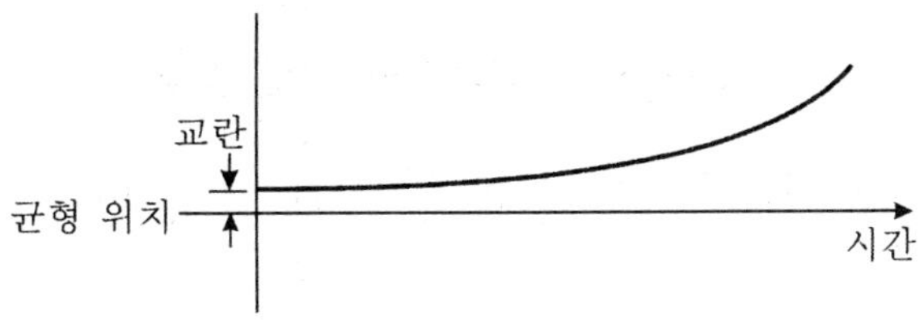

(d) 정적 안정 : 음, 동적 안정 : 음

그림 3-3 항공기의 정적 안정과 동적 안정

소형기나 수송기의 경우에는 정적 안정, 동적 안정이 모두 양으로 설계되어 있다. 조타에 의해 기체의 운동이 일어나지만, 안정성이 너무 좋으면 조종성이 손상되어 기체의 움직임이 둔해지며, 조종성을 좋게 하면 기체의 안정성이 손상된다.

안정성과 조종성은 서로 상반된 관계가 있으며, 기종에 따라서 그 균형을 결정하고 있다. 민간 항공기의 경우에는 안정성에 중점을 두고, 전투기의 경우에는 안정성을 줄여 조종성을 좋게 하고 있다.

1) 세로 안정성(Longitudinal stability)

기종의 상하 방향 움직임, 즉, 키놀이에 관한 안정성이며, 어떤 원인으로 세로 방향의 균형이 무너져 양각이 변화한 경우에 원래의 자세로 되돌리는 것이 세로 안정성이다. 이 안정성은 그림 3-4에 나타낸 바와 같이 수평 안정성의 기능에 의해서 얻어지고 있다.

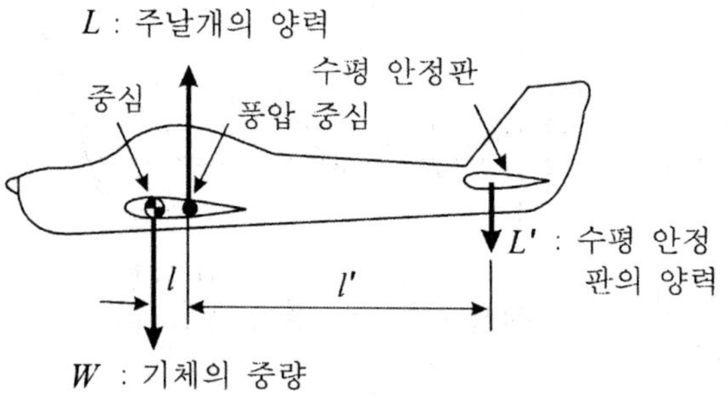

그림 3-4 항공기의 세로 안정

기체는 그림 3-4에 나타낸 바와 같이 식 (3-1), 식 (3-2)에 의해서 수평 비행을 하고 있다.

기체 중량과 양력의 균형은

$$L = W + L'[\mathrm{kgf}] \tag{3-1}$$

풍압 중심 주위의 모멘트 균형은

$$lW = l'L'[\mathrm{kgf \cdot m}] \tag{3-2}$$

기체의 상향의 힘이 가해져 올려본각이 커지면, 동시에 수평 안정판의 올려본각도 증가하여 상향의 양력을 생성하고, 이것에 의해 기수 아래의 모멘트를 생성하여 올려본각이 감소하여 균형 상태로 안정된다. 기체의 중심은 화물 위치나 연료량에 따라서 이동하고, 이 중심 이동이 세로 안정과 관계가 깊다.

승강 키 조작에 의해 수평 안정판에 양력 변화 $\Delta L'$를 생성한다고 한다. 이것에 따른 기체 중량의 외관 변화는 식 (3-2)에 의해 식 (3-3)과 같이 된다.

$$\Delta W = \frac{l'}{l}\Delta L[\mathrm{kgf}] \tag{3-3}$$

중신이 전방으로 이동하면 l(중심과 풍압 중심의 거리)이 커지며, 기체 중량의 외관 변화는 적다. 즉, 안정성은 좋아지지만 승강 키의 기능이 나빠진다. 중심이 후방으로 이동하면 l이 적어지며, 기체 중량의 외관 변화는 크다. 즉, 안정성은 나빠지지만 승강 키의 기능은 좋아진다.

2) 가로 안정성(Lateral Stability)

기체의 옆놀이에 대한 안정성이며, 기체가 가로 흔들림을 일으켰을 때 원래의 균형 위치까지 되돌리는 성질이다. 주날개의 상판각과 후퇴각에 따라서 이 안정성이 얻어진다.

기체에 가로 흔들림이 생기면 양력의 분력에 의해 흔들림 방향으로 횡활이 시작된다. 횡활을 시작하면 풍상측(미끄러지는 축)에서의 기류가 비행 방향의 기류에 가해지고, 기울어진 전방의 기류가 기체에 가해지게 된다.

상판각이 있으면 그림 3-5와 같이 풍상측 날개의 올려본각이 커지고 풍하측 올려본각이 감소하므로, 날개를 수평으로 되돌리는 가로 흔들림 복원 모멘트가 작용하여 기체는 원래의 균형 위치까지 되돌아간다.

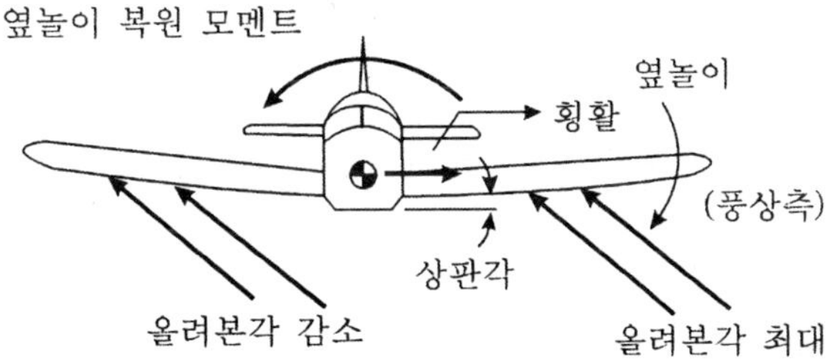

그림 3-5 항공기의 정적 안정

3) 방향 안정성(Directional Stability)

기수의 좌우 방향 움직임, 즉 빗놀이에 관한 안정성이며, 기체가 횡활을 일으켰을 때 그 풍상측으로 기수를 향하여 다시 균형 상태로 되돌리는 성질로, 수직 안정판에 의해 이 안정성이 얻어진다.

기체가 미끄럼을 일으키면 그림 3-6과 같이 기체에 닿는 기류와 수직 안정판 사이에는 올려본 각이 생기며, 수직 안정판에는 기체를 기류의 방향으로 향하도록 하는 양력이 발생하여 이것에 의해 편 흔들림 복원 모멘트가 작용하고, 기체가 기류 방향으로 향하게 된다.

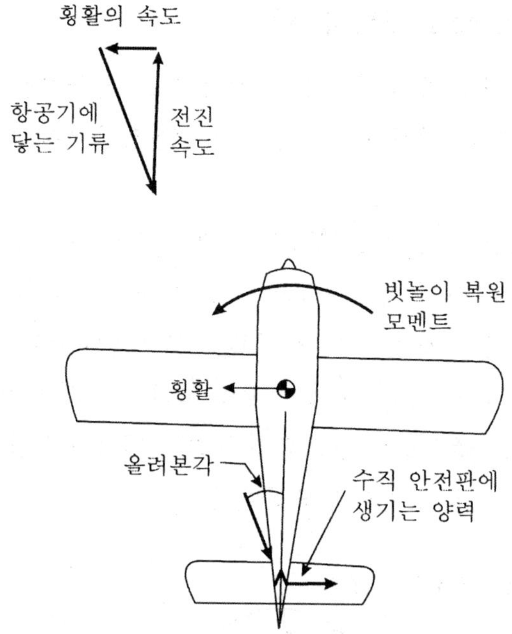

그림 3-6 항공기의 방향 안정

4. 자세 유지 방법

항공기의 자세 유지는 수평 비행의 경우, 기수 방향에 대한 방위값을 설정하고 측풍에 대한 편류값을 보정함으로써 가능하지만, 선회시에는 자세 유지에 따르는 공기 역학적 균형이 이루어져야 한다.

항공기 선회시의 자세 유지 방법을 알아보기로 하자.

1) 균형 선회(Coordinate Turn)

기체를 선회(편 흔들림 모멘트에 의해 방향을 바꾼다.) 시킬 때는 동시에 빗놀이(가로 흔들림 모멘트에 의해 기울기를 바꾼다.) 시키지 않으면 균형 선회를 할 수 없고, 미끄럼을 일으킨다.

그림 3-7에 나타낸 바와 같이 기체를 수평 선회시키는 경우, 조종사는 우선 조종간을 '우'로 돌려 오른쪽으로 회전시킨다. 동시에 방향 키 페달을 '우'로 밟아 기수를 오른쪽으로 선회 시킨다. 목적 옆놀이각에 이르기 전에 조종간을 '좌'로 돌려 옆놀이를 감소시키고, 목적 옆놀이각에 이르렀을 때는 도움 날개가 중립 위치로 되어 있다.

동시에 방향 키 페달을 '좌'로 밟아 기수의 우 선회율을 감소하여 선회계의 볼이 중앙에 오도록 방향 키를 조작하고, 균형 선회에 들어갔을 때는 방향 키가 중립 위치로 되어 있다.

선회중의 균형은 그림 3-7에서 보는 바와 같이 양력의 수직 성분과 기체 중량이 균형을 이루게 되고 양력의 수평 성분과 원심력이 균형을 이룰 때 균형 선회가 이루어진다.

수평 비행인 경우에는 양력과 기체 중량이 균형을 이루고, 선회 비행인 경우에는 양력의 수직 성분과 기체 중량이 균형을 이루기 위해서는 선회 중 양력을 증가시켜야 한다. 선회는 기관 출력(추력)을 일정하게 하기 위해 승캉 키를 당기고 양력을 크게하여 양력을 증가시킨다. 이 조작에 의해 항력도 증가하므로 가속은 서서히 저하한다. 가속을 일정하게 유지하면 고도가 저하된다.

선회시 발생되는 선회 반지름은 중력 가속도 성분에 반비례하고 속도 제곱의 값에 비례하는 크기를 가진다.

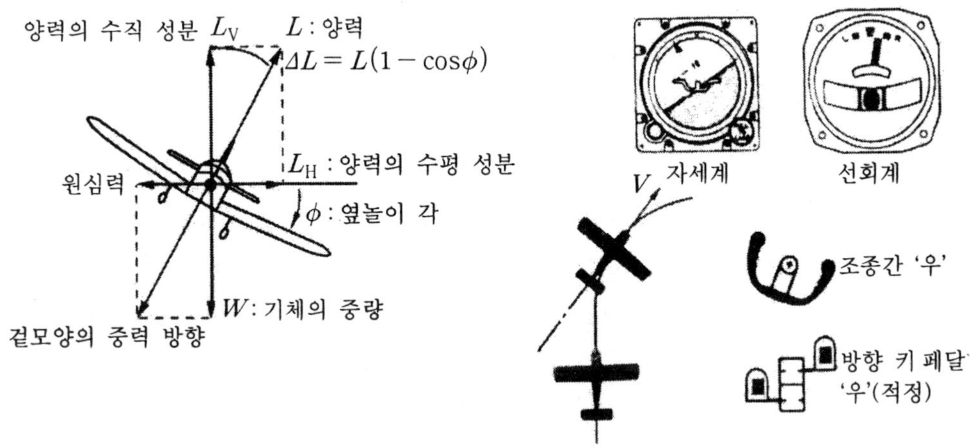

그림 3-7 균형 선회

2) 내활 선회(Slip Turn)

선회 때 방향 키의 조작량이 충분하지 않으면 그림 3-8에 나타낸 바와 같이 선회의 안쪽에 횡활을 일으키므로 내활 선회라고 한다. 이 경우, 기체에 작용하는 원심력보다 양력의 수평 성분이 크고, 외관의 중력 방향은 대칭면보다 선회의 안쪽으로 기울어지므로 선회계의 흔들림 방향(선회의 안쪽)으로 기울어진다. 이 경우, 옆놀이 각의 비율에는 선회 반지름이 커진다.

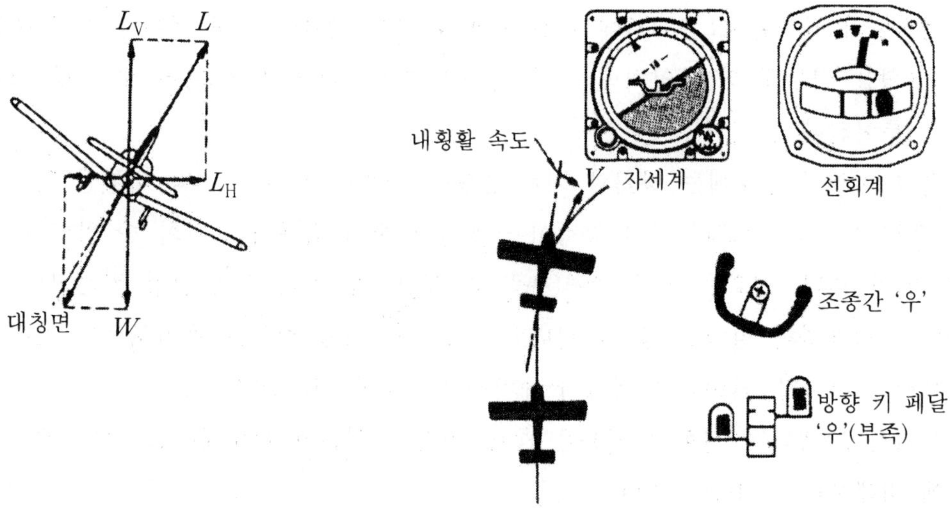

그림 3-8 내활 선회

3) 외활 선회(Skid Turn)

선회 때 방향 키의 조작량이 너무 많으면 그림 3-9에 나타낸 바와 같이 선회의 바깥쪽에 횡활을 일으키므로 외활 선회라고 한다. 이 경우, 기체에 작용하는 원심력보다 추력의 수평 성분이 적고, 외관의 중력 방향은 대칭면보다 선회의 바깥쪽으로 기울어지므로 선회계의 볼은 선회계의 흔들림과는 반대 방향(선회의 바깥쪽)으로 기울어진다. 이 경우, 옆놀이 각의 비율에는 선회 반지름이 작아진다.

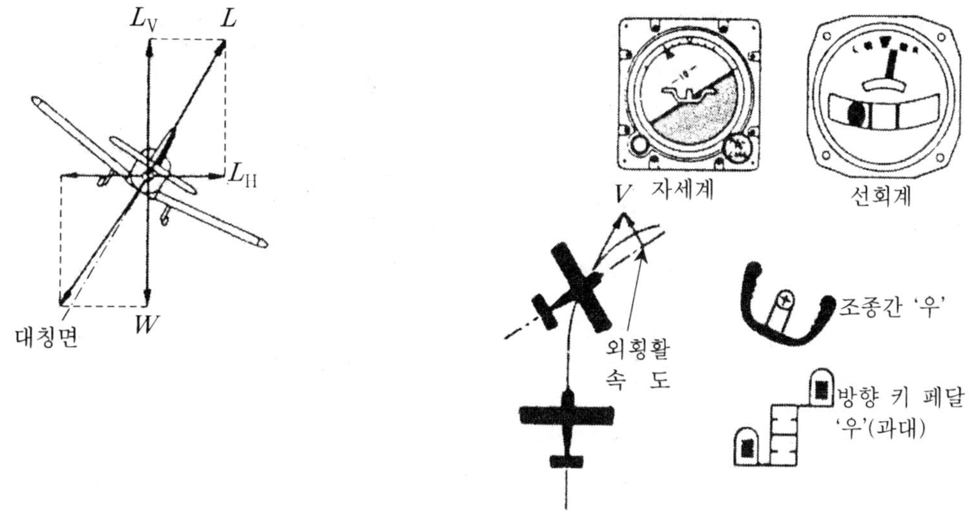

그림 3-9 외활 선회

3) 트 림(Trim)

조종 날개면에 작용하는 공기력을 조정하여 X축(옆놀이축), Y축(키놀이축), Z축(빗놀이축)에 관해서 중심 주위의 모멘트를 0으로 하는 것으로, 조종사는 조종간이나 방향 키 페달 등의 조종장치를 조작하는 일이 없이 소정의 자세를 유지하여 비행할 수 있다. 이와 같이 기체에 작용하는 공기력, 기관 출력 등이 모두 균형을 이루게 하는 것을 '트림을 잡는다.'고 한다. 트림을 잡는 데에는 트림 태브라는 작은 날개를 미세 조정하는 방법이 이용되어 왔지만, 대형 수송기에서는 유압 조작키 장치의 중립 위치를 미세 조정하는 방식이나 수평 안정판의 위치를 조정하는 방식이 이용되고 있다.

5) 더치 롤(Dutch roll)

제트 수송기에서는 수직 안정판에 의한 방향 안정성보다도 상판각이 부착된 후퇴 날개의 가로 흔들림 복원성이 강하기 때문에 더치 롤이 일어나기 쉽다.

그림 3-10은 더치 롤(방향의 불안정)이 발생하는 모습을 나타낸 것이다.

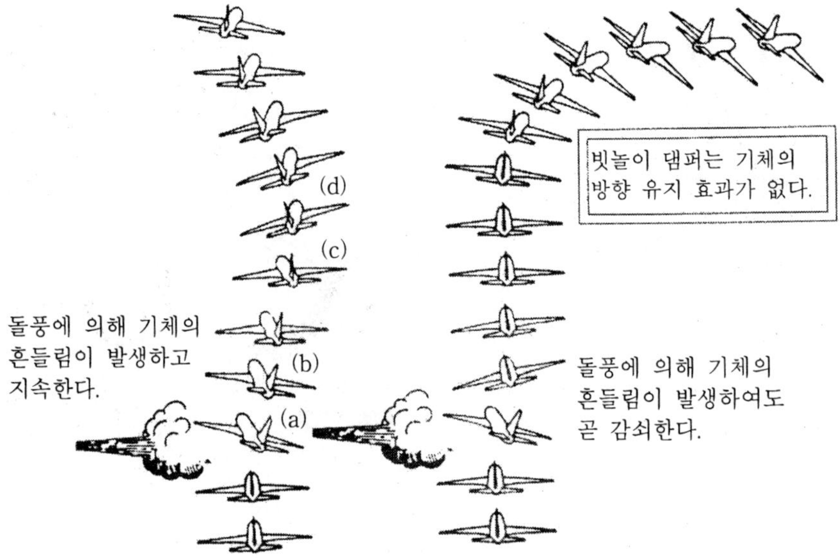

(a) 더치롤의 발생 (b) 빗놀이 댐퍼의 효과

그림 3-10 더치 롤의 발생과 빗놀이 댐퍼의 효과

① 돌풍 등에 의해 기체에 가로 흔들림이 생기면 횡활을 시작한다.

② 풍상측(미끄러지는 방향)의 날개는 후퇴각이 적어진 것과 같은 결과를 얻기 때문에 양력과 항력이 모두 증가하고, 풍하측의 날개에서는 양력과 항력이 모두 감소한다.

③ 두 날개의 양력 차이에 따라서 가로 흔들림 복원력이 작용하여 기체는 반대 방향으로 가로 흔들림을 시작한다.

④ 두 날개의 항력 차이와 수직 안정판에 작용하는 공기력에 의해 방향 안정력이 작용하고, 기체는 편 흔들림을 시작한다.

⑤ 수송기에서는 일단 발생한 진동이 쉽게 멈추지 못하고, 편 흔들림과 횡활이 상호 관련하면서 S자형 운동을 하게 된다.

더치 롤을 멈추려면 방향 키를 조작하여 편 흔들림을 멈추고, 그것에 따라서 횡활도 멈추어 기체가 안정된다. 이 더치 롤을 방지하는 기능을 빗놀이 댐퍼라 하며, 제트 수송기에서는 비행 중 언제나 사용하고 있다.

5. 항공기의 3축 제어 모드

항공기에 사용되는 자동 조종 시스템의 기본은 옆놀이축 제어, 키놀이축 제어, 빗놀이축 제어의 3축 제어가 기본으로 되어 있다.

1) 옆놀이 채널(Roll Channel)

옆놀이 채널은 그림 3-11에 나타낸 바와 같이 도움 날개를 조타하여 기체의 옆놀이각 ϕ가 자세 목표값 ϕ_0에 일치하도록 기체를 자동적으로 제어하는 장치이다. 이를 위해서는 기체의 옆놀이각이 어떻게 되어 있는가를 점검하는 자세 센서(버티컬 자이로)와 옆놀이각의 움직임을 점검하는 레이트 센서(레이트 자이로)가 필요하다.

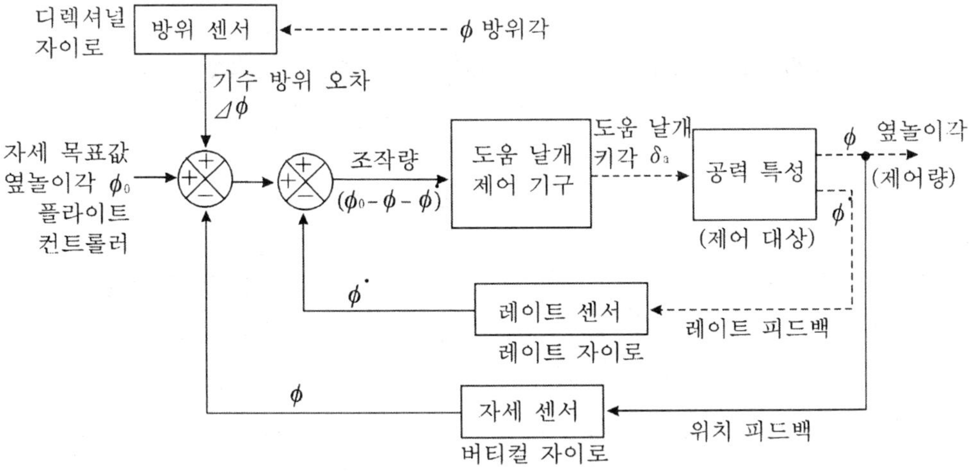

그림 3-11 자동 조종 옆놀이 채널

옆놀이 채널에는 플라이트 컨트롤러에서 주어진 자세 목표값 ϕ_0에 대해서 자세 센서 출력 ϕ와 레이트 센서 출력 $\dot{\phi}$가 역위상으로 가해져 조작량이 된다.

이 조작량이 도움 날개 제어 기구로 보내져서 이것에 비례하여 도움 날개 키각이 정해진다.

수평 비행하고 있는 항공기에 자세 목표값 ϕ_0을 주었을 때 옆놀이각이 변화하여 목표값으로 낙착하기까지를 그림 3-12에 나타내었다.

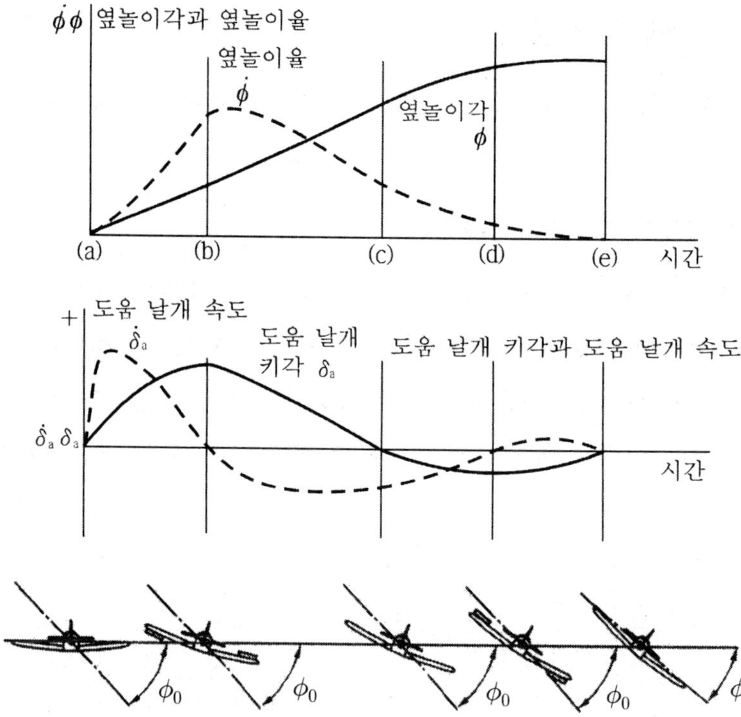

그림 3-12 옆놀이 채널

① 항공기는 옆놀이각 0으로 비행하고 있으므로 자세 센서의 출력이나 레이트 센서의 출력은 0이다. 이 때, 자세 목표값 ϕ_0을 주면 그림 3-12 (a)와 같이 그대로 조작량이 되며, 도움 날개가 목표 방향으로 펴지기 시작한다.

② 도움 날개의 움직임에 따라서 옆놀이축 주위의 흔들림 모멘트가 발생하여 기체의 기울기가 증가한다. 옆놀이각의 변화는 자세 센서로 검출되며, 옆놀이각의 속도는 레이트 센서로 검출되어 피드백되므로, 도움 날개의 키각은 그림 3-12 (b)와 같이 어떤 각도에서 정지한다.

③ 기체는 도움 날개에서 발생하는 흔들림 모멘트의 작용으로 점점 구르기 때문에 조작량($\phi_0-\phi-\dot{\phi}$)은 음(−)으로 되며, 그림 3-12 (c)와 같이 도움 날개는 중립 위치로 되돌려진다.

④ 그러나 기체는 관성으로 더욱더 기울어지기 때문에 자세 목표값 ϕ_0을 넘지 않도록 그림 3-12 (d)와 같이 역타를 끊고 옆놀이율 $\dot{\phi}$를 저하시킨다.

⑤ 기체의 옆놀이각이 자세 목표값 ϕ_0에 이르렀을 때, 그림 3-12 (e)와 같이 도

움 날개가 중립 위치로 되돌려지고, 기체는 옆놀이각 ϕ_0을 유지하여 선회를 계속한다.

이것은 조종사의 자세 조작과 같으므로 옆놀이축 운동에 따라서 방향 키 조작도 필요하다.

지금까지 설명한 것은 위치 피드백 신호와 레이트 피드백 신호의 비율이 최적인 이상적 선회의 경우이지만 이와 같은 이상 상태는 어려우며, 위치 피드백 신호가 강한 경우에는 기체의 옆놀이각이 빠르게 자세 목표값 ϕ_0에 가까워지지만 목표값을 넘어 진동하면서 목표값에 안정된 오버슈트 상태가 된다. 레이트 피드백 신호가 강한 경우에는 기체의 옆놀이각은 자세 목표값 ϕ_0에 이르지 않는 언더슈트 상태가 된다. 따라서, 자동 조종에는 각 기종의 비행 특성이 맞추어 위치 피드백 양과 레이트 피드백 양이 정해져 있다.

앞에서 설명한 바와 같이 기체가 플라이트 컨트롤러의 명령과 같이 운동하는 것은 알 수 있었지만, 선회하고 있을 때보다 기수 방위를 일정하게 유지하여 직선 비행을 하고 있는 경우가 훨씬 길다.

돌풍에 의해 기수 방위가 변한 경우, 원래의 기수 방위로 되돌리는 방법은 그림 3-11에 나타낸 바와 같이, 옆놀이 채널에는 방위 센서(디렉셔널 자이로)로 기수 방위 오차 신호 $\Delta\phi$가 주어져 있으며, 이 오차 신호가 0으로 되는 방향에 기체의 옆놀이로 생기는 편 흔들림 때문에 자연스럽게 원래의 기수 방위를 유지하게 된다. 이와 같은 자동 조종의 기능을 기수 방위 유지(heading hold)라고 한다.

2) 키놀이 채널(Pitch Channel)

키놀이 채널은 그림 3-13에 나타낸 바와 같이 승강 키를 조종하여 기체의 키놀이각 θ가 자세 목표값 ϕ_0에 일치하도록 기체를 자동적으로 제어하는 장치이다. 이것을 위해 기체의 키놀이각이 어떻게 되어 있는지를 점검하는 자세 센서와 키놀이각의 움직임을 점검하는 레이트 센서가 있으며, 옆놀이 채널과 마찬가지 기능을 가진다. 키놀이 채널에는 옆놀이 채널에 없는 특징이 있으므로 이것에 대해서 알아보기로 하자.

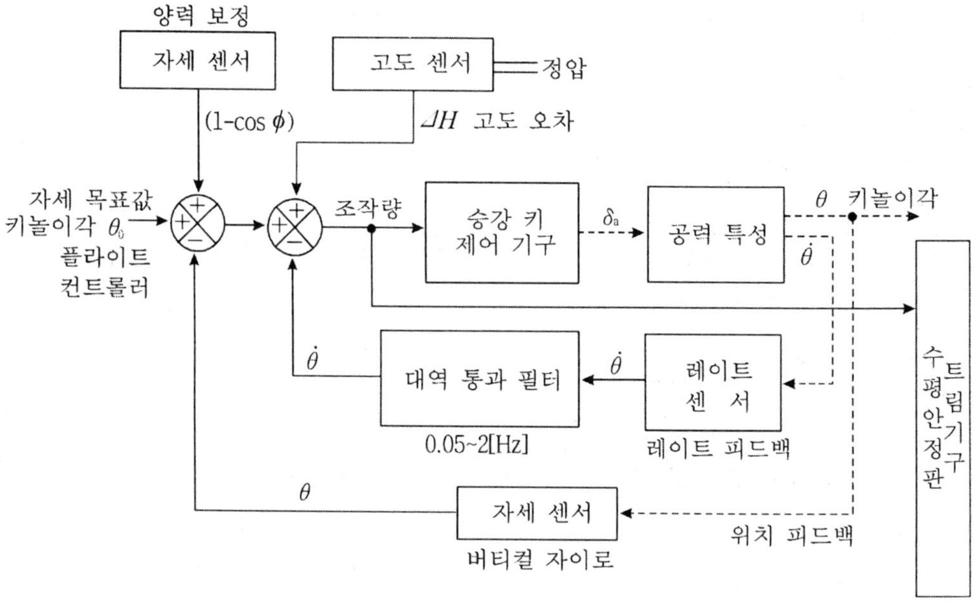

그림 3-13 자동 조종 키놀이 채널

① 수평 비행하고 있는 상태에서 플라이트 컨트롤러를 통하여 키놀이각 ϕ_0을 유지하며 상승하려고 자세 목표값 ϕ_0을 준다. 키놀이 컴퓨터는 승강 키를 움직이고, 키놀이각 ϕ_0을 얻었을 때 승강 키는 중립 방향으로 되돌리려는 경향이 있다. 그러나 기체는 키놀이각 ϕ_0의 방향으로 진행하지 않고, 수평 안정판에 양각을 생성하므로 수평 방향으로 복원하도록 하는 모멘트가 작용하여 항상 승강 키에 기수 상승 방향으로 놓고 키를 조작해야 한다.

이 때, 자동 조종을 해제하면 승강 키가 자유롭게 되어 기류의 방향으로 흐르므로 기체는 수평 방향으로 복원되어진다. 이것으로는 불안전하므로 승강 키에 가하는 정상적인 키놀이 상승 신호는 그림 3-13에 나타낸 바와 같이 승강 키 제어 기구의 입력측에서 안정판 트림 기구로 전달하고, 안정판을 기수 상승 방향으로 구동하여 키놀이 트림을 잡고, 승강 키를 중립 위치로 되돌리는 방법을 취하고 있다. 이렇게 하면 어느 때 해제하여도 키놀이 자세는 변화하지 않는다.

② 자동 조종계를 사용하여 선회하면 기체의 중량에 비해 양력이 부족하여 고도가 낮아진다. 이것을 방지하기 위해서는 양력 보정 신호를 키놀이 채널에 가

하고, 안정판으로 트림을 잡아 수평 비행을 계속한다.

이와 같은 정상 입력에 대해서는 완만한 키놀이 증가의 레이트 신호가 발생하여 입력 신호가 없어져서 수평 비행이 어려우므로 레이트 센서의 출력측에 대역 통과 필터를 넣어 기체가 보통 응답할 수 있는 0.05~2[Hz]의 주파수 범위의 신호만을 통과시키고 있다.

기체는 상승, 하강을 계속하기보다 일정 속도를 유지하여 계속 비행하는 경우가 많다. 하강 기류 등에 의해서 기체가 고도를 잃어도 자동 조종에 의해 기체 자세가 바로 보정되어 수평 비행을 계속하지만, 하강한 고도는 회복되지 않고 규정 고도보다 낮은 고도를 비행하게 된다. 그때마다 조종사가 원래의 고도까지 상승시켜 가기는 불편하므로 고도 센서의 신호에 의해 고도를 일정하게 유지할 수 있는 기능이 있다. 이것을 고도 유지(altitude hold) 기능이라고 한다.

3) 빗놀이 댐퍼 시스템(Yaw Damper System)

보조 날개 서보 모터는 항상 기체의 좌우 방향으로 기울어짐이 없도록 작용하여 날개를 수평으로 유지한다. 승강 키 서보 모터는 항상 항공기가 수평 비행할 수 있도록 제어하고 있다. 그러면 방향 키 서보 모터는 기수 방위를 어떻게 유지하는지에 대해 알아보기로 하자.

방향 키 서보 모터는 더치 옆놀이 방지와 균형 선회를 위해서 이용되고 있다. 더치 롤은 옆놀이(rolling)와 빗놀이(yawing)에 따른 주기 2~20초 정도의 불안정한 운동으로, 편 흔들림을 멈추면 자연스럽게 완만해진다. 편 흔들림은 빗놀이축의 움직임이므로 선회계 또는 빗놀이 레이트 자이로로 검출된다. 빗놀이 레이트 자이로에서 검출한 빗놀이각 속도 신호는 더치 롤에 의한 성분만을 검출하기 때문에 0.05~0.5[Hz]의 대역 통과 필터를 통과한 후에 그림 3-14에 나타낸 바와 같이 방향 키를 제어하고 있다.

빗놀이 레이트 자이로의 출력은 선회에 의하여 생기는 레이트 신호와 더치 롤에 의한 신호가 포함되므로, 이 중에서 더치 롤에 의한 신호는 기체 진동 주기의 0.05~0.5[Hz] 정도의 진동 신호이다. 방향 키와 도움 날개가 평형을 이루어 균형 선회하고 있을 때에는 레이트 자이로에서 선회율에 비례한 직류 출력이 얻어진다. 이 경우에는 방향 키를 움직일 필요가 없으므로 빗놀이 컴퓨터에서는 레이트 자이로의 출력 중 직류 성분은 제거해야 한다. 이를 위해 사용되고 있는 것이 대역 통과 필터이다. 빗놀이 댐퍼 컴퓨터는 더치 롤 신호만을 끌어내고 방향 키 서보 모터를 거쳐서 방향 키를 움직이며, 더치 롤을 방지하고 있다.

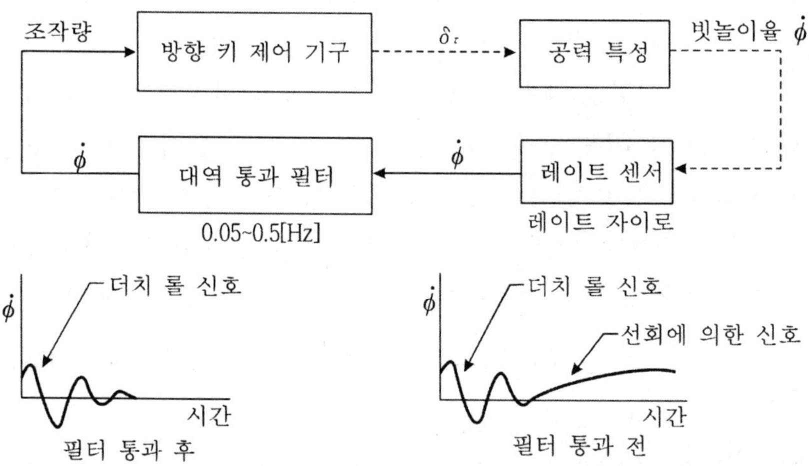

그림 3-14 빗놀이 댐퍼 컴퓨터 시스템

그림 3-14와 같은 빗놀이 댐퍼 시스템으로 더치 롤을 방지할 수 있다. 균형 선회는 자동 조종의 컨트롤러를 조작하여 에어론을 움직여 선회 조작으로 들어가면 기체에는 옆놀이에 따라서 빗놀이가 생기지만, 빗놀이 댐퍼는 이 빗놀이를 멈추는 방향, 즉 선회 중심 방향으로 기수가 향하는 방향으로 방향키를 조작한다. 이것에 의해 조금씩 빗놀이를 계속 수정하면, 기체는 균형 선회를 시작한다. 이때, 빗놀이 레이트 자이로의 출력은 거의 직류 성분이 되며, 대역 통과 필터를 통과할 수 없어 방향키는 정지하고, 기체가 균형 선회를 계속하게 된다.

보통 자동 조종장치에는 빗놀이 댐퍼와 자동 조종장치의 두 개의 결합 스위치가 있으며, 빗놀이 댐퍼만을 사용하도록 되어 있으므로, 자동 조종장치를 사용하는 경우에는 미리 빗놀이 댐퍼를 결합해 두어야 한다.

4) 싱크로나이제이션(Synchronization)

자동 조종에서 중요한 것은 결합하거나 해제하였을 때 기체에 흔들림을 주지 않도록 잘 제어하는 것으로, 이 기능을 가지는 회로를 싱크로나이제이션(동기) 회로라고 한다.

그림 3-13과 같은 키놀이 컴퓨터를 갖추고 있는 기체가 상승하면서 자동 조종

장치를 결합한 경우, 맨 처음의 결합 상태에서 비행하고 있었으므로 승강 키 서보의 클러치는 해제되고, 서보는 버티컬 자이로에서의 키놀이 신호로 회전하지만, 싱크로에서의 위치 피드백 신호와 균형을 이루어 정지한다. 이 상태에서 결합하면 승강키에는 변화가 없고, 따라서 기체는 결합한 때의 키놀이 자세를 계속 유지한다.

그림 3-11과 같은 옆놀이 컴퓨터를 갖추고 있는 기체가 우 선회하면서 자동 조종장치를 결합한 경우, 맨 처음의 결합 상태에서 비행하고 있었으므로 도움 날개 서보의 클러치는 해제되고, 서보는 단독으로 회전하며, 버티컬 자이로의 옆놀이 신호에 따른 위치에서 정지하고 있다. 이 상태에서 결합하면, 먼저 자이로의 신호가 제거된다. 그 때문에 기체는 다시 수평 방향으로 되돌리기 시작하여 오른쪽 5~6°까지 자세가 회복되면 다시 버티컬 자이로에 의한 제어가 시작됨과 동시에 그 때의 기수 방위를 유지하게 된다. 즉, 자동 조종장치를 결합하면 옆놀이축은 그 자세를 유지하는 것이 아니라, 날개가 수평 위치로 되돌리는 것이다.

5) 플라이트 디렉터(Flight Director)

플라이트 디렉터란, 미리 설정한 비행 자세를 유지하기 위해 옆놀이축과 키놀이축의 조종 명령(steering command)을 자세계(ADI : attitude director indicator)에 지시하는 시스템이다. 조종사는 ADI의 키놀이 바와 옆놀이 바를 보면서 수동으로 조종한다.

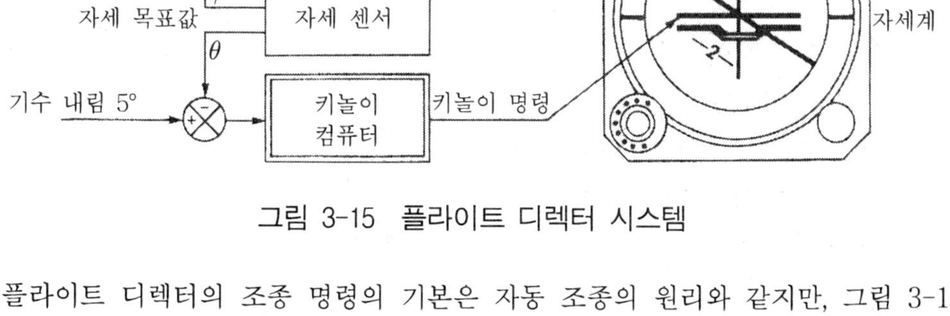

그림 3-15 플라이트 디렉터 시스템

플라이트 디렉터의 조종 명령의 기본은 자동 조종의 원리와 같지만, 그림 3-15에 나타낸 바와 같이 레이트 신호에 의한 덤핑 등의 세심한 배려는 하고 있지 않다. 플라이트 디렉터는 수동 조종의 명령을 주는 것이고, 미세한 조작은 조종사의 조종 감각에 맡기고 있기 때문이다.

조종 명령이 없을 때에는 ADI상의 키놀이 바, 옆놀이 바는 모두 중립 위치(중앙)에 있다. 일정한 자세를 유지하기 위해서 좌 선회해야 할 때에는 옆놀이 바가 왼쪽으로 흔들린다. 기수 하강일 때에는 키놀이 바가 아래로 흔들린다. 바의 흔들림의 크기는 플랩이 가져야 할 키각에 비례한다. 옆놀이 바가 왼쪽으로 흔들리고 있으면 조종사는 조종간을 왼쪽으로 끊고, 옆놀이각을 주면 옆놀이 바가 점차로 중앙으로 되돌아간다. 조종사는 도움 날개를 되돌리기 시작하여 항상 옆놀이 바가 중앙으로 가도록 도움 날개를 조작하면 기체가 일정한 옆놀이각을 유지하여 선회를 계속한다.

그림 3-15의 경우에는 플라이트 디렉터를 보면서 조종하고 옆놀이 30°, 기수 하강 5°의 자세를 계속 유지하고 있는 상태를 나타내고 있다.

플라이트 디렉터에는 자동 조종의 감시 계기로써, 또 한가지의 사용 방법이 있다. 플라이트 디렉터와 자동 조종장치에 같은 자세 목표값을 주면 자동 조종이 작동하고 있을 때, 조종간의 움직임의 플라이트 디렉터의 지침을 보면서 조종사가 조종하는 것과 같은 기능을 가진다. 만일, 기체의 움직임과 플라이트 디렉터의 움직임에 차이가 생겼을 때에는 고장이 생겼을 가능성이 있으므로, 바로 자동 조종을 해제하여 조종사가 조종하게 된다.

6. 항법 계통과의 결합

지금까지 설명한 소형기의 자동 조종장치에는 다음과 같은 기능이 갖추어져 있다.

① 자세 유지(gyro) 모드

② 자세 제어(turn-knob) 모드

③ 기수 방위 설정(HDG SEL) 모드

④ 고도 유지(ALT HOLD) 모드

⑤ VOR/LOC 모드

⑥ ILS 모드

이것은 자동 조종의 기본 모드이며, 대형기에는 관성 항법장치(INS)에 의한 유도, 성능 관리 컴퓨터(PMS)에 의한 유도, 착륙 왕복(GA) 모드, 자동 착륙(LAND) 모드 등이 있다.

1) 자세 유지(Gyro) 모드

플라이트 컨트롤러의 Y/D, A/P 결합 레버를 결합 위치로 한 모드이며, 키놀이 자세는 결합하였을 때의 자세를, 옆놀이 자세는 날개를 수평 위치로 되돌렸을 때의 기수 방위를 유지하는 모드이다.

2) 자세 제어(Turn-knob) 모드

플라이트 컨트롤러의 턴 노브나 키놀이 노브를 돌려 기체의 자세를 바꾸는 모드이며, 기체의 옆놀이각은 턴 노브의 회전각에 비례하고 기체의 키놀이율은 키놀이 노브의 회전각에 비례한다.

3) 기수 방위 설정(HDG SEL) 모드

기수 방위 설정 모드는 수평 상태 지시계(HSI)의 HDG 노브로 설정한 방향으로 기수를 바꾸는 모드이며, 그림 3-16에서는 기수 방위 190°로 비행하고 있던 비행기가 좌 선회하여 기수를 170°로 변경하도록 하고 있다.

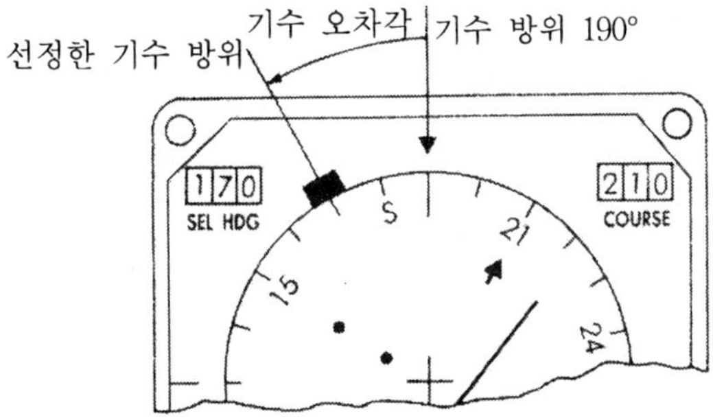

그림 3-16 기수 방위 설정(HDG SEL) 모드에서의 선회 예

HSI에 원하는 기수 방위 설정이 끝나고, 그림 3-17에 나타내는 모드 선택기의 HDG SEL의 버튼을 누르면 이 모드가 되며, 기체는 190°에서 170° 방향으로 선회를 시작하여 기수가 170°를 향하였을 때 수평 비행 상태가 되고 있다.

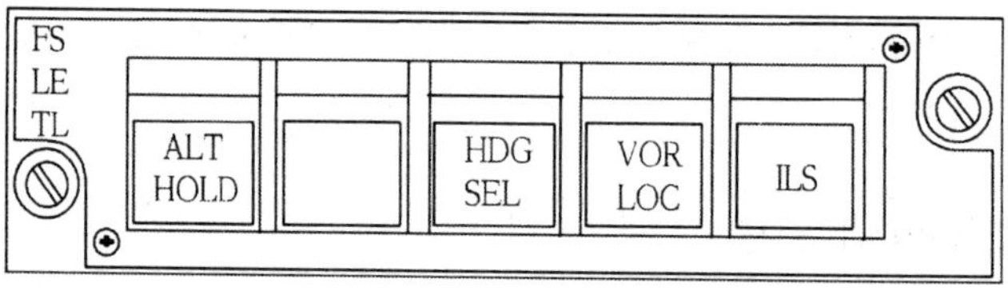

그림 3-17 파일럿 모드 선택기

4) 고도 유지(ALT HOLD) 모드

자세 제어 모드로, 적당한 상승 자세를 선택하면서 상승을 계속하고 그림 3-18과 같이 기체가 원하는 고도에 이르렀을 때 모드 선택기의 ALT HOLD 버튼을 누르면 기체가 버튼을 눌렀을 때의 고도로 안정되고, 이후 같은 고도를 계속 유지하는 모드이다.

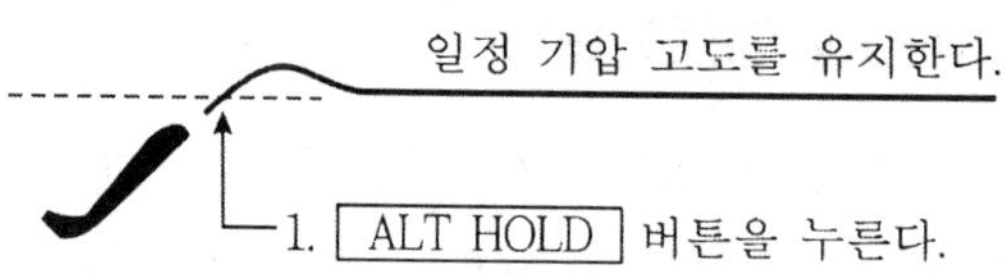

그림 3-18 고도 유지 모드의 기능

5) VOR/LOC 모드

VOR국의 유도 전파를 이용하여 비행하는 모드이며, 먼저 비행 예정 코스를 수평 상태 지시계에 설정한다.

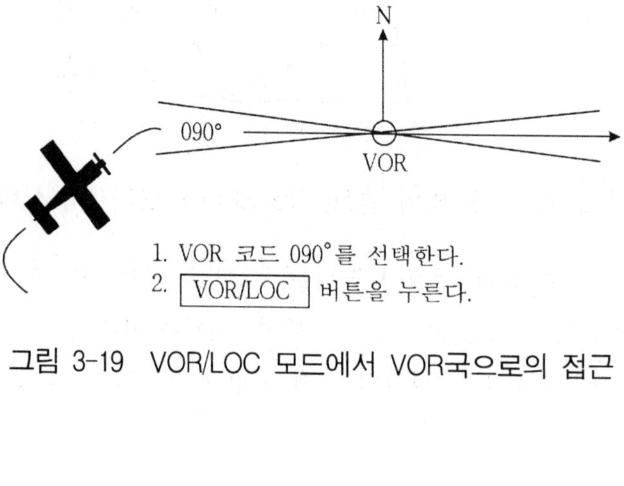

그림 3-19 VOR/LOC 모드에서 VOR국으로의 접근

그림 3-19는 예정 코스를 090°로 선택한 것을 나타내고 있다. VOR국을 수신할 수 있으면 모드 선택기의 VOR/LOC 버튼을 누른다. 기체가 VOR 코스에 가까우면 VOR 전파를 포착(capture)하여 VOR 전파에 의한 유도가 시작되며, VOR 국으로 향하여 090° 코스를 직진하고, VOR국 위를 통과하여도 090° 코스를 계속 유지한다.

6) ILS 모드

그림 3-20과 같이 ILS 유도 전파를 이용하여 활주로에 접근하여 강하하는 모드이며, 먼저 활주로의 방위를 수평 상태 지시계에 설정한다. ILS 전파를 수신할 수 있으면 모드 실렉터의 ILS 버튼을 누른다. 기체가 ILS 코스에 가까우면 로컬라이저 빔을 포착하여 이 빔에 의한 유도를 시작한다. 기체가 빔 중심에 아주 가까우면 글라이드 슬로프 전파를 포착하여 글라이드 슬로프 빔에 의한 유도를 시작하고 빔에 의해 강하하기 시작한다.

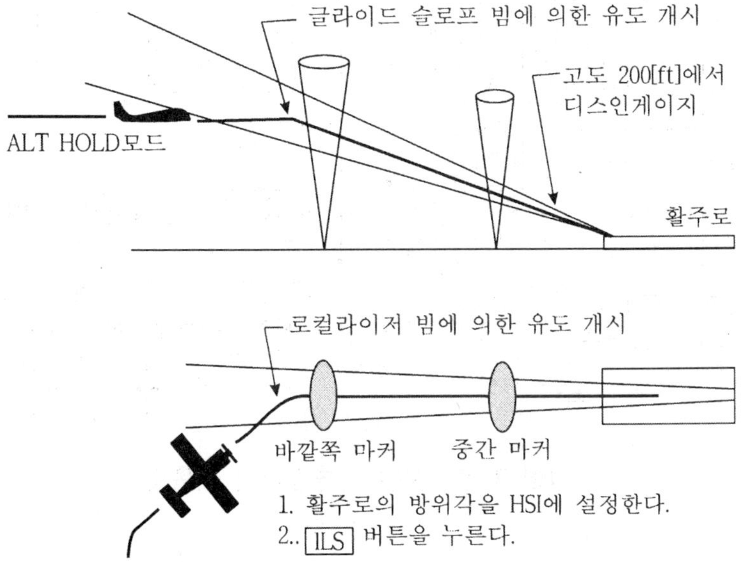

그림 3-20 ILS 모드에 의한 강하

3.3 자동 조종장치의 구성 및 동작

1. 자동 조종장치의 구성

자동 조종장치는 크게 센서부, 정보를 산출하여 조타 신호를 발행하는 컴퓨터부, 그로부터의 전기 신호를 기계적 출력으로 변환하는 서보, 조종사가 자동 조종장치에 대하여 명령을 가하는 제어부, 자동 조종장치의 상황을 조종사에게 알리는 표시기 등으로 구성되어 있다. 그림 3-21은 그 계통을, 그림 3-22는 조작용 기기를 나타내었다.

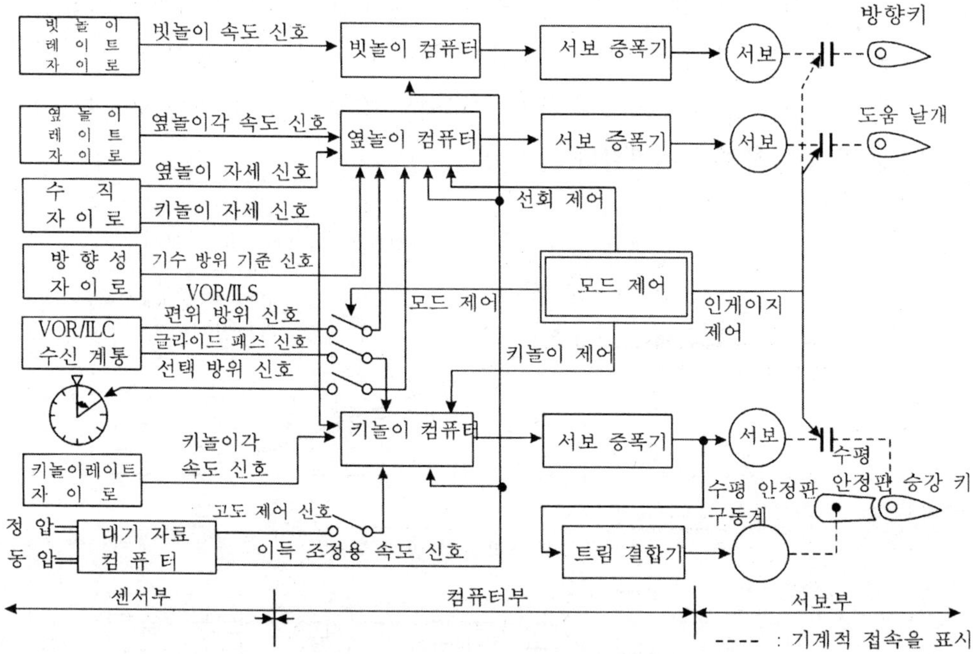

그림 3-21 자동 조종장치의 계통도

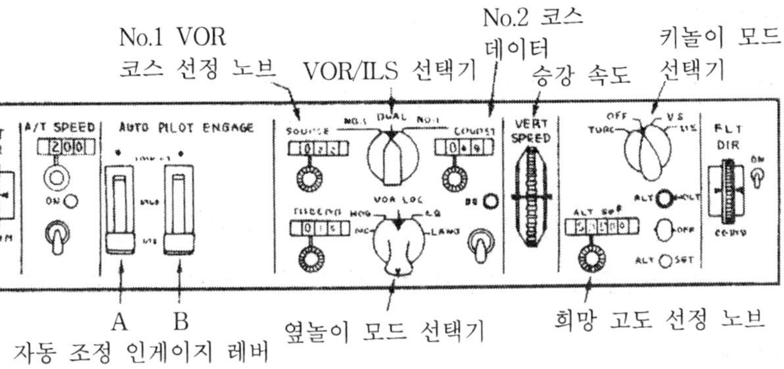

(a) 모드 선택기

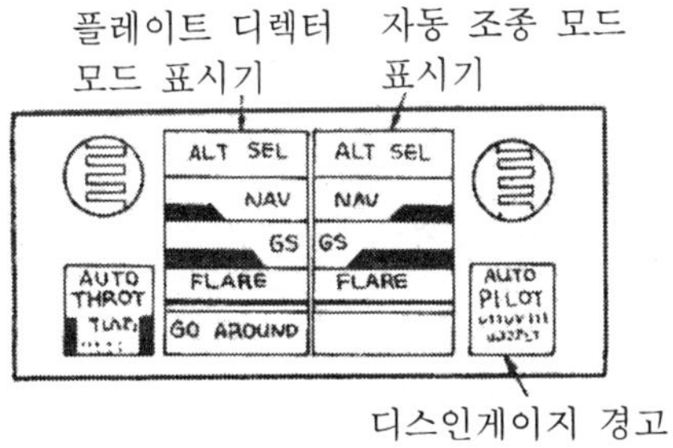

(b) 표시기

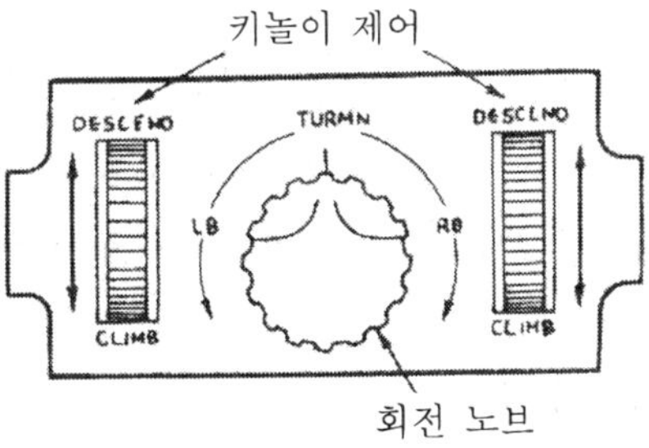

(c) 제어기

그림 3-22 자동 조종장치의 조작용 기기

1) 센서부

기체의 동요를 억제하기 위한 제동 신호로써, 동요의 속도 또는 가속도를 검출하는 레이트 자이로(rate gyro)나 가속도계가 기체의 각 축에 붙어 있다.

자세 기준 신호는 기체의 수평 기준면과 평행한 면에 붙어 있는 수직 자이로로부터 롤 및 피치 자세 신호가 얻어지고, 방향성 자이로에서 기수 방위 신호가 얻어진다. 대기 자료 컴퓨터는 정압 또는 동압을 얻으며, 고도 편이 신호나 대기 속도 신호를 공급한다. 그 밖에 각종 항법장치로부터 진로 편위량이나 방위 신호가 공급된다.

이들 항법신호는 선택 기능에 따라 절환 계전기를 통해서 컴퓨터에 접속된다.

2) 컴퓨터부

각 센서로부터의 신호를 모아 조타 신호를 산출한다.

3) 서보부

컴퓨터로부터의 조타 신호를 기계 출력으로 변환하는 부분으로, 자동 조종장치의 응답 특성을 결정한다. 최근의 대형기에서는 유압서보가 많이 사용되고 있다.

4) 제어부

이것은 부조종사가 다루기 쉬운 장소에 장착하는데, 다음과 같은 조작이 가능하다.

① 자동 조종장치의 연결, 분리 제어
② 자동 기능의 선택 및 소요 자료의 설정
③ 자동 조종장치 및 수동 조작(피치 조작 및 선회 조작)

5) 표시기

자동 조종장치의 작동 상황을 조종사에게 알리는 지시기로, 조종사가 게시판 위를 확인하기 쉬운 장소에 위치해 있다. 그 표시 내용으로는 다음과 같은 것이 있다.

① 자동 조종장치의 분리 경고
② 기능의 자동 전환 표시(접근 또는 진입 등)

2. 자동 조종장치의 동작

1) 안정 증대장치(Stability Augmentation)

자립 항법용 플랫폼이나 레이트 자이로를 기본으로 기체의 옆놀이(rolling), 키놀이(pitching), 요 레이트(yaw rate)를 검출하여 비행 제어 컴퓨터에 입력시킨다.

컴퓨터는 이 정보를 기초로 최적의 조타각을 산출하여 구동장치에 전하여 보조익, 수평타 또는 방향타를 움직여 기체의 각 변환을 자동적으로 교정하게 된다.

그림 3-23은 대표적인 키놀이 축 안정 증대 기능의 계통도이다.

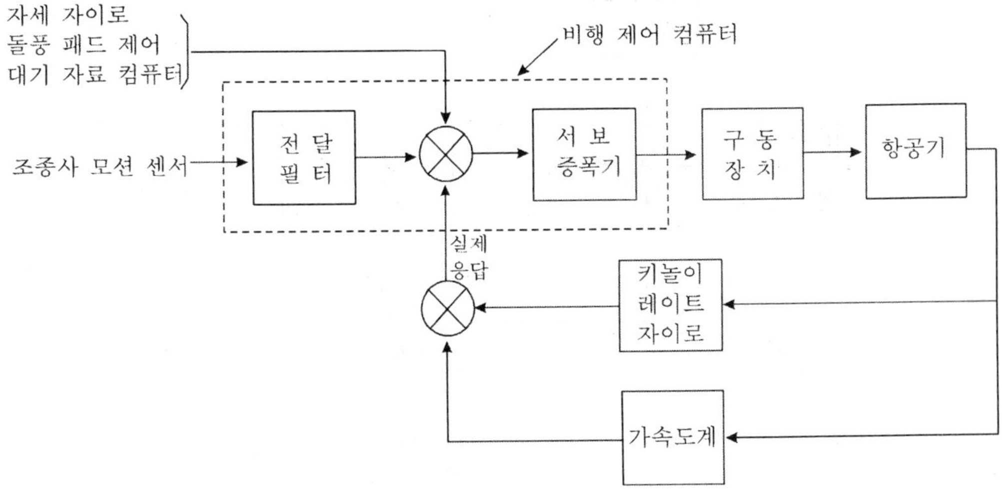

그림 3-23 대표적인 키놀이 축 안정 증대 회로 계통

빗놀이 축 계통(yawing axis system)도 대략 키놀이 축 구성과 같으나, 가로 방향 가속도계(lateral accelerometer)는 측 방향 가속도를 감지하여 정상 선회의 목적에 사용된다.

옆놀이 축 계통(rolling axis system)도 키놀이 축 구성과 같으나, 되먹임 루프 가속도계가 없는 것이 다르다.

2) 자세 및 방위 유지

수직 자이로와 방위 자이로에서 항공기의 옆놀이 자세와 키놀이 자세를 검출하여, 조종기에서 조종사가 설정한 자세와 비교하여 그 차에 해당하는 오차 신호를 얻어 증폭 연산한 다음, 서보를 구동하여 도움 날개, 방향타, 승강타를 제어하여 조종사가 원하는 자세를 유지한다.

그림 3-24는 이상의 원리를 나타낸 것이다.

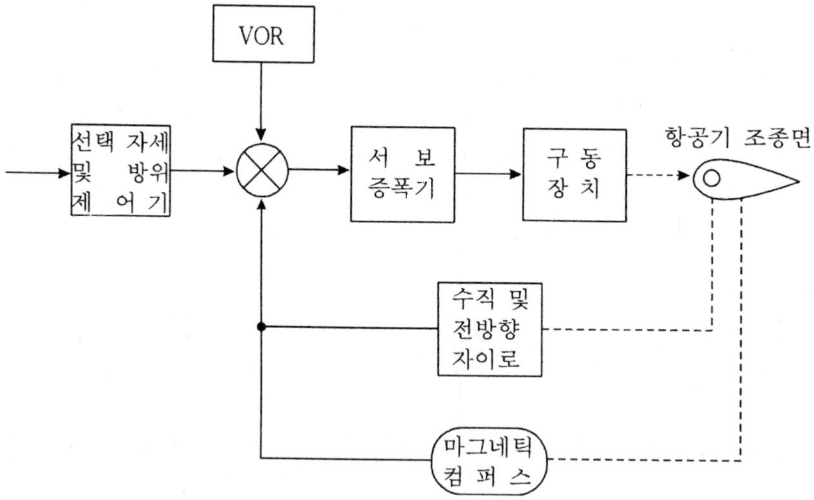

그림 3-24 자세 및 방위 유지 계통도

3) 대기 속도 제어

대기 자료 컴퓨터에서 얻은 항공기의 대기 속도와 조종기에서 조종사가 설정한 기준 속도를 비교하여 차이가 생기면, 오차 신호를 발생하여 이 신호를 증폭한 다음, 서보를 구동하여 스로틀을 개폐조작해서 일정한 속도 또는 조종사가 설정한 속도를 유지하게 된다.

이 원리를 계통도로 나타내어 보면 그림 3-25와 같다.

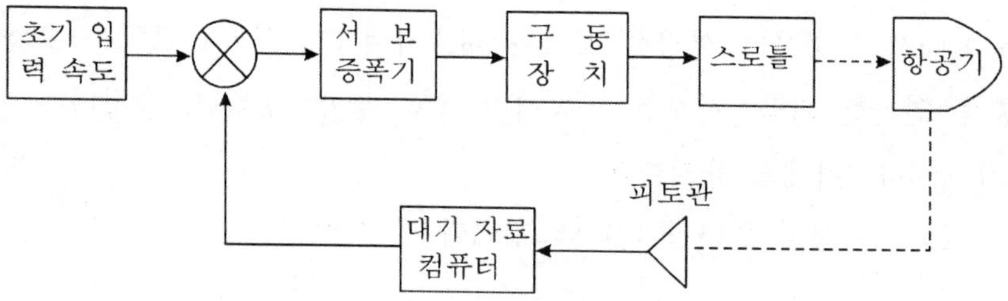

그림 3-25 대기 속도 제어 기능

4) 진로 제어

진로 제어 기능은 다양하나, 그 중 고도 제어 기능을 예로 들면 다음과 같다.

고도 제어의 원리는 대기 자료 컴퓨터에서 얻은 항공기의 현재 고도와 조종사가 희망하는 설정 고도를 비교하여, 그 발생된 차인 오차 신호를 증폭한 다음, 서보를 구동하여 승강타를 상승 또는 하강시킨다.

5) 고도 유지

이 기능은 고도 제어와 비슷하나, 해면 고도나 기압 고도에 대한 고도 유지가 아니고 지형에 대한 절대 고도 유지(terrain-following)를 의미한다. 즉, 조종사가 원하는 절대 고도를 설정하고, 전파 고도계로 측정한 값과 이것을 비교하여 일정하게 유지하는 것이다.

3.4 교육용 시뮬레이터

항공기가 대형 고속화됨에 따라 안정된 비행을 위하여 확실한 기기 운용이 중요시되고 있다.

한편, 항공기의 가격이 비싸므로, 유효 가동률을 높여 경제성의 향상을 꾀하고 있다.

따라서, 조종사의 훈련은 조종 그 자체가 인간의 오감을 구사하는 작업이기 때문에 시뮬레이션(simulation)을 하기가 어려웠으나, 근래의 전자 및 항공 기술은 이것을 구체화할 단계에 와 있고, 또 최고급의 교육 기재가 실현되었다.

1. 플라이트 시뮬레이터

시뮬레이터(simulator)는 그 종류가 수없이 많으나, 일반적으로 연구 개발용, 교육 훈련용, 시험용의 세가지로 구분할 수 있다.

여기에 소개하는 시뮬레이터는 교육 훈련용에 속하는 것으로, 항공기 승무원의 훈련 및 심사에 사용되는 훈련 장치이다. 이 중에서도 항공기의 부분적 시스템, 즉 항법 등의 운용의 숙련을 위한 훈련, 또는 일반 항공기를 대상으로 하여 기본 조종 훈련에 사용될 태스크 트레이너(task trainer), 특정 항공기의 조종실 내의 조작을 훈련체로 한 조종실 순서 조작 훈련용(CPT : cockpit procedure trainer) 및 동력을 가하여 비행 상태와 같은 비행 특성을 모의 비행 훈련장치(flight simulator)와 각각의 훈련 과정에 따라 기능, 성능이 다른 것을 각각의 운용 목적에 맞게 나누어 사용한다.

이들 시뮬레이터를 사용한 결과는 그 장치의 사실성에 따라 크게 좌우되기 때문에, 훈련장치의 세밀한 사실성이 요구되고 있다.

2. 플라이트 시뮬레이터의 구성

훈련용 플라이트 시뮬레이터는 조종실, 바퀴 기구 제어부(wheel machansim), 변위 및 유압 발생장치, 시가장치, 교관 조작 패널, 지사 무선 항법 지원 시설 및 통신 시설, 항적 기록기, 컴퓨터, 인터페이서, 전원장치 등으로 구성되어 있다. 그림 3-26은 비행 시뮬레이터의 구성도를 나타낸 것이다.

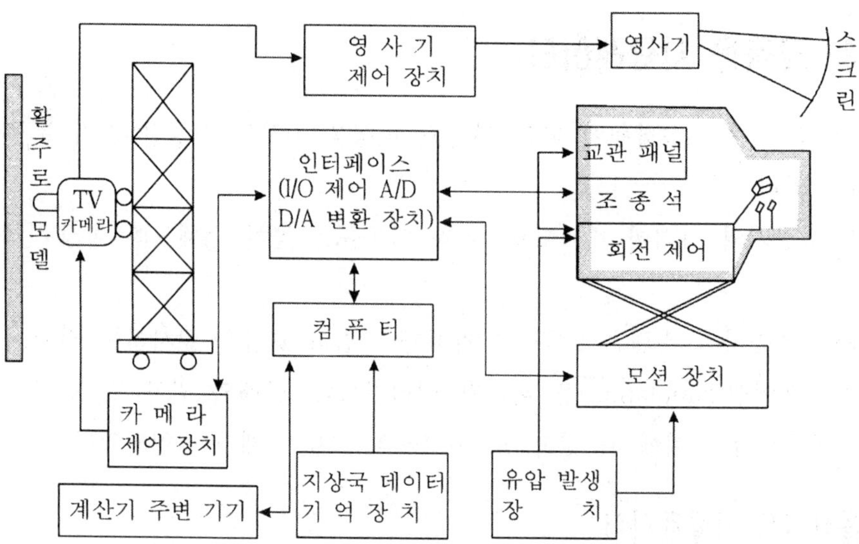

그림 3-26 비행 시뮬레이터의 구성도

3. 조종실 및 모형 개요

조종실은 기장석, 부기장석, 항공 기관사석 및 교관석 등으로 배치되나, 교관석을 제외한 모든 시설은 실제 항공기의 내부와 똑같은 구조이며, 계기판 그 밖에는 실제 항공기의 부품을 그대로 사용한다. 또, 완전히 밀폐된 공간으로 실제 비행기의 공기 여압 계통과 같은 공기 조화 설비를 가지고 있다.

실제 특성면에서 기체의 운동은 실제 비행기의 실측 자료와 같이 얻어지며, 양적으로 보나 감각적으로 보나 그 내용이 실제의 기능을 충분히 수행하고 있다.

한편, 비행 시뮬레이터는 항공 통신을 비롯한 각종 전자 항법 및 자립 항법장치 등의 실기 상황을 실현시키고 있다. 이상의 상태를 훈련 상황으로 고려하여 각종 이상 현상 및 고장 상황을 선택할 수 있으며, 비행장 및 무선 항법 시설의 선택, 위도, 경도의 선택 등도 가능하다.

비행 중량 및 중량 중심, 각 연료 탱크의 연료량의 조절도 되며, 비행 고도, 자세, 속도, 앙각, 횡각 등의 순간 상태에 고정시킬 수도 있다.

고장 발생장치는 교관이 각 시스템의 고장을 발생시켜서 이상 상태에 적응할 수 있는 훈련을 하기 위한 것이다.

고장의 종류로는 대형기에서는 보통 500~800가지 정도가 쓰인다.

4. 컴퓨터 및 인터페이스

과거에서 서보 계통을 구동시키는 아날로그 컴퓨터가 많이 사용되었으나, 최근에는 거의 디지털 컴퓨터를 사용하여 복잡한 수학적 모델의 처리가 가능하게 되었으며, 계산의 정밀도도 향상되었다.

현재 사용되고 있는 컴퓨터를 크게 나누면, 범용 컴퓨터를 그대로 사용하는 것, 시뮬레이터용으로 이론 계산, 계수 처리 등에 적용할 수 있도록 범용 컴퓨터를 일부 개조한 것, 미니 컴퓨터를 여러 대 사용한 것, 자기 기억장치를 사용하여 순차 실행 동작을 하도록 한 것 등 모두 시뮬레이터 전용으로 설계되어 있다. B-747이나 DC-10급의 대형기 시뮬레이터는 보통 50~60만 인스트럭션/초 이상의 연산 속도, 용량은 60~70K 워드가 요구된다.

인터페이스는 이들 입력 및 출력의 제어 및 AD, DA 변환 등을 하는 부분이다. 조종실 컴퓨터와 인터페이스의 관계를 그림 3-26에 나타내었다.

AD/DA 변환의 정도는 약 $\frac{1}{100}$이지만 AD/DA 변환부는 조종실의 일부로 센서가 함께 탑재되는 경우도 있다. 이 때에는 디지털 신호가 시분할 방식으로 컴퓨터로 보내지기 때문에 조종실과 컴퓨터간의 배선은 100선 정도로 가능하며, 그렇지 않은 경우에는 수천선의 배선이 필요하다.

주변 기기로는 자기 디스크, 프린터, 모니터 등이 있다.

5. 모션 시스템

조종사의 모션(motion)은 시각과 같이 판단 및 조작상 매우 중요한 정보의 하나이다.

조작은 육체적인 감각에 의해 거의 반사적으로 이루어지는 경우가 많으며, 특히 이・착륙의 경우에 있어서 중요한 의미를 가진다. 이것은 모션이 없는 시뮬레이터의 경우 판단 및 조작에 지연 시간이 크게 발생하는 것이 실험적으로 입증되어 모션의 유무가 안정상의 중요한 요소가 되었다.

현재 쓰이고 있는 모션 시스템은 자유도 3, 자유도 4 및 자유도 6의 것이 있고, 각각 다음의 움직임을 시뮬레이트 할 수 있다.

자유도 3 : 피치(세로 흔들림 : 키놀이), 롤(가로 흔들림 : 옆놀림), 힙(상하 방향)
자유도 4 : 피치, 롤, 힙, 스웨이(좌우 방향)
자유도 6 : 피치, 롤, 힙, 스웨이, 요(편향 흔들림), 서지(전후 방향 흔들림)

자유도 6의 모션은 항공기의 축 방향 및 이들 축 둘레의 움직임을 가할 수 있어 현재 가장 고도의 모션이며, 자유도 3 및 자유도 4의 모션도 DC-9, B-737 등의 중형기용 훈련장치에 널리 사용되고 있다. B-747, DC-10 등의 대형기용 훈련장치는 거의 자유도 6이 사용된다.

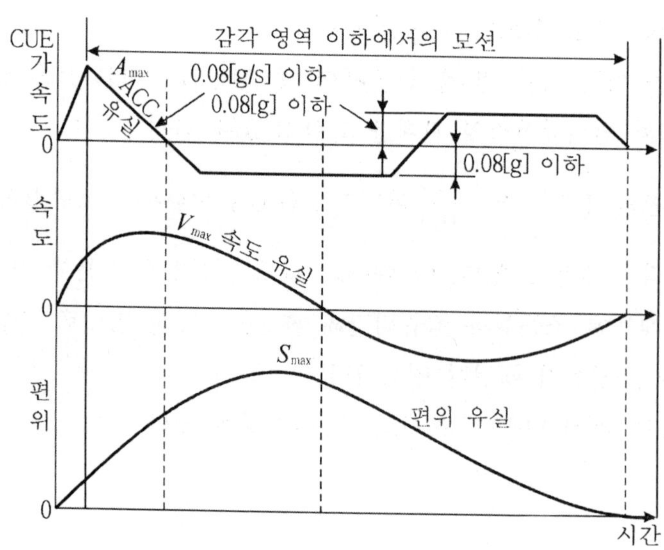

그림 3-27 청감 변화 곡선

이 모션의 원리는 그림 3-27과 같이 인간의 감각 영역을 잘 이용한 것에 지나지 않는다. 즉, 움직임에 대한 인간의 감각은 초기의 가속도에 대해서는 매우 민감하지만, 경미한 변화량에는 그리 민감하지 않다는 것이 알려져 있다. 시뮬레이터는 이것을 이용하여 제한된 공간 내에서 만족할 만한 조종 감각을 가하고 있다. 이 때, 키놀이는 항공기의 자세를 유지하지만, 다른 변위는 초기 가속도를 가한 후 천천히 중심 위치로 되돌리고 있다.

현재 자유도 6의 모션은 훈련에 있어 만족한 수준에 와 있다.

6. 실제 비행기의 데이터 및 프로그램

실제 비행기의 비행 특성, 엔진 특성, 그 밖의 자동 조종, 유압, 전기, 조종력 등의 실기 시스템의 자료는 실기 제작 회사로부터 시뮬레이터 제작 회사로 제공되는데, 이것에는 특성 방정식, 시험 비행 자료, 각 시스템의 계통도 기구도 등 많은 실기 자료들이 포함된다. 이들 자료를 기초로 하여 시뮬레이터 특성 방정식 및 수학적 모델이 작성되고, 이에 알맞은 프로그램이 작성된다.

시뮬레이터는 이 프로그램에 따라 실제 시간 연산을 하는 것이지만, 일반 항공기의 비행 특성이나 엔진 특성은 기체에 고유의 공기 역학 계수나 엔진 특성 곡선으로 표시되는 것이 보통이며, 시뮬레이터에서는 이들의 특성 곡선에 근사한 모양으로 기억장치에 기억시켜 둔다. 이 경우, 근사한 정도에 따라 시뮬레이션의 정도가 영향을 받는 것은 타당하지만, 허용 오차 및 컴퓨터의 용량 등에 의해 근사의 정도가 결정된다. 또, 계산된 계수로부터 논리식에 의해 항공기의 각 축 방향 및 축 주위의 가속도를 계산하고, 이것을 적분하여 속도, 자세 및 위치 등을 구한다.

항법 관계에 있어서는 지상국 또는 빔과 기체와의 상대 위치의 계산 신호 도달거리와 신호 대 잡음비, 지역과의 관련, 주파수 선택, 로직의 계산, 식별 부호 발생 등의 기능이 주가 된다.

시뮬레이터의 프로그램은 컨트롤 프로그램, 시뮬레이터 시스템 프로그램 및 운용, 진단 시험용 프로그램의 세 종류로 나눈다.

컨트롤 프로그램이란, 인터페이스에 의한 IN/OUT의 게이트 제어 및 실기 시스템의 각 특성, 기능 등에 따라 매초 몇 회 계산할 것인가를 지정하는 것 등의 프로그램을 말한다. 또, 시뮬레이터 시스템 프로그램이란 비행 방정식, 엔진 방정식,

그 밖의 각 실기 시스템의 로직 등을 계산하는 프로그램을 말한다. 그리고 운용, 진단 시험용 프로그램은 운용 및 정비 목적을 위하여 많은 운용, 진단 프로그램이나 프로그램 계수, 디버그, 댐프, 그 밖의 시험용 프로그램을 포함하고 있다.

7. 비행 시각 시스템

이 시스템은 항공기 조종실의 상황 시뮬레이션에 한정되는 비행시뮬레이터에 항공기의 움직임, 다시 말하면 활주로 등 비행기 밖의 광경을 시뮬레이터의 앞면과 옆면에 반영하여, 조종에서 가장 중요한 이·착륙 때의 활주로 및 지상 목표물 등의 상대적 위치와 방향 등의 관련성을 실제와 같이 파악할 수 있게 하기 위한 시스템이다.

현재 항공사에서 사용하고 있는 시각 시스템에는 필름 영사 방식, CCTC 방식 및 컴퓨터 작상 방식(computer generated image : CGI)의 세가지가 있다.

필름 영사 방식은 실제 비행기로 활주로 및 비행장 주변의 실제 광경을 70[mm] 정도의 컬러 필름으로 촬영, 수록하여 이것을 시뮬레이터 조종석 앞면의 스크린에 투사하는 것이다.

CCTV 방식은 활주로로부터 비행장 주변의 지형을 표시하는 3차원 모델상을, 시뮬레이터 컴퓨터의 경우에는 여기에 결합된 영상 전용 컴퓨터로 제어되는 텔레비전 카메라로 촬영하여, 그 비디오 신호를 시뮬레이터에 붙어 있는 영사기로 전면 화면에 투사하는 방식이다. 이 방식의 경우에는 카메라가 비행 경로, 비행 자세와 대응하여 움직이기 때문에 보이는 점, 시각의 변화를 추적하여 직접 화상 촬영이 가능하다.

컴퓨터 작상 방식은 최근 급속히 발달하고 있는 것으로, 위 두 경우와 전혀 다른 방식으로 범용 컴퓨터를 사용하여 화상을 얻는 방식이다.

현 단계에서는 야간 전용의 것이 대부분이다. 이것은 활주로 및 비행장 주변의 광원과의 상대 위치, 색깔, 밝기 등의 정보를 컴퓨터에 기억시켜 두고, 그 광원과 항공기의 상대 거리, 상대 위치, 때로는 시정에 따른 라이트 시뮬레이션(light simulation)을 스크린 또는 CRT에 나타내는 시스템이다.

이 장치는 전전후 착륙 훈련 등에 매우 유용하나, 앞면으로부터 지상이 접근해 오는 압박감, 활주로가 한정된 것과 같은 감각 등을 줄 수가 있어 조종사의 심리적 안정성을 훈련할 수 있다.

이상 대형 여객기용 시뮬레이터에 대해서 설명하였지만, 연료비, 훈련 공역의 제한 등의 사정으로 비행 훈련장치는 민간 수송기용, 전투기, 헬리콥터 등의 군용기용의 분야에 널리 쓰이고 있다.

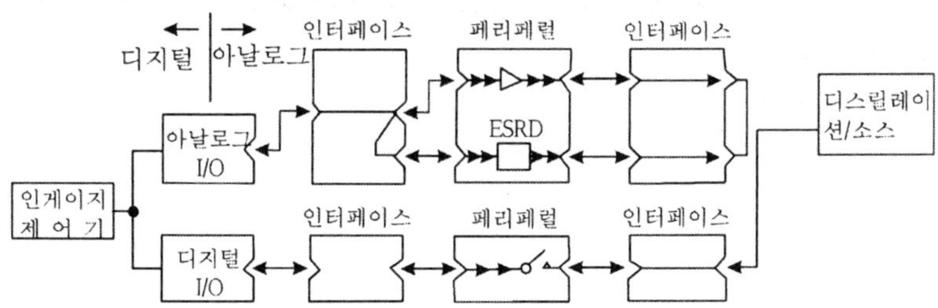

(a) 종래의 인터커넥션 어프로치

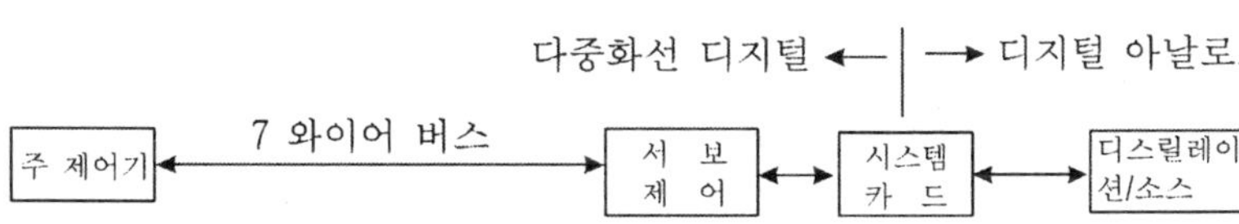

(b) 최신 기술에 의한 시뮬레이션 인터커넥션 어프로치

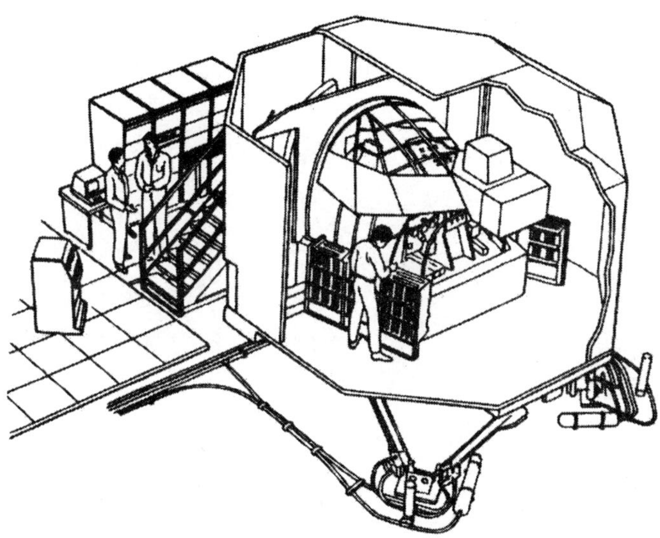

(c) AST의 구조도

그림 3-28 싱어(singer)사에서 개발한 AST(advanced simulation technology) 인터커넥션 어프로치와 종래의 인터커넥션 어프로치와의 비교 및 AST의 구조도

또, 이 분야의 기술 개발이 진전됨에 따라 그림 3-28과 같이 새로운 구조 형태를 가진 기술 도입에 의한 시뮬레이션 기술도 완성되고 있다.

한편, CGI 기술에 있어서도 지형 건조물을 뉴머릭 모델(neumeric model)형으로 영상 발생기의 기억장치에 축적시켜, 이것을 컴퓨터에서 작상하는 새로운 CGI 시스템이 운용되고 있다.

연습문제

1. 다음중 항공기 자동 조종의 기본적인 역할이 아닌 것은?

① 안정 ② 조작 ③ 조종 ④ 유도

2. 항공기의 자동 조종장치의 사용 목적이 아닌 것은?

① 비행중 난류를 받더라도 자동으로 안정 상태 유지

② 조종사의 업무 경감

③ 항공기의 안전성을 향상시키고 쾌적한 비행 목적

④ 비행 자료를 기록하여 차후 비행 조종 방법을 향상 시키는 목적

3. 자동 조종장치의 유도 기능에 들지 않는 것은?

① VOR에 의한 유도 ② ILS에 의한 유도

③ INS에 의한 유도 ④ ADF에 의한 유도

4. Flight Director의 역할이 아닌 것은?

① 지시 ② 모니터링 ③ 수동 조종 ④ 자동 조종

5. 자동 조종에 정보를 제공하지 않는 것은?

① VOR ② ADF ③ OMEGA ④ INS

6. 자동 조종 계통의 어떤 유닛(unit)이 조종면에 토크(torque)를 가하는가?

① 트랜스미터(transmitter) ② 컨트롤러(controller)

③ 디스크리미네이터(discriminator) ④ 서보유닛(servo unit)

7. 자동 조종장치의 조종 기능에 들지 않는 것은?

① 뱅크각 컨트롤 ② 상승/하강률 컨트롤

③ 기수 방위 컨트롤 ④ 고도 컨트롤

8. 요 댐퍼 시스템(yawing damper system)에 대한 설명 중 틀린 것은?

① 항공기 비행고도를 급속하게 낮추는 것이다.
② 각 가속도를 탐지하여 전기적인 신호로 바꾼다.
③ 방향타를 적절하게 제어하는 것이다.
④ 더치 롤(dutch roll)을 방지할 목적으로 이용된다.

9. 추력 제어장치의 설명중 틀린 것은?

① 기관의 압축비 한계치를 초과하지 않도록 제어한다.
② 지정된 속도를 유지하기 위하여 추력을 가감한다.
③ 자동 착륙장치와도 연결시켜 추력을 가감할 수 있다.
④ 비행중 나류를 받더라도 항공기를 안정하게 한다.

10. 후퇴각이 큰 기체가 돌풍을 만나서 빗놀이와 옆놀이가 합성되는 불안정한 운동을 무엇이라 하는가?

① TUCK UNDER ② DUTCH ROLL
③ PITCH UP ④ YAW DAMPER

11. 비행기의 dutch roll 현상을 억제하는 것은?

① 보조익 ② 승강타 ③ 방향타 ④ 수평 안정판

12. 자동 추력 제어장치의 입력 신호가 아닌 것은?

① 대기 속도 ② 대기 온도
③ 엔진 압축비 ④ 연료 소모량

13. Auto Throttle의 설명으로 틀린 것은?

① 자동 속도 조절기이다.
② 강하, 진입, 착륙시 사용한다.
③ 3파운드의 힘을 레버에 가하면 수동으로 돌아간다.
④ 공기 량으로 속도를 조절한다.

제4장 기록장치와 경고장치

4.1 기록장치

1. 비행 기록장치(FDR)

비행중 항공기의 각종 비행 자료를 기록하게 된 것은 항공기의 성능을 확인하기 위해 시작되었으나, 2차 대전 이후 항공 수송량의 증가와 더불어 항공기 사고의 사고 해독용으로 이용되기 시작하였다.

1958년, 최초로 미국에서 채택된 이래 각 국에서 독자적인 방법으로 연구되어 왔는데, 이것들은 사고 해독에 필요한 최소한의 자료를 기록, 보존하는 특수성으로부터 출발된다. 이 요건을 만족하기 위해 여러 가지 형식의 기록장치들이 만들어졌다. 초기에는, 일반적으로 알려져 있는 아날로그 방식으로 자료를 그래프 형태로 기록하는 FDR(flight data recorder)이었다. 그 후, 사고 조사의 경험이 축적되어 보다 많은 파라미터의 필요성을 인식하여, 파라미터 요건의 개정이 이루어지고, 기록 용량도 300시간에서 실제 사고 조사에 가장 필요성이 있는 25시간으로 바뀌어졌다.

종래의 아날로그식의 기록에서는 파라미터의 수와 정밀도에서 오차의 한계가 있어서, 파라미터의 수를 샘플링하여 디지털화시켜 기록하는 방법이 제안되었는데, 이 방식을 디지털 비행 자료 기록장치(DFDR : digital flight data recorder)라 부른다.

2. 디지털 비행 자료 기록장치(DFDR)

DFDR는 그림 4-1과 같이 파라미터 신호를 디지털화하는 FDAU(flight data acquisition unit, 비행 자료 수집기)로부터 디지털 자료를 받아 테이프에 기록한다. 법적으로는 '이륙을 위한 활주의 시작으로부터 착륙 활주가 끝날 때까지' 기록을 행하도록 되어 있으나, 실제에는 주기장을 떠나 다음 주기장에 도착할 때까지 동작된다.

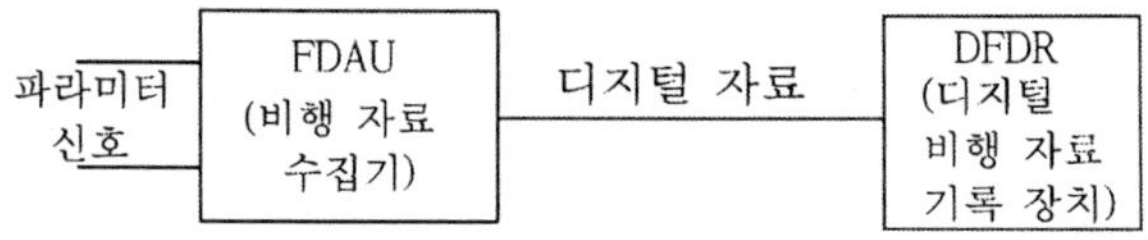

그림 4-1 DFDR 시스템 구성

FDAU는 각종 파라미터 신호를 샘플링하여 디지털화한 후, 이 자료를 순서대로 리코더에 보내는 기능을 가지는데, 1초에 64개의 타임 슬롯으로 나누어 리코더에 붙인다.

3. 비행 자료 집적 기록장치(AIDS)

AIDS(air integrated data system)는 항공기가 비행 중에 얻어진 자료를 항상 해독하여 항공기의 운항 상태를 수시로 개신하기 위한 종합 시스템이다.

비행 중의 자료를 기록하여 사용하는 점은 DFDR와 같으나, 그 자료를 적극적으로 이용하는 것이 크게 다른 점이다.

AIDS의 구성 요소는 다음과 같이 기상 시스템(acquisition system)과 지상 자료 해독 시스템(ground data processing system)으로 나누어진다.

① 기상 시스템은 해독에 필요한 자료를 비행 중에 필요한 시기를 판단하여 기록장치에 기록하거나, 즉시성이 요구될 때에는 어느 정도의 해독을 가하여 그 결과를 기상 프린터에 보내는 기능을 가진다.

② 지상 자료 해독 시스템은 기상 시스템에 기록된 자료들을 실용공학 단위로 자료로 변환하여, 자료 해독 프로그램에 의해 처리하여 출력함으로써 장기적으로 모니터링하면서 자료를 축적시킬 수 있다.

1) 기상 자료 해석 시스템

기상 시스템은 DFDR에서 설명한 FDAU, 기상 컴퓨터 DMU(data management unit), 기록장치 QAR(quick access recorder), 조종석에 있는 제어 패널 EDEP (flight data entry pannel) 및 기상 프린터로 구성된다. 또한, 최근에는 엔진 관계의 자료를 디지털화하기 위한 PMUX(propulsion multiplexer)가 포함된다.

파라미터의 종류는 자료 이용 목적에 따라 결정되나, 일반적으로 다음과 같은 종류가 있다.

① 비행 파라미터 : 기압 고도, 대기 속도, 기수 방향, 온도 등
② 조종 파라미터 : 조종간 위치, 조종익 위치, 플랩, 스포일러 등
③ 엔진 파라미터 : EPR, EGT(배기 가스 온도), 회전수, 연료량, 엔진 각부 압력, 온도 등
④ 항법 파라미터 : 현재의 위치, 풍향, 풍속, 편류각, 대지 속도, 전파 표지 정보

2) 지상 자료 해석 시스템

지상 자료 해석 시스템은 기록된 자료를 읽어 내는 부분과 읽어낸 자료를 정리하여 해독하는 부분으로 나누어진다. 자료 이용의 내용에 따라 시스템의 형태가 달라진다.

(가) 자료의 입력 및 출력

DFDR, AIDS 등에서 테이프에 기록된 자료는 바이패스 사인파이다. 이것을 증폭하여 리미트시키면 원래의 직사각형파가 얻어진다. 신호 전압의 변화로부터 “1”과 “0”으로 판정된 값을 1비트 시간의 $\frac{3}{4}$에 해당하는 좁은 게이트를 설치하여 통화된 신호를 범용 컴퓨터로 해석한다.

(나) 자료의 해독

자료의 해석은 범용 컴퓨터를 사용하여 각종 목적에 따라 준비된 프로그램에 의해 실행된다. 여기에는 다음의 두 단계가 있다.

① 자료를 읽어 공학 단위로 변환하여 파일에 일시 보관한다.
② 앞에서 변환된 파일의 자료를 해독 프로그램으로 처리하여 필요한 출력을 얻어낸다.

실제 운영되고 있는 AIDS의 해석 프로그램은 다음과 같다.

㉠ 엔진 모니터링

㉡ 오퍼레이션 모니터링

㉢ 순항 성능 모니터링

㉣ ILS 전파 특성 모니터링

㉤ 자동 착륙장치 특성 모니터

이 밖에도 항공기의 운항, 정비 등 각 분야에서 자료 이용이 확대되고 있다.

4. 조종실 음성 기록장치(CVR)

음성 기록장치(CVR : cockpit voice recorder)는 비행 기록장치와 더불어, 사고 발생 때 생생한 음성의 해독이 사고의 원인 규명에 크게 기여할 것으로 판단되어 설치하게 되었으며, 1966년 미국에서 최초로 이 장비의 장착을 의무화하였고, 그 후 모든 항공기에 탑재하게 되었다.

기록되는 음성은 다음 사항에 규정되어 있다.

① 비행기 내에서 무선에 의해 송 · 수신되는 음성 통신

② 조종실 내의 비행 승무원 간의 음성

③ 기내 인터폰 계통을 사용하는 조종실 내의 비행 승무원 간

④ 승객 확성기 계통을 이용한 비행 승무원의 음성 통신

녹음기는 기본적으로 4채널 무종단 리코더이며, 이것은 방호 용기에 수용되어진다. 녹음 시간은 30분이며, 30분 전의 음성을 소거하면서 녹음된다. 장치가 정지된 때에는 항상 최후 30분 동안의 녹음 내용이 남아 있도록 되어 있다.

CVR 방호 요건을 1100[°C]에서 30분 동안 유지되며, 충격 1000[G]에서 11[ms]까지 견지며, 해수, 항공 연료, 작동유 중에서 48시간 침전되어도 이상이 없어야 되므로, 열이나 충격에서 보호되도록 캡슐에 수용되고 있다.

기록된 음성은 사고 조사를 위하여 사용되는 것이므로, 정상 비행에서는 그 비행이 종료되었을 때 승무원이 녹음을 소거할 수 있는 기능이 되어 있다.

또, 잘못된 동작으로 인해 녹음이 소거되는 것을 방지하기 위하여 비행 중에서 소거 기능이 동작되지 않도록 되어 있다.

비행 기록장치, 음성 기록장치 등은 사고 발생 때 충격으로 인한 파괴나 화재에 의한 손상을 최소화하기 위하여 가능한 한 비행기 후방에 설치하도록 규정되어 있다. 또, 이 설치 부분은 발견되기 쉽도록 밝은 등색이나 황색으로 도장하도록 정해져 있다.

4.2 경고장치

항공기에 FMS(flight management system) 기능 중 중요한 것으로 경고 표시가 있다. 보잉의 V-757, 767, 777 등의 최신 전자식 항공기에서의 메시지는 조종사의 전방 엔진 계기 패널에 위치하며, 색깔로 칼라 표시가 CRT 상에 나타난다. 경고(warning)는 적색 문자 및 숫자 표시, 주의(caution)와 충고(advisory)는 호박색 알파뉴메릭 표시로 나타난다.

조언과 경고의 표시는 구분되고, 가장 새로운 메시지는 항상 카테고리(category)의 상부에 나타내고 있다. 이들의 경고 메시지 발생의 유형은 다음과 같다.

① 경고[긴급 사태(emergency) 발생]: 운항 상태 또는 항공기 시스템에 대하여 조종사가 즉각 조치하지 않으면 안되는 긴급 사태 발생

② 주의[이상 사태(abnormal) 발생]: 운항 상태 또는 항공기 시스템에서 조종사가 즉각 그 사태 발생을 인식하지 않으면 안되는 이상이 발생되었을 때, 교정이나 보정 조작을 하는데 시간적인 여유가 있는 경우

③ 충고: 운항 상태 또는 항공기 시스템 상태가 정상을 벗어나려고 할 때, 조종사가 이것을 인식 또는 보정할 필요가 있을 때, 사태를 개선하기 위하여 보정 조작을 필요로 하거나 그렇게 하지 않아도 무방한 상태

1. 조종실에서의 시각·청각 경고장치

비행 안정을 위해 항공기의 시스템 또는 부품의 상황, 조종사의 조작 실수를 조기 인식하기 위한 경고 시스템이 설계되어 있다.

경고 시스템은 항공기의 기능과 비행의 각 단계에서 매우 밀접한 관계가 있다. 이 목적을 달성하기 위하여 조종실 내의 경고 시스템은 승무원의 주의를 환기시키고, 문제의 성질 및 위치를 확인, 표시하며, 신뢰성 높은 운항 요건과 환경에 대

응해야 한다.

경고 시스템은 정상 운항 상태에서는 동작되지 않으며, 필요할 때에 동작되도록 주의 깊게 설계되지 않으면 안된다. 경고 우선 순위를 보면 다음과 같다.

① 엔진 화재 경고 : 벨소리
② 속도 초과 경고 : 크랙커 음
③ 착륙장치 경고 : 경적음
④ 이륙 경고 : 단속 경적음
⑤ 객실 여압 경고 : 단속적 경적음
⑥ 자동 조정장치 해제 경고 : 부저음
⑦ 수평 안정판 작동 경고 : C 코드음
⑧ 결심 고도 경고 : C 코드음

2. 고도 경고장치

항공 교통 관제로부터 지정된 고도를 유지하고 있다가 고도 변경이 필요할 때에는 지정 고도에 정확히 상승 또는 하강하는 것이 필요하다. 이것은 적정한 관제 간격을 유지하여 안정성을 확보하는 것이 중요하기 때문이다.

비행중의 항공기의 고도를 지상에서 모니터하기 위해서 ATC(air traffic control, 항공 교통 관제) 트랜스폰더의 MODE-C에 의해 고도 정보를 제공한다.

항공 교통량의 증가와 공항 주변의 관제의 복잡화에 따라, 보다 직접적으로 조종사에 의해 지정 고도를 확인하고, 고도 오인을 방지하기 위한 필요성이 인식되어 미연방 항공국(FAA)에서 공중 충돌 방지를 위한 고도 경고장치(altitude alert system)가 1972년부터 의무화되었다.

대기 자료 컴퓨터로부터 고도와 수동 세트된 지정 고도의 차이 신호가 고도정보 계산기에 입력된다. 또, 고도계의 기압 보정값이 입력되면, 이 두 신호의 차와 각 조종석 계기판의 경고등 또는 경고음을 2초 간격의 C코드 발진기가 동작된다.

지정 고도의 수동 세트는 자동 조종장치 및 비행 지시기와 공용으로 연결 가능하여 자동 조작이 가능해진다.

그림 4-2는 B-747기의 고도 경고 시스템의 계통도이다.

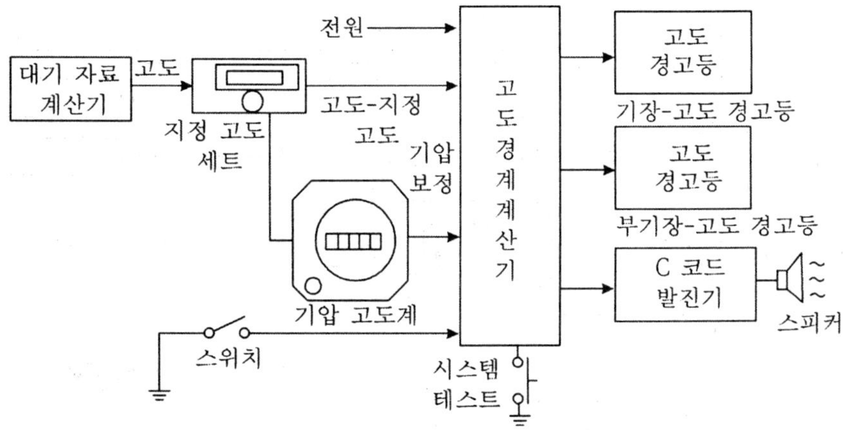

그림 4-2 B-747 고도 경고 시스템 구성

3. 대지 접근 경고장치(GPWS)

GPWS(ground proximity warning system)는 과거의 항공기 사고로부터의 경험을 통해 필요성이 인식되어 개발된 장치이다. 1975년 이후 FAA는 GPWS를 의무 장착하도록 하였고, 그 후 전세계적으로 보급되었다.

1) 시스템의 구성 및 개요

그림 4-3과 같이 대지 접근 경고 컴퓨터를 중심으로, 여기에 대지 이상 접근을 감시하는 중요한 파라미터를 공급하는 전파 고도계, 대기 자료 컴퓨터, 글라이드 슬로프 수신기, 앙각 위치 및 플랩 위치 등으로 관련 시스템을 구성한다.

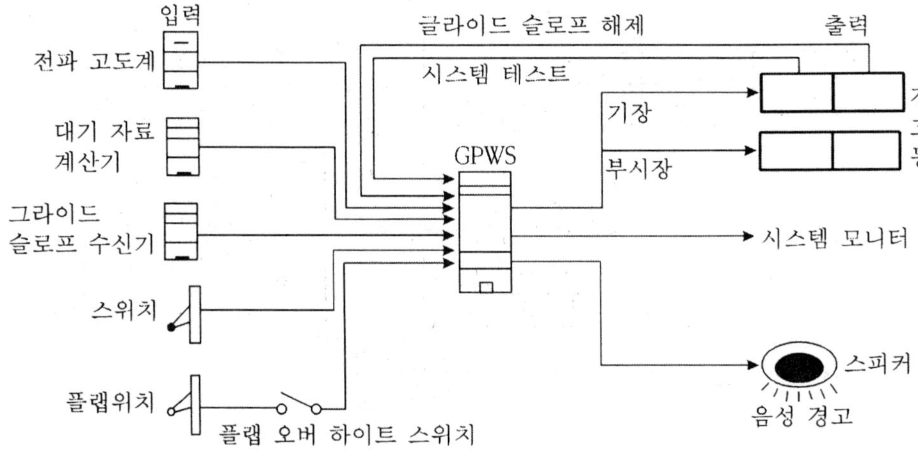

그림 4-3 GPWS 시스템 구성

경고 출력으로는 경고등과 경고음 등이 있다.

GPWS용 경고 컴퓨터는 항공기의 대지 이상 접근을 그 원인별로 일곱가지의 감시 형태(모드)로 나누어 각각의 모드에 대해서 영역을 설정한다.

2) 모드에 대한 영역

- 모드 Ⅰ : 강하율이 크다.
- 모드 Ⅱ : 지표 접근율이 크다.
- 모드 Ⅲ : 이륙 후의 고도 감소가 크다.
- 모드 Ⅳ : 착륙은 하지 않았으나 고도가 부족하다.
- 모드 Ⅴ : 글라이드 슬로프의 밑에 편이가 지나치다.
- 모드 Ⅵ : 전파 고도의 음성(call out) 기능
- 모드 Ⅶ : 전단풍(windshear)

이 중에서 모드 Ⅵ, Ⅶ은 지금까지 MARKER Ⅱ라 불리우는 GPWS에는 없는 새로운 기능이다.

(가) 전파 고도의 음성 기능(모드 Ⅳ)

전파 고도 300[m] 이하에서 착륙장치를 내렸을 때, 30[m], 15[m], 9[m]의 각 고도에서 합성음으로 전파 고도를 알아내는 기능이다. 어느 것도 다른 경고보다 낮은 음량으로 설정되어 있으며, 음성만으로 조종실 내에 표시하는 것은 없다.

(나) 전단풍의 검출 기능

전단풍 검출 기능은 다음 경고장치에서 설명하기로 한다.

(다) 엔벨로프 모듈 기능

엔벨로프 모듈 기능(envelope module)은 항공기가 정상적으로 비행하고 있는 경우에는 공항 부근의 지형 기복이나 장애물에 의한 잘못된 경우가 발생되거나, 반대로 지형에 따라 보다 빨리 정보를 제공하는 것이 좋을 경우가 있다.

이 때문에 GPWS의 기억장치에 미리 특정 공항에 대한 정보를 기억시켜 경고를 내는 로직(logic)이 변하도록 하는 기능이다. 이 기능에는 특정 지역의 위도, 경도, 변화시켜야 할 모드, 로직의 종류, 이 밖에 기업 보정 고도, 활주로 고도, 로컬라이저 편이, 자기 방위 등의 정보도 사용되고 있다. 현재 세계의 약 40개소의 공항의 정보가 기억되고 있어, 지금까지의 GPWS보다 신뢰성이 높은 경고가 가능하게 되었다.

4. 전단풍 탐지 경고

전단풍 탐지 시스템은 이 · 착륙 때의 전단풍에 의한 사고를 방지하기 위하여 전단풍을 만난 경우 조종사에게 회피 지시를 하는 항공기 탑재 시스템이다.

항공기의 종류에 따라 약간의 차이가 있으나, GPWS가 저난풍을 검출한 신호를 출력한다. 또한, 비행 제어 컴퓨터가 회피 지시를 출력하고, 실속 경고 컴퓨터가 키놀이 제한 표시기 신호를 출력한다.

전단풍 탐지 시스템의 기능은 다음 세가지의 기능을 가진다.

1) 경고 기능

그림 4-4와 같이 항공기의 성능에 큰 영향을 끼치는 전단풍을 검출하고 경고를 낸다. 경고는 다음과 같다.

① 주경고등
② 전단풍 표시등
③ 음성 합성음 “windshear, windshear, windshear”
④ 1차 비행 패널상 문자 표시(WINDSHEAR)

전파 고도 450[m] 이하에서 작동하며, 이륙할 때에는 당기(pullup) 자세에서 전파 고도 450[m]까지, 착륙할 때에는 전파 고도 450[m]에서 착륙할 때까지 작동한다.

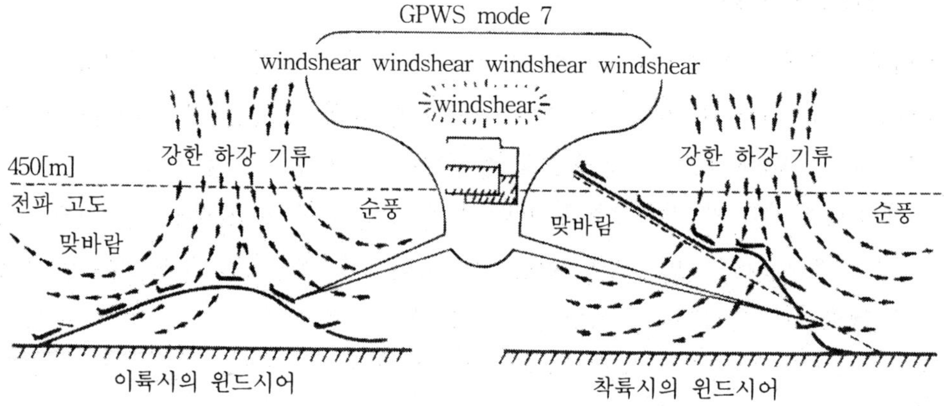

그림 4-4 이 · 착륙시 항공기에 작용하는 전단풍과 검출 기능

2) 회피 지시 기능

착륙 복행(go-around)을 무릅쓰고 전단풍의 유무에 관계없이 작동하며, 자동 조종의 키놀이 제어는 보통의 속도 제어로부터 키놀이 제어가 되어 최대의 상승 성능을 얻는 키놀이 자세를 맞도록 지시한다.

3) 키놀이 제한 표시 기능

이 기능은 플랩이 내려져 있을 때 전단풍의 유무에 관계없이 1차 비행 패널에서 나타내는 지시이며, 스틱 셰이커(stick shaker)가 작동하는 키놀이 각을 의미한다. 이 표시에 의해 실속까지의 여유를 알 수 있기 때문에 전단풍을 만날 때 유효하다.

전단풍 탐지 시스템에 의해서 안정성의 향상이 예상되어야만 시스템은 전단풍을 만날 때 탐지할 수 있는 것이며, 전단풍을 예측하는 것은 아니다.

5. 항공기 충돌 방지 시스템

항공기 충돌 방지 시스템(ACAS : airborne collision avoidance system)은 항공기의 접근을 탐지하고, 조종사에게 그 항공기의 위치 정보나 충돌을 피하기 위한 회피 정보를 제공하여 항공 보안 업무를 지원하는 것이다.

ACAS는 국제적인 명칭이며, 미국에서는 TCAS(traffic alert and collision avoidance system)라고 부르며, 점차 미국 명칭으로 사용하는 추세이다.

1) 종 류

항공기 충동 방지 시스템은 다음과 같이 세가지로 분류된다.

① ACAS Ⅰ: 위치 정보만을 제공한다.

② ACAS Ⅱ: 위치 정보와 수직면 내의 회피 정보를 제공한다.

③ ACAS Ⅲ: 위치 정보와 수직면, 수직면의 회피 정보를 제공한다.

2) ACAS Ⅱ의 시스템 성능

① 감시 거리: 14[nm] 이상

② 감시 항공기 수: 30대 이상

③ 최대 접근 속도: 1200[knot]

④ 최대 상태 고도 변화율: 10,000[ft/m]

⑤ 방위 정밀도: 9[rms] 이하

3) ACAS Ⅱ의 시스템 구성

① 톱 안테나(top antenna): 지향성 안테나

② 보텀 안테나(botton antenna): 지향성 안테나 또는 무지향성 안테나

③ R/T 유닛: 본체

④ 위치 정보(TA) 표시기

⑤ 회피 정보(RA) 표시기

4) ACAS의 동작 원리

ACAS Ⅱ는 그림 4-5와 같이 감시, 위치 정보, 판정, 회피 정보를 발생하여 회피 방향을 조정한다.

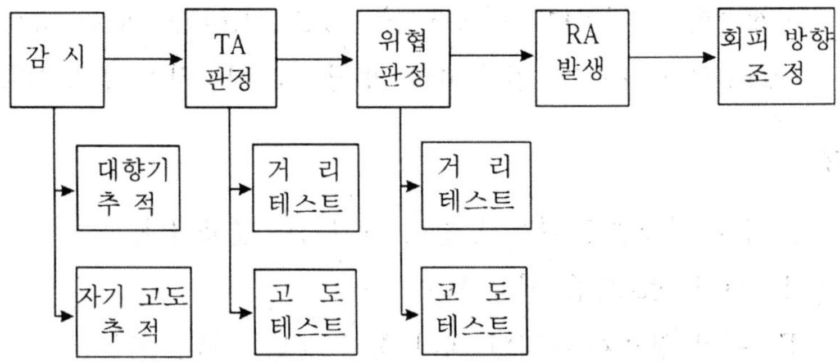

그림 4-5 TCAS II의 동작 계통도

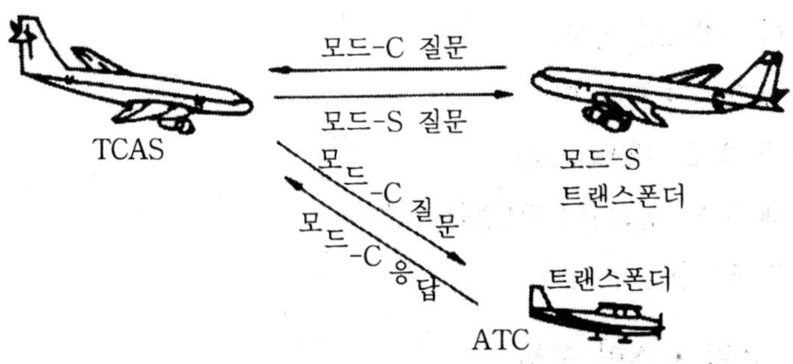

그림 4-6 ACAS에 의한 질문과 응답 신호 수단

(가) 감 시

감시 기능은 상대방 항공기를 추적하고, 자기 고도를 추적하는 기능이 있다.

ACAS Ⅱ의 상대방 항공기 추적에 대하여 알아보면, 모드-S 트랜스폰더 항공기에 대해서는 모드-S로 질문을 하며, 각각의 응답 신호를 수신한다.

응답 신호에는 항공기의 기압 고도 정보가 들어있으며, 질문과 응답의 시간파에 의하여 상대 거리를 구한다. 또한, 응답 신호의 도달 범위를 지향성 안테나에서 검출한다. 매초마다 질문에 대한 응답 신호를 검출하여 항공기의 존재를 확인하여 추적한다. 추적에서는 상대방 항공기와의 주기적 시간적인 질문에 의해서 상대 속도와 고도 변화를 구한다.

ACAS Ⅱ의 자기 고도 추적에서는 외부의 기압 고도계에서 입력되는 고도를 해독하며, 또한 고도의 시간적인 변화에 의해 자기의 고도 변화율을 얻는다.

(나) 위치 정보 판정

추적하고 있는 상대방 항공기가 자기에 접근하고 있거나, 또는 근접의 가능성이 있는지를 판정한다.

거리 테스트는 상대방 항공기가 자기로부터 어떤 가까운 거리(예 : 0.4[nm])에 있는지 또는 이 거리 내로 들어오기까지의 예측 시간이 어떤 값(예 : 40초) 이하인지를 판단한다. 2개의 테스트에 동시에 합격하면 이 상대방 항공기는 위치 정보 대상기로 판정된다.

위치 정보 대상기에 대하여 ACAS Ⅱ는 상대 거리, 고도차, 수직면 운동 방향 및 방위를 위치 정보로써 조종사에게 표시한다. 위치 정보 표시기로써는 기상 레이더 표시기를 보통 사용하며, 그림 4-7에 위치 정보 표시의 예를 나타내었다.

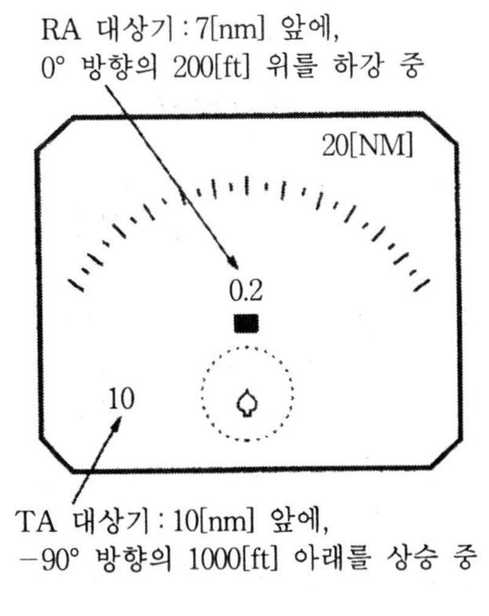

[주] 1) 상승과 하강은 심벌의 왼쪽에 화살표로 표시한다.
2) 고도차는 숫자로 표시한다.

그림 4-7 위치 정보 표시기에의 표시 예

(다) 위협 판정

추적하고 있는 상대방 항공기가 자기에 대하여 충돌할 위협이 있는지를 판정하며, 위협 판정은 2개의 테스트에 의존한다.

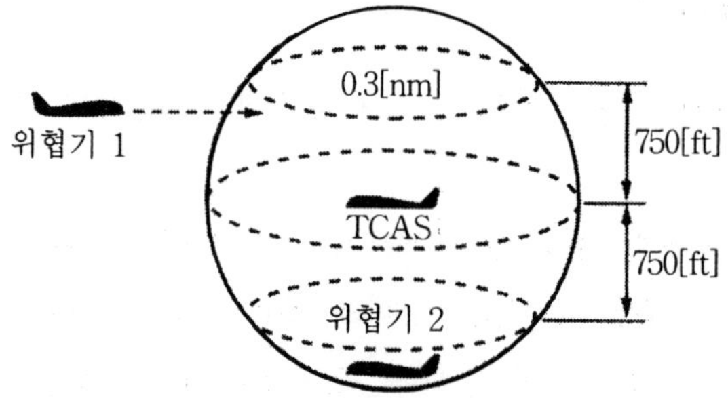

1) 위협기 1은 시간 내에 0.3[nm] 내로 진입한다.
2) 위협기 2는 이미 0.3[nm] 내에 있다.

(a) 거리 테스트

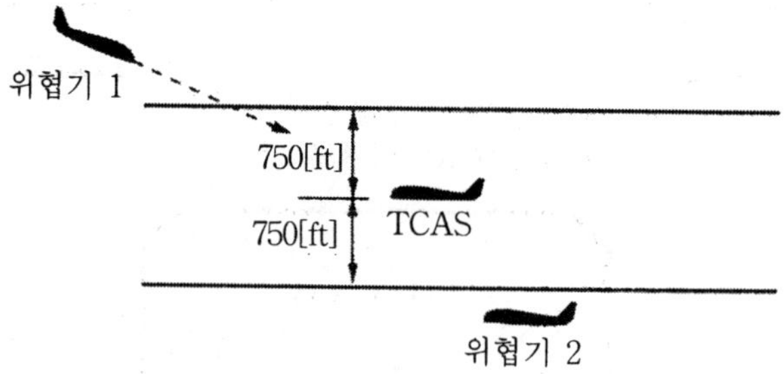

1) 위협기 1은 시간 내에 750[ft] 내에 진입한다.
2) 위협기 2는 시간 내에 750[ft] 내에 진입하지 못한다.

(b) 고도 테스트

[주] 위협기 1은 두가지 테스트에 합격
위협기 2는 거리 테스트에만 합격

그림 4-8 거리 테스트, 고도 테스트의 개념도

① 거리 테스트 : 대상 항공기가 자기에서 어떤 작은 거리(예 : 0.3[nm]) 내에 있는가 또는 이 항공기가 거리 내에 들어오기까지의 예정 시간이 어떤 값(예 : 25초) 이하에 있는지를 판정한다.

② 고도 테스트 : 대상 항공기가 자기에서 어떤 작은 고도차(예 : 25초) 이하에 있는지를 판정한다.

2개의 테스트에 동시에 합격하면 이 대상 항공기는 위협기라고 판정한다. 그림 4-8에 거리 테스트와 고도 테스트의 개념도를 내었으며, 위치 정보 판정에서의 거리 테스트와 고도 테스트의 원리는 위협 판정시의 경우와 같다.

(라) 회피 정보 발생

대상 항공기가 위협기라고 판정되면 ACAS II는 위협기와의 최접근점에서 고도 관계를 계산 예측하여, 이 고도차가 안전 간격(예 : 400[ft]) 이상으로, 동시에 ACAS기의 현재의 수직면의 운동에 미치는 영향이 가장 적은 수직면의 회피 정보를 표 4-1 중에서 선택한다.

표 4-1 회피 정보(RA)의 종류

윗 방향의 RA	아랫 방향의 RA
CLIMB	DESCEND
DON'T DESCEND	DON'T CLIMB
DON'T DESCEND>500[ft/m]	DON'T CLIMB>500[ft/m]
DON'T DESCEND>1,000[ft/m]	DON'T CLIMB>1,000[ft/m]
DON'T DESCEND>2,000[ft/m]	DON'T CLIMB<2,000[ft/m]

(마) 회피 방향의 조정

위협기가 ACAS II를 탑재하고 있지 않으면 그대로 이 회피 정보는 조종사에게 표시된다. 그러나 위협기가 ACAS II를 탑재하고 있으면 자기와 위협기는 모드-S의 질문・응답에 의하여 데이터 링크를 사용하여 회전 방향 정보를 교환하며, 상호간의 회전 방향이 같지 않도록 조정하고, 회피 정보를 조종사에게 표시한다. 회피 정보는 승강계(IVSI : instantaneous vertical speed indicator)에 표시된다. 그림 4-9는 CLIMB 회피 정보의 예이다.

그림 4-9 CLIMB의 회피 정보 표시의 예

조종사는 승강계의 바늘이 적색으로 표시되는 부분부터 나오도록 조종해야 한다.

위치 정보의 판정 기준은 회피 정보의 판정 기준보다도 완화되어 있기 때문에 접근하는 항공기는 먼저 위치 정보 표시기에 표시된다. 이 위치 정보에 의해 조종사는 이 항공기를 인식하는 것이 용이하게 되었으며, 계속해서 표시되는 회피 정보에 대하여 준비를 할 수 있다. 회피 정보의 상대방 항공기는 동시에 위치 정보의 상대방 항공기이다.

위치 정보 표시기에는 위치 정보 상대방 항공기가, 회피 정보 상대방 항공기에서는 심벌의 모양과 색깔로 구별된다.

연습문제

1. 비행중인 항공기의 각종 자료를 수집, 기록하여 차후 항공기의 효율적인 운용을 하는 종합 장치는?

   ① AIDS ② FDR ③ CVR ④ FMS

2. 흔히 블랙 box라 불리우며 비행고도, 방위, 가속도 등 비행상태를 마그네틱 tape에 기록하는 장치는?

   ① FDR ② DFDR ③ CVR ④ FDAU

3. 비행 자료 기록장치(FDR)에 기록되는 데이터가 아닌 것은?

   ① 고도 ② 대기속도
   ③ 기수방위 ④ 비행예정(schedule)

4. Cockpit Voice Recorder에 대한 설명으로 옳은 것은?

   ① 지상에서 항공기를 호출하기 위한 장치이다.
   ② 항공기 사고원인규명을 위해 사용되는 녹음장치이다.
   ③ HF 또는 VHF를 이용하여 통화를 하는 장치이다.
   ④ 지상에 있는 정비사에게 alerting하기 위한 장치이다.

5. DFDR의 설명중 틀린 것은?

   ① 테이프는 일반적으로 25시간 분의 자료를 기록할 수 있다.
   ② 사고시에 테이프가 파손되지 않게 캡슐에 들어 있다.
   ③ 두꺼운 스텐레스 테이프 뒤에 다이아몬드 침으로 기록한다.
   ④ 동체 끝 부분에 설치되어 있다.

6. CVR에 기록된 data의 분량은?

   ① 15분 ② 20분 ③ 30분 ④ 60분

7. CVR에는 몇 가지 입력 통신에 녹음되는가?

① 1개 ② 2개 ③ 3개 ④ 4개

8. 비행 기록 집적장치(AIDS)에 기록되는 내용이 아닌 것은?

① 기내 방송 내용 및 사용 횟수
② 비행중인 항공기의 조종익의 움직임
③ 비행중인 항공기의 기관 운전 상태
④ 각종 계기류의 상태 자료

9. FDR이란?

① 운항 승무원의 통화 내용을 기록하는 장치
② 사고시 비행상태를 규명하는데 필요한 data를 기록하는 장치
③ 이 장치에 기록된 data에 따라 자동 비행되는 장치
④ 운항에 필요한 data를 미리 기록해 두는 장치

10. FDR에서 tape magazine의 내력은?

① 100[°C]에서 20분간 ② 100[°C]에서 무제한
③ 600[°C]에서 30분간 ④ 1100[°C]에서 30분간

11. 다음 중 항공기가 실속 속도에 접근할 때 조종사에게 조종간을 진동시켜 알려주는 경보장치는?

① stall warning system ② flight management system
③ altitude alert system ④ flight director

12. 지정된 비행 고도를 충실히 유지하기 위해 그 고도에 접근했을 때 또는 그 고도에서 이탈했을 때 경고등과 경고음을 작동시키는 장치는?

① stall warning system ② flight management system
③ altitude alert system ④ auto land system

제5장 착륙 유도장치 및 관제장치

5.1 항공 관제

1. 항공 관제의 개요

초기의 항공 관제는 수기 또는 불꽃에 의한 방법으로 시작하여 오늘날에는 무선 통신 수단에 의존하게 되었다.

1단계의 발전 과정은 제2차 세계 대전 이후 VHF의 등장에 의해 조종사와 관제사 사이에서 무선 전화를 이용하게 되었는데, 이 시대의 관제를 매뉴얼 관제라고 한다.

항공 교통 관제에는 기본 데이터로 비행 계획 정보와 항공기의 위치 정보가 필요하다. 비행 계획이 통신망을 통해 수신되면 관제 기관은 비행 계획의 내용으로부터 관제상 필요한 내용을 석출하여 운항표를 작성하고, 이것을 비행 계획 데이터 겸 관제 기록 메모로 사용한다. 항공기의 위치 정보는 조종사로부터 위치 정보에 의존한다. 관제사는 알아들은 위치 정보를 운항표에 기록한다.

2단계의 발전 과정은 레이더의 도입으로부터 시작된다. 제2차 세계 대전 이후에 레이더가 민간용으로 이용되면서부터 항공기의 위치 관계를 평면적이긴 하지만 항적을 일목요연하게 나타내는 레이더 관제가 가능하게 되었다.

3단계의 발전 과정은 항공 관제에 컴퓨터를 도입하면서부터 컴퓨터에 의한 ATC 시대가 열렸다. 국제 민간 항공 기구(ICAO)에서는 'ICAO 국제 표준 권고 방식 제 11 부속서'에서 항공 교통 업무를 그 내용으로 한 세가지 업무로 분류하였는데 이것은 항공 교통 관제 업무, 비행 정보 업무, 긴급 업무이다. 비행 정보

구역(FIR)은 각국의 영공 및 공해의 상공을 포함한 항공 이용 공역을 말하며, 이것은 각 가맹국이 분담하여 항공 교통 업무를 수행하고 있다.

2. 항공 관제 시스템

항공 관제는 비행 정보 구역 내의 항로상에서 비행하는 항공기에 대해서 비행의 안전을 위하여 관제하는 항공로 관제와 공항에서 이륙 또는 착륙하는 항공기의 안전 비행을 위한 터미널 관제로 구분되며, 여기서 사용되는 시스템은 항로 관제 시스템과 터미널 관제 시스템으로 나누어진다.

항로 관제는 레이더 시스템(ARSR)과 레이더 신호 분석 컴퓨터 시스템이 주가 되며, ARSR는 FIR 내에서 비행하는 항공기의 항적을 나타내므로 장거리 탐색 기능이 요구된다. 레이더 스코프에는 ARSR로부터 탐색된 항공기의 포적과 ATC 트랜스폰더로부터 얻어진 항공기의 식별 코드와 고도 정보가 얻어진다.

공항에는 터미널 관제에 필요한 관제탑과 정밀 진입 레이더(PAR)로 진입하는 항공기의 관제에 필요한 정보를 얻고 있고, 이것은 지상 컴퓨터 시스템에 의해 처리되어 터미널 관제에 필요한 정보를 관제사에게 제공한다. 터미널 관제에 있어서도 2차 감시 레이더(SSR) 시스템이 사용된다. SSR는 초기에는 아군과 적군의 식별용으로 전술용 항공기에서 사용되었으나, 지금은 모든 항공기에 장착하도록 의무화되어 있다.

3. 항공로 관제

항공로 관제는 주로 항로 및 제트 루트를 계기 비행(IFR)하는 항공기를 관제하는 일을 맡고 있다. 항공로 관제의 대부분은 여러 대의 항공기가 규정 거리(고도차, 시간차, 거리 등) 이내로 접근하는 것을 방지하는 것이다. 이것은 복잡하게 교차하는 비행 경로와 항공기 성능의 다양성 등을 충분히 고려하고 항공 교통 체증을 최소화하여 항공기의 이동을 안전하게 유지시키는 일이다.

계기 비행 상태에서 비행하는 항공기는 관제사의 지시에 의해 고도 및 경로를 유지하여야 한다. 항로 관제사는 레이더를 이용하여 항공기를 유도하고 안전 거리를 확인해 가면서 교통 정보로써 조종사에게 주의를 주고, 다른 항공기의 위치, 고도, 기종 등의 정보를 제공한다.

항공로 관제를 받고 있는 항공기로부터 위치 통보가 예정 시간이 지나도록 들어오지 않을 때에는 관제 기관은 통신망을 이용하여 통신 수색을 하며, 시간 경과에 따라 수색 범위를 확대하는 한편, 수색 구조 본부에 통보한다. 항공기의 긴급 사태의 경우에는 공중 납치와 같은 항공기의 기능상 장애와는 다른 경우도 있으므로 관제 기관은 각종 사태에 대비하여 즉시 대응할 수 있는 체제를 갖추고 있어야 한다.

항공로 관제의 범위는 자기 나라의 비행 정보 구역(FIR) 내에 국한된다. 인접국에서 자기 나라의 FIR에 진입하는 항공기는 상대국 항공로 관제소로부터 사전 통고 되어야 한다.

4. 터미널 관제

공항에서 항공기의 이·착륙이 안전하고 질서있게 수행되도록 하기 위해 터미널 관제가 필요하다.

터미널 관제에는 다음과 같은 네 가지 형태가 있다.

① 비행장 관제
② 진입 관제
③ 터미널 레이더 관제
④ 착륙 유도 관제

1) 비행장 관제

비행장 관제는 비행장과 그 주변을 비행하는 항공기에 대해서 관제하며, 조종사와 직접 무선전화를 통해 이륙 및 착륙의 허가 등 활주로를 효율적으로 운영하는 역할을 한다.

관제탑의 관제사와 조종사 간에는 VHF 주파수를 이용한 무선 전화가 사용된다.

이 때, 다른 항공기는 그 교신 내용을 청취한다. 항공기와의 교신은 항상 이루어지는 것이 아니고, 관제사가 조종사에게 비행 정보를 전달하고자 할 때와 조종사가 관제사의 비행 정보를 얻어야 되는 경우에 교신이 이루어진다.

터미널 관제의 범위는 공항을 중심으로 반지름 9[km], 고도 900~1850[m](공항의 성격에 따라 다르다.) 이하의 공역에서 이루어진다.

2) 진입 관제

진입 관제는 비행장 관제보다 넓은 범위의 관제로서 공항에 따라서 그 범위가 다른데, 이 경우는 계기 비행 상태에서 이루어진다.

일반적으로 도착 항공기는 공항으로부터 100[km] 부근의 상공으로부터 지상의 항공 무선 표지 신호를 따라 진입한다. 공항으로부터 10~20[km] 지점에 설정되어 있는 진입 픽스(FIX) 지점의 정해진 고도로부터 활주로를 향해 최종 진입 코스를 따라 계기 진입 하강한다.

3) 터미널 레이더 관제

터미널 레이더 관제는 레이더를 사용하여 진입 관제를 행하는 업무이다.

터미널 레이더 관제는 진입 관제에 비해 매우 유효하게 공역을 이용할 수 있는 특징이 있다. 따라서, 많은 교통량을 처리하는데 매우 유리하다. 터미널 레이더 관제는 계기 비행에 의한 출발 항공기도 취급한다.

이륙 허가를 받은 출발 항공기는 지정된 트랜스폰더 코드를 발신하여 레이더 관제사와 교신을 시작하며, 관제 스코프상에서 항적을 확인하고 항로 관제소에 그 관제를 이관한다.

항공 교통량이 많은 공항에서 터미널 레이더 관제를 실시할 때에는 터미널 레이더 정보 시스템(ARTS)이 설치되어 관제사는 레이더 스코프상의 항적 변화를 추적하게 된다.

4) 착륙 유도 관제

착륙 유도 관제는 계기 비해 상태로 최종 진입 하강하는 항공기를 정밀 진입 레이더(PAR)를 통해 진입, 방위, 하강각, 활주로에서부터의 거리 등을 탐색하여 지정된 코스를 따라 정확하게 진입하도록 유도하는 방식이다.

5.2 레이더의 기초

레이더(radar)라는 말은 radio detection and ranging의 약어이다. 즉, 펄스 전파의 직진성, 정속성, 반사성을 이용하여 멀리 있는 선박, 항공기, 비, 구름 등의 목표물을 찾아내어 그 거리와 방향을 알아내기 위한 장치이다. 이와 같은 레이더를 펄스 레이더라고 부르며, 선박이나 항공기의 운항의 안전을 도모하기 위하여,

또 로켓이나 인공위성의 추적용, 기상 관측용 등에 널리 사용되고 있다. 이 외에도 연속파를 사용하여 움직이고 있는 목표물의 속도를 측정하는 도플러 레이더(doppler radar)도 있다.

1. 레이더의 원리

레이더의 안테나로부터 목표물을 향하여 전파를 방사하면 전파는 목표물에 도달하여 반사되어 다시 안테나로 되돌아온다. 이 반사파를 수신하고, 안테나와 목표물 사이를 왕복하는 시간 t[s]를 측정하면 전파의 전파 속도 c는 일정(3×10⁸ m/s)하므로 목표물까지의 거리 l은 다음 식으로 정해진다.

$$l = \frac{tc}{2} = 1.5t \times 10^8$$

그러나 전파를 연속적으로 방사하면 전파가 언제 나가서 돌아왔는지 모르므로 전파를 단시간(0.05~5.0[μs])만 방사하고 그 전파가 돌아온 후에 다음 전파를 방사한다.

이와 같이, 전파를 간헐적으로, 즉 펄스를 방사한다.

펄스 전파를 지향성이 예민한 안테나로 일정 방향으로 방사 하였을 때, 반사 전파를 수신할 수 있었다고 하면 안테나가 향한 방향에 목표물이 있다는 것이 된다.

1) 최대 탐지 거리

레이더에서는 멀리 있는 목표물을 가능한 한 선명하고 확실하게 탐색해 내는 것이 요구된다. 이를 위해서는 출력이 클 것, 안테나의 이득이 클 것, 수신기의 감도가 좋은 것 등이 요구된다.

이와 같은 관계에서 레이더의 성능을 나타내는 지표가 되는 레이더의 수신 전력 p_r를 구하는 식을 표시하면 다음과 같다.(렝더의 방정식)

$$p_r = \frac{p_t \sigma {A_p}^2}{9\pi r^2 \lambda^2} [\mathrm{W}]$$

여기서, p_t : 송신 전력[W]

σ : 레이더의 유효 등가 면적[m²]

A_p : 안테나의 면적[m^2]

r : 목표물까지의 거리[m]

λ : 전파의 파장[m]

목표물을 유효하게 탐지하여 표시할 수 있는 최대의 거리를 최대 탐지 거리(maximum detectable range)라고 한다. 수신기에서 잡음과 구별할 수 있는 최소의 수신 전력을 $p_{r\,\min}$이라고 하면, 레이더의 방정식에서 최대 탐지 거리 $r_{\max}$은

$$r_{\max} = 4\sqrt{\frac{p_t \sigma {A_p}^2}{9\pi\lambda^2 p_r \min}}$$

로 된다.

즉, 보다 멀리까지 탐지하려면 송신 전력 p_t와 안테나의 면적 A_p로 크게, 그리고 파장을 짧게 하면 된다.

최대 탐지 거리를 결정하는 또 하나의 요인은 안테나의 높이이다. 즉, 안테나가 높으면 전파거리가 커져서 멀리까지 탐지할 수 있다.

2) 분해능

같은 방향에 있는 두 목표물 간의 거리가 너무 가까우면 두 목표물로부터의 반사 전파가 겹쳐져서 분간을 할 수 없게 된다. 2개의 목표물로서 분간을 할 수 있는 최소 거리를 거리 분해능(resoling power)이라 한다. 이 값은 펄스폭[s]에 의해서 결정되며, 다음 식으로 주어진다.

$$d = \frac{1}{2\times3\times10^8}\times\tau$$
$$= 1.5\times10^8\tau[\text{m}]$$

즉, 펄스폭이 작을수록 거리 분해능은 좋아진다. 목표물 간의 거리가 같아도 그림 5-1 (a)와 같이 펄스폭이 작으면 목표물을 분간할 수 있으나, 그림 (b)와 같이 펄스폭이 크면 분간할 수 없다.

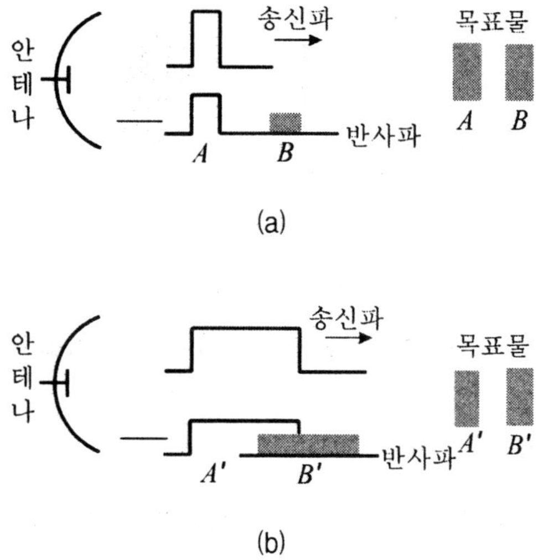

그림 5-1 거리 분해능

2. 레이더의 구성

1) 송신기

펄스 상태의 마이크로파를 발생하는 것으로, 마그네트론 발진기와 변조기로 구성되어 있다.

마그네트론은 원통의 양극과 이것과 동심의 음극을 가지는 2극관으로, 축방향으로 강한 자기장을 가하여 음극에 고압을 발생시켜 발생시키는 전자관이다. 이것은 발진 효율이 높고 출력도 높으며, 더구나 펄스 발진을 시키기 쉬우므로 레이더용의 송신관으로 적합하므로 널리 사용되고 있다. 마그네트론에서는 음극에 음의 고압이 걸려 있을 동안만 발진한다.

따라서, 그림 5-2 (a)와 같은 음의 고압 펄스를 발생시켜서 이것을 마스네트론의 음극에 가하면 그림 (b)와 같은 펄스폭의 전파를 얻을 수 있다. 이것을 위한 회로가 변조기이고, 보통 라인형 변조기가 사용된다.

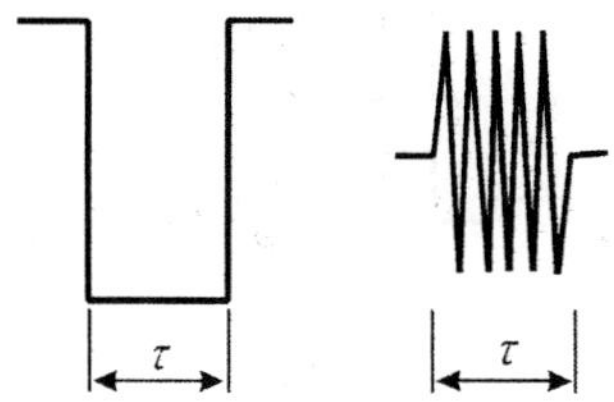

(a) (b)

그림 5-2 펄스 전압과 펄스 전파

2) 송 · 수신 전환부

레이더는 송신용과 수신용의 각 1개의 안테나가 필요하지만, 전파의 송신 시간(즉, 펄스폭)은 대단히 짧고, 레이더의 전동작 시간의 이하이므로, 이 때문에 송신용의 안테나는 사용 효율이 매우 낮아 하나의 안테나로 송 · 수신을 겸할 수 있다.

이 때문에 사용되는 전환 회로가 송 · 수신 전환 회로이다.

3) 안테나부

레이더의 안테나는 일반적으로 원형 파라볼릭 안테나, 파라볼릭 실린더 안테나 및 슬롯 어레이 안테나 등이 사용되고 있다.

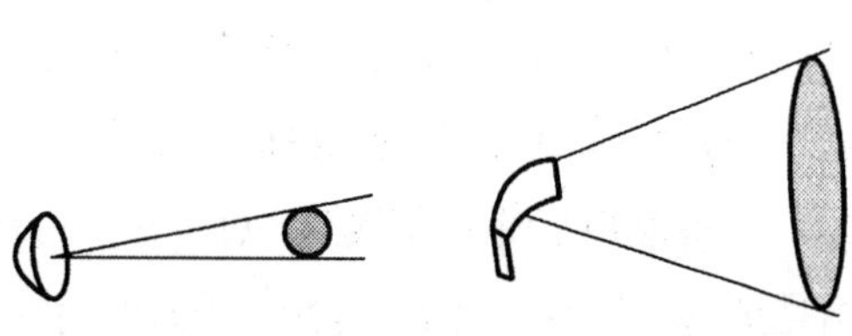

(a) 펜슬 빔 (b) 펜 빔

그림 5-3 빔의 형태

원형 파라볼릭 안테나의 빔은 펜슬 빔(pencil beam)이라 불리고, 그림 5-3 (a)와 같이 수평, 수직 모두 빔의 폭이 좁다. 그러나 펜슬 빔은 한 점에만 전파가 맞기 때문에 넓은 범위의 목적물 탐지에 사용되는 수색용 레이더(항공용, 선박용 등)에는 적합하지 않다.

이 경우에는 그림 5-3 (b)와 같이 수평의 빔을 좁게, 수직의 빔을 넓게 한 팬(fan) 빔의 안테나로 파라볼릭 실린더 안테나, 슬롯 어레이 안테나 등이 있다.

4) 수신기

수신기는 먼 곳에 있는 목표물로부터 반사된 미약한 전파를 증폭, 검파하는 것으로, 슈퍼헤테로다인 방식이 사용된다. 수신된 펄스상의 마이크론파 신호(f_1[Hz]를 혼합하여 그 차 $f_1 - f_2$[Hz])의 중간 주파수를 얻는다. 이것을 중간 주파수 증폭기로 증폭한 다음 검파한다. 검파된 신호는 영상 신호로 되어 영상 증폭된 다음 지시부로 보내진다.

5) 지시부

지시부는 수신한 영상 신호를 브라운관면에 표시하여 목표물의 거리와 방위를 측정하는 장치이다. 거리와 방위를 동시에 지시하는 방식의 하나로 PPI(plane posistion indicator, 평면 위치 표시) 방식이 있다. 이것은 브라운관면에 목표물의 위치를 휘점으로 나타낸 것이고, 마치 지도를 보는 것과 같이 거리와 방위를 알 수 있다.

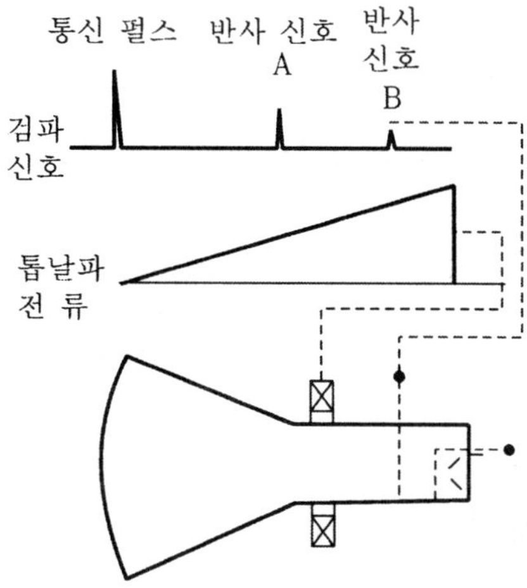

(a)

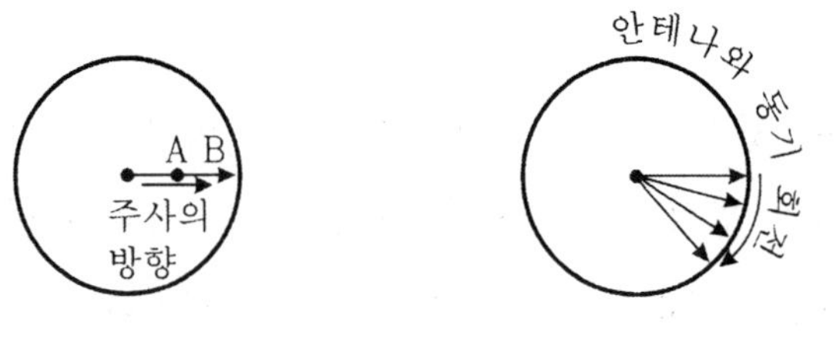

(b) (c)

그림 5-4 PPI 방식의 원리

PPI 방식에는 그림 5-4 (a)와 같이 전자 편향형 브라운관의 그리드에 양의 펄스를 가하여(음의 펄스로서 캐소드에 가해도 좋다.) 편향 코일에 톱날파의 전류를 보낸다. 이렇게 하면 검파 신호의 펄스가 가해졌을 때에만 브라운관 내의 전자 빔이 가속되어 브라운관면의 휘점이 생긴다. 그리고 그림 5-4 (b)와 같이 톱날파 전류에 의하여 브라운관면의 중심으로부터 원주를 향하여 주사시키면 목표물의 거리에 따른 휘점이 생기고, 브라운관면의 중심에서 휘점까지의 거리에 의하여 목표물을 측정할 수 있다.

그러나 이것만으로는 한 방향의 거리만 측정할 수 있을 뿐이며, 방위는 알지 못한다. 그래서 안테나를 회전시키는 동시에 전파의 방사 방향과 주사의 방향이 일치하도록 동기시켜서 편향 코일을 회전 시킨다. 그렇게 하면 360°의 모든 방향으로 영상을 얻을 수 있다.

PPI방식은 지시 방식 중에서 가장 많이 사용되는 것으로, 선박용 레이더, 기상면 레이더, 공항면 탐지 레이더, 정측 진입 레이더 및 수색 레이더 등에 이용되고 있다.

5.3 착륙 유도장치

1. 착륙 유도장치의 개요

어떠한 경우이든 항공기의 비행 성공은 착륙에 있다. 착륙의 대부분은 시계 비행 상태에서 이루어지고 있으나, 기상 조건이 나쁜 경우에는 조종사가 자동 비행장치의 도움에 의해 착륙하여야 한다.

항공기는 순항 고도로 목적지를 향해 비행하고, 목적지에 접근하면 활주로 중심선을 따라 하강하는데, 착륙점에 대해 수 피트의 정밀도를 가지고 각 축 방향에 대하여 최종 진입을 하여야 한다. 민간 항공기의 국제적 표준으로 ILS를 사용하는데, 이것은 매우 가까운 착륙 지점까지 항공기에 대하여 유도 신호를 제공한다.

군용기의 경우에는 GCA 또는 PAR와 같은 레이더에 의한 유도 관제에 의해 착륙시키는 경우가 있으며, ILS는 MLS로 대체되는 시점에 있다.

항공기가 착륙하기 위한 공항의 공역 운고와 시정은 ILS나 레이더 관제에 있어 그 정밀도 여하에 따라 항공기의 착륙 여부가 결정되는데, ICAO(국제 민간 항공기구)에서는 3개의 카테고리(category)로 나누고 있다.

① 카테고리 Ⅰ: 결심 고도 60[m] RVR(활주로 시정 거리) 800[m]
② 카테고리 Ⅱ: 결심 고도 30[m] RVR 400[m]
③ 카테고리 Ⅲ: 결심 고도 0[m] RVR(ⅢA: 200[m], ⅢB: 50[m], ⅢC: 0[m]

카테고리 Ⅲ에서는 활주로 시정 거리를 ⅢA, ⅢB, ⅢC의 3등급으로 나누고 있다. ILS 카테고리는 공항에 따라 그 규모나 정밀도에 따라 정해지며, 계기 비행 상태(IFR)로 착륙하는 항공기가 정해진 카테고리의 결심 고도에 접근했을 때 활주로가 시계 비행 상태(VFR)가 되지 않으면 즉각 착륙을 포기하고 상승하여야 한다. 이것은 레이더 유도 관제의 경우에도 해당한다.

악천후의 계기 비행 상태에서 착륙하는 항공기의 착륙을 돕기 위해 활주로에는 각종 등화 시설이 있으며, 등화의 종류도 활주로의 규모에 따라 다르다.

※ 결심 고도: 계기 비행 상태에서 접근 절차상 하강할 수 있는 최저 고도

2. 착륙 유도장치의 종류

계기 착륙장치(ILS)는 항공기를 전파에 의해 정밀 진입시키기 위한 원조 시설로서 ICAO에서 정한 세계적 표준 방식이다. 그림 5-5와 같이 ILS는 전파 강하로 만드는 지상 시설과 이 전파를 수신하여 하강로를 지시하는 기상장치로 구분된다.

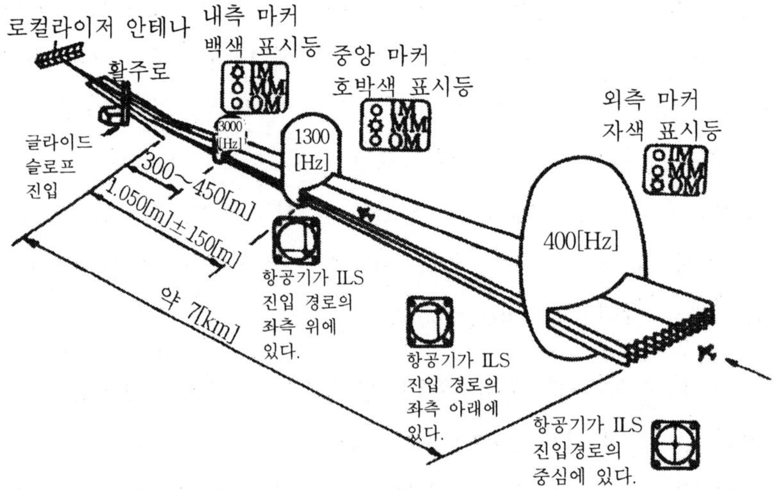

그림 5-5 ILS의 각 장치 배치도

ILS를 사용한 최종 진입 원조의 카테고리는 지상 시설의 성능, 신뢰도에 따라 3등급으로 나누어지며, 시각 착륙 시설로 진입 등, 접지대등, 활주로 중심등, 고휘도 활주로등 및 그 밖의 항공 등화 설비를 필수적으로 갖추도록 되어 있다.

전파에 의해 하강로는 VHF(108~112[HMz])를 사용한 로컬라이저(localizer)에 의해 만들어지는 활주로 중심선을 따라 수직 평면 패턴과 UHF(329~335[HMz])를 사용한 글라이드 슬로프에 의해 만들어지는 글라이드 슬로프를 중심으로 한 원뿔형의 경사면과 교차선이 된다.

또, 별도의 마커 비컨(75[HMz])이 활주로 끝으로부터의 거리를 나타내는 표시 시설로 2~3개소에 설치되어 있다.

1) 로컬라이저(Localizer)

로컬라이저는 ILS에서 항공기에 대하여 활주로 중심선 방향의 방위 정보를 제공한다.

로컬라이저 전파 패턴은 그림 5-6과 같이 활주로 중심선 방향에 좌우 25°의 코스가 발생되고, 항공기의 진입 방향에 대하여 우측에 150[Hz], 좌측에 90[Hz]의 변조 신호를 가지는 사이드 밴드 신호를 발생하는데, 항공기의 기상 수신기에서는 150[Hz]와 90[Hz]의 두 변조 신호의 세기가 꼭 같은 점이 중심선이 되므로, 이 상태를 지시 계기에 나타내어 로컬라이저 코스를 확인할 수가 있다.

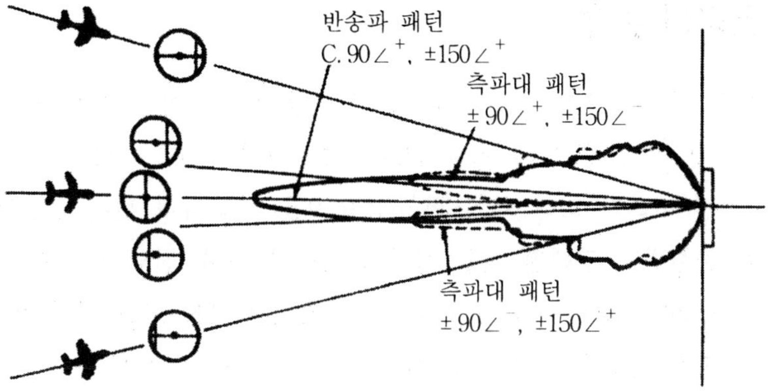

그림 5-6 로컬라이저 패턴

2) 글라이드 슬로프(Glide Slope)

글라이드 슬로프는 ILS중에서 항공기에 대해 착륙 예정점을 기점으로 하여 경사각(보통 3°)을 따라 수직면의 유도를 행한다. 글라이드 슬로프 전파 패턴은 경사가 중심선의 전기장에서 가장 크며, 하측에 150[Hz], 상측에 90[Hz]의 신호가 우세하도록 변조 신호가 가해지며, 이 두 신호의 세기가 같은 중심선으로부터 상하 0.7°의 코스가 기상 탑재 수신기에서 수신하여 지시 계기에 하강 상태를 나타낸다. 글라이드 슬로프 주파수는 로컬라이저 주파수와 짝을 이루고 있으며, 조종사는 원하는 로컬라이저 주파수를 선택하면 자동적으로 글라이드 슬로프 주파수가 선택된다.

3) 마커 비컨(Marker Beacon)

ILS용 마커 비컨은 2~3개소[외측 마크(OM), 중앙 마크(MM), 내측 마커(IM)]에 설치된다. 마커 비컨에는 외측 마커에 400[Hz], 중앙 마커에 1300[Hz], 내측 마커에 3000[Hz]의 가청음이 변조되어 있다. 설치 위치는 활주로 끝에서부터 외측 마커는 7[km], 중앙 마커는 1050[m], 내측 마커는 300[m] 부근에 설치되어 있다. 항공기가 마커 비컨 상공을 통과할 때, 시각 및 청각 신호의 마커 신호가 발생하므로 활주로로부터의 거리 정보를 제공 받아 착륙 조치를 취하도록 한다.

5.4 레이더 관제

주간에 비행하는 항공기는 운고 1000[ft] 이상 시정 3마일 이상인 기상 조건에서는 시각 비행(VER)에 의해 착륙하도록 규정되어 있고, 기상 조건이 악화되어 시각 비행 조건 이하가 되면 계기 비행(IFR)으로 착륙하게 된다. IFR로 진입하는 항공기는 각 공항별로 정해진 진입 절차에 따라야 되며, 진입시의 고도는 기압 고도로 얻어지고, 비행 경로는 VOR, VOR/DME, TACAN 또는 마커 비컨 등에 의해 구해지는 정점(FIX)을 경유함으로써 착륙을 유도하게 된다.

1. 공항 감시 레이더

공항 감시 레이더(ASR : airport surveillance radar)는 공항 주변 공역에 있는 항공기의 진입 및 출항 관제를 하기 위한 1차 레이더로서, 파장은 주로 10[cm]대가 사용되고 있으나, 100~200[km]의 중거리 ASR에서는 23[cm]의 파장이 사용된다.

민간 항공 관제용 ASR의 복역은 ICAO에 의해 성능의 최저 기준이 정해져 있지만, 최근의 것은 대개 90~110[km]의 것이 많고, 고도는 7500[m] 이상으로 되어 있다.

진입 관제에서는 항공기의 거리와 방향을 PPI 스코프상에 표시하여, 이 정보에 따라 관제사가 무선 전파를 이용하여 항공기를 착륙비행장의 경로상에서 적당한 간격의 거리와 고도를 유도하여 최종 착륙 체제에 들어가게 된다. 최종 착륙 유도까지도 이 ARS로 하는 것이 있는데, 이와 같은 관제 방식을 PPI 어프로치(PPI approach)라 한다.

출발 관제에 있어서는 착륙기의 정보를 고려하여 출발 간격의 단축이 가능하다. 이 밖에 긴급 항공기에 대한 항법 원조 및 수색, 공항 주변의 기상 정보의 제공 등에도 이용된다.

최근의 전자 기기는 거의가 트랜지스터 또는 IC 등을 사용하여 반도체화되고 있는데, ASR도 역시 특수 전자관을 제외하고는 모두 반도체화된 것이 제작되고 있다. 고체화된 ASR는 가볍고 소형인 것은 물론, 신뢰도가 비약적으로 향상되고 있으며, 보수 유지도 대단히 쉽다.

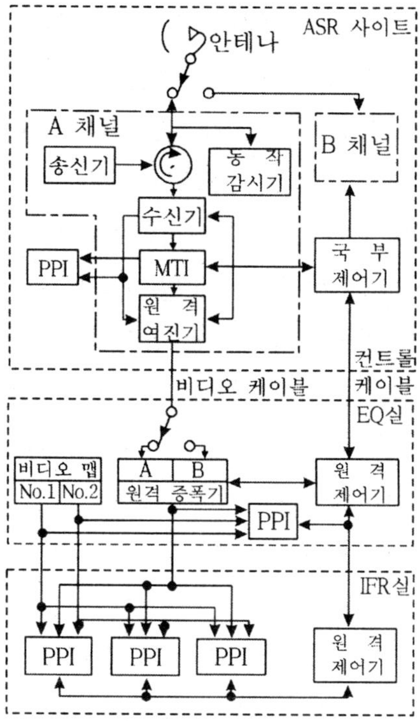

그림 5-7 ASR의 계통도

ASR는 그림 5-7과 같이 보통 3개의 부분으로 나누어 설치된다.

즉, 공항 주변을 수색하는 데에 전망이 좋은 장소에 설치되는 ASR 사이트와 관제탑 내에 설치된 정비원이 있는 기기실 및 관제사가 있는 IFR실이다.

ASR 사이트는 원격 제어에 의해 제어된다. ASR의 송·수신에서는 보통 마그네트론에 의해 송신 고주파 펄스를 발생하여 송·수 절환기를 거쳐 안테나에서 전파를 발사한다. 안테나는 수평면 내에서 매분 15회 이상으로 회전한다.

목표물부터 반사된 반사파는 안테나에서 수신하여 송·수신 절환기를 거쳐 수신기에서 수신된다. 목표 중에서 항공 관제에서 필요한 것은 이동 목표인 항공기이므로, MTI에 의해 이동 목표로부터 반사파만을 잡는다.

이동 목표와 이동 목표로부터의 합성 반사도 일반적인 레이더와 마찬가지로 수신되어 노멀 비디오로써 추출된다. 이들 비디오 신호해 기기실에 보내지고, 원격 증폭기에서 트리거와 분리, 증폭되어 기기실 및 IFR 실의 각 지시기에 분배되어 표시된다. 또, 기기실에서는 비디오 맵(video map)이 있어 관제 공역이나 관제상 필요한 표시가 기입된 필름원판에 지시기와 동기되어 회전하는 브라운관의 휘선을 대어, 이 투과광을 전기 신호로 변환시켜 지시기상에 겹쳐서 표시한다.

지시기는 40[cm] PPI 방식으로, 휘선의 회전은 최근 전자적으로 되어 있는 고정 편향 방식이 채용되고 있고, 지시기에 표시되는 비디오는 노멀 비디오, MTI 비디오, SSR 비디오, 맵(map) 비디오, 백라운드 비디오 등이 있다.

노멀 비디오와 MTI 비디오는 각각의 지시기에서 별개로 거리를 선택하여 표시된다. 백라운드 비디오는 MTI 비디오에 노멀 비디오를 중첩시킨 것이다.

ASR 안테나와 송·수신기는 일반적으로 IFR 실에서 동작을 제어시키도록 되어 있으나, 필요에 따라서는 기기실이나 ASR 사이트에서도 제어가 가능하다.

ASR의 송신기 및 이것과 관련하여 신호를 발생하거나 전송시키는 계통은 그림에서 보는바와 같이 2중 장치로 되어 있다. 한 장치가 동작을 하고 있는 사이에 다른 장치는 예비 채널로서 대기 중이기 때문에, 어떠한 고장이 일어나더라도 즉시 예비 채널로 바꿀 수가 있다.

안테나는 하나이므로 송·수신기와 안테나의 절환은 도파관 절환기로서 이루어지며, 또 ASR의 송·수신기는 레이더의 심장부이므로, 이 동작 상태를 항상 감시하기 위한 동작 감시기가 있어 송신 전력, 안테나 및 급전선계의 VSWR, 송신 주파수와 국부 발진 주파수의 동조 상황을 지시하도록 되어 있다.

1) 안테나

ASR의 안테나 패턴은 복역의 요구에 따라 같은 높이에서는 거리에 관계없이 수신 전력이 일정하게 되므로 위쪽 반치 전력점에서 받음각이 30°~45°까지 $cosec^2$ 특성의 수직 패턴이 이용되고 있다. 이 특성을 얻기 위해서는 그림 5-8과 같이 반사기의 위쪽 절반에서는 보통의 포물선형 반사기와 같이 축 방향으로 평행 방향으로 향하게 하고, 반사기의 아래 쪽 절반에서는 포물선면을 변형시켜 반사파를 상향하게 하면 이 두 전파가 겹치게 되므로 $cosec^2$ 특성이 얻어진다.

최근의 안테나는 직접파와 지표면이나 해면 등에서의 반사에 의한 간접파와의 간섭 영향을 될 수 있는 한 작게 하기 위하여 수직 패턴의 아래쪽은 예리하게 자른 모양의 특성으로 된 것을 이용한다. 이와 같이, 예리하게 자른 모양의 특성을 가진 안테나로서 이득을 35[dB], 빔 폭을 1.3도로 하면 반사기의 크기는 6.5[m] 정도, 높이 4.0[m] 정도의 것으로 된다.

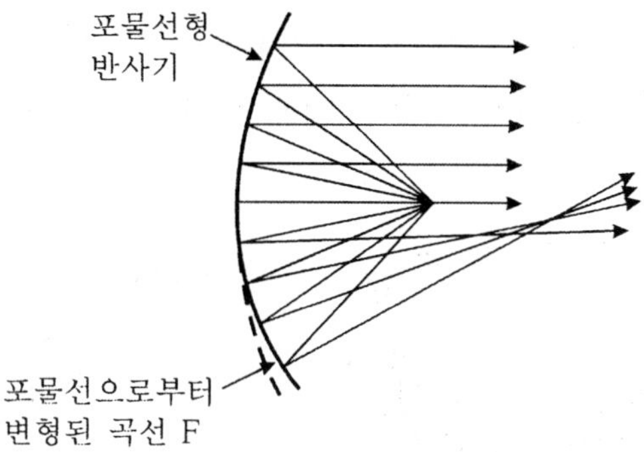

그림 5-8 cosec^2 안테나 설명도

ASR의 안테나는 공항 내에 설치하지만, 그 높이가 너무 높으면 불필요한 고정 반사를 얻거나 해면 반사의 영향이 커지므로 될 수 있는 대로 낮게 설치한다.

2) 송 · 수신기

ASR의 송신기는 보통의 레이더와 마찬가지로 마그네트론을 쓴 것이 많다. 다만, MTI의 성능을 향상시키기 위해 충분히 안정화된 전원을 사용하고, 히터도 직류로 점화시킨다.

송 · 수 전환 방식은 최근에 페라이트 서큘레이터와 TR관을 쓰는 방식이다. 이 방식으로 하면 안테나 등의 부하가 고르지 못해서 송신관에 나쁜 영향을 끼치게 되는 것을 제거하고 송신 출력의 안정도를 향상시키며, 또 TR관에 전송신 출력이 걸리지 않기 때문에 TR관의 복원 시간을 단축시킬 수 있다.

2. 정밀 진입 레이더

1) 개 요

정밀 진입 레이더(PAR : precision approach radar)는 최종 진입 상태에 있는 항공기의 코스 및 강하로에서의 벗어남, 그리고 접지점으로부터의 거리를 측정하기 위한 레이더로서, ASR와 마찬가지로 ICAO가 정한 규격에 의해 그 성능의 최저 기준이 정해진다.

보통, 이 레이더는 방위와 고도의 두 안테나계로 이루어지는데, 방위 안테나는 수평면 내에서 좁고 상하로 비교적 넓은 부채꼴 빔을 수평면 내에서 주사시켜 항공기의 방위각과 거리를 측정하고, 고도 안테나는 상하로 좁아 수평면 내에서 비교적 넓은 부채꼴 빔을 상하방향으로 주사시켜 항공기의 고도각과 거리를 측정한다. 그림 5-9는 빔 주사 방식의 동작 모습으로 나타낸 것이다.

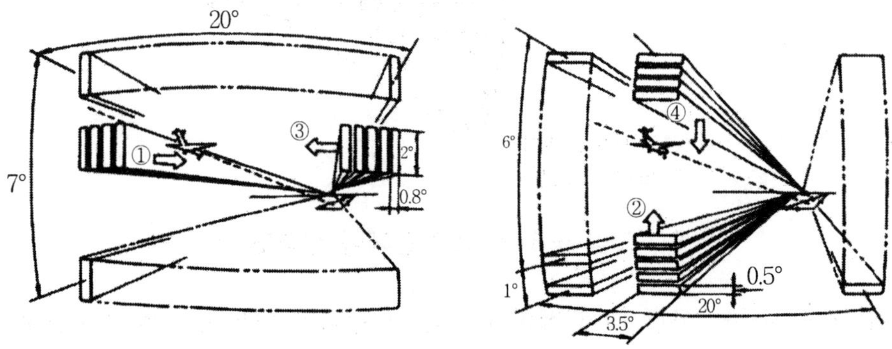

(a) (b)

그림 5-9 PAR 안테나의 주사

송·수신기는 보통 2개의 안테나를 공통적으로 사용하므로, 방위 안테나와 고도 안테나의 각 빔의 주사는 0.25~0.5초마다 다른 안테나로 절환된다. 빔의 주사는 네 주기로 나누어 오른쪽, 위쪽, 왼쪽, 아래쪽의 각 주사로서 한 사이클을 완료한다. 그림에서 화살표와 숫자는 그 순서를 나타낸다.

정밀 진입 레이더의 안테나는 항공기 진입에 방해가 되지 않도록 활주로에서 떨어진 곳에 설치하게 되므로, 강하로는 그 전체가 각 안테나의 빔 주사 복역 내에서 탐지하기 위해서는 방위 안테나는 상하 방향, 고도 안테나는 좌우 방향으로 그 방향을 바꿀 수 있게 되어 있다.

정밀 진입 레이더의 수신 에코는 소위 AZ-EL 지시기에 표시되어 항공기에 3차원 정보를 준다. 지시기의 CRT면의 상반부에는 고도 안테나 주사에 의한 에코가 수직면상에 나타나고, 하반부에는 방위 안테나 주사에 의한 에코가 평면상에 나타나는 동시에 접지점으로부터의 거리를 가리키는 눈금과 코스와 강하로를 가리키는 커서가 나타나기도 하며, 또 진입하는 항공기의 코스나 강하로로부터의 벗어남의 허용 한계를 지시하는 안전 한계 커서선이 표시되기도 한다. 거리는 10마일까지의 눈금이 표시된다.

정밀 진입 레이더는 최종 진입 자세에 들어간 항공기를 유도하는 레이더인데, 지시기상에 나타난 에코와 전자적 커서의 위치에 대한 정확성은 승객의 안전도와 직결되어 대단히 중요한 요소이므로, 이 정확도를 확인하기 위하여 위치 목표로서 코너 리플렉터를 이용하거나, 정기적 비행 점검으로서 교정시켜 주고 있다. 항공기와 통화는 ASR와 마찬가지로 UHF 또는 VHF, 경우에 따라서는 HF의 무선 전화를 사용하여 항공기에 위치 정보를 통보하며, 또 기수 방향을 알려 준다.

2) 정밀 진입 레이더의 구성

정밀 진입 레이더 기기의 구성은 그 운영법에 따라 정해지지만, 보통 3개의 부서로 분산 배치되며, 이들 중 PAR 사이트는 활주로 근처에 설치하고, 기기실이나 IFR 실은 관제탑 내에 설치된다. 그림 5-10은 정밀 레이더의 계통을 나타낸 것이다. IFR실에는 AZ-EL 지시기가 ASR의 지시기나 대공 통화용 무선기기와 같이 기능적으로 배치되어 일원화된 교통 관제를 할 수 있도록 되어 있다.

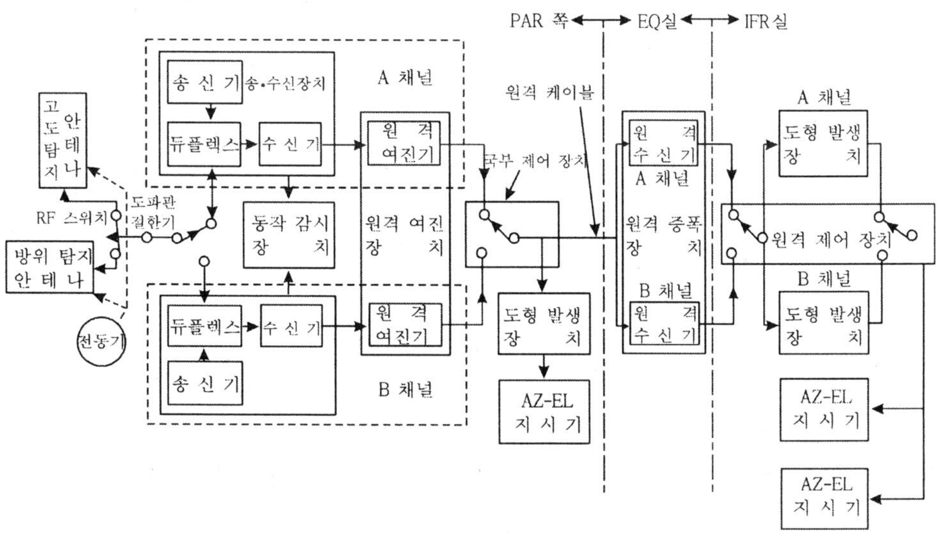

그림 5-10 PAR의 계통과 구성

3. 2차 감시 레이더

2차 감시 레이더(SSR : secondary surveillance radar)는 피아 식별을 위하여 만들어진 장비 계통에서 발달한 것인데, 일반적으로 1차 레이더인 ASR와 ARSR를 병용해서 쓰이고 있다. 항공 교통 관제 레이더 비컨장치(ATCRBS : ATC radar beacon system)의 기상장치인 트랜스폰더에서 부호를 받아 신속, 정확하게 목표 항공기를 식별하는 동시에 거리와 방위, 그리고 비행 고도와 비상 신호 등의 항공 관제에서 필요로 하는 레이더를 표시해주는 것이다. 그림 5-11은 SSR의 일반적인 계통도를 나타낸 것이다.

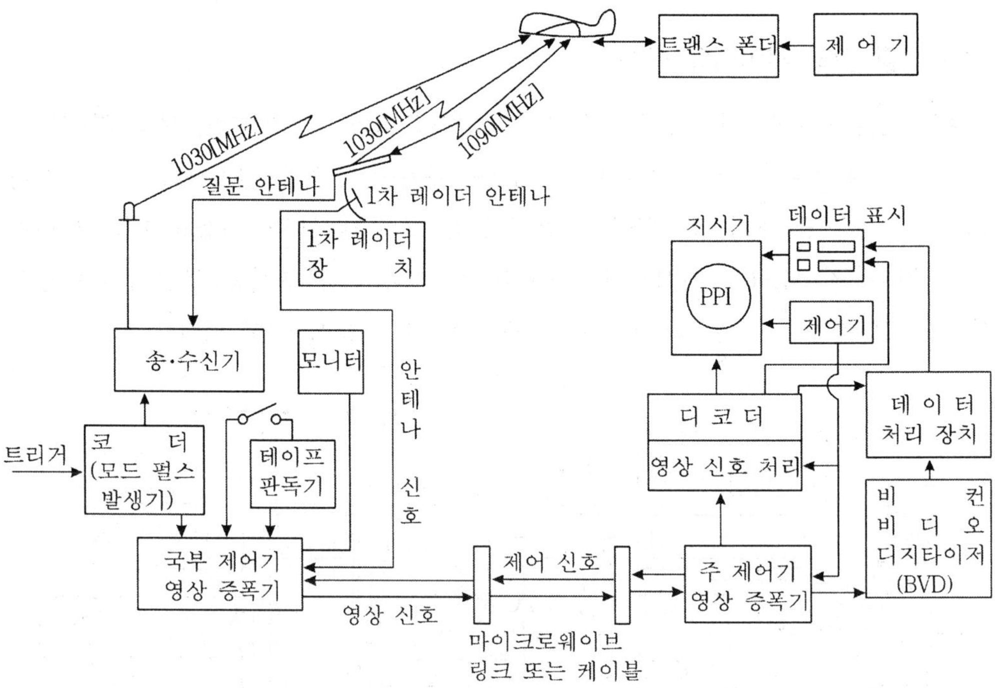

그림 5-11 SSR의 계통도

SSR를 구성하는 기기로는 송·수신부와 지시 관제부가 국부 쪽과 원격 쪽으로 분리되어 배치되는데, 양쪽 사이는 동축 케이블이나 마이크로파 정크 등에 의해 접속된다.

송·수신부에는 송·수신 코더, 테이프 판동기, 국부 제어기 및 모니터 등이 있고, 아테나 근처에 설치된다.

지시 관제부는 디코더, 주제어기, 지시기 이외에도 ATC의 정보처리를 하기 위한 자료처리장치가 있다. SSR는 1차 레이더에서 트리거를 얻고, 이 트리거에 의해 정해진 시간에 질문 펄스를 발생시켜 소정의 간격으로 질문 펄스에 의해 송·수신기가 변조되며, 주파수 1030[MHz]로 변조된 모드 펄스로 변조되어 지향성을 지닌 질문 안테나에서 방사된다. 이와 같이, 방사된 신호는 트랜스폰더의 무지향성 안테나에 의해 수신되는데, 이것을 해독하여 기상에서 선택된 모드와 일치시키면 응답 신호로서 1090[MHz]로 변조된 최대 15개의 펄스로 구성된 펄스 열의 지상의 SSR에 방사한다.

지상의 SSR에서는 이 응답 신호를 질문 안테나로 수신하여 영상 신호로 한다. 다른 국의 질문에 대한 신호인 간섭을 제거하기 위하여 자기 국에서의 질문에 동기된 신호만을 빼기도 한다. 이것이 관제사에 의해 정해진 방법으로 해독되어 소정의 신호처리가 이루어진 후 1차 레이더의 PPI상의 목표에 일치시켜 표시하거나, 지정된 목표의 데이터를 디지털로 표시하기도 한다.

ATC의 정보를 처리하는 경우에는, 수신기로부터의 영상 신호는 BVD(beacon video digitaizer)로 보내져 실제의 목표만을 자동적으로 탐지하여 목표의 거리, 방위를 산출하고, 필요하면 비행 고도 자료를 추출하여 자료처리장치로 보내진다. 지정된 목표를 자동적으로 추적하여 시시각각의 정보가 디지털로 표시된다.

지상의 SSR에서 항공기에 방사시키는 질문 신호를 모드 펄스(mode pulse)라 하고, 항공기에서의 응답 신호를 코드 펄스(coder pulse)라고 한다. 모드 펄스는 정해진 간격을 가진 펄스로 형성되는데, 군용과 민간용을 합쳐 6종류의 모드가 있다.

항공 교통 관제 레이더 비컨장치(ATCRBS : air traffic control radar beacon system)에 쓰이는 모드는 A, B, C, D의 네 종류이며, 군용은 모드 1, 2, 3이 쓰인다. 모드 3은 민가용 모드 A와 간격이 같은데, 모드 3/A로 불리며, 군용과 민간용으로 쓰인다.

트랜스폰더에서의 코드 펄스는 최대 15개의 펄스로 구성되며, 이 펄스 열의 처음과 마지막에는 프레밍 펄스(framing pulse)라고 하는 2개의 펄스가 있어 해독시에 기본 펄스가 된다.

4. 항공 교통 관제 트랜스폰더

항공 교통 관제 트랜스폰더(ATC transponder)는 항공 교통 관제 레이더 비컨장치의 기상장치이다. SSR이 이 시스템의 지상장치이고 질문기인 데 대해 항공 교통 관제 트랜스폰더는 이 질문기에 대한 지상의 응답기이다. 따라서, 그림 5-12와 같이 지상의 SSR의 질문에 대해 부호화 된 응답 신호를 주고받아 항공 교통 관제에서 필요한 항공기의 식별과 비행 고도 등의 질문 모드에 대하여 정보를 응답한다. 이 응답 신호를 SSR로 수신하고 해독하여 지시기에 표시한다.

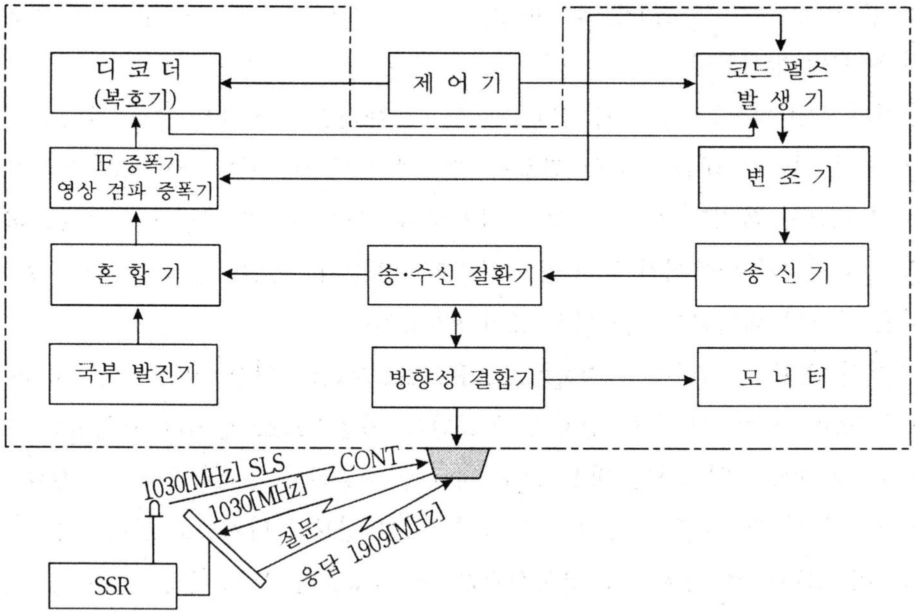

그림 5-12 트랜스폰더의 계통도

2차 감시 레이더로부터의 1030[MHz] 주파수의 RF 질문 신호는 항공기 동체 하부에 설치되어 있는 무지향성 안테나로 수신하여 방향성 결합기, 송 · 수신 절환기(duplexer) 및 프리 셀렉터(pro-selector)를 거쳐 믹서로 보낸다. 믹서에서 국부 발진기의 1090[MHz] RF 출력 신호가 혼합되고, 중간 주파수 60[MHz]의 신호를 얻는다. 이 60[MHz]의 신호는 중간 주파 증폭기로 증폭되고, 증폭된 질문 신호는 비디오 신호로서 리코더에 보내진다. 이 신호는 질문 모드 펄스의 진폭과 시간의 간격을 지연 신호를 써서 주 빔으로부터의 신호인지 또는 사이드 로브로부터의 신호인지를 판별한다. 주 빔으로부터의 질문 모드 펄스 신호이면 모드 리코더에 보내지지만, 사이드 로브로부터의 신호이면 억제시킨다.

모드 리코더로 보내진 신호는 제어기에서 조종사가 선택 설정한 모드와 맞으면 그 모드에 대응하는 트리거를 발생시켜 인코더(코드 펄스 발생기)로 보낸다. 이 트리거에 의한 인코더에서는 제어기에서 이미 정해진 코드 번호에 선택된 응답 신호 코드 펄스 열을 발생하는 동시에, 1초 동안 어느 값 이상의 질문 신호가 들어오면 송신기에 부하가 걸리지 않도록 자동 과부하 억제 전압을 발생시켜 자동적으로 중간 주파 증폭기의 이득을 낮추는 장치의 안전을 도모하는 응답 제어 장치가 갖추어져 있다.

인코더에서 발생한 코드 펄스 열은 변조기에 공급된다. 변조기는 코드 펄스에 따라 송신기 펄스로 변조하고, 변조 펄스는 주파수 1090[MHz]의 RF코드 펄스 열을 발생시킨다. 이 신호는 안테나를 거쳐 방사되고, 송신 신호의 일부는 방향성 결합기에서 모니터에 보내져 검파된 후 트랜스폰더가 작동되고 있음을 제어기상의 표시 등으로 나타낸다.

5. 등화 시설

그림 5-13에서 ILS장치가 설치되어 있는 공항에 표준 시설로 되어 있는 고광도 진입등은 계기 진입 절차의 두 단계 중에서 제2단계를 담당하고 있다.

제1단계는 오직 무선 유도에만 의존하고 있지만, 제2단계는 이보다 더욱 중요한 단계로서, 조종사가 안전한 착륙을 하기 위해서 지상이나 공항의 등화와의 시간 접촉을 통해 정확성과 확실성을 가지게 하는 부분이다.

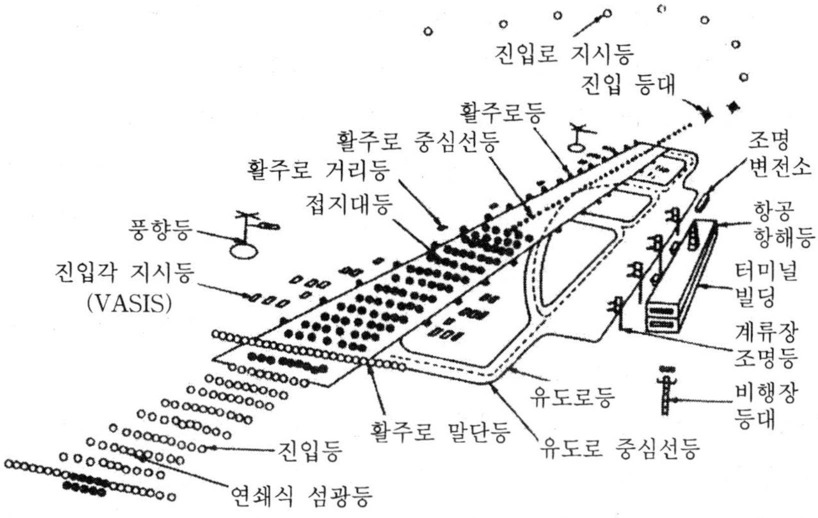

그림 5-13 진입등 시스템

안개, 연기 또는 비가 올 때 등광의 세기는 주로 등원의 촉광에 달려 있다. 시야를 돕기 위한 충분한 촉광을 가진 진입등을 설계하기는 비교적 단순하면서도 쉬운 일이나, 등광이 조종사의 시야를 방해하지 않도록 하기 위해서는 촉광을 현존 시정 상태에 맞추어 조정할 수 있어야 한다는 것이 특징이다. 각 공항마다 그 방식이 다를 수 있기 때문에 항공도에 의해 확인할 필요가 있다.

5.5 최신 착륙 및 관제장치

1. 마이크로파 착륙 유도장치

악천후에서도 안전하게 항공기를 착륙(MLS : microwave landing system) 유도하는 것은 항공기의 안전 운항에 중요한 것이다. 현재 ILS가 ICAO의 표준으로서 40년 이상의 개량 역사를 거쳐왔다. 1972년 경부터 차세대의 착륙 시스템으로 MLS의 개발이 진행되어 오고 있다.

ICAO는 1978년에 시간 기준 스캐닝 빔(TRSB : time reference scanning beam)방식을 국제 표준으로 채택하였으며, 그 후 시스템의 국제 표준도 제정되어 점차로 ILS에서 MLS로 이행 계획을 결정하였다.

현용의 ILS에 비해 MLS의 이점은 다음과 같은 것이 있다.

① ILS의 진입로는 단 1개인데 반하여 MLS는 진입 영역이 넓고, 직선 진입이 곤란한 곡선 진입이 가능하므로 활강각이 다른 다양한 항공기의 요구에 대응할 수 있으며, 또한 소음 문제의 경감에도 유효하다.

② ILS는 VHF, UHF 대역의 전파를 사용하므로 평평하고 넓은 용지를 필요로 하며, 건물이나 지형 등의 반사 영향을 받기 쉬우며, 이 영향이 현저한 경우에는 설치가 불가능한 것에 반하여 마이크로 주파수 대역을 사용하므로 건물 등의 반사 또는 전방 지형의 영향을 덜 받으므로 설치 조건이 대폭 완화된다.

③ ILS의 운용 주파수 채널수가 40채널인 것에 비하여 채널 수가 200채널로 증가하므로 간섭 문제가 경감된다.

④ 풍향, 풍속 등 진입 착륙을 위한 기상 상황이나 각종 정보를 제공할 수 있는 자료 링크의 기능을 가진다. 넓은 의미의 MLS는 5[GHZ]대의 MLS 가도대와 1[GHz]대 정밀 거리계의 DME/P로 구성되며, 3차원 정보를 얻는 구성은 다음과 같다.

㉠ 방위 유도장치(azimuth : AZ)

㉡ 고저 유도장치(elevation : EL)

㉢ 각종 자료(data words) : AZ에서 송신

㉣ 거리 측정(DME/N 또는 DME/P)

그리고 이륙 유도를 위한 후방 유도장치(back azimuth : BAZ)가 부가된 것도 있다.

MLS 각도계의 구성은 동일주파수 채널에서 시분할(TDM : time division multiplex) 송신된다. 이 각도 측정원리는 시간 기준 스캐닝 빔의 명칭과 같이, 지상의 고속 위상 배열(z) 안테나로부터 어느 시간을 기준으로 하여 빔을 등각속도로 왕복 주사하여 항공기측에 수신된 주로의 펄스와 복로의 펄스의 시간 간격을 계측함에 따라 각도를 알 수 있다.

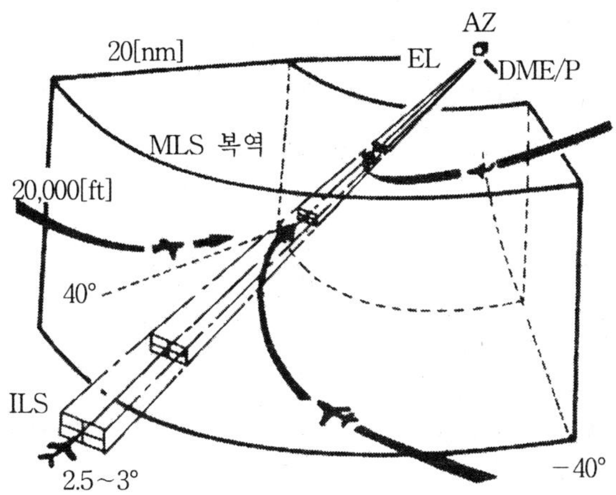

그림 5-14 표준적인 MLS의 패턴

그림 5-14는 방위 유도의 각도 측정 원리를 나타낸 것이다. 고도 유도의 각도 측정 원리도 빔 주사가 수직면 내에서 이루어지는 것은 다음과 같다.

DME/P는 MLS의 거리계를 담당하는 보조장치이며, 종래의 DME(DME/P에 비해 DME/N이라 부른다.)를 기본으로 하여 고정밀화 된 것이다. DME/P는 최종 접근(FA : final approach)모드와 초기 접근(IA : initial approach)모드라도 부르는 2개의 모드가 있다.

최종 접근 모드는 지금까지 DME/N의 질문과 응답 신호의 펄스 간격에 최종 접근 모드용의 펄스 간격을 추가하고, DME/P 지상국으로부터 약 7[nm]이내에 있는 항공기에 대하여 최종 진입을 위한 고정밀의 거리 정보를 제공하는 것으로서, 기존의 것보다 우수한 정밀도가 얻어진다.

따라서, DME/P에서는 주변 건물 등의 전파 반사의 영향에 의한 펄스의 시간 검출 오차를 감소시키기 위해서 질문과 응답 신호에서도 DME/N에 비하여 빠르게 시작되는 펄스를 채용한다.

최종 접근 모드인 경우에는 제1펄스의 시작이 빠른 시간에 검출한다. 8[nm]밖의 초기 접근 모드에서 DME/N과 공통성이 있다.

2. 지역 항법장치

지역 항법장치(RNAV)는 VOR/DME, ILS, MLS등의 항법 지원 시설의 유효 도달 범위 내 또는 자립 항법 시스템의 능력 범위 내에서 항공기가 임의의 비행 경로를 비행할 수 있는 항법이다. 그림 5-15에서 나타낸 항로는 지사에 설치된 VOR/DME를 연결하고 직선 경로로 설정되어 있어, 출발 공항과 목적 공항을 연결한 항로는 VOR/DME 등의 지상국의 배치나 설치수에 의해 결정된다.

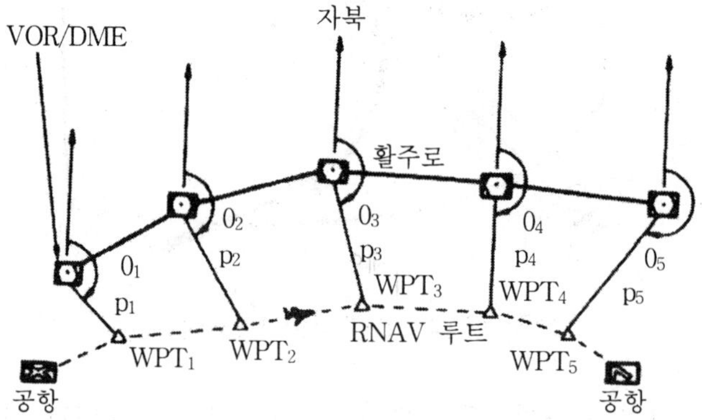

그림 5-15 VOR/DME 이용의 RNAV의 항공로

항공 교통 밀도를 증가 시키고자 하는 경우, 항공기 비행 간격을 단축하든지, 비행 고도차를 설정하는 방법이 고려될 수 있으나, 이러한 방법은 항공 교통의 안전상 제약이 따른다. 지역 항법장치에 의해서 공역의 효과적인 이용, 연료 절감을 위한 직선 경로의 설정, 소음 회피 경로의 결정, 단거리 이·착륙기(STOL)나 헬리콥터 등의 운항에 적합한 비행 경로 등의 설정이 가능해진다.

지역 항법장치에는 수평면에의 2차원 지역 항법장치, 고도를 포함한 3차원 지역 항법장치 등이 있다.

지역 항법장치에서는 희망하는 비행 경로는 지도상에 way point(WPT)라고 부르는 점을 정하고, WPT를 연결한 정보를 설정하여 위치 정보를 기초로 컴퓨터로 비행 경로를 계산한다. 그림 5-16에서 항공기 기상의 지역 항법장치의 입력 신호원은 VOR/DME 등의 지상 항법 지원에서의 방위, 거리 정보, 항공기의 air-data (속도 고도 등), 자이로컴퍼스에 의한 기수 방위 정보 등이며, 위치 정보원으로는 VOR/DME 이외에 INS를 이용할 수 있는 것도 있다. 지역 항법장치의 항법 컴퓨터는 이러한 각종 정보를 처리하고, 항공기의 위도, 경도, 희망하는 비행 코스로부터의 변위, 현위치의 WPT에 대한 방위각 등의 정보를 항법 계기에 시각적으로 표시한다.

또, 지역 항법장치의 출력은 항공기의 자동 조절장치에 결합이 가능하기 때문에 지역 항법장치 경로를 자동 조종하여 비행하는 것도 가능하다.

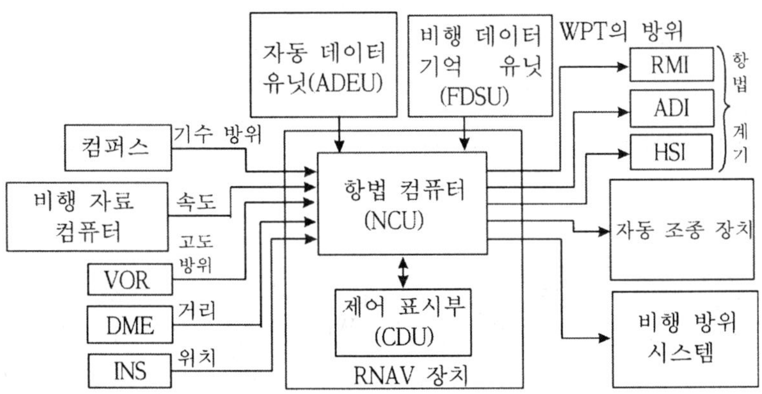

그림 5-16 RNAV의 장치 계통도

3. 2차 감시 레이더 모드-S

2차 감시 레이더(SSR)는 1차 감시 레이더(ARS이나 ARSR)와는 달리, 일종의 통신 회선으로 고안 되었다. 즉, 지상국에서의 질문 신호에 대하여 항공기에 탑재된 트랜스폰더는 이것을 해독하여 항공기의 식별 부호나 비행 고도의 정보를 응답 신호로서 지상국에 반송한다. 지상국은 이것을 해독하여 관제 데이터로서 항공관제사에게 제공한다.

최근에는 컴퓨터를 이용하여 대지 속도, 상승, 하강의 표시, 저고도 경보 등의 제공이 가능해졌다. 이와 같이, 2차 감시 레이더는 국내선, 국제선이든 전체의 항공기를 감시의 대상으로 하기 때문에 지상국과 트랜스폰더를 포함한 2차 감시 레이더 시스템으로서 중요한 특성은 ICAO에 의해 국제 표준으로 정하고 있다.

이와 같이, 2차 감시 레이더는 관제 데이터를 얻는 수단으로서 대단히 유효한 시스템이지만, 최근의 항공 교통량의 증가나 지상국과 담당 지역이 폭주하고, 수가 증가됨에 따라 시스템으로서의 포화 현상이 발생하고, 이것이 중첩되거나 상호 영향을 주는 현상을 발생시키게 되어 정보의 신뢰성을 떨어뜨리고 있다.

이 같은 문제점을 비교적 빨리 인식하여 각국에서는 새로운 2차 감시 레이더의 개발, 연구가 이루어졌다. 이 중에서 미국에서 연구된 ADBS와 영국에서 연구된 ADSEL이 ICAO에서 통합되어 SSR 모드-S로 불리게 되었다. ICAO에서는 1981년 11월에 SICASP(SSR 개선과 충돌 방지 시스템에 관한 회의)가 설립되어 국제 표준의 작성 작업이 현재에도 계속 진행중에 있다.

현용의 2차 감시 레이더에서는 지상국에서의 질문 신호를 받은 항공기의 트랜스폰더가 전부 응답하는 것에 반하여 SSR 모드-S에서는 한 개의 지상국과 특정의 항공기와의 사이에 통신 회선을 확립하는 것을 기본 구상으로 하며, 다음과 같은 특징이 있다.

1) 항공기의 개별적인 어드레스

세계의 전체 항공기에 대하여 24[bit]로 구성된 개별적인 어드레스를 부여하여 이것을 이용함에 따라 지상국은 질문의 대상이 되는 항공기를 지정할 수 있다. 지정되지 않은 항공기는 응답하지 않으므로 혼신을 현저히 줄일 수 있다.

2) 채널 관리

채널 관리는 SSR 모드-S지상국에 특유한 기능이다. 질문의 대상이 되는 항공기의 예측 위치나 질문 신호 및 응답 신호의 예측되는 길이 등의 자료를 기초로 항공기로부터의 응답 신호가 수신되지 않도록 질문 신호의 송신 시간을 제어한다.

3) 모노 펄스 측각

모노 펄스 측각 방식의 도입에 의해서 한 개의 응답 신호로 항공기의 방위를 고정밀도로 검출하는 것이 가능하다. 이 때문에 지금까지의 슬라이딩 와인드 방식에 비하여 질문-응답의 지연 시간을 현저히 저하시킬 수 있고 혼신을 감소시킬 수 있다.

4) 현용 SSR와의 혼용성

SSR 모드-S에서의 지상국 및 트랜스폰더는 현용 SSR의 지상국 및 트랜스폰더와 상호의 공용성을 가진다. 이 때문에 SSR 모드-S로의 이행시에 예측되는 양자의 혼재시에도 운용에 지장이 없다.

5) 기상 충돌 방지 시스템(ACAS)로의 이용

SSR 모드-S에서 사용되는 질문 및 응답의 신호 형태는 ACAS에서의 항공기간의 감시 및 회피 지시에도 이용된다.

6) 데이링 링크

SSR 모드-S에는 데이터 링크 기능이 있으며, 항공기와 지상의 디지털 데이터 링크를 가능하게 한다. 데이터 링크 통신은 음성에 의한 통신에 비하여 확실성과 신뢰성이 우수하고, 장래 관제 업무의 VHF 고도화에 불가피하리라 생각된다.

현재 고도화되고 있는 항공기-지상의 데이터 링크 매체로서 SSR 모드-S 이외에 VHF 및 항공 위성이 있으며, 또한 국제적인 것으로 MLS가 있다. 장래에는 이러한 데이터 링크의 sub-network가 유기적으로 결합되어 전세계 정보망(global data network)을 구축하는 것도 고려되고 있다.

연습문제

1. 지상 관제사가 공중 감시장치(ATC)계통을 통해서 얻는 정보가 아닌 것은?
   ① 위치 및 방향　　② 편명 및 진행 방향
   ③ 고도 및 속도　　④ 상승률과 하강률

2. 주변에 사람, 격납고, 건물, 유류보급 항공기가 몇 [m] 이내에 있을 경우 weather radar를 작동시키지 말아야 하는가?
   ① 50미터　　② 75미터
   ③ 100미터　　④ 125미터

3. 레이더에서 도파관을 사용하는 주된 원인은?
   ① 도파관은 선로상 감쇄가 적고 대전력을 전송할 수 있다.
   ② 가격이 저렴하고 제작하기가 용이 하므로
   ③ 송・수신이 용이 하므로
   ④ 공중선에서 수신된 전파의 접촉을 용이하게 할 수 있으므로

4. 다음은 레이더의 목표물 탐지에 대한 기본 요건을 설명 한 것이다. 잘못된 것은?
   ① 레이더 안테나와 목표물간에 차단 물체가 없어야 한다.
   ② 목표물은 레이더의 최대 탐지 거리 이내에 있어야 한다.
   ③ 목표물은 최소 탐지 거리 이내에 있어야 한다.
   ④ 특정 사물을 탐지하기 위해서는 주위의 물체보다 특정 사물의 반사 에너지가 약해야 한다.

5. 다음은 도플러 레이더의 설명이다. 틀린 것은?
   ① 도플러 효과를 이용한 것이다.
   ② 편류각을 알 수 있다.
   ③ 대지 속도를 알 수 있다.
   ④ 대기 속도를 알 수 있다.

6. 다음 중 항공 계기 착륙장치(ILS)가 아닌 것은?

① 로컬라이저(localizer)

② 글라이드 슬로프(glide slope) 또는 글라이드 패스(glide path)

③ 마커 비컨(marker beacon)

④ 전방향 표지시설(VOR)

7. 자동 착륙장치와 관계가 먼 것은?

① 자동 조종장치 ② 자동 추력 제어장치

③ 전파 고도계 ④ 자동 방향 탐지기

8. ILS의 설명으로 틀린 것은?

① 계기 착륙장치이다.

② 착륙로에 대한 위치와 거리 정보를 주는 무선 시스템이다.

③ 활주로 후방에 글라이드 슬롯빔이 측방에 로컬라이저 빔이다.

④ 항공기에는 로컬라이저, 글라이드 슬롭, 마커 비컨 수신기가 있다.

9. 착륙 시선중 back beam이 있어 반대편 활주로 착륙시 이용할 수 있는 시스템은?

① 전방향 표지시설(VOR) ② localizer

③ glide slope ④ marker beacon

10. 비행장의 활주로 중심선에 대하여 정확한 수평면의 방위를 지시하는 장치는?

① localizer ② glide slop

③ marker Beacon ④ VOR

11. 항공기 충돌 방지장치(TCAS)에서 침입하는 항공기의 고도를 알려주는 것은?

① SELCAL ② 레이더

③ VOR/DME ④ ATC Transponder

12. localizer의 설명으로 틀린 것은?

① 활주로에 대한 좌우의 편위를 나타낸다.

② back beam이 있다.

③ 안테나는 random에 있다.
④ 좌측은 150[Hz] 우측은 90[Hz]가 우세하다.

13. Glide Slope의 설명으로 틀린 것은?
① 진입 수직면상 상, 하 어느 위치에 있는지 확인
② back beam이 없다.
③ 상측은 90[Hz], 하측은 150[Hz]가 우세하다.
④ 주파수는 VHF이다.

14. Marker Beacon의 설명으로 틀린 것은?
① 항공기에서 활주로까지의 거리를 측정한다.
② 활주로에서부터 IM, MM, OM의 순으로 설치되어 있다.
③ 거리표시는 지시등으로만 한다.
④ IM은 백색, MM은 앰버, OM은 청색 지시등이 들어온다.

항공 계기 및 전자장치

2019. 1. 15 인쇄
2019. 1. 20 발행

저 자 : 윤홍의 · 송경화 · 김영수 · 전권석
권병국 · 이인용 · 이선봉 공저

발행자 : 이진권

발행처 : 도서출판 **태영문화사**

주 소 : 서울특별시 강서구 초원로 38

전 화 : 2661-8751

F A X : 2661-8798

등 록 : 1998년 11월 12일 제 2-2682호

정가 28,000원

ISBN 978-89-6354-129-7